电 业 工 人 技 术 问 答 丛 书

内线安装技术问答

国家电力公司华东公司 编

中国电力出版社
CHINA ELECTRIC POWER PRESS

—— 内 容 提 要 ——

　　本书是华东电力公司主编的《电业工人技术问答》丛书之内线安装技术问答，是为了帮助广大电业工人学习专业知识，提高操作技能而编写的。

　　全书共分十章，分别涉及电力系统、电工测量、继电保护、电气试验、可编程控制器、晶闸管整流及触发电路、内线安装常用操作方法、电工仪表使用、电气图识读、变配电设备、进户及电能计量装置、室内配线及电缆敷设、照明、电动机、接地接零与安全用电、内线工程设计、施工质量与安全管理诸方面的内容。

　　本书可作为从事内线安装工作的初、中、高级工自学及参加培训和职业技能鉴定的工具书，对于技师、高级技师以及有关专业院校的师生，也有一定的参考价值。

图书在版编目（CIP）数据

　　内线安装技术问答/国家电力公司华东公司编. —北京：中国电力出版社，2003.8（2018.3 重印）
　　（电业工人技术问答丛书）
　　ISBN 978 - 7 - 5083 - 1626 - 0

　　Ⅰ. 内…　Ⅱ. 国…　Ⅲ. 电工技术 - 问答　Ⅳ. TM-44

　　中国版本图书馆 CIP 数据核字（2003）第 040100 号

中国电力出版社出版、发行

（北京市东城区北京站西街 19 号　100005　http://www.cepp.sgcc.com.cn）
北京雁林吉兆印刷有限公司印刷
各地新华书店经售

*

2003 年 8 月第一版　　2018 年 3 月北京第八次印刷
787 毫米 ×1092 毫米　32 开本　18.875 印张　398 千字
印数 12501—13500 册　　定价 **51.00** 元

版 权 专 有　侵 权 必 究

前 言

　　为了提高电力生产运行、检修人员和技术管理人员的技术素质和管理水平，适应工人岗位培训的需要，国电华东公司组织华东有关省、市电力局和发电厂、供电局在 1999 年出版的 10 本技术问答的基础上，又补充了 17 本技术问答。分别为：锅炉检修技术问答，化学检修技术问答，汽轮机检修技术问答，发电厂集控运行技术问答，电机检修技术问答，变电检修技术问答，变压器运行技术问答，带电检修技术问答，电测仪表技术问答，送电线路技术问答，电气试验技术问答，配电线路技术问答，内线安装技术问答，电能表校验技术问答，电能表修理技术问答，厂用电安装技术问答，二次线安装技术问答。

　　丛书本着紧密联系生产实际的原则，采用问答的形势并配以必要的图解，内容以操作技能为主，以基础训练为重点，强调了基本操作技能的通用性和规范化。本丛书内容丰富，覆盖面广，文字通俗易懂，是一套适用性、针对性较强的工人技术培训读物，适合广大电业职工在职自学和岗位培训，亦可作为工程技术人员的参考书。

　　本书是根据《中华人民共和国工人技术等级标准》（电力工业——供用电部分），中华人民共和国职业技能鉴定规范《线路运行与检修专业》（电力行业——内线安装工）的相关要求，以及国家电力公司华东公司人力资源部关于《电业工人技术问答丛书》的编写要求，由南京工程学院电力工程系有关教师分工编写而成。全书分十章共 581 题，其中第

三、五、七章由刘江伟同志编写；第六、八章由程桂林同志编写；第一、二、四、九、十章由宋维宁同志编写并任全书主编。

　　本书在资料收集、编写和审稿过程中，得到了江苏省电力公司人力资源部有关领导、江苏省电力设计院、南京供电公司等单位的大力支持，在此一并致谢。南京工程学院电力工程系姚春球教授仔细审阅了本书，并提出了许多宝贵意见，在此表示衷心感谢。

　　限于编者水平和实际工作经验，书中难免存在不妥和错误之处，敬请读者提出批评指正。

编　者

2003 年 1 月

目　录

前言

第一章　相　关　知　识

第二章 基 本 技 能

第一节 电、钳工操作和工器具使用 ·················· 123

第三章 变配电设备

第四章　进户及电能计量装置

第五章　室内配线及电缆敷设

18

第六章 电 气 照 明

第二节 电动机的起动、控制和调速

第八章 接地、接零与安全用电

第九章 内线工程设计

第十章　施工、质量与安全管理

第一章
相关知识

第一节 电力系统

1-1-1 什么是电力系统？什么是电力系统运行？电力系统运行应遵循的原则是什么？

由发电、输电、变电、配电和用电这五个环节组成的电能生产与消费的系统，称为电力系统。

电力系统的所有组成环节执行其功能的过程，即电能生产、变换、传输、分配和利用的过程称为电力系统运行。电力系统的运行状态可分为正常状态和异常状态，正常状态可分为安全状态和警戒状态，异常状态又可分为紧急状态和恢复状态。电力系统运行包括了所有这些状态及其相互间的转换。

电力系统运行应当遵循安全、优质、经济的原则。安全是指电能的生产与使用能够连续、稳定、正常地进行，防止因设备损坏或系统运行失控而造成停电事故；优质是指系统的电压水平、电压波形和频率符合有关国家标准的规定；经济是指系统运行的成本最低，包括电能生产时的能源消耗最低，以及输送时的线损率最低等。

1-1-2 电力系统的运行方式有哪些？其各自的定义是什么？

电力系统的运行方式有正常运行方式、异常运行方式、最大运行方式、最小运行方式和经济运行方式五种。

在电力系统运行中，当发、供电设备无过载，主系统无事故，系统的电压、频率正常时，称为正常运行方式；当由于某种原因（如过负荷、小电流接地系统的单相接地、非同期合闸等）而造成电力系统的正常运行方式被破坏时，称为异常运行方式；当系统具有最小的短路阻抗值，所产生的短路电流最大时，称为最大运行方式；当系统具有最大的短路阻抗值，所产生的短路电流最小时，称为最小运行方式；当系统的电能损耗最小，电气设备的寿命最长，经济效益最高时，称为经济运行方式。

1-1-3 电力系统中电源中性点常用的接地方式有哪些？

系统中电源中性点的接地方式通常有三种：中性点不接地、中性点经消弧线圈或高阻抗接地及中性点直接接地。其中中性点不接地、中性点经消弧线圈或高阻抗接地又称为小电流接地系统，中性点直接接地又称为大电流接地系统。

1-1-4 小电流接地系统有何特点？

小电流接地系统中，当发生金属性单相接地时，接地相对地电压为零，非接地相对地电压升高至线电压，而中性点对地电压由零升高至相电压。接地点处将流过系统中非接地相的对地电容电流，该电流一般较小，不会造成线路开关设备跳闸。当线路对地电容较大时，单相接地电容电流会较大，有可能烧坏设备，而且可能因断续电弧而引发谐振过电压，造成系统内绝缘薄弱处击穿。为了避免上述问题的发生，通常采取将变压器的中性点经消弧线圈或高阻抗接地的办法。采用消弧线圈后，发生单相金属性接地时，接地点处通过的电流是接地电容电流和消弧线圈电感电流的相量和。由于电容电流和电感电流两者在相位上相差 180°，所以起互相补偿作用。适当选择消弧线圈电感（匝数），就可使接地点的电流变得很小而不会产生电弧。消弧线圈对接地电容电流补偿有三种补偿方式，即全补偿、欠补偿和过补偿，实用中一般采用过补偿方式。由于小电流接地系统发生单相接地时接地电流很小，且线电压或三相对中性点电压的大小及相位并没有发生变化，仍然保持对称，而系统中设备的相对地绝缘水平是按线电压设计的，故此时系统可带一个接地点继续运行一段时间（不超过 2h），因而保证了供电的连续性。此外，在小电流接地系统中，通常设有绝缘监察装置，一旦发生单相接地后会发出信号。运行人员应及时采取措施，查出接地点并尽快消除，以免系统带一个接地点运行期间再次发生异相接地而造成相间短路。

1-1-5 大电流接地系统有何特点?

大电流接地系统中发生单相接地时，接地相经大地构成单相短路，其电流很大，断路器将立即跳闸切除故障。由于电源中性点的电位被接地体所固定，所以非接地相对地电压不会升高，系统中设备的对地绝缘可以按相电压设计，从而大大降低了系统的造价，电压等级越高，经济效益就越显著。同时，由于单相接地故障的快速切除，不会产生因断续电弧而引起的过电压。大电流接地系统的缺点是：

（1）单相接地短路电流很大，甚至超过三相短路电流，需要选择大容量开关设备；过大的短路电流会引起系统电压大幅降低，因此会影响系统的稳定；由于强大的短路电流在导体周围形成很强的单相磁场，会使临近的通信线路受到干扰。因此在大容量的电力系统中，为了限制单相短路电流，可采用中性点经限流电抗器接地或只将系统中部分变压器中性点直接接地的措施。

（2）因为发生单相接地时，必须断开故障线路，所以将导致用户供电中断，对此，通常采用自动重合闸装置来进行弥补。

1-1-6 系统电源中性点各种接地方式应用范围如何？

小电流接地系统最显著的优点就是在发生单相接地时不会跳开断路器，可带一个接地点继续运行一段时间，供电可靠性较高。但是由于单相金属性接地时，非接地相对地电压将升高至线电压，故该系统内的所有电气设备的对地绝缘必须按线电压水平设计。当系统电压等级较高时，由此而造成的投资会大大增加。因此，在我国 3～60kV 系统大多采用中性点不接地方式 110kV 及以上系统一般采取中性点直接接地方式。另外，在 3～10kV 系统中单相接地电容电流大于 30A 以及 20kV 以上电网中接地电容电流大于 10A 的情况下采用中性点经消弧线圈接地的运行方式。

近年来，10～35kV 系统的中性点接地问题有了一些新的发展，主要是：对采用消弧线圈接地的系统，其补偿电流采用自动跟踪调节方式；当由于大量采用电缆供电而导致消弧线圈补偿容量不足时，改用经低电阻（10Ω）接地的方式；对以架空线路为主的较小城市的配电网，除了采用经消弧线圈接地方式外，也可以采用经高阻抗接地的方式。电源中性点直接接地的运行方式除了应用于 110kV 及以上系统外，也广泛地应用于 380/220V 低压配电系统中。这主要是为了避免发生人身伤害事故。因为电源中性点接地后，当系统发生单相接地故障时，会形成较大的单相短路电流，从而促使保护设备跳闸。

1-1-7 什么是电压偏移？什么是电压降落？什么是电压损耗？

电网中某一点的电压并不是恒定不变的，而是随着负荷的变化围绕着额定电压在一定的范围内波动，该点的实际电压 U 与额定电压 U_n 之间的差值，称为该点的电压偏移（或称偏差），其值可正可负，常以其占额定电压的百分数表示，即

$$电压偏移 = \frac{U - U_n}{U_n} \times 100\% \qquad (1-1)$$

当负荷电流流经线路后，由于线路阻抗的影响，使得线路的首端电压 $\dot{U}_1$ 与末端电压 $\dot{U}_2$ 不仅在数值上存在差异，而且在相位上也存在差异，负荷电流或线路的阻抗越大，上述差异也越大，如图 1-1 所示。

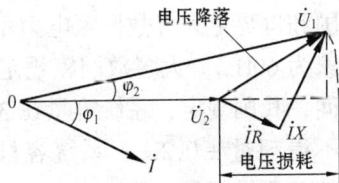

图 1-1 电压降落及损耗

线路始端电压 $\dot{U}_1$ 与末端电压 $\dot{U}_2$ 的相量差，称为电压降落。

线路始端电压 U_1 与末端电压 U_2 的数值差称为电压损耗（或称电压损失），通常也以其占额定电压的百分数表示，即

$$电压损耗 = \frac{U_1 - U_2}{U_n} \times 100\% \qquad (1-2)$$

1-1-8 什么是供电质量和电能质量？我国对供电系统的供电质量要求是什么？

供电质量包括供电可靠性（常以供电可靠率表示）和电能质量，其中供电系统在用户用电时间内供电不中断的概率，称为供电可靠率，其表达式为

供电可靠率 =（1 - 平均停电时间 / 统计时间）

× 100%   (1-3)

我国对供电可靠率的要求为：大中城市中心区达到99.99%，一般城市达到99.9%；经济发达地区县城达到99.9%，农村应达到99.4%；经济欠发达地区县城达到99%，农村达到98%。

电能质量包括频率质量和电压质量（包括偏差和波形）：

（1）频率质量。频率是整个电力系统的统一运行参数。我国和世界上大多数国家电力系统的额定频率为50Hz(少数国家为60Hz)。大多数国家规定频率偏差在 ±0.1 ~ ±0.3Hz之间，我国规定，系统容量在300万kW以上的，其频率偏差不得超过 ±0.2Hz；系统容量在300万kW以下的，其频率偏差不得超过 ±0.5Hz

（2）电压质量。

1）电压偏差。国家标准 GB 50052—1995《供配电系统设计规范》中对低压 380/220V 系统规定为：

a. 照明在一般工作场所为 ±5%；对远离变电所的小面积一般工作场所，难以满足上述要求时，可为 +5%、-10%；应急照明、道路照明和警卫照明为 +5%、-10%。

b. 电动机 ±5%；其他用电设备无特殊规定时为 ±5%。

国家标准 GB 50052—1995《电能质量供电电压允许偏

差》对高压系统规定为 35kV 及以上系统 ± 10%；10kV 及以下系统 ± 7%。

2）电压波形。良好的电压波形应当是三相对称的标准正弦波形，但系统中存在很多非线性负荷（如整流设备、变频空调及电弧炉等），工作时会产生大量的谐波，造成电压波形的畸变，使三相电压的对称性变坏，对系统的运行带来许多不利的影响。为此，我国对供电系统的谐波电压和电流的允许值作了规定。以 10kV 系统为例，总的电压谐波畸变率（*GHI*）应小于 4%，奇次谐波畸变率应小于 3.2%，偶次谐波畸变率应小于 1.6%。各次谐波总的电流允许值如表 1-1 所示。

表 1-1   各次谐波电流允许值

谐波次数	2	3	4	5	6	7	8	9	10
电流允许值（A）	26	20	13	20	8.5	15	6.4	6.8	5.1

1-1-9 频率变化对系统设备的运行会产生怎样的影响？

系统高频率或低频率运行，对电力系统本身和用户都会产生不利影响。高频率运行将使电压升高，不利于系统内设备的绝缘，还会造成系统和用户的电能损耗增加等问题。低频率运行首先会对发电厂本身产生不利影响，例如汽轮机低压级叶片因振动加大，使金属疲劳而产生裂纹，以至发生折断事故；电厂中所有交流电动机的转速下降，使给水泵、风机、磨煤机等辅助机械的出力降低，从而影响发电厂的出力，进而造成频率进一步下降，引起恶性循环，甚至造成全厂停电的严重事故。其次，所有用户的交流电动机的转速也会降低，造成生产机械使用效率降低，产品的产量和质量下降。

1-1-10 稳定系统频率的主要措施有哪些？

要保持系统频率的稳定，就必须使系统中发电厂所发出的有功功率与负荷（包括变配电设备）消耗的有功功率保持平衡。当发电厂发出的有功功率大于负荷消耗的有功功率时，系统的频率就会上升；反之则会下降。系统正常运行时，功率基本保持平衡，负荷变化造成频率的小幅波动，可借助于调频厂发电机的频率调节装置自动增加或减小发电机的出力；但在系统出现严重故障时就需要采取其他措施才能维持频率的稳定。例如：某条输送容量较大的线路因故障而跳闸，会造成电源端较多的功率送不出去，系统频率会因此而上升，此时需要快速降低发电机的出力，必要时需立即切除部分发电机组，否则系统将有失去稳定的危险；再如：系统中某发电厂因故解列后，系统的频率就会因较大的电源功率缺额而下降。当其余发电厂增加的出力不足以弥补所产生的功率缺额时，就需要借助于低频率自动减负荷装置根据频率下降的情况自动分级切除部分次要负荷，以尽快恢复系统频率。此外，提高日负荷曲线预测的精度，使计划开机的发电出力与负荷的实际需要尽量接近，同时采取适当的峰谷电差价，鼓励用电大户避开高峰用电，削峰填谷，尽量使负荷曲线保持平稳，以及使系统内保持一定的旋转备用容量等措施都有助于系统频率的稳定。

1-1-11 电压变化对系统设备运行会产生怎样的影响？

电压偏低会造成异步电动机的电磁转矩下降，电动机转速降低，并引起定子电流增加，线圈过热，缩短其使用寿命甚至烧毁；还会增大配电线路及设备的电能损耗，使照明灯具的发光效率降低，气体放电灯具起动困难甚至无法起动；严重的电压降低可能造成系统电压崩溃。电压偏高会使异步电动机电磁转矩上升，转速增加，定子电流也会增加，线圈过热，影响其使用寿命；还会使配电线路及设备的电能损耗增加；使照明灯具发光效率提高，但寿命缩短。

1-1-12　供配电系统中常用的调压措施有哪些?

（1）采用无功补偿措施提高功率因数，以降低因无功功率远距离输送而造成的电压损耗，常用的方法有加装并联电容器和同步电动机过励运行。

（2）根据电压的变化情况，正确地选择变压器的分接头。普通变压器的分接头需停电调节，不甚方便，因此当对电压稳定度要求较高时，可选用有载调压变压器。

（3）随着负荷的发展，当原有的配电网不能适应时应及时增容。

（4）单相负荷应尽量三相均衡分配，否则会造成三相电压不平衡和线路电压损耗增大。

（5）合理地改变系统运行方式。例如：某变电所装有两台变压器，负荷重时可两台一起投运，负荷轻时可切除一台。这样既达到了调压的目的，又降低了电能损耗。

需要说明的是：造成电压偏差过大的原因是多方面的，应具体分析后再决定采取哪种措施解决。例如：如果系统内的无功不足，仅通过改变变压器的分接头调压是不妥的。因为这样处理虽然改善了局部地区的电压水平，但会造成其他地区的无功更显不足，因而电压更加下降。

1-1-13 系统中调压方式有哪些?

调压方式有逆调压、顺调压、常调压三种。

高峰负荷时,将中枢点电压升高至1.05倍的额定电压,低谷负荷时将其降至额定电压,称为逆调压。逆调压适用于供电线路较长,负荷变动较大的中枢点电压调整。

高峰负荷时,使中枢点电压不低于0.975倍的额定电压,低谷负荷时使其不高于1.075倍的额定电压,称为顺调压。顺调压适用于供电线路不长,负荷变动不大的中枢点电压调整。

在任何情况下,将中枢点电压保持在1.05倍的额定电压,称为常调压。这种调压方式适用于供电线路不长,负荷相对较轻的中枢点电压调节。

上述要求是正常运行时的标准,故障时允许适当降低标准,通常其偏差可比正常时再增大5%。

1-1-14 电网中谐波产生的原因及危害有哪些?

电网中谐波电流或电压的产生,是由于电网中存在各种非线性负荷,如电力电子装置、电弧炼钢炉、空调、电冰箱、气体放电灯等。谐波的危害主要有:①造成电机、变压器铁芯损耗增大,局部过热以及引起噪声和机械振动等;②增加电容器介质的局部放电和热老化;③增加电缆浸渍绝缘的局部放电和温升,缩短其寿命;④增大输电线路线损;⑤造成电能表计量误差;⑥引起继电保护和自动装置误动、拒动,使事故扩大;⑦对通信系统产生干扰等。

1-1-15 如何对谐波进行抑制?

抑制谐波的措施如下:

(1) 三相整流变压器采用 Y, d 或 D, y 接线,其三角形接线绕组可以吸收零序性质的 3 次及其整数倍的谐波电流。

(2) 改造整流装置,利用移相的办法增加整流变压器二次侧相数,可以有效地减小谐波电流。例如,当整流相数由 6 增加到 12 时,5 次、7 次等谐波电流都差不多减少到原来的 1/3。

(3) 在谐波源附近加装交流滤波装置,设置若干单调谐滤波支路,以吸收谐波电流。

(4) 加装无功补偿电容,可以有效地减小谐波量,同时具有功率因数补偿、抑制电压波动的功能。需要注意的是,当电网中的电感与电容参数匹配时,可能对谐波中的某次分量产生谐振,使其被放大几倍甚至几十倍。因此,一般通过改变电容器组的串联电抗器参数,将电容器组的某些支路改为滤波器或限定电容器组的投入容量来避免产生谐振。

(5) 由高一级电压的电网向大容量非线性负荷供电,以减小谐波的影响。

(6) 提高设备的抗谐波干扰能力,采用新型有源滤波器。

1-1-16 电网无功功率与电压有何关系? 供电部门为什么对电力用户的功率因数有一定要求?

电网向用户供电的电压,是随着线路所输送的有功功率和无功功率的变化而变化的。当线路输送的有功功率和始端电压一定时，输送的无功功率越大，电压损耗就越大，线路末端的电压就越低。

对于用户来说，采取无功补偿措施就地解决所需的无功功率，避免其远距离输送，是改善电压质量的有效手段。如果用户的功率因数过低，就意味着电网需要向用户输送较多的无功功率，除了增大线路的电压损耗外，还会增加线路的电能损耗。因此，供电部门根据国家有关部门的规定，要求高压供电的电力用户在高峰负荷时的功率因数应达到 0.9 以上，而其他各类用户应达到 0.85 以上。

1-1-17 什么是线损？什么是线损率？

线损即线路损耗，它包括从发电厂主变压器一次侧至用户电能表前的全部电能损失。

线损电量占供电量的百分比，称为线损率，线损率是国家对电力部门进行考核的一项重要的技术经济指标，也是综合反映电力系统运行管理水平和企业经济效益的主要指标之一，涉及面广、经济意义重大，其计算公式为

线损率 = （线损电量／供电量）× 100%

        = ［（供电量 − 售电量)／供电量］× 100%

        = ［1 − (售电量／供电量)］× 100%

线损分为固定损失、变动损失和其他损失三个部分。

固定损失是指线损中不随负荷变动的部分，只要设备运行就存在这种损失，例如升、降压变压器的铁损，电晕损失等；变动损失是指线损中随负荷变化而变化的部分，它与负荷电流的平方成正比，电流越大损失也越大，例如变配电设备产生的铜损等；其他损失是指由于管理不善所造成的损失，也称管理损失，这是一项经常存在而且数量很大，应予

以特别注意的线损，例如用户窃电及违章用电、计量装置的误差及错误接线或故障而少计电量等，另外其他不属于线损范围而误计入线损中的用电量也属于其他损失。

不属于线损范围的用电量包括：变电所的办公室、宿舍等生活照明及取暖的电量；变电设备的检修（应根据其性质分别列入大修、改进或维修项目）用电；其他基建、业务扩充、改进工程的施工用电。这些用电属于最终社会消费性质，应作售电量统计。

1-1-18　降低线损的主要措施有哪些？

降低线损的主要措施有：提高各级领导和职工的节能意识，激发节能热情，定期召开线损分析会议，不断改进线损工作，将节能贯彻于整个生产过程之中；采用行之有效的管理措施，推广以分压、分线（区、站）统计分析、理论计算、小指标考核等为基本内容的分级线损管理方法；加强电网建设和电网改造，增加无功补偿容量；加强运行管理，实行电网经济运行调度；加强计量管理工作，完善计量装置，提高计量装置的准确性；供电部门在做好自身降损工作的同时，应对大企业和城乡电力用户的降损工作进行行业管理和指导；杜绝窃电、漏电，努力降低不明损失；采用现代化的管理手段，努力实现控制自动化、数据采集远程化及数据处理计算机化。

1-1-19　什么是窃电行为？对窃电行为如何处罚？窃电量如何计算？

根据《供电营业规则》规定，窃电行为包括：①在供电企业的供电设施上擅自接线用电；②绕越供电企业用电计量装置用电；③伪造或者开启供电企业加封的用电计量装置封印用电；④故意损坏供电企业用电计量装置；⑤故意使供电企业计量装置不准或者失效；⑥采用其他方法窃电。

供电企业对查获的窃电者应予制止，并当场中止供电，窃电者应按所窃电量补交电费，并承担补交电费三倍的违约使用电费；拒绝承担窃电责任的，供电企业应报请电力管理部门依法处理；窃电数额较大或情节严重的，供电企业应提请司法机关依法追究刑事责任。

窃电量按如下方法计算：在供电企业的供电设施上，擅自接线用电的，所窃电量按私接设备额定容量（千伏安视同千瓦）乘以实际使用时间计算确定；以其他行为窃电的，所窃电量按计费电能表标定电流（对装有限流器的，按限流器整定电流值）所指的容量（千伏安视同千瓦）乘以实际窃用的时间计算确定；窃电时间无法查明时，窃电日数至少以180天计算；电力用户的每日窃电时间按12h计算，照明用户的每日窃电时间按6h计算。

1-1-20 电气设备有哪些运行状态？什么是倒闸操作？倒闸操作的内容是什么？

电气设备有运行（设备的断路器及其两侧隔离开关都闭合）、热备用（设备的断路器断开，两侧隔离开关闭合）、冷备用（设备的断路器及其两侧隔离开关都断开）和检修四种不同的状态。

将电气设备由一种状态转换到另一种状态，所需要进行的操作，称为倒闸操作。

倒闸操作的内容是：按一定的程序拉、合断路器和隔离开关以及相应的直流操作回路，改变继电保护或自动装置的定值，安装或拆除临时接地线等。

1-1-21　倒闸操作的注意事项有哪些？

倒闸操作是值班员一项经常性的重要工作。为了确保安全，避免误操作，应注意以下事项：

（1）操作人和监护人必须考试合格，并经主管部门领导批准。

（2）变电所值班员应熟悉电气设备调度范围的划分，凡属供电公司调度所调度范围内的设备，应按该所调度员的命令进行操作。

（3）要用统一、规范的操作术语。

（4）除事故处理外（指严重威胁人身和设备安全的紧急情况下，不需操作票，立即断开有关电源，但事后应向上级报告），倒闸操作时，应有确切的调度命令或业务主管的通知和合格的操作票。填写操作票时，应考虑继电保护和自动装置整定值及其配合问题，以适应新的运行方式的需要，防止因继电保护和自动装置误动或拒动而造成事故。

（5）操作前应根据操作票仔细核对操作地点、设备名称、编号。

（6）不要仅依赖监护人，操作者对操作内容必须心中有数。

（7）在进行操作期间，注意力要集中，不要做与操作无关的交谈或工作。

（8）操作过程中如发生疑问，必须搞清楚后再进行操作，不得擅自更改操作票。

（9）用绝缘杆拉、合高压隔离开关及跌落式熔断器或经传动机构拉、合高压隔离开关及负荷开关时，应戴绝缘手套；操作室外设备时，还应穿绝缘靴。

（10）雨天如用绝缘杆操作室外设备时，绝缘杆应带防雨罩。变电所上空如有雷电活动时，禁止进行室外设备的倒闸操作。

（11）当设备因被闭锁而拒绝动作时，不要随意认为装置出故障，应先进行检查并分析原因。

（12）在装接地线前，必须认真检查设备是否确已无电。在验明设备确无电压后，应立即装设携带式接地线（先连接接地点，后连接设备点），以确保人身和设备安全。

（13）送电范围内的设备在投运前，必须认真检查其上有无接地线、工具、擦布等物。

（14）不受供电公司调度所调度的双电源（包括自发电）用电单位，严禁并路倒闸，应先停常用电源，后送备用电源。

（15）在处理事故时，不要惊慌失措，以免造成事故扩大或发生人身伤亡。

（16）操作票执行后应保存不少于3个月。

1-1-22 倒闸操作的步骤是什么？

（1）发布命令和接受任务。倒闸操作的命令由发令人（调度员或业务主管或称电气负责人）采用书面（操作票）或口头当面下达或电话通知形式发布。用电话发布命令时，应首先与受令人（值班员）互报姓名，然后用准确、清晰的语言，规范的操作术语，向值班员交代任务内容，包括任务的名称，需要操作设备的地点、名称、编号等。值班员在接受任务时，应明确操作目的和意图，在做好记录的同时，应向命令的发布者复诵命令的内容。整个发布和接受命令的过程应进行电话录音。

(2) 填写操作票。操作人（通常为副值班员，特别重要复杂的操作由正值班员担任）在接受了任务后，应按命令要求在操作票上逐项填写操作项目。操作票应采用钢笔或圆珠笔填写，填写顺序不可颠倒，字迹应清楚，不得涂改。

(3) 审票。操作人填写好操作票后，首先自己核对无误后签名，再交监护人（一般为值班长或正值班员）审票。监护人发现错误后应交操作人重新填写；如审核无误则在监护人栏内签名。

(4) 执行。执行操作应按如下步骤进行：

1) 模拟图预演。正式操作前，操作人和监护人应先在主接线模拟图上按操作票所列的顺序唱票预演，再次对操作票的正确性进行确认。

2) 核对设备。到达操作现场后，应当认真核对设备的名称、编号和位置，无误后记录开始操作的时间。

3) 唱票操作。监护人按照操作票上的顺序高声唱票（每次只准唱一步），操作人用手指点需操作的设备高声复诵，在两人一致认为无误后，监护人发出"对，执行"的命令，操作人员方可进行操作。每操作完一项应进行检查，如设备的机械指示、信号指示等，无误后在该项目前打一个"√"，再执行下一项操作，直至操作项目全部执行完毕。

(5) 操作汇报。操作全部完成后，应进行全面检查，无误后监护人应在操作票上填写操作结束时间，并向当值调度员或业务主管汇报。

倒闸操作示例如下：

【例 1-1】 某变电所电气接线如图 1-2 所示。正常情况下两台变压器分列运行（400 低压空气断路器及其两侧的隔离开关均处于断开位置）。现 1 号变压器因故障需停电检修，要求 0.4kV 低压母线不得停电，试填写相应的操作票。

变电所倒闸操作票

操作任务（目的）：1 号变压器停电检修　　　　编号：____

发令人：_____　受令人：_____

发令时间：____年____月____日____时____分

操作日期：____年____月____日　　开始操作时间：____时____分

操作顺序：　　　　　　　　操作终了时间：____时____分

已执行（√）	顺序	操　作　项　目
	1	检查 400 断路器确在断开位置
	2	合上 4001、4002 隔离开关，检查确在合闸位置
	3	合上 400 断路器，检查确在合闸位置
	4	拉开 401 断路器，检查确在断开位置
	5	拉开 101 断路器，检查确在断开位置
	6	取下 101 断路器合闸熔断器
	7	拉开 4011 隔离开关，检查确在断开位置
	8	拉开 1011 隔离开关，检查确在断开位置
	9	在 1 号变压器高压侧和 101 断路器之间验明确无电压后，装设 1 号接地线 1 组
	10	在 1 号变压器高压侧和 401 断路器之间验明确无电压后，装设 2 号接地线 1 组
	11	在 101、401 断路器把手上，分别悬挂"禁止合闸，有人工作"标示牌
	12	在 1 号变压器处，悬挂"在此工作"标示牌

监护人：_____　操作人：_____

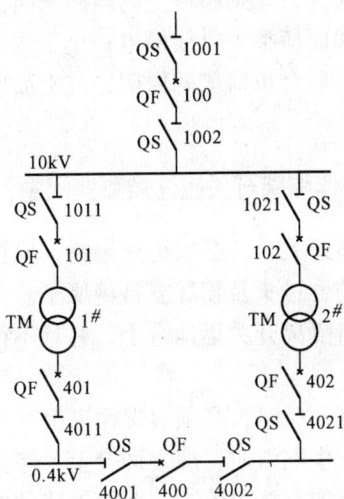

图 1-2　变电所接线图

1-1-23　倒闸操作时，断路器和隔离开关的操作顺序有什么要求？为什么？

停电操作时，先断开断路器，后断开负荷侧隔离开关，再断开电源侧隔离开关；送电操作时，应先合电源侧隔离开关，后合负荷侧隔离开关，再合断路器。

这样做是因为隔离开关的灭弧能力很弱，因此不能带负荷分、合。如果停电时先操作或送电时后操作隔离开关，会因其无法熄灭电弧而造成短路事故。另外在停电时，虽然在保证断路器首先可靠断开的情况下先断开哪一侧的隔离开关都是可以的，但假如断路器由于某种原因（例如误操作）而没有断开时，如果先断开负荷侧隔离开关，所产生相间短路可借助于断路器切除，不会造成故障扩大；相反，如果先断开电源侧的隔离开关，则所产生的短路断路器无法切除，必然造成故障扩大而使整个母线停电；至于送电时，先合电源侧的隔离开关，后合负荷侧的原因，与上面所述相似，不再赘述。

1-1-24 操作隔离开关应注意哪些问题?

（1）合隔离开关时，必须迅速果断，但在合到底时不能用力过猛，以防合过头及损坏支持绝缘子。合隔离开关时如发生弧光，应将隔离开关迅速合上，并且不得再拉开，以免造成短路。

（2）拉隔离开关时，必须缓慢而谨慎，特别是当闸刀刚离开静触头而发生电弧时，应立即合上，停止操作。但在切断小容量变压器的空载电流、空载短线路的电容电流以及解环操作等情况下，均会有一定电弧产生，此时应迅速地将隔离开关拉开，以便于消弧。

（3）隔离开关操作后应检查其开、合位置，以避免因操动机构有毛病或调整得不好而可能出现的操作不到位现象。

1-1-25 城市电力网建设改造的基本要求有哪些?

（1）提高城市电网整体供电能力，确保电力送得进、供得出、用得上。在城市中心高负荷密度区实施超高压 220kV 引入，作为城市中心的电源点。加强 110kV 及以下配电网的建设改造，并同步改造居民住宅小区和住宅建筑内的配电设施。

（2）在确定新建或改造居民住宅用电标准时，应充分考虑实际需要和发展前景。对新建住宅供电系统，按一次达到 40～50 年不需要改造的原则制订设计标准。一般城市住宅的供电负荷密度不低于 $40W/m^2$；直辖市、省会城市以及经济发达地区城市的住宅供电负荷密度不低于 $60 \sim 80W/m^2$。新建或改造住宅应实施一户一表，其实施范围包括公用电网配电变压器供电的居民住宅，以及物业管理和企事业单位自己供电的居民住宅，使每户供电能力达到 $4 \sim 10kW$ 的中等电气化水平。

(3) 提高城市电网的安全运行水平，增强抗御自然灾害和事故的能力。大城市以及经济发达城市的中心区和新开发区要结合城市总体规划要求，积极推行电缆供电，提高配电网电缆化比例，推广应用 GIS (六氟化硫气体绝缘全封闭组合电器)，努力实现配电自动化，使城市供电可靠率达到 99.9%，大中城市中心区的供电可靠率应达到 99.99%。

(4) 提高电能质量，降低线路损耗。城市电网综合电压合格率应达到 98%，电网线损率要在原有基础上降低 10%。

(5) 注意环境保护。城市中变配电设施的建设应符合环保要求，并注意与环境协调，电磁环境应符合有关标准的规定。

(6) 应重视节能，大力推广节能产品的应用。淘汰高能耗变压器，采用非晶态合金铁芯的低损、低噪节能型变压器。由于其具有磁化功率低、磁滞损耗小、电阻率低、形成涡流损耗小等特点，空载损耗较之于普通硅钢合金铁芯变压器可降低 $75\% \sim 80\%$。

在中、低压配电网中要重视无功补偿问题。通过经济杠杆的作用，促使用户在配电装置和用电设备上分别采取就地分散补偿和集中补偿措施，并要求具有自动调节功能。对于冲击性负荷，要推广动态无功补偿措施，以取得更好的效果。

1-1-26　城市电力网建设改造设备选择有哪些要求?

城市电力网的设备选择应坚持技术进步、安全可靠和节能的原则,力求少占地、小型化、无油化、绝缘化、自动化、免维护或少维护,以提高电网的装备水平和运行水平。

(1) 城市中心变电所优先选用 GIS 组合电器。它具有所占空间小、安全可靠、配置灵活、防灾性能好、安装方便、维护工作量小等优点。

(2) 高压系统中逐渐淘汰少油断路器。110kV 及以上系统一般以 SF_6 断路器为主,中压系统则以 SF_6 断路器和真空断路器为主。随着真空断路器制造技术的提高,能够满足系统对断路器分断性能的要求,而其制造成本又低于 SF_6 断路器,所以 35kV 及以下系统,特别是室内配电装置中,使用真空断路器情况较多。中压系统架空线路应用的柱上负荷开关、重合器及分断器也逐步过渡到应用真空或 SF_6 断路器。

(3) 对于 10kV 成套配电装置,通过引进消化国外制造技术或自行设计,目前已能生产数十种铠装密封式、箱式、中置式及双层式通用型柜和环网柜。其主要特点是:采用了性能良好的元器件,如新型真空断路器、新型隔离开关和接地开关、新型的操动机构以及一系列新附件;性能指标(防护等级、安全等级、绝缘水平、五防要求等)符合国家标准、国际标准以及行业标准的要求;逐步采用了新的制造工艺和技术,如数控式板金加工技术,真空浇注环氧树脂及不饱和树脂压制件,较先进的喷漆、喷粉等表面处理工艺等。

(4) 变压器近年来在节能、降噪、无油化、小型化等方面又有了新的进展。35kV 及以上电压等级的变压器已有低损耗新产品。在降噪方面,除了改进生产工艺以降低铁芯所产生的噪声外，在安装方式上也逐步将室外安装改为室内安装，并增大变压器室进出气口的净面积及高度差，尽量利用自然对流散热，少开或不开风扇，这样可以大大降低噪声对周围环境的影响。此外，耐突发短路电动力的变压器通过试验考核后已投入生产并供应市场。国家有关部门已明确规定今后110kV及以上电压等级的电力变压器必须通过短路试验后才能进行行业鉴定。配电变压器具有面广量大的特点，国家有关部门已决定淘汰10kV电压等级的S7和SL7两个系列配电变压器，其取代产品是新S9系列。S9系列变压器的空载损耗较之于S7和SL7系列平均降低11%，负载损耗平均降低28%，其抗短路能力也有所提高，更适应城网改造的需要。非晶态合金铁芯变压器具有更大的节能降损效果，非常适合有峰谷差的负荷使用。虽然其价格较同容量硅钢片铁芯变压器要高，但一般5年左右所节约的运行费便可收回购置时多付的费用，此后的运行费便是净节约的，而且还具有运行噪声低的优点。全密封式免维护配电变压器也受到用户的欢迎。该型变压器没有油枕，油箱整体密封并采用波纹结构，能满足变压器油热涨冷缩的弹性要求。变压器生产时采用真空注油方式，其全密封结构隔绝了外界空气和水分的侵入，因而大大延长了使用寿命。即便遭到水浸，只需将其外部稍加清理便可重新投入运行。由于城市建设整体规划的要求，对于新建的高层建筑、住宅小区，其变配电设备一般均置于建筑物内。从防火的角度考虑，不能使用充油设备，因此干式变压器得到了迅速发展。目前，35kV及以下电压等级的干式变压器，容量规格齐全，完全可以满足各类用户的需要，并且已经得到了广泛的应用。箱式变压器（变电站）具有成套性强、体积小、占地少、选址灵活、对环境适应性强、安装使用方便、运行安全可靠、节省投资等一系列优点，近年来发展较快，目前已广泛地应用于城网改造的电缆配电网中以及建筑工地的临时用电和一些中小容量的用户。

（5）对于无功补偿设备的选择，目前广泛采用以自愈塑膜干式并联电容器来代替油浸纸绝缘电容器，以满足无油化的要求。自愈塑膜干式并联电容器具有良好的自保护功能和放电功能，体积小、运行安全可靠、价格低廉，部分产品充以蜡、硅油作为固定芯子的填充物，亦可满足防火要求。

（6）交联聚乙烯绝缘电缆具有电气性能稳定、运行安全可靠、过负荷能力强、施工简便、维护工作量小等优点，在城网建设改造中已逐步取代了充油电缆和油浸纸绝缘电缆。另外，因为电气火灾常常由电缆短路引燃或延燃引起，所以对于敷设在建筑物室内、设备夹层、隧道内的电缆，应具有阻燃能力。

（7）为了减少线路运行中由于鸟害、树枝碰线等造成接地故障，提高供电可靠性，在 10kV 及低压架空线路上已推广采用绝缘导线。

（8）随着城市配网的扩大，对于低压断路器的分断、保护性能等提出了更高的要求。以半导体脱扣器取代传统的电磁脱扣器，实现了过载长延时，短路短延时，特大短路瞬时动作的三段保护特性，可以满足配网保护的选择性要求。采用微机控制技术开发的智能型断路器作为配电变压器二次侧总开关或大容量馈线开关，为实现配电自动化创造了条件。塑壳式断路器经过改进，实现了无飞弧，使断路器可以水平安装，其定值可在现场进行调整，并增加了外控端子以满足自动控制的要求。

1-1-27　什么是配电自动化，其主要作用有哪些？

借助计算机和现代通信技术对配电网以及配电设备进行远方实时监视、协调和控制，称为配电自动化。

配电自动化是现代化电力系统的必然趋势，其主要作用是：①在正常运行情况下，通过监视配电网的运行情况，优化运行方式；②当配电网发生故障或出现异常运行情况时，迅速查明异常情况及故障区段并予以快速隔离，及时恢复非故障区域供电；③根据配电网电压，合理控制无功负荷和电压水平，改善供电质量，达到经济运行的目的；④合理控制用电负荷，提高设备利用率；⑤自动抄表计费，保证抄表计费的及时性和准确性，提高企业的工作效率和经济效益，并可为用户提供自动化的用电信息服务等。

第二节　电　工　测　量

1-2-1　什么是电工测量？电工测量的作用是什么？

测量是将被测量与标准量进行比较，电工测量就是利用电工仪表对有关电磁量，如电阻、电容、电感、电流、电压、功率等以及可以转换成电量的非电量，如温度、速度、压力等进行测量。

在电力系统中，为了保证电能质量和人身、设备以及系统运行的安全，在电能的生产、传输、分配和使用的过程中，需要借助于各种仪器、仪表对系统的运行状态进行在线、定时或定期测量、检验和监督，因此电工测量具有极其重要的作用。

1-2-2　电工测量的常用方法有哪些?

（1）直接测量。用校验并刻度好的仪表直接测量，如用电流表测电流、用电压表量电压等。

（2）间接测量。通过直接测量几个与被测量有关的量，然后再计算求出被测量的大小。例如，可先测出电阻两端的电压与流过该电阻的电流，然后通过欧姆定律计算出该电阻的阻值。

（3）比较测量。将被测量与标准器在比较仪器中进行比较，从而测出被测量的大小，如用直流电桥测量电阻等。比较测量有三种方法：

1）平衡法。在测量过程中，不断改变标准器的量值，使它与被测量产生的效应在仪器中互相抵消，称为平衡法。由于测出结果时仪器显示零值，故又称为零值法。用直流电桥测量电阻就是一种平衡测量法。

2）差值法。将被测量与标准量之间的差值作用于仪器，从而测出被测量大小。例如用不平衡电桥测电阻、温度等均属于这种方法。

3）替代法。先将被测量接入仪器，并使仪器处于某一适当的工作状态，然后用标准量替代被测量接入同一仪器，并调节标准量使仪器的工作状态与接被测量时完全一样，这时被测量便等于调节好的标准量的数值。此法测量的准确度与仪器本身无关，只取决于替代的标准量的准确度。

1-2-3　什么是测量误差?

在实际测量中，由于测量仪器、仪表不够准确，测量方法选取不当以及测量人员的技术水平所限等各种因素的影响，使得测量结果与被测量真值（被测量在规定条件下客观存在的量值）之间存在一定差别，这种差别称为测量误差。

1-2-4 什么是仪表的误差？它的表示方法有哪些？

对于任何仪表，不论其质量如何，其测量指示的数值与被测量真值之间总有一定的差别，这个差别称为仪表的误差。仪表的误差又分为基本误差和附加误差。基本误差是指仪表在规定的工作条件下，由于制造工艺不良而造成的仪表本身所固有的误差；附加误差是由于仪表工作在非正常工作条件下（如受电磁场干扰等）而产生的额外误差。

仪表误差的大小可以用绝对误差、相对误差和引用误差三种方法表示。

（1）绝对误差。仪表的指示数值 A_X 与被测量真值 A_0 之间的差值，称为仪表的绝对误差。若绝对误差用 Δ 表示，则

$$\Delta = A_X - A_0 \qquad (1\text{-}4)$$

绝对误差有正、负之分。Δ 为正时，测得的结果偏大；Δ 为负时，测得的结果偏小。测同一个量时，Δ 的绝对值越小，测量的结果越准确。

（2）相对误差。相对误差等于绝对误差 Δ 与被测量真值 A_0 之比，用百分数表示，且也有正、负之分。若相对误差用 γ 表示，则

$$\gamma = \frac{\Delta}{A_0} \times 100\% \qquad (1\text{-}5)$$

【例 1-2】 用两只电流表测量两个大小不同的电流，甲表在测真值为 400A 电流时，指示为 404A，乙表在测真值为 100A 的电流时，指示为 98A，分别求出两表的绝对误差和

相对误差。

解：根据式（1-3）、式（1-4）可求得

甲、乙两表的绝对误差分别为 4A 和 – 2A；甲、乙两表的相对误差分别为 1％ 和 – 2％。

从计算结果看，虽然甲表的绝对误差较大，但其相对误差却较小。工程上一般都用相对误差来评价测量结果的准确度，即甲表测量结果较准确。

（3）引用误差。引用误差是用来衡量仪器本身性能好坏的一个指标，它反映了仪表基本误差的数值。一般所说的仪表误差，指的就是基本误差。引用误差是仪表的绝对误差 Δ 与量程 A_m（满刻度值）的比值，也是以百分数表示。若引用误差用 γ_m 表示，则

$$\gamma_m = \frac{\Delta}{A_m} \times 100\% \qquad (1\text{-}6)$$

需要说明的是，引用误差虽然能较好地反映仪表的基本误差，但由于测量值不同时，产生的绝对误差多少有些不同，即 Δ 不是常数，故即使对同一仪表，其引用误差也不是一个常数。

1-2-5 什么是仪表准确度？什么是仪表准确度等级？仪表准确度与量程有何关系？

仪表指示值与被测量的真值相接近的程度，称为仪表的准确度。为了确切地表示仪表的准确度，规定采用最大引用误差来表示，最大引用误差越小，仪表的准确度就越高。所谓最大引用误差是指绝对误差最大时的引用误差。对于大量使用的单向标度尺仪表，其准确度是指在规定的使用条件下，可能产生的最大绝对误差 Δ_m 与所用的量程 A_m 之比的

百分数。若仪表的准确度用 δ 表示，则

$$\delta = \frac{\Delta_{\mathrm{m}}}{A_{\mathrm{m}}} \times 100\% \qquad (1\text{-}7)$$

仪表的准确度以不同的级别来表示称之为准确度等级。根据 GB 7676—1987 规定，对于指示仪表，在有效量程范围内和规定的使用条件下测量时，其基本误差不得超过相应的准确度级别所作的规定。以电流、电压表为例，国标规定其准确度有 11 个等级，如表 1-2 所示。

表 1-2 电压、电流表的准确度等级及其对应的基本误差

准确度等级	0.05	0.1	0.2	0.3	0.5	1.0	1.5	2.0	2.5	3.0	5.0
基本误差（%）	±0.05	±0.1	±0.2	±0.3	±0.5	±1.0	±1.5	±2.0	±2.5	±3.0	±5.0

如果知道仪表的准确度等级和量程，就可以算出该仪表测量时所产生的最大绝对误差，也可以算出在测量某一值时所产生的最大相对误差。例如：一只量程为 250V，准确度为 1.5 级的电压表，在测量时所产生的最大绝对误差为

$$\Delta_{\mathrm{m}} = \delta \cdot A_{\mathrm{m}} = \pm 1.5\% \times 250 = \pm 3.75\mathrm{V}$$

如用该电压表测量 250V 电压，则可能产生的最大相对误差

$$\gamma_{\mathrm{max}} = (\Delta_{\mathrm{m}}/A_0) \times 100\% = (\pm 3.75/250) \times 100\% = \pm 1.5\%$$

如果用该电压表测量 10V 电压，则可能产生的最大相对误差为

$$\gamma_{\mathrm{max}} = (\Delta_{\mathrm{m}}/A_0) \times 100\% = (\pm 3.75/10) \times 100\% = \pm 37.5\%$$

如果用量程 15V，准确度为 2.5 级的电压表来测量 10V 电压，则其最大相对误差为

$$\gamma_{max} = (\Delta_m/A_0) \times 100\% = (\pm 0.375/10) \times 100\%$$
$$= \pm 3.75\%$$

由此可见，对于同一只仪表，由于其本身的准确度 δ 和最大量程 A_m 一定，所以它所产生的最大绝对误差是一定值。但测量结果的准确度不仅与仪表的准确度有关，而且还与被测量的大小有关。用大量程（即使其准确度较高）的仪表测量小数值，会产生很大的相对误差，还不如用准确度较低，但量程较小的仪表来测量。仪表在满量程测量时，其相对误差最小，且等于其基本误差。另外，对于多用仪表（如万用表），不同的被测量及不同的电流种类可以有不同的准确度等级。对于测量同一个量的多量程仪表，其不同量程的准确度等级也不同。

1-2-6 选用仪表应注意哪些问题？

仪表应按用途、量程、准确度、安装及使用环境等方面的要求进行恰当的选择。同时应注意的是：由于仪表被测量越接近满刻度，测量结果的相对误差就越小，所以在选择仪表量程时，应使被测量示值在标度尺的 2/3 以上为宜；在量程相同的情况下，准确度级别较高的仪表，测量时其相对误差较小，但仪表准确度的选择应考虑能满足测量要求即可，不应盲目追求高级别。

1-2-7 常用的电工仪表有哪些？

电工仪表的种类繁多，按照其工作原理、用途、被测量性质等，可分为以下几类：

（1）指示仪表。指示仪表又称直读式仪表，其结构简单、工作稳定、可靠性高、使用方便，但测量准确度相对较低，指示仪表又有以下几种分类方法。

1）按被测量可分为电流表、电压表、欧姆表、兆欧表、万用表等；

2）按工作原理可分为磁电系、电磁系、电动系、静电系、感应系、整流系仪表等；

3）按照使用方法可分为携带式和开关板式（或称安装式）仪表；

4）按照被测量性质可分为直流、交流和交直流两用仪表。

（2）比较仪器。包括各种交直流电桥、电位差计等。比较仪器测量准确度高，需要用标准电阻、标准电感、标准电容等直接参与测量，且操作较复杂。

（3）积算仪表。在测量时间内仪表对被测量进行累计，如电能表。

（4）自动记录仪表。自动记录仪表是随时间记录电参量的仪表。这类仪表可分为自动平衡式记录仪、笔式记录仪表、光线示波器及磁带记录仪等。

（5）数字式仪表。常见的有数字式电压表、电流表、频率表、相位表和万用表等。

1-2-8 什么是感应式电能表？感应式电能表的优缺点及工作原理是什么？

感应式电能表就是利用电磁感应原理工作，并对负载所消耗的电能进行计量的仪表。其主要部件包括：驱动元件（电压、电流线圈及铁芯）、转动元件（铝制转盘）、制动元件（永久磁铁）和计度器。感应式电能表具有制造简便、可靠性高、价格便宜等优点；但也存在准确度较低、受谐波影响大、功耗较大、功能单一等缺点。

感应式电能表的工作原理是：电能表接入交流电路后，电流线圈和电压线圈中的电流所产生的交变磁通穿过铝盘，在铝盘上感应出涡流，涡流又与磁通作用产生转动力矩，使铝盘转动，从而带动计度器指示出被测电能的累计数值。由于永久磁铁的制动作用，铝盘转动力矩的大小与负载电流的大小成正比，负载电流越大，铝盘转速越高，负载消耗的电能就越多。

1-2-9 电子式电能表的结构、分类及工作原理是怎样的？机电脉冲式与全电子式表有何区别？

电子式电能表一般由电能测量单元和数据处理单元两部分组成。根据电能测量单元组成的不同，电子式电能表又分为机电脉冲式和全电子式两大类。机电脉冲式表出现得较早，它沿用了感应式电能表的测量机构，数据处理则由电子电路和计算机控制系统来实现，具有较高的性价比，因而在民用电能计量领域被广泛采用。图1-3为机电脉冲式电子电能表工作原理框图。

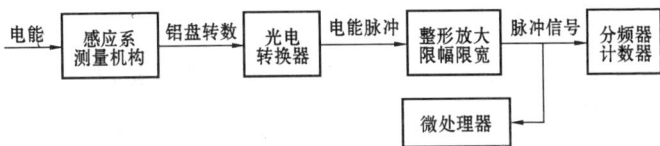

图1-3　机电脉冲式电子电能表工作原理框图

全电子式电能表的测量单元对功率的测量是借助于模拟或数字乘法器来进行的，图1-4为其工作原理框图：被测的高电压 u、大电流 i 经电压、电流变换器送至乘法器 M，乘法器完成电压和电流瞬时值相乘后得到瞬时功率，并输出一个与一段时间内的平均功率成正比的直流电压 U_0，然后再利用电压/频率转换器将 U_0 转换成相应的脉冲频率 f_0（正比于平均功率），将该频率分频，并通过一段时间内计数器的计数后，再通过液晶或数码管等显示出相应的电能。机电脉冲式与全电子式表，除了对电能的测量方式不同外，在数据处理、电表的功能方面差别不大；但全电子式表由于采用了更先进的电子测量技术，因此具有更高的准确度级别、更低的功耗、更强的过载能力等优点，故常作为标准表或用于一些大用电户的电能计量管理。

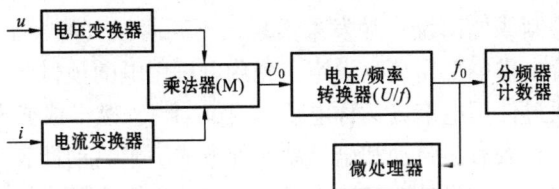

图 1-4　全电子式电子电能表工作原理框图

1-2-10　电子式电能表的主要功能有哪些?

电子式电能表的主要功能包括计量、监视、控制和管理功能。

（1）计量功能。可分为累计和实时计量两个部分。累计计量主要包括有功、无功电能和视在电能的消耗量、断电时间、断电次数及超负荷时间等；实时计量包括测量并显示工频电能的各项参数，如各相电流、电压及线电压，单相或三相有功、无功功率、视在功率，单相或三相功率因数，电源频率和时钟等。

（2）监视功能。包括最大需量、防窃电监视，停电和复电时间记录、缺相指示报警，预付费表所购电能即将用尽时的报警、电压异常报警等。

（3）控制功能。主要的控制功能有时段控制和负荷控制。前者用于多费率分时计费；后者是通过接口接受远方控制指令或通过表计内部编程（考虑时段或负荷定额）控制负荷。对预付费表还具有所购电能即将用尽时发出报警并经过一定延时后拉闸停电的控制功能。

（4）管理功能。管理功能包括按时段/费率进行计费、预付费提示，为抄表提供必要的信息数据、参与组网进入电能管理系统等。在电子式电能表中，费率的转换由仪表内部时钟控制或外部统一触发来实现，不同时段（峰、平、谷）的电价由供电部门统一设定。先购电再用电的预付费管理模式是通过使用电卡（又称电钥匙或 IC 卡）、磁卡或光卡来完成的。抄表有半自动和全自动两种方式。半自动抄表需要到各用户表的装设处，经连接至电能表的光耦合器或带有接受和发送二极管的双向红外接口读取用户的用电信息；而全自动抄表方式则是在与电能用户相距很远的供电部门的办公室内，利用电缆、电话线、架空电力传输线、光纤或无线电等各种通信手段自动读取和存储用户电能表记载的用电信息。电子式电能表与远程终端技术相结合组成的管理网络，再利用上述提及的某种通信方式，可将网络系统获取的电能计量信息按需要传送给供电系统中的各个管理部门，供调度、电能控制、电能交换和营业计费等使用。上述管理功能的实现，对电能管理部门推进配电综合自动化工作产生了很大的促进作用。

1-2-11　电子式电能表与感应式电能表相比有哪些优点?

主要优点是: ①准确度高, 可根据需要制成不同准确度等级的仪表, 其最高准确度可达 0.01 级; ②特殊设计的电能表可以准确计量基波和谐波电能; ③功耗较小; ④使用寿命长; ⑤功能多。

1-2-12　系统中谐波对电能计量的影响怎样? 如何消除?

系统中谐波电压、电流的不断增加, 不仅会对电力用户的设备造成危害, 而且也会影响对电能的准确计量。因此, 我国已通过立法和建立国家标准的形式, 引导企业和用电大户采取积极有效的措施, 抑制电力谐波的产生。为了提高电能质量和供电效率, 查明谐波的来源, 为治理谐波提供依据十分重要。为此, 有必要将基波电能与谐波电能分别计量, 并区别出谐波流向, 尽可能对向电网注入谐波的用户采取惩罚性的计费方式, 强制其尽快采取治理措施, 以减小谐波注入量, 保证电网的可靠运行, 不损害线性负荷用户的利益。

在存在谐波的供电系统中, 线性负荷不仅吸收基波电能, 同时也吸收谐波电能。当使用对三次以上谐波基本不响应的感应式电能表测量线性负荷吸收的电能时, 表的指示值虽然大于负载吸收的基波电能数, 但通常小于该负载吸收的电能总数。也就是说, 负载吸收的电能总数包括基波和所有谐波电能, 而感应式电能表只能计量其中的基波和二次谐波电能。实际上对于线性负荷来说, 只希望吸收基波电能, 而不需要所有谐波电能。因为谐波的存在干扰了线性负荷的正常工作，还会对设备带来损害，并且还要为谐波电能多付电费。而非线性负荷可看成谐波源，其吸收的总电能数等于其所吸收的基波电能与产生的谐波电能之差，即若使用感应式电能表计量非线性负荷吸收的电能时，表的指示数将小于它所吸收的基波电能数。特别是对于非线性负荷用电大户，将造成大量地少计其占用的基波电能数，并因此而少付电费。这显然是不合理的。如果能分别计量出电力用户的基波电能和各次谐波电能以及它们的流向，就可以实现对各类电力用户较为科学的管理。实际所采用的方法是，同时准确地测出基波电能和总电能，将总电能减去基波电能就可得到各次谐波电能。在这方面，国内有关单位已经开发出了相关的产品。

1-2-13 什么是数字化测量？数字化测量技术的发展历程及意义是什么？

数字化测量是通过模数（A/D）转换器将被测的连续模拟量转换成断续的数字量，然后进行编码、传输、存储、数据处理和显示的测量方法，其测量的原理、方法以及仪表的结构等方面与传统的指针式仪表完全不同。数字化测量将被测量转化为数字量后，可直接送至计算机进行数据处理或实时控制，具有测量速度快、精度高、操作方便等优点，因而广泛地应用于数字仪表、非电量测量、数据采集系统及自动控制等各个领域。

数字化测量技术的发展与电子技术、计算机的发展密切相关，特别是半导体技术的发展不断提供了各种优良的元器件，大大促进了数字化测量技术的进步。自 1952 年世界上第一台数字式电压表问世以来，数字仪表所用的器件经历了由电子管、晶体管、集成电路到大规模集成电路、专用集成电路的演变历程。到了 20 世纪 70 年代，由于微处理器和微型计算机的出现，使仪器仪表发生了革命性的变化。微处理器或计算机装在仪器中，参与测量控制和数据处理，大大扩展了仪器的功能，提高了各项性能指标。这种微机化仪器也被称之为智能仪器。数字化测量技术极大地提高了整个测量技术的水平，在工农业生产和科学研究中获得了广泛的应用。数字化测量还将随着电子技术、测量技术的发展而发展，并将在实现测量的高精度、高速度、测量技术自动化和智能化的进程中继续发挥更加积极的作用。

1-2-14 数字仪表的特点有哪些?

（1）准确度高。现代数字直流电压表的准确度可达 0.001% 或更高；频率计可达 1×10^{-9}。

（2）输入阻抗高。输入阻抗高于 1000MΩ 的数字电压表是常见的，有的甚至高达 25000MΩ。

（3）读数准确。测量结果以数字形式示出，没有视觉误差，读数既方便又准确。

（4）测量速度快。数字电压表的最高测量速度可达每秒几万甚至几十万次。

（5）灵敏度高。现代积分式数字电压表的分辨率可达 0.01μV。

（6）功能多样，测量过程自动化。数字仪表操作简单，可以自动地判断极性、切换量程。带有微处理器的数字仪表具有自动校零、校准、补偿非线性和提供自动打印及数码输出等功能。

（7）可以方便地与计算机配合。数字仪表可以通过输出接口把测量结果直接送给计算机，以便进行数据处理和有关的控制。

1-2-15 电工仪表标度板上常见的符号有哪些？其含义如何？

在仪表的标度板上标有各种符号，它们表征了仪表的主要技术性能指标，主要包括仪表的型号、工作原理、被测量单位、准确度等级及正常工作位置等。掌握了这些符号的含义将有助于仪表的正确使用。常见的符号及含义如表1-3所示。

表 1-3　　　　　　仪表标度盘上常见的符号及含义

序号	符号	含　　义	序号	符号	含　　义
1	- - -	直流线路和（或）直流响应的测量机构	13		电磁系仪表
2	∿	交流线路和（或）交流响应的测量机构	14		电动系仪表
3	☆	试验电压500V	15		铁磁电动系仪表
4	☆2	试验电压高于500V（例如2kV）	16		感应系仪表
5	☆0	不经受电压试验的装置	17		静电系仪表
6	⊥	标度盘垂直使用的仪表	18		磁电系比率表
7	⌐	标度盘水平使用的仪表	19		电屏蔽

序号	符号	含　义	序号	符号	含　义
8	∠60°	标度盘对水平面倾斜（例如60°）的仪表	20	○	磁屏蔽
9	1	等级指数（例如1）除基准值为标尺长、指示值者外	21	⏚	接地端
10	∨1	等级指数（例如1），基准值为标度尺长	22	↻	零（量程）调节器
11	①	等级指数（例如1），基准值为指示值	23	＋	正端
12	⌂	磁电系仪表	24	―	负端

第三节　继　电　保　护

1-3-1　什么是继电保护装置？其基本任务是什么？

反映电力系统的故障或不正常工作状态，并作用于断路器跳闸切除故障或作用于信号装置发出报警信号的自动装置，称为继电保护装置。

继电保护装置的基本任务是：自动、迅速、有选择性地将故障元件从电力系统中切除，保证其他无故障部分迅速恢复正常运行，并使故障元件免于继续遭到破坏；当系统出现不正常工作状态（如过负荷、小电流接地系统单相接地等）时，发出报警信号，提醒值班人员注意并处理；与其他自动装置配合，以实现电力系统自动化和远动化，如自动重合闸、备用电源自动投入及遥控、遥测、遥信等。

1-3-2 对继电保护装置的基本要求是什么?

动作于跳闸的继电保护装置应满足四个基本要求,即选择性、速动性、灵敏性和可靠性。

(1) 选择性。即仅将故障元件切除,保证系统中非故障部分仍能继续安全运行。

(2) 速动性。即尽可能快地切除故障,以提高系统运行的稳定性,减少电压降低时间及降低故障元件的损坏程度。

(3) 灵敏性。即对于其保护范围内发生故障或不正常运行状态的反应能力。灵敏性符合要求的保护装置,在其保护范围内发生故障时,不论故障点的位置和故障性质如何,都应敏感地作出反应。为此,在保护装置动作值整定计算时,必须进行灵敏度校验。

(4) 可靠性。即发生了属于某保护装置动作的故障时,不应拒动;而在其他不属于该保护装置动作的情况下,不应误动。

1-3-3 继电保护装置的基本类型有哪些?

继电保护装置通常由测量单元、逻辑判断处理单元和执行单元所组成。根据构成方式的不同,继电保护装置可分为电磁型、晶体管型、集成电路型和微机型四种类型;根据工作原理和用途的不同,继电保护装置又可分为电流保护(包括电流速断、定时限电流速断、过电流保护和零序电流保护等),电压保护(包括过电压保护、欠电压保护和零序电压保护等),方向保护(包括方向电流保护、方向零序电流保护),距离保护,差动保护,高频保护及瓦斯保护等。

1-3-4 电流保护的接线有哪些方式？

电流保护的接线方式是指电流继电器与电流互感器二次绕组的接线方式，它包括完全星形接线、不完全星形接线和两相电流差接线。

（1）完全星形接线。完全星形接线如图 1-5 所示，其接线系数 K_c 等于 1。所谓接线系数是指流入继电器中的电流与电流互感器二次绕组中电流的比值，即

$$K_c = \frac{I_1}{I_u} \tag{1-8}$$

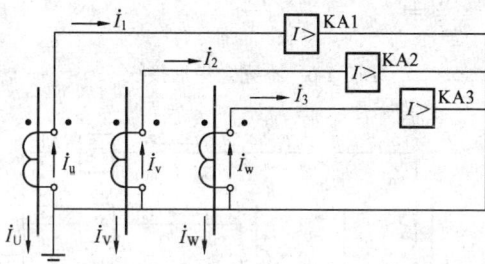

图 1-5 完全星形接线

在电流保护动作电流的整定计算中，需要计入接线系数。完全星形接线一般用于中性点直接接地系统中构成相间短路保护并兼做接地故障保护，以及发电机、变压器等重要设备的保护。

（2）不完全星形接线。不完全星形接线如图 1-6 所示，其接线系数 K_c 也等于 1。该接线主要用于小电流接地系统中的相间短路保护。不完全星形接线在应用时应注意，在同一个电压等级供电系统的若干出线中，不装电流互感器的一

相应该一致（通常为 V 相）。此外，当不完全星形接线用于
Y，d11 连接变压器构成相间故障保护时，应采用图 1-7 所
示的两相三继电器式接线，以提高 d 形连接侧发生两相短路
时，安装于 Y 侧的电流保护的灵敏度。

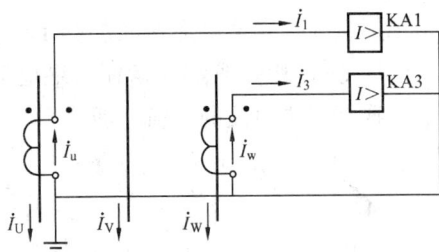

图 1-6 不完全星形接线

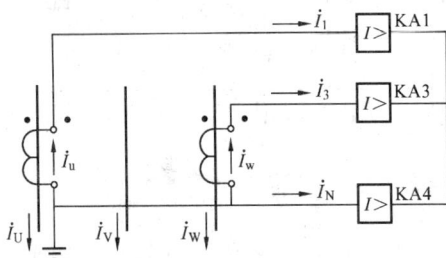

图 1-7 两相三继电器式不完全星形接线

(3) 两相电流差接线。两相电流差接线如图 1-8 所示，
其接线系数 K_c 为 $\sqrt{3}$。该种接线方式使用继电器少，结构简
单，一般用于 10kV 非重要线路和高压电机作为相间短路故
障保护。两相电流差接线在发生不同相别的短路故障时，其
保护的灵敏度是不同的。当发生装有互感器的两相短路
（U、W 相短路）时，有 2 倍的故障电流流入电流继电器，

故灵敏度较高；当发生装有互感器和未装互感器的两相短路（U、V 相或 V、W 相短路）时，只有 1 倍的故障电流流入电流继电器，其灵敏度较低。

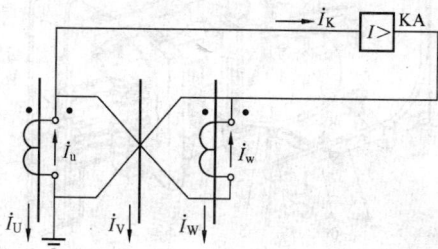

图 1-8 两相电流差接线

1-3-5 10kV 变、配电所继电保护常用的继电器有哪些?

10kV 变、配电所的容量一般不大，供电范围较小，因此常采用一些较简单的继电保护装置，如电流速断保护、过电流保护等，这些保护是借助于一些继电器来实现的。常用的继电器包括电磁型 DL 系列电流继电器，电磁型 DJ 系列电压继电器，电磁型 DZ 系列交、直流中间继电器，电磁型 DS 系列时间继电器，电磁型 DX 系列信号继电器及感应型 GL 系列反时限过电流继电器等。

1-3-6 GL – 10、20 系列感应型反时限过电流继电器的结构、工作原理以及功能如何?

该系列继电器具有反时限过电流和电流速断两种功能。图 1-9 为 GL – 10、20 系列感应式电流继电器的内部结构图。反时限过电流部分由电流线圈及铁芯、铝制圆盘、蜗

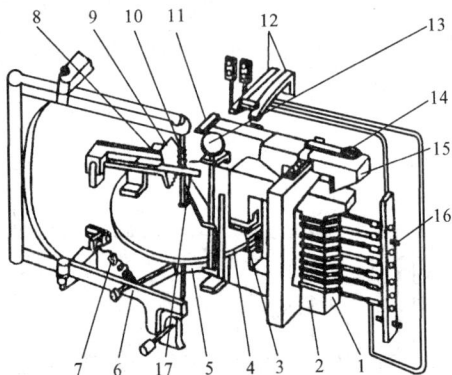

图 1-9　GL-10、20 感应型反时限过电流继电器内部结构图

1—线圈；2—铁芯；3—短路环；4—铝盘；5—钢片；6—铝框架；
7—调节弹簧；8—制动永久磁铁；9—扇形齿轮；10—蜗杆；11—扁
杆；12—继电器触点；13—时限调节螺杆；14—速断电流调节螺钉；
15—速断衔铁；16—动作电流调节插销；17—挑杆

轮、伞型齿轮及永久磁铁等组成。铁芯的极面上分成带有短路环部分和没有短路环两个部分，当电流线圈有电流流过时，铁芯中所产生的磁通在极面处也被分成了两个部分。带有短路环部分的磁通由于短路环中感应电流所产生磁通的去磁作用，在相位上比不带短路环部分的磁通要滞后。这两部分磁通分别穿过了夹在铁芯间隙中铝制圆盘的不同位置。根据电磁感应原理，圆盘在磁通穿过的部分会产生涡流，从而使圆盘在磁通和涡流的作用下产生转动力矩而旋转。圆盘转动后，与圆盘同轴的蜗轮则带动伞型齿轮不断上升，经过一定时间后，伞型齿轮上的挑杆将电磁铁上的扁杆挑起，致使衔铁与铁芯间隙减小而加速吸向铁芯，此时，继电器的动合触点闭合（动断触点打开），扁杆同时又把信号牌挑下，表示继电器已经动作。永久磁铁的作用是对圆盘产生阻尼，使圆盘的转速与电流的大小相对应，而不会越转越快。铝制圆盘的转速与电流线圈中电流的平方成正比，故障电流大，圆盘的转速快，继电器动作所需的时间就短；反之，继电器动作所需的时间就长。这就是说，继电器具有反时限特性，如图 1-10 中曲线 $a-b-c$ 段。但随着线圈的电流继续增大，铁芯磁路将趋于饱和，铁芯中的磁通不再随电流的增加而增加，作用在圆盘上的转动力矩也就保持恒定，此时继电器的动作时间与电流大小无关，表现为定时限特性，如图 1-10 中曲线 $c-d$ 段。

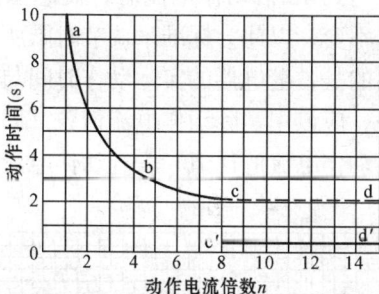

图 1-10 感应式电流继电器的反时限特性

继电器的速断部分由与反时限部分共用的电流线圈、铁芯，外加衔铁构成。当电流线圈中的电流足够大时，其铁芯所产生的磁通会将衔铁直接吸合，而不必经过圆盘、蜗轮和伞型齿轮所组成的延时机构，其动作是瞬时性的，如图 1-10 中曲线 $c'-d'$ 段。

继电器反时限动作电流可通过改变动作电流调节插销 16 的位置，从而改变电流线圈的匝数进行级进调整，并通过改变调节弹簧7的拉力进行平滑微调。而瞬时动作部分动作电流的调整可通过衔铁上的速断电流调节螺钉14进行。通过时限调节螺杆13可以改变扇形齿轮挑杆行程的起点，从而使继电器的动作特性曲线上下移动，如图1-11所示。图中曲线簇上每根曲线都标明有动作时间，如0.5、0.7、1.0s…等，表示继电器通过10倍的整定动作电流时所对应的动作时间。继电器时限调节螺杆的标度尺，是以"10倍动作电流的动作时间"来刻度的，故继电器动作时间的整定，实际上就是整定"10倍动作电流的动作时间"。之所以以10倍动作电流的动作时间来作为时限的整定标准，是因为继电器电流达到10倍动作电流时，铁芯磁路已饱和，其动作时间基本不变，以此为标准来调节时限所造成的误差较小。需要说明的是，继电器的实际动作时间与通过继电器的实际电流有关，应该用实际动作电流倍数（即通过电流继电器的电流与其动作电流的比值）去查动作电流特性曲线来求

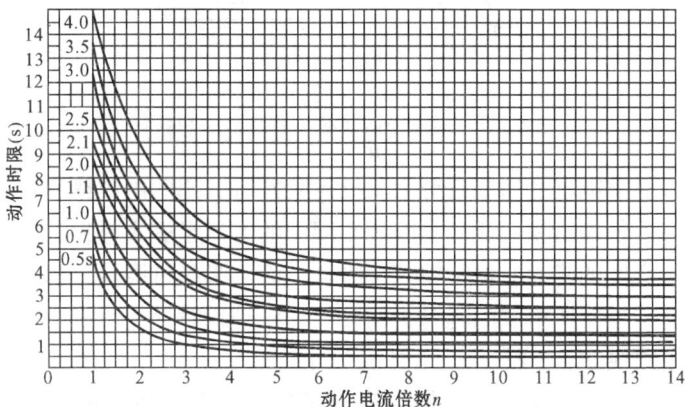

图1-11 感应式电流继电器的电流—时间特性曲线

得。例如，某继电器按 10 倍动作电流动作时间为 2.0s 整定，若其线圈通入 3 倍的整定动作电流时，可查得此时继电器的动作时间为 3.5s。

从以上说明可以看出，一只感应式 GL 系列电流继电器具有电流继电器、时间继电器、信号继电器的多种功能，还具有反时限和速断两种动作特性，用其构成电流保护装置，虽然动作时限误差较大（尤其是在速断部分），但其构成简单、经济性较好，因而在中小型工厂的供电系统中仍然获得了广泛的应用。

1-3-7 什么是电流继电器的动作电流、返回电流、返回系数？返回系数过高或过低有何问题？

逐渐增加电流继电器线圈中的电流，刚好能使继电器动作的最小电流即为继电器的动作电流 I_{ast}。继电器动作后逐渐减小通入其线圈中的电流，刚好能使继电器返回到动作前状态的最大电流即为继电器的返回电流 I_{re}。继电器的返回电流与动作电流的比值称为返回系数 K_r，即

$$K_r = I_r / I_{ast} \tag{1-9}$$

当电流继电器用于过电流保护时，其动作值的整定要考虑外部故障切除后，继电器应返回的问题。因此，电流继电器的返回系数不应过低，否则将导致继电器的动作电流过高，降低了保护的灵敏度；但返回系数也不可过高，否则继电器触点闭合不可靠。一般电磁型电流继电器的返回系数为 0.85，感应型电流继电器返回系数为 0.8。

1-3-8 如何进行电流保护的整定计算？

（1）电流速断保护：

1）动作电流。整定计算公式为

$$I_{ast} = \frac{K_{rel} K_c I_{k,max}^{(3)}}{K_I} \qquad (1\text{-}10)$$

式中 K_{rel}——保护装置的可靠系数，对电磁式继电器取 1.2 ~ 1.3，对感应式继电器取 1.4 ~ 1.5；

K_c——接线系数，对完全星形接线、两相不完全星形接线取 1，对两相电流差接线取 $\sqrt{3}$；

K_I——电流互感器变比；

$I_{k,max}^{(3)}$——对线路，为末端最大运行方式下的三相短路电流，对变压器，为折算到高压侧的最大运行方式下低压母线的三相短路电流。

2）灵敏度 K_{se} 校验。灵敏度校验公式为

$$K_{se} = \frac{K_c I_{k,min}^{(2)}}{K_I I_{ast}} \qquad (1\text{-}11)$$

式中 $I_{k,min}^{(2)}$——保护安装处最小运行方式下的两相短路电流，对于线路是首端的两相短路电流，对于变压器，是高压侧两相短路电流。

一般情况下，对线路电流速断保护，$K_{se} \geqslant 1.5$，对个别情况达到上述要求有困难时，可 $K_{se} \geqslant 1.25$；对变压器电流速断保护，$K_{se} \geqslant 2.0$。

（2）过电流保护：

1）动作电流。整定计算公式为

$$I_{ast} = \frac{K_{rel} K_c I_{L,max}}{K_r K_I} \qquad (1\text{-}12)$$

式中 K_r——继电器的返回系数，对电磁式继电器取 0.85，对感应式继电器取 0.80；

$I_{\text{L,max}}$——最大负荷电流，对线路为 $(1.5 \sim 3)\, I_c$（I_c 为线路计算电流），对变压器为 $(1.5 \sim 3)\, I_{\text{1N,T}}$（$I_{\text{1N,T}}$ 为高压侧额定电流）；

K_{rel}——可靠系数，对电磁式继电器取 1.2，对感应式继电器取 1.3。

2）动作时限。过电流保护的动作时限按阶梯原则整定，应比下一级保护的过电流保护动作时限大一个时间级差 Δt。对定时限过电流保护，一般取 $\Delta t = 0.5\text{s}$；对反时限过电流保护，因其时限误差较大，故取 $\Delta t = 0.7\text{s}$。

3）灵敏度校验。校验公式为

$$K_{\text{se}} = \frac{K_c I_{\text{k,min}}^{(2)}}{K_1 I_{\text{ast}}} \tag{1-13}$$

式中 $I_{\text{k,min}}^{(2)}$——保护范围末端最小运行方式下两相短路电流，对线路为线路末端的两相短路电流，对变压器为折算到高压侧的低压母线两相短路电流。

一般情况下，$K_{\text{se}} \geq 1.5$，对个别情况达到上述要求有困难时，取 $K_{\text{se}} \geq 1.25$。

式（1-11）和式（1-13）在形式上完全相同，但 $I_{\text{k,min}}^{(2)}$ 和 I_{ast} 的含义不同，请注意比较。

【例1-3】 某 10kV 配电系统如图 1-12 所示。已知：

(1) 电缆线路计算电流 $I_c = 90\text{A}$。

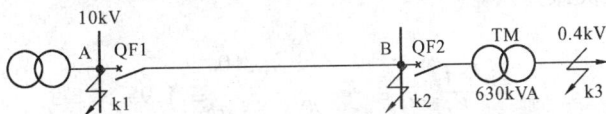

图 1-12 配电系统图

（2）最大运行方式下，变电所母线 A 三相短路电流 $I_{k1,max}^{(3)} = 4150A$，变电所母线 B 三相短路电流 $I_{k2,max}^{(3)} = 1700A$，配电变压器 TM 低压侧母线三相短路时流过高压侧的电流为 $I_{k3,max}^{(3)} = 430A$。

（3）最小运行方式下，变电所母线 A 三相短路电流 $I_{k1,min}^{(3)} = 3820A$，变电所母线 B 三相短路电流 $I_{k2,min}^{(3)} = 1450A$，配电变压器 TM 低压侧母线三相短路时流过高压侧的电流为 $I_{k3,min}^{(3)} = 360A$。

（4）断路器 QF1 处电流互感器变比 K_I 为 300/5，两相式接线；断路器 QF2 处电流互感器变比为 100/5，两相式接线；变压器低压侧出线保护动作时间为 0.5s。

拟对 10kV 线路、配电变压器 TM 采用 DL 系列电流继电器装设电流保护，试进行相关的整定计算。

解： 对线路取 $I_{L,max} = 3I_c = 3 \times 90 = 270$（A），对变压器取 $I_{L,max} = 3I_{1N,T} = 3 \times \dfrac{S}{\sqrt{3} \times U} = 3 \times \dfrac{630}{\sqrt{3} \times 10} = 109$（A）

（1）配电变压器 TM 电流保护整定计算：

1）过流保护，根据式（1-12）得

$$I_{ast} = \frac{K_{rel} K_c I_{L,max}}{K_r K_I} = \frac{1.2 \times 1 \times 109}{0.85 \times 20} = 7.69(A) \quad 取 8A$$

动作时间比变压器低压侧出线保护动作时间大一个时间级差 0.5s，取 1.0s。

灵敏度校验

$$K_{se} = \frac{K_c I_{k,min}^{(2)}}{K_I I_{ast}} = \frac{1 \times \dfrac{\sqrt{3}}{2} \times 360}{20 \times 8} = 1.95 > 1.5$$

配电网中同一地点发生两相或三相短路，其短路电流有

如下关系

$$I_k^{(2)} = \frac{\sqrt{3}}{2} I_k^{(3)}$$

2）电流速断保护

$$I_{ast} = \frac{K_{rel} K_c I_{k,max}^{(3)}}{K_I} = \frac{1.3 \times 1 \times 430}{20} = 27.95(A) \quad 取28A$$

灵敏度校验

$$K_{se} = \frac{K_c I_{k,min}^{(2)}}{K_I I_{ast}} = \frac{1 \times \frac{\sqrt{3}}{2} \times 1450}{20 \times 28} = 2.24 > 2.0$$

（2）线路电流保护：

1）过电流保护

$$I_{ast} = \frac{K_{rel} K_c I_{L,max}}{K_{re} K_I} = \frac{1.2 \times 1 \times 270}{0.85 \times 60} = 6.35(A) \quad 取7A$$

动作时间比变压器过流保护动作时间大一个时间级差 0.5s，取 1.5s。

灵敏度校验

$$K_{se} = \frac{K_c I_{k,min}^{(2)}}{K_I I_{ast}} = \frac{1 \times \frac{\sqrt{3}}{2} \times 1450}{60 \times 7} = 2.99 > 1.5$$

2）电流速断

$$I_{ast} = \frac{K_{rel} K_c I_{k,max}^{(3)}}{K_I} = \frac{1.3 \times 1 \times 1700}{60}$$

$$= 36.83(A) \quad 取37A$$

灵敏度校验

$$K_{se} = \frac{K_c I_{k,min}^{(2)}}{K_I I_{ast}} = \frac{1 \times \frac{\sqrt{3}}{2} \times 3820}{60 \times 37} = 1.49 \approx 1.5$$

1-3-9 如何整定反时限过电流保护的动作时限?

由于 GL 型电流继电器的时限调整机构是按 10 倍动作电流的动作时间来标度的,而实际通入继电器中的电流不一定正好为动作电流的 10 倍,因此反时限过电流保护的动作时限,必须根据实际情况并参照给定的继电器动作特性曲线(如图 1-11 所示)来整定。

现有一配电系统如图 1-13 所示,在两条线路上均装设反时限过电流保护。已知继电器 KA2 的 10 倍动作电流的动作时间为 t_2,其动作电流已整定为 $I_{\text{ast},2}$,短路点 k1、k2 的三相短路电流为 $I_{\text{k1}}^{(3)}$、$I_{\text{k2}}^{(3)}$。试整定继电器 KA1 的 10 倍动作电流动作时间 t_1。

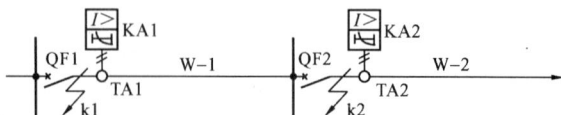

图 1-13 反时限过电流保护设置示意图

整定步骤(参见图 1-14)如下:

(1)计算 k2 点三相短路电流流入继电器 KA2 中的实际值

$$I_{\text{k2},2}^{(3)} = \frac{K_{\text{c},2}}{K_{\text{I},2}} I_{\text{k2}}^{(3)} \tag{1-14}$$

式中 $K_{\text{c},2}$——继电器 KA2 的接线系数;

$K_{\text{I},2}$——电流互感器 TA2 的变比。

(2)计算对应于 $I_{\text{k2}}^{(3)}$ 继电器 KA2 的实际动作电流倍数

$$n_2 = \frac{I_{\text{k2},2}^{(3)}}{I_{\text{st},2}} \tag{1-15}$$

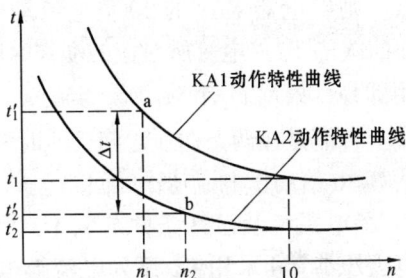

图 1-14 反时限过电流保护
10 倍电流动作时间整定

（3）根据 n_2 在 KA2 已整定好的 10 倍电流动作时间为 t_2 的特性曲线上找出 b 点，则 b 点所对应的纵坐标 t'_2 即为继电器 KA2 对应于 $I_{k2}^{(3)}$ 的实际动作时间。

（4）为了保证与继电器 KA2 相配合，根据 t'_2 可计算出继电器 KA1 的实际动作时间应为

$$t'_1 = t'_2 + \Delta t = t'_2 + 0.7s$$

（5）计算 k2 点三相短路电流流入继电器 KA1 中的实际值

$$I_{k2,1}^{(3)} = \frac{K_{c,1}}{K_{I,1}} I_{k2}^{(3)} \tag{1-16}$$

式中 $K_{c,1}$——继电器 KA1 的接线系数；

$K_{I,1}$——电流互感器 TA1 的变比。

（6）计算对应于 $I_{k2}^{(3)}$ 继电器 KA1 的实际动作电流倍数

$$n_1 = \frac{I_{k2,1}^{(3)}}{I_{ast,1}} \tag{1-17}$$

（7）根据 t'_1 和 n_1，在继电器 KA1 给定的动作特性曲线

簇上找到 a 点，则继电器 KA1 的 10 倍电流动作整定时间，即为 a 点所在曲线的 10 倍电流所对应的动作时间 t_1。

需要说明的是，根据 t'_1 和 n_1 所确定的 a 点不一定正好落在某条曲线上，而是在两条曲线之间，此时可以根据上下两条曲线来估算 10 倍动作电流动作时间。

【例 1-4】　配电系统及已知条件与例 1-3 相同，拟对电缆线路、配电变压器 TM 采用 GL 系列电流继电器装设电流保护，试进行相关的整定计算。

解： 对线路取 $I_{L,max} = 3I_C = 3 \times 90 = 270$（A），对变压器取 $I_{L,max} = 3I_{1N,T} = 3 \times \dfrac{630}{\sqrt{3} \times 10} = 109$（A）。

（1）配电变压器 TM 电流保护整定计算：

1）反时限过电流保护

$$I_{ast} = \frac{K_{rel} K_c I_{L,max}}{K_r K_I} = \frac{1.3 \times 1 \times 109}{0.80 \times 20} = 8.86(A) \quad 取 9A$$

2）10 倍动作电流的动作时限。反时限过电流动作时限应比变压器低压侧出线保护动作时间大一个时间级差 0.7s，即 $t = 0.5 + 0.7 = 1.2$（s）。变压器低压侧母线最大运行方式下发生三相短路流入继电器中的电流为 430/20 = 21.5（A），此时动作电流倍数 $n = 21.5/9 = 2.39$（倍）。根据 $t = 1.2s$ 和 $n = 2.39$ 倍查图 1-11 反时限特性曲线可得继电器的 10 倍电流的动作时间应整定为 $t_2 = 0.5s$。

3）速断电流倍数

$$I_{ast,TM} = \frac{K_{rel} K_c I_{k,max}^{(3)}}{K_I} = \frac{1.5 \times 1 \times 430}{20} = 32.25(A) \quad 取 32A$$

速断电流整定倍数　32/9 = 3.56

4）灵敏度校验。

a. 反时限过电流部分

$$K_{se} = \frac{K_c I_{k,min}^{(2)}}{K_I I_{ast}} = \frac{1 \times \frac{\sqrt{3}}{2} \times 360}{20 \times 9} = 1.73 > 1.5$$

b. 速断部分

$$K_{se} = \frac{K_c I_{k,min}^{(2)}}{K_I I_{st}} = \frac{1 \times \frac{\sqrt{3}}{2} \times 1450}{20 \times 32} = 1.96 \approx 2.0$$

(2) 线路电流保护:

1) 反时限过电流保护

$$I_{ast} = \frac{K_{rel} K_c I_{L,max}}{K_r K_I} = \frac{1.3 \times 1 \times 270}{0.80 \times 60} = 7.31(A) \quad 取 8A$$

2) 10 倍动作电流的动作时限。变压器高压侧最大运行方式下三相短路,流入变压器 GL 型继电器中的电流为 $1 \times 1700/20 = 85A$,实际动作电流倍数为 $n_2 = 85/9 = 9.4$(倍),由 $n_2 = 9.4$ 倍查图 1-11 中 10 倍电流动作时间为 0.5s 的特性曲线可得继电器的实际动作时间 $t'_2 - 0.5s$。

线路首端反时限过流保护应比变压器反时限过流保护动作时限大一个时间级差 0.7s,即 $t'_1 = 0.5 + 0.7 = 1.2s$。变压器高压侧最大运行方式下三相短路,流入线路首端 GL 型继电器中的电流为 $1 \times 1700/60 = 28.33A$,实际动作电流倍数为 $n_1 = 28.33/8 = 3.54$ 倍。根据 $t'_1 = 1.2s$ 和 $n_1 = 3.54$ 倍查图 1-11 反时限特性曲线可得线路首端 GL 型继电器的 10 倍电流的动作时间应整定为 $t_1 = 0.7s$。

3) 速断电流倍数

$$I_{ast} = \frac{K_{rel} K_c I_{k,max}^{(3)}}{K_I} = \frac{1.5 \times 1 \times 1700}{60} = 42.50(A)$$

速断电流整定倍数 $42.5/8 = 5.31$（倍）

4）灵敏度校验。

a. 反时限过电流部分

$$K_{se} = \frac{K_c I_{k,min}^{(2)}}{K_I I_{ast}} = \frac{1 \times \frac{\sqrt{3}}{2} \times 1450}{60 \times 8} = 2.62 > 1.5$$

b. 电流速断部分

$$K_{se} = \frac{K_c I_{k,min}^{(2)}}{K_I I_{ast}} = \frac{1 \times \frac{\sqrt{3}}{2} \times 3820}{60 \times 42.5} = 1.30 > 1.25$$

1-3-10 小电流接地系统中，反映接地故障的方法有哪些？其各自的工作原理及优缺点是什么？

小电流接地系统中通常用绝缘监察装置或零序电流保护来反映接地故障。

（1）绝缘监察装置。绝缘监察装置的构成如图1-15所示。在变电所高压侧母线上安装一台三相五柱式电压互感器，其二次侧星形接法绕组接有三只电压表，以测量各相对地电压。另一个二次绕组接成开口三角形，并接上电压继电器KV，用来反映系统发生单相接地时出现的零序电压。系统

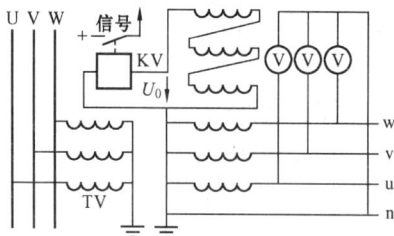

图 1-15 绝缘监察装置

正常运行时,三相电压对称,三角形绕组的开口处没有零序电压。当系统中某一线路发生单相金属性接地时,系统中所有线路的该相对地电压为零,其他两相对地电压升高√3倍,同时,三角形绕组开口处出现近 100V 的零序电压,使电压继电器动作发出信号。该保护简单、经济,但给出的信号没有选择性。当有信号发出时,值班人员并不知道哪条线路接了地,需要依次断开各条线路来判断。如果断开某条线路时信号消失,则该线路即为故障线路。该方法可用于出线不太多,并且允许短时间中断供电的场合。

(2) 零序电流保护。某小电流接地系统如图 1-16 所示。当系统中 L–3 线路的 L3 相发生金属性接地后,全系统中该相对地电压和对地电容电流都为零。系统中所有线路的非故障相的对地电容电流都流向接地点,并经故障线路流向电源中性点构成回路。对故障线路来说,其本身的非故障相对地

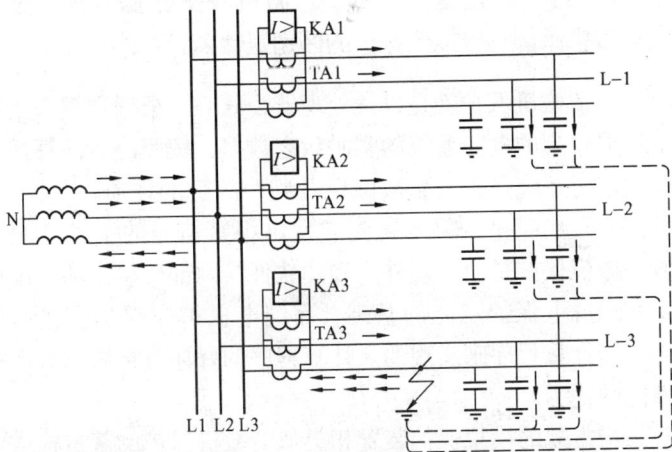

图 1-16 小电流接地系统单相接地电容电流分布

电容电流由零序电流互感器 TA3 流出，又经接地点从故障相流回 TA3，电容电流在 TA3 中所产生的磁通相互抵消。因此，故障线路的零序电流互感器 TA3 中所反映的是系统中所有非故障出线的非故障相的对地电容电流，通常该电流要大于非故障线路的零序电流互感器中所反映的本线路的对地电容电流，并且系统的出线越多、越长，这种差别就越大。零序电流保护就是利用单相接地故障线路的零序电流较非故障线路大的特点而构成的。电流继电器按躲过正常负荷电流在零序电流互感器中所产生的不平衡电流，以及其他线路接地时本线路的对地电容电流整定，从而有选择性地发出信号。与绝缘监察装置相比，零序电流保护最大的优点是动作具有选择性，但需要在每条出线都要加装保护，投资较大。该方法适用于出线较多，又不允许中断供电的场合。

1-3-11 什么是微机保护？微机保护的基本构成是什么？微机保护与模拟式保护的区别是什么？

所谓微机保护就是以微处理器为核心，根据数据采集系统所采集到的电力系统的实时状态数据，按照给定的算法来检测电力系统是否发生故障以及判明故障的性质、范围等，并由此来判断是否需要跳闸或发出报警信号的一种安全装置。微机保护是由"硬件"和"软件"两部分组成的。硬件是实现继电保护功能的基础，而继电保护原理是直接由软件，即计算程序来实现的。计算程序的好坏直接影响着保护性能的优劣。

与常规的模拟保护装置相类似，微机保护的基本构成可分为三个部分，即信息获取单元、信息综合分析与逻辑判断单元及执行单元。信息获取单元是为了取得被保护设备的有关参数，如电压、电流及某些开关量等。在电磁型继电器中，电流、电压直接加到继电器的测量机构上，转变成机械力，然后与整定值进行比较判断，中间不需要设置其他的变换、隔离等环节。随着电子技术的引入，为了适应电子器件的弱信号要求，在电流互感器、电压互感器与电子电路之间需要设置一些变换环节，如电流、电压变换器，电抗变换器等，在晶体管型继电保护、整流型继电保护以及集成电路型继电保护中都采用了类似的变换环节。由于计算机采用的是数字电路，其工作电平较之集成电路的工作电平还要低，因此微机保护同样需要采取电平变换的中间环节，还需要采取屏蔽、隔离等抗干扰措施。

信息综合分析与逻辑判断单元利用事先给定的计算程序，对所获取的各类信息进行数据处理及逻辑判断，并将结果送至执行单元。

执行单元是执行保护动作的结果，或发出信号，或接通断路器的跳闸线圈。这些操作可以由触点控制，也可以由无触点的半导体器件控制。出于可靠性考虑，目前基本上仍采用有触点的小型中间继电器来控制。在这一点上，微机保护与模拟保护是基本一致的。

微机保护与模拟式保护的根本区别是在中间部分，即信息综合分析与逻辑判断单元部分。其区别在于实现信息综合分析与逻辑判断功能的方法不同。常规的模拟保护是靠模拟电路来实现的，即用模拟电路来实现各种电量的加、减、乘、除以及延时与逻辑组合等要求；而微机保护是借助于数字技术进行数值（包括逻辑）运算来实现的。

1-3-12 微机保护由哪些部分构成？各部分作用如何？

根据各部功能的不同，微机保护装置可以细分为以下6个部分：

（1）数据采集系统。包括模拟量输入变换与低通滤波回路、采样保持与多路转换、模数转换电路。其主要作用是采集相关的模拟信号，并经过适当的处理后转换成所需的数字量。

（2）CPU主系统。包括微处理器CPU、随机存储器RAM、只读存储器EPROM、可电擦除存储器EEPROM、实时时钟、Watchdog（看门狗）电路。CPU执行存放在EPROM中的程序，对由数据采集系统输入至RAM的原始数据进行分析、处理和判断，以实现各种保护功能。

（3）人机接口部分。包括键盘、显示器、打印机等。其主要功能是实现人机对话，如调试、定值调整、人对保护装置工作状态的干预，以及定时或在保护动作后打印或显示装置运行情况及保护执行的结果等。

（4）通信接口部分。其作用是满足机间通信和远方控制的要求。

（5）开关量输入、输出通道。开关量输入、输出通道由并行口、光电耦合电路及中间继电器等组成，以完成各种保护的出口跳闸、信号报警及外部开关量输入等工作。

（6）电源部分。为整个保护装置提供可靠供电。

1-3-13 微机保护装置有哪些主要特点？

（1）改善和提高了继电保护装置的动作特性和性能。由于采用了数字处理技术，并借助于计算机强大的运算能力，可以实现常规模拟保护无法实现的复杂的保护特性；由于计算机具有很强的记忆能力，所以能够更好地实现故障分量保护；可以引进自动控制、新的数学理论和技术，包括自适应、状态预测、模糊控制及人工神经网络等。

（2）可以方便地扩充其他辅助功能。例如打印故障前后的电量波形，包括故障录波、波形分析；打印故障报告，包括日期、时间、保护动作元件、时间先后、故障类型；随时打印运行中的保护定值；利用线路故障记录数据进行故障测距；通过计算机网络、通信系统实现与厂站监控交换信息；远方改变定值或工作模式等。

（3）工艺结构条件优越。例如硬件比较通用，制造容易统一标准；装置体积小，可以减少盘位数量；功耗低等。

（4）使用方便。例如可以依据运行经验，在现场通过修改软件的方法改变某些特性，其维护调试方便，所需时间较短。

（5）需要采取特别的抗电磁干扰的措施。在电力系统中，开关设备的操作、雷击放电、静电以及较大功率的无线对讲机工作时，都会产生较强的电磁干扰。此外，保护装置本身继电器开断时的瞬变电压、设计不完善的印制板所发出的辐射噪声等，也是微机保护设计和运行中不能忽视的干扰源。再者，由于微机保护处于弱电工作状态，与常规的继电保护装置相比，其抗干扰的能力相对较弱。因此，为了确保装置的可靠性要求，必须采取有效的抗干扰措施。

（6）保护装置的内部动作过程不如模拟保护那样直观、易于理解。

1-3-14　微机保护通常采用的抗干扰措施有哪些？微机保护装置的可靠性如何？

（1）硬件方面采用的抗干扰措施包括：对输入、输出回路进行光电隔离或电磁屏蔽；采用蓄电池直流电源经逆变后为微机供电；对电路进行精心设计，合理布局，以尽量减小分布电容的影响，使微机的核心工作部分（CPU、EPROM、重要的 RAM 等）远离干扰源或与干扰有联系的部件；妥善地处理接地问题；采用多 CPU 结构，各 CPU 负责一种或几种保护功能，且彼此互相独立等等。

（2）软件方面采用的抗干扰措施包括：对各模拟量的输入设置一定的冗余通道，并且不断地对输入数据进行检查，即使由于干扰而导致错误的数据输入，也会被计算机排除；为了防止干扰可能造成的运算出错，将整个运算过程进行两次，并比较运算结果是否一致；对于跳闸出口回路，必须在接到几条（不是一条）相关的指令后，才允许发出跳闸脉冲；定时执行自动检测程序，对装置的各个部分进行检测，以检查出损坏的元件部位并打印出相应的信息等等。另外，在受到某种干扰后，CPU 可能出现程序出格现象。所谓程序出格是指 CPU 完全偏离了原定的程序轨道，而执行一系列非预期的指令，其最终结果往往是碰到一条不认识的指令而死机。虽然死机造成保护误动的概率很低，但此时 CPU 会因死机而失去保护功能，如不能及时发现和自动纠正，则发生故障时保护就会拒动，这是不能允许的。为此，微机保护还专门设置了硬件自恢复电路，即 Watchdog "看门狗"电路。Watchdog 电路的作用就是监视程序运行的情况，在出现程序出格时使微机自动复位，重新初始化，恢复其应有的保护功能。

由于可靠性是对继电保护的基本要求之一，微机保护也必须满足这一基本要求。除了保护的基本原理应满足可靠性的要求之外，在受到各种干扰以及元器件损坏时，都不应造成保护的误动和拒动。保护装置微机化后，元器件的数量大大减少，大规模集成电路损坏率很低，而且微机可以实现高级的在线自动检测，绝大多数元件损坏都能立即被检测出来并自动采取相应的措施。又由于微机保护本身采取了一系列有效的抗干扰措施，所以元器件的损坏和各种干扰一般都不会造成装置的误动和拒动，其可靠性已超过了模拟保护装置。

第四节 电 气 试 验

1-4-1 什么是电气试验，电气试验有何作用，其基本试验项目有哪些？

借助于有关的试验设备，按照一定的方法和标准对新出厂、安装后交接以及运行中的电气设备进行各种检查、试验，以发现设备中存在的绝缘缺陷，称之为电气试验。通过试验，可以检验出厂产品的质量，检验设备安装施工的质量以及防止运行中的设备因绝缘存在缺陷而击穿造成短路事故，保证系统的安全运行。

电气试验的基本试验项目包括：绝缘电阻测量，直流泄漏电流测量，介质损失角 tgδ 测量及交、直流耐压等。

1-4-2 进行电气试验应注意哪些问题？

（1）进行试验时，必须遵守电气安全规程的有关要求，所使用的绝缘工具必须经试验合格。

（2）绝缘试验应有两人以上进行，单人不得进行试验。

（3）试验时应设专人监护，其目的是：除了保证试验人员自身安全外，还可以防止其他人员误入试验区。在长电缆一端进行试验时，另一端也应派专人监护。

（4）对电缆、电容器等大电容量被试品进行绝缘电阻、直流泄漏及耐压试验时，试验前后应将被试品的两极进行充分放电，以免残存电荷伤人。

（5）试验时应尽量选择在晴好天气进行，环境温度不应低于5℃，相对湿度不大于80%。

（6）按现行电气试验的标准 DL/T 596—1996《电力设备预防性试验规程》及其修订说明进行试验。

1-4-3 什么是绝缘电阻测量，其作用是什么？

在被测绝缘的两端施加一定的直流电压，然后测量通过绝缘体的电导电流，再根据欧姆定律求得绝缘电阻，这一方法称为绝缘电阻测量。在生产现场普遍采用兆欧表进行绝缘电阻测量。兆欧表所产生的直流电压加在被测绝缘两端后，其由流比计原理构成的测量机构将同时反映加在被测绝缘两端的电压和流过绝缘体的电导电流，待表计指针稳定后即指示出被测电阻值，使用十分方便。有关兆欧表的使用方法见题 2-2-6。

绝缘电阻测量是检查电气设备绝缘的最简便的方法。该方法可以发现设备绝缘中存在的贯通性导电通道、绝缘整体受潮和脏污及绝缘严重劣化等缺陷。

1-4-4 如何选择兆欧的电压等级？

在进行绝缘电阻测量时，如果电压过高，可能造成绝缘损伤甚至直接击穿；但如果电压过低，则不易发现绝缘缺陷。因此，应根据设备的电压等级选用相应电压等级的兆欧表。根据 GB 50150—1991 的规定：100V 以下的电气设备或回路，应选用 250V 兆欧表；100～500V 的回路，应选用 500V 兆欧表；500V～3kV 的回路，应选用 1000V 兆欧表；3～10kV 的回路，应选用 2500V 兆欧表；10kV 以上的回路，应选用 2500V 或 5000V 兆欧表。

1-4-5 什么是吸收比？什么是极化指数？

当绝缘体两端加上直流电压后，开始瞬间的电流很大，以后逐渐衰减，最后稳定在某一数值，电流的这一变化过程反映了不同的物理现象。开始瞬间的电流由绝缘介质的弹性极化（无能量损耗）所决定，此时电荷移动迅速，所呈现的电流大，但持续的时间很短，这一电流称为电容电流；随后随时间逐渐衰减的电流，是由绝缘介质的夹层极化和松弛极化（有能量损耗）所引起，所需的时间较长，直至极化完成，这一过程称之为吸收现象；最后不随时间变化的电流由绝缘介质的电导决定，称之为电导电流（有能量损耗）。上述三部分电流及总的电流变化曲线如图 1-17 所示。对于由瓷质、玻璃、塑料等构成的单一材料绝缘体，在直流电压作用下，其电导电流瞬间即可达到稳定值，基本没有吸收现象。但电气设备多数是采用由多种不同性质的绝缘材料构成的夹层绝缘，在直流电压的作用下会产生多种极化，这种极化从开始到完成需要一定的时间，并且

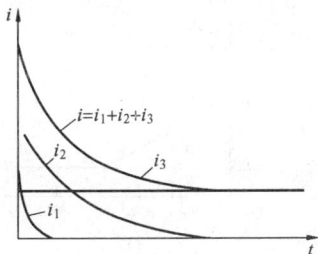

图 1-17 绝缘测试电流变化曲线
i_1—电容电流；i_2—吸收电流；i_3—电导电流

设备容量较大时，完成极化所需的时间较长，吸收电流衰减得较慢，即吸收现象较明显。

通过总电流曲线的变化，可以判断设备的绝缘状况。当绝缘正常时，其吸收现象比较明显，吸收电流衰减过程较长，最终电导电流很小；当绝缘受潮或存在缺陷时，其吸收现象不明显，吸收电流衰减过程较短，很快就达到稳定的电导电流，而且电导电流较大，如图 1-18 所示。从图中可以看出，绝缘状况不同时，在相同的时间内，电流的比值是不一样的。一般将 60s 和 15s 时绝缘电阻的比值 $K = R_{60}/R_{15}$ 称为吸收比。当 $K \geqslant 1.3$ 时，表明绝缘状况良好；当 K 值接近于 1 时，表明绝缘受潮或存在缺陷。对于大容量电机，其吸收过程会很长，可用 10min 和 1min 时的绝缘电阻比值（也称为极化指数）进行分析判断。例如，200MW 以上采用环氧粉云母绝缘的同步发电机，其极化指数不应小于 2.0。

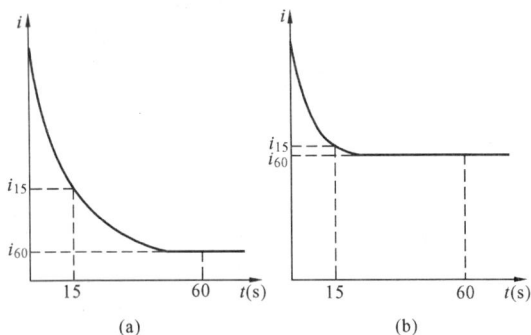

图 1-18 总电流随时间的变化曲线

（a）绝缘良好；（b）绝缘受潮

1-4-6 什么是直流泄漏电流测量？怎样接线？各种接线有何优缺点？

在被测绝缘的两端施加一定的直流电压，然后用微安表测量通过绝缘体的泄漏电流，并根据该电流的大小及某些变化特征来判断绝缘状况的试验方法，称为直流泄漏电流测量。

根据微安表在试验回路所处的位置不同，可分为微安表接在高压侧和微安表接在低压侧两种接线，分别如图 1-19 和图 1-20 所示。为了减小高压直流输出的脉动，在高压侧并接了一只不小于 $0.1\mu F$ 的滤波电容 C，但对于电容量较大的被试品，如大容量电机、长电缆等可以不加滤波电容。试验回路串接了一只保护电阻 R（通常为水电阻），其选择标准一般为 $150 \sim 200\Omega/kV$，以限制被试品击穿时的电流不超过硅堆和试验变压器的允许值。图中虚线部分是为了消除被试品绝缘表面泄漏电流对试验结果的影响而采取的屏蔽措施，其方法与兆欧表测量绝缘电阻时加屏蔽的方法相似，详见题 2-2-6。

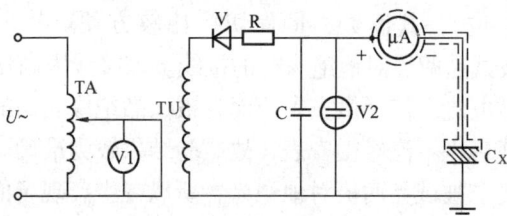

图 1-19　微安表接在高压侧试验接线

V_1—低压电压表；V_2—高压静电电压表；R—保护电阻；

TA—自耦调压器；TU—升压试验变压器；μA—微安表；

C—滤波电容；V—整流二极管（硅堆）；C_X—被试品

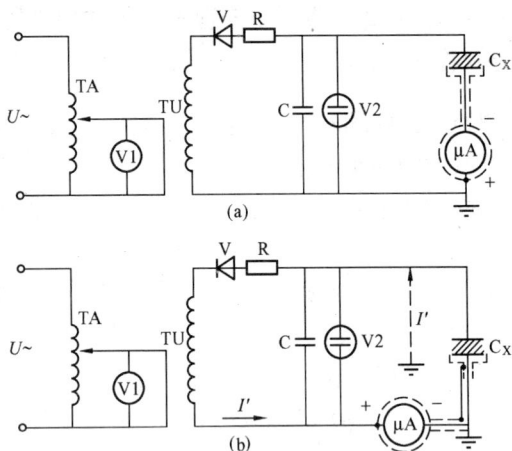

图 1-20　微安表接在低压侧试验接线

(a) 被试品两极对地绝缘；(b) 被试品一极接地

图 1-19 中，微安表处于高压侧，不受高压引线对地杂散电流的影响，因此测量结果较为准确。但微安表读数时因其距离较远而不够清晰，而且在切换微安表量程时，需要借助于绝缘杆进行，不够方便。图 1-20 中，微安表处于低压侧（低电位），其读数、量程切换比较方便。其中图 1-20 (a) 为被试品两极对地绝缘时的接线。该接线因高压引线对地的杂散电流不流经微安表，而且被试品绝缘表面的泄漏电流经屏蔽后也不流经微安表，故试验结果较为准确。但由于该接线要求被试品两极对地绝缘，所以在生产现场的使用受到了限制，因为现场的设备一般都是一极接地的。图 1-20 (b) 为被试品一极接地时的接线。该接线的屏蔽措施只能消除被试品绝缘表面泄漏电流的影响，高压引线对地的杂散电流仍将流经微安表，从而带来一定的测量误差。

1-4-7 与绝缘电阻测量相比直流泄漏电流测量有何不同?

直流泄漏电流测量与绝缘电阻测量的原理基本相同, 其主要差别是:

(1) 绝缘电阻测量时兆欧表的试验电压较低, 最高为5000V, 而且不可调整。直流泄漏的试验电压较高而且可以平滑调节, 如对 6～10kV 的设备, 试验电压为直流 10kV; 对 20～35kV 的设备, 试验电压为直流 20kV。由于直流泄漏试验电压较高, 故反映设备绝缘缺陷的灵敏度也较高, 通常可以发现绝缘电阻测量所不能发现的瓷质绝缘裂纹以及绝缘的局部受潮等缺陷。

(2) 绝缘电阻测量参数是电阻, 而直流泄漏试验测量参数是电流。

(3) 直流泄漏电流测量需要较多的试验设备, 不如绝缘电阻测量简便。

1-4-8 什么是交流耐压试验? 什么是破坏性和非破坏性试验? 耐压时间有何规定? 运行中的设备与出厂时的试验标准有何不同?

借助于工频高压试验设备, 对电气设备施加比正常运行电压高若干倍的交流试验电压 (如 10kV 电磁式电压互感器其交流耐压试验电压为 30kV), 检查设备绝缘状况, 从而有效发现绝缘缺陷的试验方法, 称为交流耐压试验。交流耐压试验电压较高, 可能造成设备绝缘击穿, 因而也被称为破坏性试验。而绝缘电阻测量、直流泄漏电流测量以及介质损失角 tgδ 测量等, 因试验电压较低, 一般不会造成绝缘击穿, 因而也被称为非破坏性试验。交流耐压试验应当在所有非破坏性试验均合格后才能进行。如果非破坏性试验已发现绝缘缺陷，应设法消除，并重新试验合格后才能进行交流耐压试验，以免造成设备不必要的损坏。绝缘的击穿电压与加压时间有关，尤其对有机绝缘特别明显，其击穿电压随加压时间的增加而逐渐下降。因此，试验规程规定，交流耐压时间为1min。这样，一方面使绝缘缺陷能够充分暴露；另一方面又不致因加压时间过长而造成绝缘击穿。

试验规程中，根据各种设备绝缘材料的性质和在运行中可能遭受的过电压倍数，规定了相应的出厂试验电压标准。对具有夹层绝缘的设备，在长期运行电压的作用下，绝缘损伤有累积效应，故运行中的设备比出厂时的试验电压要低。对于纯瓷套管、充油套管以及支持绝缘子，因它们几乎没有积累效应，故其运行中的试验电压与出厂时相同。

1-4-9 什么叫容升效应？交流耐压试验怎样接线？

被试品通常为容性负载，当被试品电容较大时，流过试验回路的电容电流 I_C 在试验变压器的漏抗 X_L 上将引起与被试品上电压 U_{CX} 反向的压降 $I_C X_L$，导致被试品上的实际电压比电源电压还要高，如图 1-21（b）所示，这种现象称为

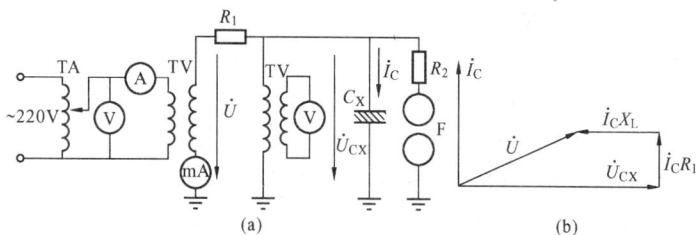

图 1-21　交流耐压试验原理接线

（a）原理接线图；（b）容升效应相量图

容升效应。试验接线如图 1-19（a）所示。图中 C_X 为被试品。为了避免试验电压过高，加压时应在被试品端直接测量。TV 为电压互感器，与电压表配合来直接测量高压。毫安表用来监测试验电流。为了限制被试品在试验中被击穿或放电而产生的短路电流，在试验回路中串接一保护电阻 R_1。R_1 的数值应适当，太小不起作用，太大会在试验时造成较大的压降。一般应选择 R_1 将放电电流限制到试验变压器额定电流的 2 倍左右。F 为测量保护球隙，其放电电压应调整为试验电压的 1.1 倍左右，用来限制可能出现的过电压。R_2 为球隙保护电阻，其作用是限制球隙放电时的电流，以免烧伤球表面，同时阻尼放电时可能引起的振荡。R_2 数值也应适当，太小保护效果差，太大会影响球隙测量准确度。R_2 可按下式计算

$$R_2 = K\left(\frac{50}{f}\right)U_{\mathrm{m}} \quad (\Omega) \qquad (1\text{-}18)$$

式中　　U_{m}——被测电压幅值，V；

　　　　f——被测电压频率，Hz；

　　　　K——常数，Ω/V，可按表 1-4 确定。

表 1-4　　　　　　　由球径所确定的 K 值

球径（cm）	2～15	25	50～75	100～150	175～200
K（Ω/V）	20	5	2	1	0.5

1-4-10　交流耐压试验应注意哪些问题？

（1）试验接线时应注意处于高压端的设备、连线对地以

及周围接地体应有足够的安全距离。

（2）所有设备外壳应可靠接地。

（3）升压必须从零开始，不可冲击合闸。在40％试验电压以内升压速度不受限制，其后应保持匀速，速度约为3％/s的试验电压。升至额定试验电压后保持1min，如不发生异常现象（击穿放电、冒烟、出气等），则试验合格。试验结束后，应将电压降至零后再断开电源，不可全压突然断电，以免引起过电压。

（4）被试品为有机绝缘材料时，试验后应立即触摸，如出现普遍或局部发热，则说明绝缘不良，应尽快处理后再做试验。

（5）耐压试验前后均应测量被试品的绝缘电阻。对夹层绝缘或有机绝缘材料的设备，如果耐压试验后的绝缘电阻比耐压前下降超过30％，则该试品不合格。

（6）在试验过程中，若由于空气湿度或绝缘表面脏污等影响，引起被试品表面滑闪放电或空气放电，不应认为被试品不合格，此时需经清洁、干燥处理后，再进行试验。

1-4-11 什么是直流耐压试验？

借助于直流高压试验设备，对有关电气设备施加比正常运行电压高若干倍的直流试验电压（如额定电压 U_0/U 为 6/10kV 的黏性或不滴流油纸绝缘电缆的直流耐压试验电压为 40kV，U_0 为电缆导体与金属套或金属屏蔽之间的设计电压，U 为导体与导体之间的设计电压），检查设备绝缘状况，从而有效发现绝缘缺陷的试验方法，称为直流耐压试验。

1-4-12 直流耐压与交流耐压相比有何优点？

因为直流耐压试验只反映被试品的泄漏电流，与交流耐压试验相比，其所需的试验设备容量小、质量轻，携带方便，给现场试验带来便利。另外，被试品在直流电压作用下，设备绝缘中的电压是按电阻分布的，而在交流情况下，绝缘中的电压分布还与分布电容有关，因而直流耐压试验可以发现一些交流耐压试验不易发现的绝缘缺陷。例如：可以比交流耐压更有效地发现电机定子绕组端部的绝缘缺陷。再者，直流耐压试验通常采用分级加压，并从泄漏电流随电压的变化情况来观察、判断绝缘状况，其曲线如图 1-22 所示。大多数情况下可以在绝缘尚未击穿前便能发现问题。因此，直流耐压试验广泛地应用于高压大容量电机、电缆和电容器等设备的绝缘试验。

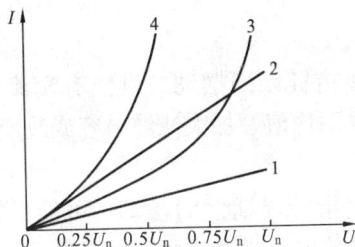

图 1-22　设备绝缘泄漏电流随电压的变化曲线

1—绝缘良好；2—绝缘受潮；3—绝缘有集中性
缺陷；4—绝缘有危险的集中性缺陷

1-4-13 直流耐压与直流泄漏电流测量有何不同？

直流耐压与直流泄漏的接线完全一致，试验方法和注意事项也基本相同。所不同的是：

（1）直流泄漏电流测量所加试验电压较低，一般不会造成绝缘击穿，而直流耐压所加电压较高，试验中有可能造成绝缘击穿。

（2）对于某些设备，如电力变压器、电抗器等，只做绕组的直流泄漏电流测量，不做直流耐压，试验时一般是直接加至额定试验电压，保持 1min 后读取泄漏电流值。而对于需要做直流耐压试验的设备，如大容量高压电机、电缆等，其泄漏电流测量实际上已成为耐压试验的一部分。试验时采用分级加压的方法进行，一般为 $0.25U_n$/级（U_n 为额定试验电压），前面各级电压各停留 1min，读取泄漏电流值，最后一级，即 $1.0U_n$ 停留 5min，进行耐压试验，并读取泄漏电流值。

1-4-14　直流耐压试验中可能出现哪些异常现象，如何处理？

（1）微安表指针来回摆动。可能有交流分量通过微安表。可采取读取平均值、加大滤波电容或改变滤波方式来解决。

（2）微安表指针周期性的摆动。可能是被试品绝缘不良，产生周期性放电，应查明原因并消除。

（3）微安表指针突然冲击。如指针向减小方向变化，则可能是电源回路引起；如向增大方向变化，可能是试验回路出现闪络或试品内部放电引起。

（4）微安表指针随加压时间发生变化。若逐渐下降，则可能是充电电流减小或被试品表面绝缘电阻上升引起；若逐渐上升，可能是绝缘老化引起。

（5）泄漏电流过大。可能是绝缘表面泄漏影响，也可能是绝缘存在某种缺陷。应检查试验回路各设备状况和屏蔽是否良好，然后再作出判断。

（6）泄漏电流过小。可能是试验设备或接线有问题，应仔细检查后排除。

1-4-15 对电气试验结果综合分析判断的步骤是什么？

（1）与试验规程的要求值进行比较。对于绝缘试验所获得的数据，试验规程中有明确规定的应与之对照，符合要求的为合格；否则应查明原因，消除缺陷。但对于那些规程中仅有参考值或未作规定的项目，不应轻率地下结论，而应进行综合的比较分析。

（2）与过去出厂、交接和历次试验记录进行比较。如果无显著变化，或仅有微小变化，则说明情况正常；如果变化显著，则应查明原因并予以消除。有时虽然某个试验结果仍然在规程允许的范围内，但如果变化过大，也应引起充分注意，必要时可以缩短试验周期，及时跟踪其变化，因为这种情况常常预示着绝缘存在某种缺陷。

（3）和同类设备相比，不应有太大差别。

（4）和本设备的其他各相进行比较，不应有太大差别。因为同一台设备各相的制造时间、所采用的工艺和材料均相同，如果绝缘情况正常，理应差别不大。

1-4-16 1kV 及以下配电装置和电力布线的试验项目、周期和要求是什么？

1kV 及以下的配电装置和电力布线的试验项目、周期和要求见表1-5。

表 1-5　　　　　　**1kV 及以下的配电装置和电力布线的**
试验项目、周期和要求

序号	项　目	周　期	要　　求	说　　明
1	绝缘电阻	设备大修时	1. 配电装置每一段的绝缘电阻不应小于 0.5MΩ 2. 电力布线绝缘电阻一般不小于 0.5MΩ	1. 采用 1000V 兆欧表 2. 测量电力布线的绝缘电阻时，应将熔断器、用电设备、电器和仪表等断开
2	配电装置交流耐压试验	设备大修时	试验电压为 1000V	1. 配电装置耐压为各相对地，48V 及以下的配电装置不做交流耐压 2. 可用 2500V 兆欧表试验代替
3	检查相位	更动设备或接线时	各相两端及其连接回路的相位应一致	

注　1. 配电装置指配电盘、配电台、配电柜、操作盘及载流部分。
　　2. 电力布线不进行交流耐压试验。

1-4-17　常用电气绝缘工具、登高安全工具的试验项目、周期和要求是什么?

常用电气绝缘工具、登高安全工具的试验项目、周期和要求分别见表 1-6、表 1-7。

表 1-6　　　**常用电气绝缘工具试验项目、周期和要求**

序号	名　称	电压等级 (kV)	周　期 (次/年)	交流耐压 (kV)	时间 (min)	泄漏电流 (mA)	附　注
1	绝缘棒	6~10	1	44	5		
		35~154		4 倍相电压			
		220		3 倍相电压			

序号	名 称	电压等级(kV)	周 期(次/年)	交流耐压(kV)	时间(min)	泄漏电流(mA)	附 注
2	绝缘挡板	6~10	1	30	5		
		35(20~44)		80			
3	绝缘罩	35(20~44)	1	80	5		
4	绝缘夹钳	35 及以下	1	3 倍线电压	5		
		110		260			
		220		400			
5	验电笔	6~10	1 次/6 个月	40	5		发光电压不高于额定电压的 25%
		20~35		105			
6	绝缘手套	高压	1 次/6 个月	8	1	≤9	
		低压		2.5		≤2.5	
7	绝缘靴	高压	1 次/6 个月	15	1	≤7.5	
8	核相器电阻管	6	1 次/6 个月	6	1	1.7~2.4	
		10		10		1.4~1.7	
9	绝缘绳	高压	1 次/6 个月	105/0.5m	5		

表 1-7　登高安全工具试验项目、周期和要求标准表

名　　称		试验静拉力(N)	试验周期(次/6 个月)	外表检查周期(次/月)	试验时间(min)
安全带	大皮带	2205	1	1	5
	小皮带	14770			
安全绳		2205	1	1	5
升降板		2205	1	1	5
脚扣		980	1	1	5
竹（木）梯		试验荷重1765（180kg）	1		5

第五节 可编程控制器

1-5-1 什么是可编程控制器（PLC)?

可编程控制器（Programmable Logic Controller）的英文缩写为 PLC，全称为可编程逻辑控制器。由于 PLC 一直处在发展过程中，因此一直未能对其下最后的定义。IEC 1987 年颁发的"可编程控制器标准草案"第三稿中所描述的是："可编程控制器是一种数字运算操作的电子系统，专为在工业环境下应用而设计。它采用了可编程序的存储器，用来在其内部存储执行逻辑运算、顺序控制、定时、计数和算术操作等面向用户的指令，并通过数字式或模拟式的输入/输出，控制各种类型的机械或生产过程。可编程控制器及其有关外围设备，都按易于与工业系统联成一个整体，易于扩充其功能的原则设计。"IEC 的描述强调了 PLC 是"数字运算操作的电子系统"，即它也是一种计算机，而且是"专为在工业环境下应用而设计的"工业计算机。这种工业计算机采用"面向用户的指令"，因此编程方便。它能完成"逻辑运算、顺序控制、定时、计数和算术操作"，它还具有"数字式或模拟式的输入/输出"的能力，并且非常容易与"工业系统联成一个整体"，易于"扩充"。IEC 的描述还强调了 PLC 直接应用于工业环境，它必须具有很强的抗干扰能力和广泛的适应能力，这也是区别于一般微机控制系统的一个重要特征。

1-5-2 PLC 具有哪些特点?

（1）可靠性高，抗干扰能力强。由于各 PLC 生产厂家在硬件和软件上采取了一系列抗干扰措施,其平均无故障时间都大大超过了IEC规定的10万h。而且为了适应特殊场合的需要,有些生产厂还采用了冗余和差异设计,进一步提高了可靠性。

(2)适应性强,应用灵活。由于PLC产品成系列化生产,品种齐全,且多数采用模块式硬件结构,组合和扩展十分方便。用户可根据自己的需要灵活选用,以满足各种控制要求。

(3)编程方便,易于使用。PLC的编程可采用与继电器电路极为相似的梯形图语言,直观易懂,深受现场电气技术人员的欢迎。近年来又发展了面向控制对象的顺控流程图语言,也称功能图,使编程更简单方便。

(4)控制系统设计、安装、调试方便。因PLC中含有大量的相当于中间继电器、时间继电器以及计数器等"软元件",又用程序(软接线)代替硬接线,故实际安装接线工作量较少,而且设计人员可在实验室用PLC进行模拟调试。

(5)维修方便、维护工作量小。PLC有完善的自诊断、履历情报存储和监视功能以及内部工作状态、通信状态、异常状态和I/O点状态等的显示功能,使工作人员能很快查出故障并进行处理。

(6)具有完善的功能。PLC除了基本的逻辑控制、定时、计数及算术运算等功能外,如果配以特殊功能模块还可以实现点位控制、过程控制及数字控制等功能。为了方便工厂管理还可以与上级计算机通信,通过远程模块还可以对远方设备进行控制等。

1-5-3 PLC是如何分类的?

PLC的类型很多,型号各异,各生产厂的规格也各不相同，如何进行分类存在不少困难，一般按以下方法确定：

（1）按容量分类。容量主要是指 PLC 的输入/输出（I/O）点数。一般来说，处理的 I/O 点数较多时，控制关系比较复杂，用户要求的存储器容量也比较大，要求的指令及其他功能也比较多，指令执行的过程也比较快。功能和容量存在一定的关系，但不是绝对的。按照 I/O 点数的多少分类：点数在 64 及以下的为微型；点数在 256 以下的为小型；点数在 256～2048 之间的为中型；点数在 2048 以上的为大型。值得注意的是，各型 PLC 的划分并无严格的界限，各厂家也存在不同的看法。PLC 的 I/O 点数可按需要灵活配置，不同类型的 PLC 的指令和功能还在不断增加，故选用时应具体情况具体分析。

（2）按结构形式分类。主要分为箱体式和模块式两类。

1）箱体式。将基本部件如 CPU 板、输入板、输出板、电源板等紧凑地安装在标准机壳内，组成基本单元（主机）和扩展单元。基本单元上设有扩展端子，并通过扩展电缆与扩展单元相连，以构成不同的配置。箱体式 PLC 体积小、成本低、安装方便，微型 PLC 常采用这种结构形式。

2）模块式。由一些标准模块单元（如 CPU 模块、输入模块、输出模块、电源模块等）插在框架或基板上组装而成。各模块的功能是独立的，外形尺寸是统一的，插入什么模块可根据需要灵活配置。目前中、大型 PLC 和一些小型 PLC 多采用这种结构。

1-5-4　PLC 的应用是什么？

随着 PLC 功能的不断完善，性价比的不断提高，其应用面也越来越广。目前已广泛地应用于钢铁、采矿、水泥、石油、化工、电子、机械制造、汽车、船舶及装卸等行业，主要用于顺序控制、运动控制、过程控制、数据处理及联网通信等。

1-5-5　PLC 有哪些基本组成部分?

PLC 实质上是一种工业控制计算机。与一般的计算机相比，它具有更强的与工业过程相连接的接口和更直接的适应于控制要求的编程语言，故 PLC 与一般计算机的组成十分相似，它也包括中央处理器（CPU）、存储器、I/O 接口和电源部分等。此外还具有通信接口、编程器和其他外围设备。

1-5-6　PLC 所使用的软件有哪些?

PLC 所使用的软件分为两大类，即系统软件和用户软件。系统软件由制造商固化在机内，用以控制 PLC 本身的运作；用户软件由用户编制并输入，用于控制外部对象的运行。系统软件又分为系统管理程序、用户指令解释程序以及标准程序模块和系统调用。

1-5-7　PLC 的编程语言有哪些? 它们的特点是什么?

PLC 提供的编程语言有三种，即梯形图、指令表和功能图。

PLC 提供了完整的编程语言，以适应在各种工业环境中使用。利用编程语言，按照不同的控制要求编制控制程序，相当于设计和改变继电器控制的硬接线线路。利用编程器可以很方便地将程序送入 PLC 的存储器中，也可以很方便地读出、检查和修改程序。由于 PLC 是专为工业控制需要而设计的，因而对使用者来说，完全可以不考虑微处理器内部复杂的结构，不必使用各种计算机使用的语言，而把 PLC 内部看作是由许多"软继电器"等逻辑部件组成的，可以利用 PLC 提供的编程语言来编制控制程序的一种控制装置。

1-5-8　PLC 与继电器控制有何不同?

（1）控制逻辑。继电器控制采用硬接线，并利用继电器触点的串、并联及延时继电器的滞后动作等组成控制逻辑，其接线多而复杂，体积大、功耗大，而且一旦系统构成后，想再改变或增加功能是很困难的。另外继电器触点数目有限，每只只有 4～8 对触点，因此其灵活性和扩展性很差。而 PLC 由中大规模集成电路组成，功耗很小。又因为 PLC 采用软接线，其控制逻辑以程序的方式存储在机器中，要改变控制逻辑只需改变程序即可，其接线少，体积小。PLC 中的每只软继电器的触点数理论上是没有限制的，因此其灵活性和扩展性很好。

（2）工作方式。当电源接通时，继电器控制线路中各继电器都处于受约状态，即该吸合的都应吸合，不该吸合的都应受某种条件限制而不能吸合。而 PLC 的控制逻辑中，各继电器都处于周期性循环扫描接通之中，从宏观上看，每个继电器受制约接通的时间是短暂的。

（3）速度控制。继电器控制逻辑依靠触点的机械动作来实现控制，工作频率低，触点的开闭动作一般在几十毫秒数量级，另外，机械触点还会出现抖动问题。PLC 是由程序指令控制半导体电路来实现控制，其速度极快，一般一条用户指令的执行时间在微秒数量级，PLC 内部还有严格的同步，不会出现抖动问题。

（4）时限控制。继电器控制逻辑利用时间继电器进行时限控制，一般的空气阻尼式、电磁式和半导体式时间继电器存在定时精度不高、易受环境影响、时间调整不便等问题，并且有些特殊的时间继电器结构复杂，维护也不方便。PLC使用半导体集成电路作定时器，其时基脉冲由晶体振荡器产生，精度相当高，并且不受环境影响，定时范围一般从0.001s到若干分钟甚至更长。用户可根据需要在程序中设定时值，然后由软件和硬件计数器来控制定时时间。

（5）计数控制。PLC能实现计数控制，而继电器控制逻辑一般不具备计数功能。

（6）设计和施工。使用继电器控制逻辑来完成一项控制工程，其设计、施工、调试必须依次进行，周期长，而且修改困难，工程规模越大，这一问题就越突出。用PLC完成一项控制工程，在系统设计完成后，现场施工和控制逻辑的设计可以同时进行，周期短，并且调试和修改都很方便。

（7）可靠性和可维护性。继电器控制逻辑使用了大量的机械触点，连接线很多，且由于触点开闭时会受到电弧的烧灼，并有机械磨损，寿命也短，其可靠性和可维护性较差。PLC采用微电子技术，大量的开关动作由无触点的半导体电路来完成，因而其寿命长，可靠性高。PLC还配有自检和监督功能，能检查出自身的故障，并随时显示给操作人员，还能动态地监视控制程序执行的情况，为现场调试和维护提供了方便。

（8）价格。PLC的价格较继电器控制要高。

1-5-9 PLC与微机（MC）有何不同？

（1）应用范围。MC除了用于控制领域外，还大量用于科学计算、数据处理及计算机通信等方面，而 PLC 主要用于工业控制。

（2）使用环境。MC 对环境要求较高，一般要在干扰小，具有一定的温湿度要求的机房内使用。PLC 则适用于工业现场环境。

（3）输入/输出（I/O）。微机系统的输入/输出设备与主机之间采用微电联系，一般不需要电气隔离，而 PLC 一般控制强电设备，需要电气隔离，其输入/输出均采用光电耦合，较大功率的输出还需采用继电器、大功率晶闸管进行功率放大。

（4）程序设计。微机具有丰富的程序设计语言，如汇编、FORTRAN、COBOL、PASCAL、C 语言等，其语句多，语法关系复杂，要求使用者必须具有一定水平的计算机硬件和软件知识。而 PLC 提供给用户的编程语句数量少，逻辑简单，易于学习和掌握。

（5）系统功能。微机系统一般配有较强的系统软件以及许多应用软件，以方便用户，而 PLC 一般只有简单的监控程序，以完成故障检查、用户程序的输入和修改及用户程序的执行和监视等。

（6）运算速度和存储容量。微机运算速度快，一般为微秒级，而且因为有大量的系统软件和应用软件，故其存储容量也大。而 PLC 因接口的响应速度慢而影响数据处理的速度，一般接口的响应速度为 2ms，巡回检测速度为 125kbit/s，且因 PLC 的软件少，所编程序简短，故内存容量也小。

（7）价格。微机是通用机，功能完善，故价格较高。而 PLC 是专用机，功能较少，其价格一般是微机的 1/10 左右。

随着 PLC 功能的不断增强，越来越多地采用了微机技术，而 MC 为了适应用户的需要，也在向提高可靠性、耐用性和便于维修方向发展。两者相互渗透，使得 PLC 和 MC 的差异越来越小，两者之间的界限也越来越模糊。今后 PLC 和 MC 将继续共存，在一个控制系统中，使 PLC 集中在功能控制上，使 MC 集中在信息处理上，两者相辅相成，共同发展。

第六节 晶闸管整流及触发电路

1-6-1 什么是晶闸管（SCR)？

晶闸管（SCR）的全称为晶体闸流管，是一种可控大功率半导体电力电子器件，它包括普通晶闸管、双向晶闸管、可关断晶闸管及光控晶闸管等。由于普通晶闸管被广泛地用于可控整流、逆变及交直流无触点开关等方面，因此通常称普通晶闸管为晶闸管。晶闸管的外形及符号如图 1-23 所示，

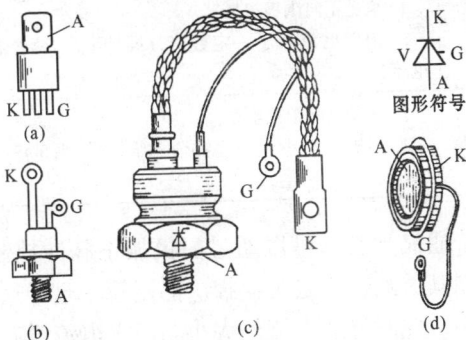

图 1-23 晶闸管外形及符号

(a) 塑封型；(b)、(c) 螺栓型；(d) 平板型

其外形大致有三种：塑封、螺栓和平板形。图 1-23（a）为塑封形，一般额定电流在 10 以下；图 1-23（b）和（c）为螺栓形，一般额定电流为 10～200A；图 1-23（d）为平板形，一般额定电流在 200A 以上。

1-6-2 晶闸管的组成是什么？其导通和关断的条件是什么？

晶闸管有三个电极，即阳极 A、阴极 K 和门极（或称控制极）G。晶闸管在工作时，阳极 A 和阴极 K 分别与电源及负载连接，组成晶闸管的主电路。门极 G、阴极 K 与控制电路连接，组成晶闸管的控制电路。

晶闸管导通与关断的条件见表 1-8。

表 1-8　　　　　　　　晶闸管导通与关断的条件

状　态	条　　　件	说　明
从关断到导通	1. 承受一定的正向阳极电压 2. 门极有足够的正向电压和电流	两者缺一不可
维持导通	1. 承受正向阳极电压 2. 阳极电流大于一定数值（维持电流）	两者缺一不可
从导通到关断	1. 承受反向阳极电压 2. 阳极电流小于一定数值（维持电流）	满足任一条件即可

对于普通晶闸管，可以通过门极加正脉冲控制其导通，但不能控制其关断，称之为半控。晶闸管一旦导通后，门极即失去作用，此时导通电流的大小与门极电流没有关系，因此，实用中通常用一定幅值和宽度的脉冲触发信号来控制晶闸管的导通。晶闸管在导通情况下，当主回路中的电流下降

到一定数值以下时，便自动关断，这个能维持导通的最小电流称为维持电流。对于可关断晶闸管，可以通过门极加适当的正向或反向触发脉冲来控制其导通或关断，称之为全控，详见题 1-6-24。

1-6-3 晶闸管的型号含义是什么?

国产晶闸管的型号是以若干字母及数字来表示的，其含义如下：

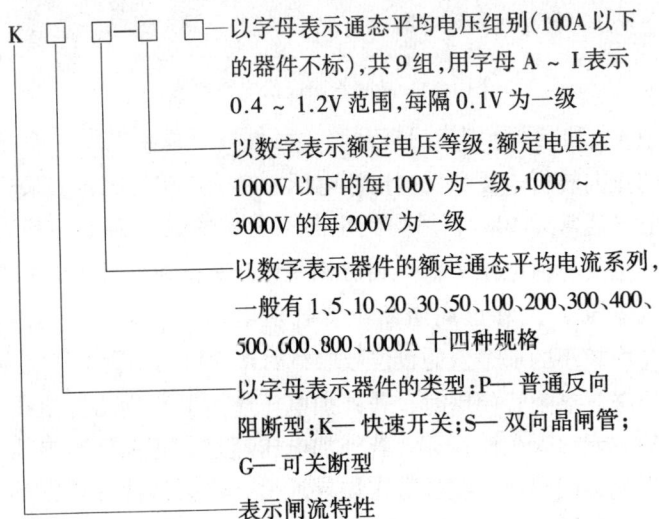

```
K □ □ — □ □——以字母表示通态平均电压组别(100A 以下
                的器件不标)，共 9 组，用字母 A ～ I 表示
                0.4 ～ 1.2V 范围，每隔 0.1V 为一级
              ——以数字表示额定电压等级:额定电压在
                1000V 以下的每 100V 为一级，1000 ～
                3000V 的每 200V 为一级
              ——以数字表示器件的额定通态平均电流系列，
                一般有 1、5、10、20、30、50、100、200、300、400、
                500、600、800、1000A 十四种规格
              ——以字母表示器件的类型:P— 普通反向
                阻断型;K— 快速开关;S— 双向晶闸管;
                G— 可关断型
              ——表示闸流特性
```

例如：KP100 - 8E 表示额定通态平均电流为 100A，额定电压为 800V，通态平均压降为 0.8V 的普通反向阻断型晶闸管。

1-6-4 晶闸管的主要参数有哪些?

(1) 额定电压 U_{Tn}。图 1-24 为晶闸管的阳极伏安特性。

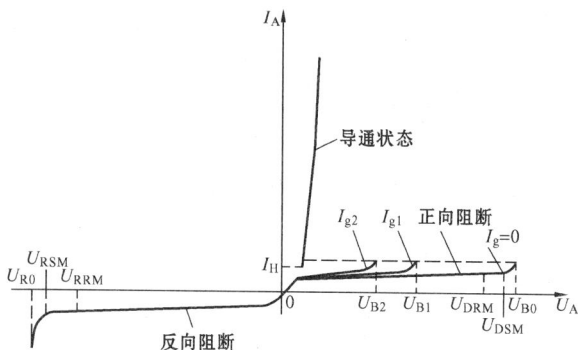

图 1-24　晶闸管阳极伏安特性

图中 U_{B0} 和 U_{R0} 分别为门极开路，元件处于额定结温时所测定的正向转折电压和反向击穿电压。制造厂按规定减去某一数值（通常为 100V）后得到正向不重复峰值电压 U_{DSM} 和反向不重复峰值电压 U_{RSM}，再分别乘以 0.9 得到正向断态重复峰值电压 U_{DRM} 和反向阻断重复峰值电压 U_{RRM}。将 U_{DRM} 和 U_{RRM} 中较小的那个值的百位数取整后作为该晶闸管的额定电压等级。晶闸管使用时，若外加电压超过其反向击穿电压，会造成元件永久性损坏。若外加电压超过其正向转折电压，元件就会硬导通。经过数次硬导通后，也会造成元件损坏。另外，若散热条件不好，元件的耐压也会降低。因此，选择晶闸管时应留有充分的裕量，一般应按工作电路中可能承受的最大瞬时电压值 U_{Tm} 的 2～3 倍来选择晶闸管的额定电压，即

$$U_{Tn} = (2～3)U_{Tm} \qquad (1-19)$$

（2）额定电流 $I_{Tn,av}$。额定电流也称为额定通态平均电

流。将在 40℃ 的环境温度和规定的冷却条件下，晶闸管在导通角不小于 170° 的电阻性负载电路中，当结温稳定且不超过额定值时，所允许通过的工频正弦半波电流平均值取相近电流等级，即为额定电流。晶闸管在实际使用中，限制其最大电流的是工作温度，而工作温度主要由电流的有效值决定。因此，在选择晶闸管时应将制造厂提供的额定平均电流 $I_{Tn,av}$ 换算成额定有效电流 I_{Tn}。这样一来，在使用时不管流过管子的电流波形如何，导通角多大，只要最大电流有效值 $I_{Tm} \leqslant I_{Tn}$，并且冷却条件符合规定，则晶闸管的发热就不会超过允许值。

设流过晶闸管的正弦半波电流的峰值为 I_m，则管子的额定电流平均值 $I_{Tn,av}$ 和有效值 I_{Tn} 分别为

$$I_{Tn,av} = \frac{1}{2\pi}\int_0^\pi I_m \sin\omega t \, d(\omega t) = \frac{I_m}{\pi} \qquad (1\text{-}20)$$

$$I_{Tn} = \sqrt{\frac{1}{2\pi}\int_0^\pi (I_m \sin\omega t)^2 \, d(\omega t)} = \frac{I_m}{2} \qquad (1\text{-}21)$$

电流波形系数为

$$K_f = I_{Tn}/I_{Tn,av} = \pi/2 = 1.57 \qquad (1\text{-}22)$$

由式（1-22）可见，若管子的额定（平均）电流为 100A，则它可以通过有效值为 $1.57 \times 100 = 157$（A）的正弦半波电流。当流过晶闸管的电流波形不是正弦半波时，其电流平均值和有效值的关系便不同了。选择晶闸管的额定电流时，应先计算实际电流波形的最大有效值 I_{Tm}，再按照 I_{Tm} 与额定电流的有效值相等的原则（即管芯温升结温相同）进行换算，即

$$I_{\text{Tm}} = 1.57 I_{\text{Tn,av}}$$

$$I_{\text{Tn,av}} = I_{\text{Tm}}/1.57$$

由于晶闸管的电流过载能力极小，故在选用时至少要考虑
(1.5～2)倍的裕量，即

$$I_{\text{Tn,av}} = (1.5 \sim 2)I_{\text{Tm}}/1.57 \qquad (1\text{-}23)$$

再根据式（1-23）的计算结果，查产品手册进行选择。

（3）通态平均电压 $U_{\text{Tn,av}}$。在规定的环境温度和散热条件下，当晶闸管正向通过正弦半波额定电流，并且达到稳定的额定结温时，其阳极和阴极两端的电压降在一个周期内的平均值，称为通态平均电压（也称管压降）$U_{\text{Tn,av}}$。晶闸管的管压降通常在 0.4～1.2V 之间。

（4）维持电流 I_{H}。在规定的环境温度和门极断开条件下，晶闸管从较大的通态电流降至维持通态所必须的最小电流称为维持电流，一般为十几毫安到几百毫安。维持电流与晶闸管的容量和结温有关。晶闸管的额定电流越大，维持电流也越大。当晶闸管结温较低时，其维持电流较大。

（5）门极触发电压 U_{G} 及触发电流 I_{G}。在规定的环境温度下，对晶闸管加上 6V 阳极电压，使晶闸管由断态转入通态所必需的最小门极电流，称为门极触发电流 I_{G}，相应的门极电压称为门极触发电压 U_{G}。

（6）门极不触发电压 U_{GD} 及不触发电流 I_{GD}。不能使晶闸管从断态转入通态的最大门极电压，称为门极不触发电压 U_{GD}，相应的最大电流称为门极不触发电流 I_{GD}。为了防止晶闸管被误触发导通，应将干扰信号限制在该数值以

下。

1-6-5 如何用万用表对晶闸管进行简单测试?

利用万用表电阻档来测量晶闸管三个极之间的电阻值,可以大致判断晶闸管的好坏以及识别管脚。由于晶闸管在使用时控制极正向加压较低,通常不超过 10V(反向更低),故测量时不要用万用表的 $R \times 10k$ 档,因其内置电池电压较高,有可能损坏控制极。正常器件各极间电阻值应为:阳极与阴极之间的正向电阻在几百千欧以上,反向电阻则为无穷大;阳极与控制极之间的正反向电阻均在几百千欧以上;控制极与阴极之间的正向电阻约为几十欧,反向电阻一般比正向电阻大,约为几百欧。显然,测得与控制极正向电阻小者即为阴极。对于大功率晶闸管,其控制极的引线较细,十分容易识别。

1-6-6 可控整流电路有哪些用途,其常用的形式有哪些?

可控整流电路是应用十分广泛的电能变换电路,其作用是将交流电变换成大小可以调节的直流电,以用于电路的温度控制,直流电动机的调速,同步发电机励磁调节、电解、电镀等方面。

可控整流电路有多种形式,如图 1-25 所示。通常 4kW以下小容量负载可采用图 1-25(a)~(d)所示单相可控整流电路供电。对于容量较大的负载,通常采用图 1-25(e)~(g)所示三相可控整流电路供电,以满足负载对高电压、大电流的要求。同时三相可控整流还具有负载电压脉动小,供电的交流电网三相平衡度好的优点。

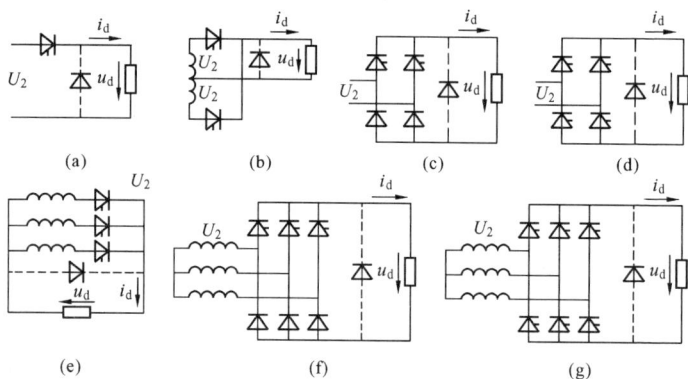

图 1-25　可控整流电路的常用形式

(a) 单相半波可控整流；(b) 单相全波可控整流；(c) 单相桥式
半控整流；(d) 单相桥式全控整流；(e) 三相半波可控整流；
(f) 三相桥式半控整流；(g) 三相桥式全控整流

1-6-7　电阻负载单相半波可控整流电路的特点是什么？它是如何工作的？

单相半波可控整流电路具有结构简单、调试方便、投资小的优点；但输出的直流电压脉动大，只能半波工作，变压器容量利用率低且有直流分量通过，故一般用于要求不高的小容量场合。

图 1-26 为电阻负载单相半波可控整流电路及波形。图中 α 称为控制角（亦称移相角），表示晶闸管从开始承受正向电压，到触发脉冲出现之间的电角度。晶闸管在一个周期内导通的电角度称为导通角，以 θ 表示。由图 1-24 可见，改变控制角 α，便可以改变输出直流电压 U_d 的波形以及直

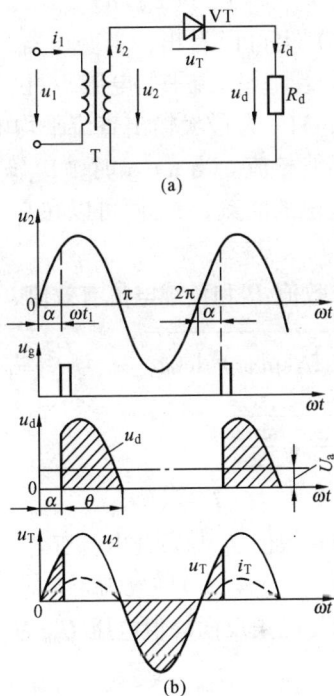

图 1-26 电阻负载单相半波可控整流电路及波形
(a) 电路图;(b) 波形图

流电压平均值 U_{av} 的大小。α 减小,U_{av} 就增大;反之,U_{av} 就减小。

负载直流平均电压 U_{av} 和直流平均电流 I_{av} 分别为

$$U_{av} = \frac{1}{2\pi}\int_{\alpha}^{\pi} \sqrt{2}\,U_2\sin\omega t\,\mathrm{d}(\omega t)$$

$$= \frac{\sqrt{2}\,U_2}{2\pi}\big[-\cos\omega t\big]_{\alpha}^{\pi} = 0.45\,U_2\frac{1+\cos\alpha}{2} \quad (1\text{-}24)$$

$$I_{av} = U_{av}/R_d \qquad (1-25)$$

由式（1-24）也可以看出，当变压器二次侧交流电压 U_2（有效值）一定时，直流平均电压 U_{av} 仅与 α 有关。当 $\alpha = 0$ 时，$U_{av} = 0.45 U_2$ 为最大输出直流平均电压，此时相当于普通二极管半波整流。当 $\alpha = \pi$ 时，$U_{av} = 0$。因此，只要控制触发脉冲送出的时刻，U_{av} 便可以在 $0 \sim 0.45 U_2$ 之间连续可调。

负载电压有效值 U 和负载电流有效值 I 分别为

$$U = \sqrt{\frac{1}{2\pi}\int_{\alpha}^{\pi}(\sqrt{2}\,U_2\sin\omega t)^2\mathrm{d}(\omega t)} = \sqrt{\frac{U_2^2}{\pi}\Big[\frac{\omega t}{2} - \frac{1}{4}\sin 2\omega t\Big]_{\alpha}^{\pi}}$$

$$= U_2\sqrt{\frac{\pi - \alpha}{2\pi} + \frac{\sin 2\alpha}{4\pi}} \qquad (1-26)$$

$$I = U/R_d \qquad (1-27)$$

晶闸管电流有效值 I_T 与负载电流有效值相等，即

$$I_T = I = U/R_d \qquad (1-28)$$

晶闸管所承受的正反向峰值电压 U_{Tm} 为

$$U_{Tm} = \sqrt{2}\,U_2 \qquad (1-29)$$

功率因数 $\cos\varphi$ 为

$$\cos\varphi = P/S = UI/U_2 I = \sqrt{\frac{\pi - \alpha}{2\pi} + \frac{\sin 2\alpha}{4\pi}} \qquad (1-30)$$

由式（1-30）可以看出，$\cos\varphi$ 是 α 的函数。当 $\alpha = 0$ 时，$\cos\varphi$ 最大为 0.707，而且 $\cos\varphi$ 随 α 的增大而降低。单相半波可控整流电路控制角 α 的移相范围为 $0 \sim \pi$，其触发脉冲间隔为 2π。

1-6-8 电感负载单相半波可控整流电路是如何工作的？

当单相半波可控整流电路带有诸如直流电机励磁绕组、

平波电抗器等电感性负载时，其工作情况与带纯电阻性负载时有很大差别。图 1-27 为电感负载半波可控整流电路的电路图和波形图。

当 $0 < \omega t < \omega t_1$ 时，晶闸管 VT 承受正向电压，但因无触发脉冲，故不导通。

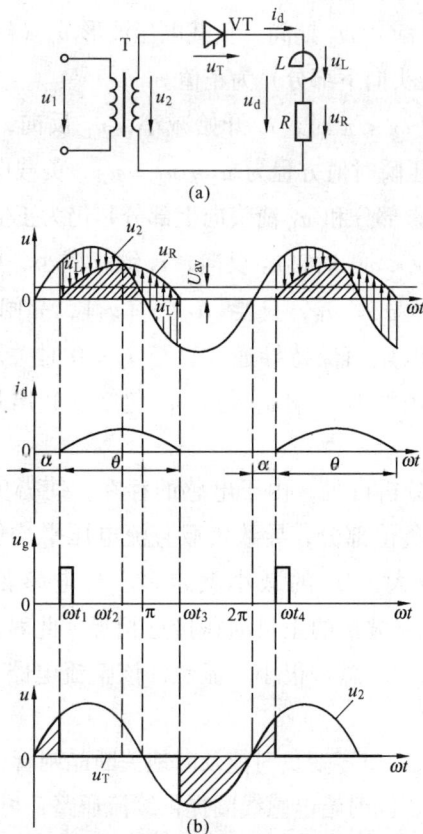

图 1-27　电感负载单相半波可控整流电路及波形

（a）电路图；（b）波形图

当 $\omega t = \omega t_1 = \alpha$ 时，晶闸管 VT 被触发导通，u_2 突然加在负载上。由于电感电流不能突变，故 i_d 从零起逐渐增大，此时，电压瞬时值方程为 $u_2 - u_L = u_R$，（$u_L = L di_d/dt$）。

当 $\omega t = \omega t_2$ 时，i_d 上升到最大值，$di_d/dt = 0$，此时，$u_2 = u_R$。

在 $\omega t_1 < \omega t < \omega t_2$ 期间，负载电压波形 u_d（包括 u_R 阴影部分和 u_L 箭头向下部分）为正值。

当 $\omega t_2 < \omega t < \pi$ 时，i_d 开始减小，u_L 反向，阻碍 i_d 减小，此时电压瞬时值方程为 $u_2 + u_L = u_R$。负载电压波形 u_d（包括 u_2 阴影部分和 u_L 箭头向上部分）仍为正值。

当 $\pi < \omega t < \omega t_3$ 时，u_2 反向，i_d 继续减小，电压瞬时值方程为 $-u_2 - u_L = u_R$，只要 $|u_L| > |u_2|$，晶闸管 VT 就继续承受正向电压而保持导通，直至 $i_d = 0$ 时关断。这一期间，负载电压波形 u_d（u_R 与 $-u_2$ 包络线）出现了负值部分。

由上述分析可见，由于电感的存在，使得负载电压 u_d 波形中出现负值部分，导致负载直流电压平均值 U_{av} 减小，并且电感越大，U_{av} 的减小就越多。当电感很大（$X_L \geq 10R_d$）时，u_d 波形的正负面积接近相等，此时无论怎样调节控制角 α，U_{av} 总是很小。显然，该整流电路是无法使用的。

为了在 u_2 过零变负时能及时地关断晶闸管，使 u_d 波形不出现负值，同时给电感线圈提供续流通路，可在整流输出端并联一只续流二极管（需注意二极管的极性，否则会造成短路），如图 1-28 所示。有续流二极管后，当 u_2 过零变负

时，续流二极管承受正向
电压而导通，晶闸管因承
受反向电压而关断。此时，
i_d 改经续流管继续流通。
若忽略续流管管压降，则
负载电压 u_d 波形与电阻负
载时相同，但负载电流 i_d
的波形则大不相同。i_d 不
但连续，而且波动很小。
晶闸管导通期间，负载电
流经晶闸管流过；续流期
间，负载电流经续流二极
管 VD 流过。流过晶闸管
的电流 i_T 与流过续流二极
管的电流 i_D 近似为方波。
当电感很大时，负载电流
i_d 就接近于一条水平线，
其值 $I_d = U_d/R_d$，$U_d =$
$0.45 U_2$（$1 + \cos\alpha$）$/2$。流
过晶闸管的方波电流平均
值和有效值分别为

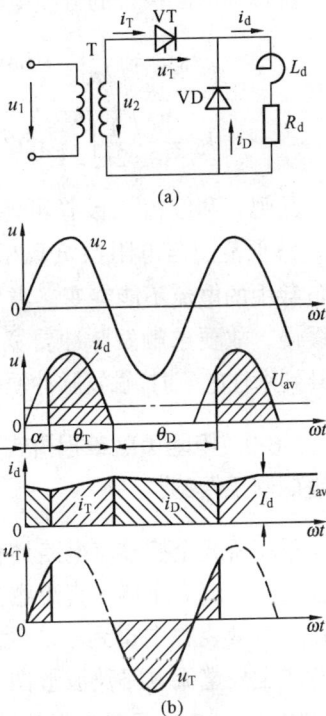

图 1-28　有续流二极管的电感负载
单相半波可控整流电路及波形
（a）电路图；（b）波形图

$$I_{T,av} = \frac{1}{2\pi}\int_\alpha^\pi i_T d(\omega t) = \frac{I_d}{2\pi}\left[\omega t\right]_\alpha^\pi = \frac{\pi - \alpha}{2\pi} I_{av} \quad (1\text{-}31)$$

$$I_T = \sqrt{\frac{1}{2\pi}\int_\alpha^\pi i_T^2 d(\omega t)} = I_{av}\sqrt{\frac{1}{2\pi}\left[\omega t\right]_\alpha^\pi} = \sqrt{\frac{\pi - \alpha}{2\pi}} I_{av}$$

$$(1\text{-}32)$$

流过续流二极管的方波电流平均值和有效值分别为

$$I_{\mathrm{D,av}} = \frac{1}{2\pi}\int_{\pi}^{2\pi+\alpha} i_{\mathrm{D}}\mathrm{d}(\omega t) = \frac{\pi+\alpha}{2\pi}I_{\mathrm{av}} \qquad (1\text{-}33)$$

$$I_{\mathrm{D}} = \sqrt{\frac{1}{2\pi}\int_{\pi}^{2\pi+\alpha} i_{\mathrm{D}}^{2}\mathrm{d}(\omega t)} = \sqrt{\frac{\pi+\alpha}{2\pi}}I_{\mathrm{av}} \qquad (1\text{-}34)$$

晶闸管和续流二极管可能承受的最大正反向电压为$\sqrt{2}$ U_2,移项范围与电阻性负载相同,即 $0 \sim \pi$。此外,由于电感负载中的电流不能突变,当晶闸管导通后,阳极电流上升较缓慢,故要求触发脉冲要宽一些($\geqslant 20°$),以免阳极电流尚未升到擎住电流时,触发脉冲便已消失,使晶闸管重新关断。

1-6-9 电阻负载单相桥式全控整流电路的优点是什么?它是如何工作的?

单相桥式全控整流电路具有电压脉动性较小、电压平均值较大、整流变压器无直流磁化以及利用率较高等优点,因而在小容量装置中得到了广泛应用。图 1-29 为电阻负载单相桥式全控整流电路及波形图。在 u_2 的正负半周里,VT1、VT3 和 VT2、VT4 两组晶闸管被轮流触发导通,将交流电变成脉动直流电。改变控制角 α 的大小,负载电压 u_{d}、负载电流 i_{d} 的波形以及直流电压平均值 U_{av} 均会相应改变。在 VT1 和 VT3 处于截止(即 $\omega t = 0 \sim \alpha$, $\pi \sim \pi + \alpha$, $2\pi \sim 2\pi + \alpha$)区间,若两只晶闸管的漏电阻相等,则每只晶闸管承受一半的电源电压,即 $\pm\sqrt{2}\,U_2/2$,但在 VT2 和 VT4 被触发导通(即 $\omega t = \pi + \alpha \sim 2\pi$)区间,VT1 和 VT3 都将承受 $-\sqrt{2}\,U_2$ 的反向电压。在 VT1 和 VT3 处于导通(即 $\omega t = \alpha \sim \pi$)区间,其管压降近似为零,故其波形为一与横轴重合的直线段,详

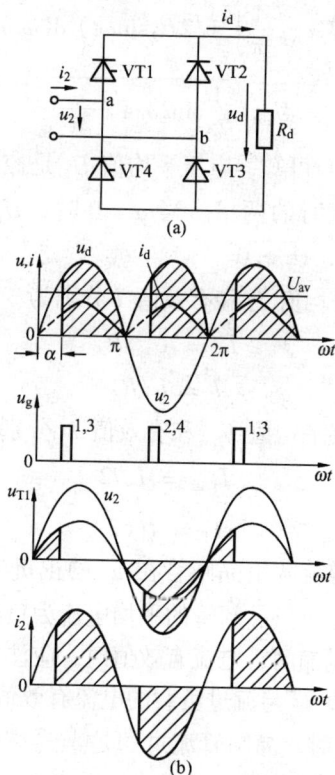

图 1-29 电阻负载单相桥式全控整流电路及波形

(a) 电路图；(b) 波形图

见 u_{T1} 波形图。

负载电压平均值 U_{av} 和有效值 U 分别为

$$U_{av} = 2 \times 0.45 U_2 \frac{1 + \cos\alpha}{2}$$

$$= 0.9 U_2 \frac{1 + \cos\alpha}{2} \tag{1-35}$$

$$U = \sqrt{\frac{1}{\pi} \int_\alpha^\pi (\sqrt{2}\,U_2 \sin\omega t)^2 \,\mathrm{d}(\omega t)}$$

$$= U_2 \sqrt{\frac{1}{2\pi}\sin 2\alpha + \frac{\pi - \alpha}{\pi}} \qquad (1-36)$$

由式（1-35）可知，电压平均值 U_{av} 是控制角 α 的函数，是单相半波整流时的两倍。当 $\alpha = 0$ 时，$U_{av} = 0.9U_2$ 为最大；当 $\alpha = \pi$ 时，$U_{av} = 0$。

负载电流平均值 I_{av} 和有效值 I 分别为

$$I_{av} = U_{av}/R_d \qquad (1-37)$$

$$I = U/R_d \qquad (1-38)$$

晶闸管电流平均值 $I_{T,av}$ 和有效值 I_T 分别为

$$I_{T,av} = I_{av}/2 \qquad (1-39)$$

$$I_T = I/\sqrt{2} \qquad (1-40)$$

由于桥式整流两组晶闸管在 u_2 的正负半周内轮流被触发导通，故流过每只晶闸管的平均电流为负载平均电流的一半。在计算流过晶闸管电流有效值时，应注意流过每只晶闸管的电流有效值 I_T 与流过负载的电流有效值 I 也是不同的。当控制角 $\alpha = 0$ 时，晶闸管流过的是半波整流电流，而负载流过的是全波整流电流，两者的关系如式（1-40）所示。比较半波整流时的式（1-26）与桥式全波整流时的式（1-36），不难得出全波整流负载电压有效值是半波整流负载电压有效值的 $\sqrt{2}$ 倍，相应地电流有效值也存在 $\sqrt{2}$ 倍的关系。

整流变压器二次绕组电流有效值与负载电流有效值相等，即

$$I_2 = I = U/R_d = \sqrt{2}\,I_T \qquad (1-41)$$

功率因数 $\cos\varphi$ 为

$$\cos\varphi = \sqrt{\frac{1}{2\pi}\sin 2\alpha + \frac{\pi - \alpha}{\pi}} \qquad (1-42)$$

由上式可见，当 $\alpha = 0$ 时，$\cos\varphi = 1$ 为最大。随着控制角 α 的增加，$\cos\varphi$ 将降低。

电阻负载单相桥式全控整流电路控制角 α 的移相范围为 $0 \sim \pi$，触发脉冲间隔为 π。

1-6-10 电感负载单相桥式全控整流电路是如何工作的？

单相全控桥式整流电路带大电感负载的电路及波形如图 1-30 所示。当整流电路带有大电感负载时，由于电感电流的作用，被触发导通的晶闸管必须等到另一组晶闸管被触发导通而承受反向电压时，才会关断。因此，若控制角在 $0 \leqslant \alpha < \pi/2$ 范围内，虽然 u_d 波形也会出现负面积，但正面积总是大于负面积，即电路总有电压输出，其电压平均值为

$$U_{av} = \frac{1}{\pi}\int_{\alpha}^{\pi+\alpha}\sqrt{2}\,U_2\sin\omega t\,\mathrm{d}(\omega t)$$
$$= 0.9U_2\cos\alpha \qquad (1-43)$$

负载电流近似为恒定直流，其平均值与有效值相等，且为 $I_{av} = I = U_{av}/R_d$。

流过晶闸管的电流为周期性的矩形波，其平均值和有效值分别为 $I_{T,av} = I_{av}/2$ 和 $I_T = I_{av}/\sqrt{2}$。

流过整流变压器二次绕组的电流 i_2 为对称的正负矩形波，其有效值 $I_2 = I = I_{av}$。有较强的谐波电流分量通过变压器耦合进入电网。

晶闸管可能承受的最大电压 $U_{Tm} = \pm\sqrt{2}\,U_2$。

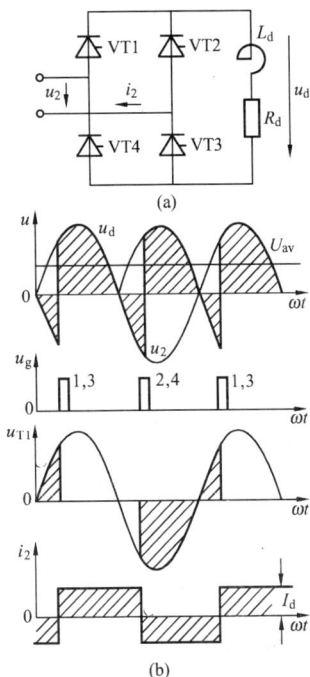

图 1-30　电感负载单相桥式
全控整流电路及波形

(a) 电路图；(b) 波形图

当控制角 $\alpha = \pi/2$ 时，u_d 波形的正负面积近似相等，其平均值近似为零。

当控制角 $\alpha > \pi/2$ 时，所出现的 u_d 波形与单相半波可控整流接大电感负载时的情况相似，即无论如何调节 α，u_d 波形的正负面积都相等，输出电压平均值近似为零。

由上述分析可见，单相桥式全控整流电路带大电感负载时，不接续流二极管，电路也能正常工作，但要求控制角在 $0 \leqslant \alpha < \pi/2$ 范围内变化。这与单相半波可控整流带大电感负载时的情况是不同的。

若要扩大控制角范围，则需在负载两端并接续流二极管，如图 1-31 所示。此时，u_d 波形不会出现负值，其控制角变化范围可扩大到 $0 \leqslant \alpha < \pi$。由图 1-29 (b) 可见，接续流二极管后，负载电压波形 u_d、晶闸管在截止期间所承受的电压 u_{T1}，与带电阻性负载时相同，但各电流量不同。负载电流 i_d 为续流二极管电流 i_D 和晶闸管电流 i_T 组成的连续的方波。整流变压器二次绕组的电流 i_2 为正负交替的断

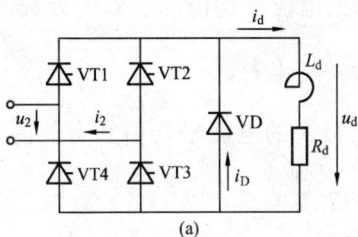

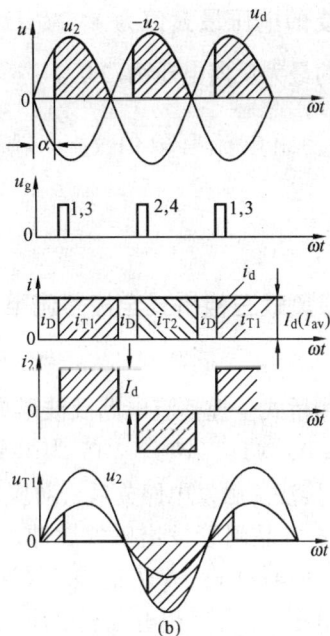

图 1-31 接续流二极管电感负载单相桥式全控整流电路及波形

(a) 电路图;(b) 波形图

续方波。

负载平均电压和平均电流分别为 $U_{av} = 0.9U_2$ (1 + $\cos\alpha$) /2, $I_{av} = U_{av}/R_d$。

流过晶闸管的电流平均值和有效值分别为 $I_{T,av} = (\pi - \alpha) I_{av}/2\pi$，$I_T = \sqrt{\dfrac{\pi - \alpha}{2\pi}} I_{av}$。

流过续流二极管的电流平均值和有效值分别为 $I_{D,av} = \alpha I_{av}/\pi$，$I_D = \sqrt{\dfrac{\alpha}{\pi}} I_{av}$。

晶闸管所承受的电压最大值为 $+\sqrt{2} U_2/2$、$-\sqrt{2} U_2$。续流二极管所承受的最大反向电压为 $\sqrt{2} U_2$。

变压器二次绕组电流有效值 $I_2 = \sqrt{\dfrac{1}{\pi} \displaystyle\int_{\alpha}^{\pi} i_d^2 \mathrm{d}(\omega t)} = \sqrt{\dfrac{\pi - \alpha}{\pi}} I_{av}$。

1-6-11 电感负载三相桥式全控整流电路是如何工作的?

电感负载三相桥式全控整流电路及波形如图 1-32 所示。图中控制角 $\alpha = 0$，VT1、VT3、VT5 为共阴接法，VT2、VT4、VT6 为共阳接法。触发电路先后(对应各自然换相点)向各自所控制的 6 只晶闸管发出触发脉冲，使得晶闸管按 VT1→VT2→VT3→VT4→VT5→VT6 的顺序导通，并以此顺序循环往复。负载电压 u_d 为三相电源线电压正半波所组成的包络线。在自然换相点 1，VT1 被触发导通后(在 VT1 被触发导通前，VT6 已处于导通状态)，电路向负载输出电压 $u_d = u_{UV}$。在自然换相点 2，VT1 继续保持导通，VT2 因承受正向电压 u_{VW} 并被触发导通，同时使 VT6 因承受反向电压 u_{VW} 而阻断，实现了 VT6 向 VT2 换相，电路向负载输出电压 u_d

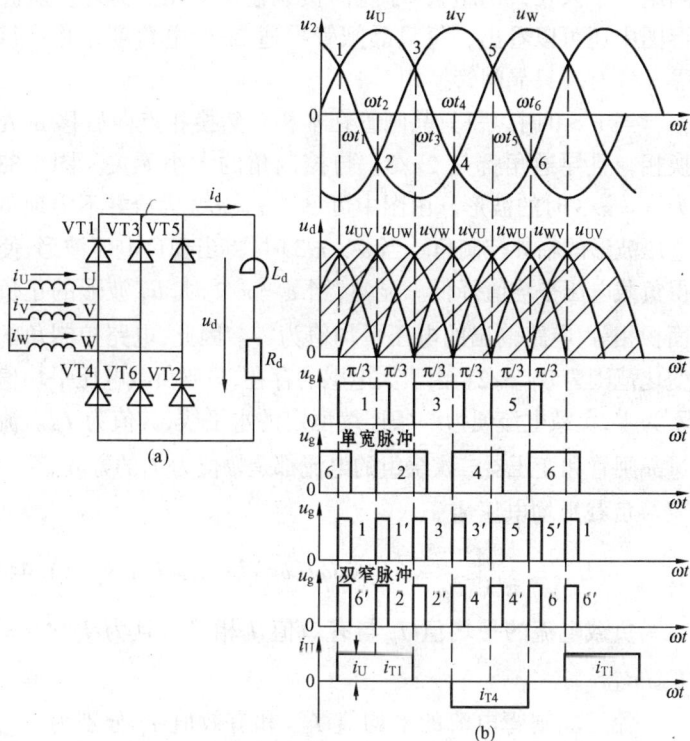

图 1-32 电感负载三相桥式全控整流电路及波形
（a）电路图；（b）波形图

= u_{UW}。在自然换相点 3，VT2 继续保持导通，VT3 因承受正向电压 u_{VU} 并被触发导通，同时使 VT1 因承受反向电压 u_{VU} 而阻断，实现了 VT1 向 VT3 换相，电路向负载输出电压 u_d = u_{VW}。其他各自然换相点的情况以此类推。从上述分析可知，电路在任意时刻必须有两只晶闸管同时导通（一只在共阴组，一只在共阳组），才能向负载输出电压。另外，从波形图中还可以看出，每只晶闸管导通 $2\pi/3$ 电角度，并且每隔 $\pi/3$ 有一只晶闸管换相。

当 $\alpha > 0$ 时，每只晶闸管在本相自然换相点向后移 α 处换相，且导通角都是 $2\pi/3$，与控制角的大小无关。图1-33为 $\alpha = \pi/3$ 时的波形。由图中可见，$\alpha = \pi/3$ 为恰好不出现负电压波形的临界控制角。当 $\alpha > \pi/3$ 时，将出现负电压波形，使得负载电压平均值降低。显然，当 $\alpha = \pi/2$ 时，u_d 波形的正负面积相等，电路输出的电压平均值为零。因此，电路控制角的变化范围为 $0 \sim \pi/2$。由于大电感的存在，只要负载电压平均值不为零，负载电流便为一条连续恒定的水平线，其值为 I_{av}。流过晶闸管和变压器二次绕组的电流都是幅值为 I_d 的方波。

负载平均电压为

$$U_{av} = \frac{1}{\pi/3}\int_{\alpha+\pi/6}^{\alpha+5\pi/6}\sqrt{6}\,U_2\sin\omega t\,(\omega t) = 2.34U_2\cos\alpha \quad (1\text{-}44)$$

负载电流的平均值 I_{av} 与有效值 I 相等，且为 $I_{av} = I = U_{av}/R_d$。

流过晶闸管电流的平均值 $I_{T,av}$ 和有效值 I_T 分别为 $I_{T,av} = I_{av}/3$，$I_T = I_{av}/\sqrt{3} = 0.577I_{av}$。

整流变压器二次绕组电流有效值 $I_U = \sqrt{\frac{1}{2\pi}\left[(I_d)^2 \times \frac{2\pi}{3} + (-I_d)^2 \times \frac{2\pi}{3}\right]} = \sqrt{\frac{2}{3}}\,I_{av} = 0.816I_{av}$。

晶闸管所承受的最大电压 $= \sqrt{2} \times \sqrt{3}\,U_2 = \sqrt{6}\,U_2$。

为了使整流电路在任何时刻共阴组和共阳组各有一只晶闸管同时导通，必须对应该导通的一对晶闸管同时给出触发脉冲。常用的触发方式有两种，即单宽脉冲触发和双窄脉冲

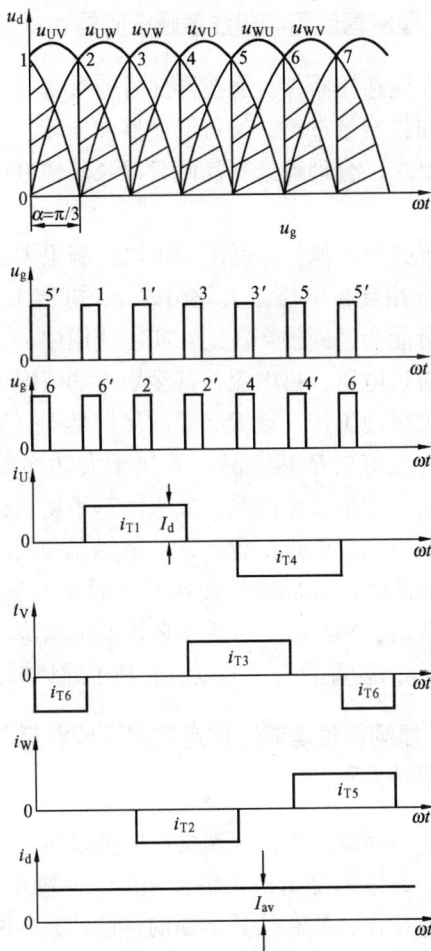

图 1-33　α = π/3 时的波形

触发。双窄脉冲的触发电路虽然比较复杂，但可以减小触发电路的输出功率以及脉冲变压器的体积，故应用较多。

1-6-12 晶闸管使用中应注意哪些问题?

(1) 合理地选择器件。选择器件时如果裕量过大，会使成本提高；如果裕量过小，又可能使器件损坏。因此应根据装置的使用要求，合理地选择晶闸管以及其他电子器件的型号和参数。

(2) 设置必要的保护。晶闸管可以控制很大功率，但过载能力较差，并且在电压上升率 du/dt、电流上升率 di/dt 过大时，也可能会遭到损坏。而在实际使用中，又不可避免地会遇到瞬时过电压、过电流，甚至短路的情况。因此，为了使晶闸管可靠地工作，设置必要的保护是十分重要的。

(3) 保证良好的散热。晶闸管属于大功率电力电子器件，在工作时会产生大量的热，如果散热不良就很容易导致损坏。因此，应当按要求配置合适的散热器和采用适当的冷却方式。可在散热器和晶闸管接触的表面涂上适量的硅脂，以降低接触热阻；50A 以上的器件必须采用风冷，风速一般应不小于 5m/s；装置的安放地点应有利于通风散热。

1-6-13 晶闸管过电流保护方式有哪些? 其各自的工作原理及作用是什么?

(1) 快速熔断器保护。快速熔断器是最简单有效的过电流保护元件，其熔体是由银质熔丝制成，并埋于石英砂内。与普通熔断器相比，具有快速熔断的特性，其熔断时间小于20ms。当发生短路时，在晶闸管损坏之前便可切断短路故障，从而起到保护作用。

(2) 电子线路保护。电子线路保护通常是指利用电子元件组成的，具有继电特性的电路来实施保护，一般包括检测、比较和执行环节。电子线路保护可以在装置出现过电流时对触发脉冲进行控制，使得控制角 α 迅速向增大方向移动，使主电路输出电压迅速下降，负载电流也迅速减小，达到限制电流的目的。也可以在出现过电流时切断主电路电源，达到保护的目的。

1-6-14　什么是过电压? 过电压的主要类型有哪些? 晶闸管过电压保护方式有哪些?

过电压是指超过晶闸管正常工作时应该承受的最大电压。

过电压主要有两种类型：一是开关的开闭（包括有触点的机械式开关的闭合与打开和无触点的晶闸管导通与阻断）所引起的操作过电压。例如：当开关断开带电感元件的电路时，电感元件会产生幅值很高的自感电动势。二是雷击或其他外来干扰所引起的浪涌过电压。

当正向电压超过晶闸管正向转折电压时，会使晶闸管硬开通，不仅会使电路工作失常，并且多次硬开通会使晶闸管的正向转折电压降低甚至损坏。当反向电压超过晶闸管的反向击穿电压时，会招致晶闸管立即击穿损坏。因此，根据过电压产生的原因采取相应的保护措施是十分必要的。对于操作过电压，通常采用在晶闸管两端并联 RC 回路进行保护，其原理是利用电容具有储能和两端电压不能突变的特性，迅速吸收产生过电压的能量，电阻则消耗部分产生过电压的能量。对于幅值高、能量大的浪涌过电压，采用 RC 吸收回路进行抑制效果较差，通常采用并接阀型避雷器以及具有稳压特性的非线性电阻，如硒堆和压敏电阻来抑制。非线性电阻在正常工作电压时呈现高阻抗，只有很小的漏电流。当出现过电压时,其阻抗迅速降低,泄放过电压能量,从而起到保护作用。当过电压消失后,非线性电阻重新恢复高阻抗状态。

1-6-15 为何要限制晶闸管正向电压和电流的上升率? 限制晶闸管正向电压和电流的上升率的办法是什么?

晶闸管是一个四层三端器件,内含三个 PN 结。当管子正向阻断时,其内部处于反偏状态的 PN 结存在结间电容,如果正向电压上升率 du/dt 太大,将会在结间电容中产生位移电流,这个电流会起到触发电流的作用,有可能导致晶闸管误导通;另外在晶闸管触发导通后,随着阳极电流的增大,导通区域也会从门极附近逐渐扩展,如果阳极电流上升率 di/dt 太大,会使电流来不及扩展到整个 PN 结面,即使电流不很大,也会造成门极附近因电流密度过大而烧毁。因此,必须采取措施限制晶闸管正向电压和电流的上升率。

限制晶闸管正向电压和电流的上升率的常用办法是在每个整流桥臂上串接一个 $20 \sim 30 \mu H$ 的铁氧体磁环。另外在有整流变压器的装置中,变压器本身的漏抗以及晶闸管两端的 RC 吸收回路对电压和电流上升率也具有抑制作用。对于没有整流变压器的装置,可在交流侧串接进线电感和并接 RC 吸收回路来进行抑制。

1-6-16 什么叫触发电路? 对晶闸管的触发电路有哪些要求?

晶闸管的导通需要触发信号,形成触发信号的电路称为触发电路。触发电路性能的优劣直接影响晶闸管主回路系统工作的可靠性、调节精度的高低和工作范围的大小等。

对触发电路的基本要求是触发可靠、不误触发和不损坏控制极。具体来说应满足以下要求：

（1）触发电路的输出脉冲必须具有足够的功率。触发脉冲必须适当大于门极触发电压 U_G 和门极触发电流 I_G，即具有足够的触发功率，但又必须小于门极正向峰值电压 U_{Gm} 和正向峰值电流 I_{Gm}，以防止门极损坏。

（2）触发脉冲必须与主电路电源电压保持同步。为了使晶闸管在每一个周期内都能重复在相同的相位上被触发，保证装置的工作性能，触发电路的工作电压与主电路电源电压必须保持某种固定的相位关系。

（3）触发脉冲应能满足主电路移相范围的要求。为了实现整流电路输出电压的连续可调，触发脉冲应能在一定范围内进行移相。

（4）触发脉冲要具有一定的宽度，前沿要陡。多数晶闸管电路要求触发脉冲的前沿要陡，以实现精确的导通控制。触发脉冲的宽度一般应保证晶闸管阳极电流在脉冲消失前能达到擎住电流，从而使晶闸管保持导通。脉冲宽度与脉冲的形式、负载的性质以及主电路的形式有关。

1-6-17　晶闸管常用触发电路的形式有哪些？其各自的特点及应用是什么？

晶闸管触发电路通常以组成的主要元件名称来分类，常见的有简单移相触发电路、阻容移相触发电路、单结晶体管触发电路、晶体管触发电路、集成电路触发电路及微机控制数字触发电路等。

简单移相、阻容移相触发电路所用元件少、结构简单、调试方便，常用于控制精度要求不高的单相小功率负载电路。单结晶体管触发电路结构简单，输出脉冲前沿陡、抗干扰能力强，运行可靠，调试方便，但其参数差异较大，控制线性度及精确度不高，且输出脉冲窄、功率小，故常用于单相中小容量负载电路。晶体管触发电路的触发功率和控制精度较高，但电路构成和调试复杂，一般用于大容量三相晶闸管可控整流装置。集成电路组成的触发电路具有体积小、功耗小、温漂小、性能稳定可靠、调试维修方便等优点，因而近年来在中小容量以及大容量晶闸管可控整流装置中，获得了越来越广泛的应用。微机控制数字触发电路一般用于有高精度控制要求的复杂系统。

1-6-18 晶闸管简单移相触发电路是如何组成的？其工作原理如何？

利用可变电阻引入本相电压作为触发电压的简单移相触发电路及波形如图 1-34（a）所示。图中 R_d 为受控负载，晶闸管 VT 为调压开关，VD 是为了防止门极因承受反向电压而损坏设置的，电路的工作波形如图 1-34（b）所示。当电源电压处于正半周时，晶闸管承受正向电压，电源电压通过门极电位器 RP 产生门极电流。当门极电流上升到触发电流

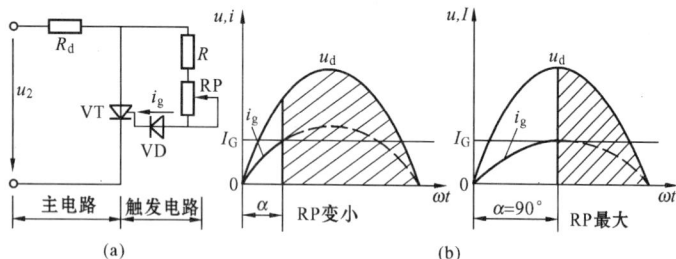

图 1-34 简单移相触发电路及波形

（a）电路图；（b）波形图

I_G 时，晶闸管触发导通，其两端电压几乎为零，电源电压全部加在 R_d 上。改变 RP 的阻值，就改变了门极电流上升到 I_G 的时间，也即改变了晶闸管在一个周期内开始导通的时刻，从而调节了 R_d 上电压的大小。当电源电压处于负半周时，VT 始终处于阻断状态，故该电路为电阻负载单相半波可控整流电流。从波形图可知，电路的移相范围 $0 \leqslant \alpha \leqslant \pi/2$。

1-6-19 晶闸管阻容移相触发电路是如何工作的？

阻容移相触发电路及波形如图 1-35 所示。当电源电压处于负半周时，晶闸管阻断，u_2 通过 VD2 对电容 C 充电，极性下正上负，由于充电时间常数很小，故电容 C 两端的电压 u_C 波形近似为 u_2 波形。当 u_2 过了负半周最大值后，电容 C 经 RP、R_d 放电，随后被反充电，极性上正下负。当电容两端电压上升到晶闸管的触发电压 U_G 时，晶闸管被触发导通。改变 RP 的阻值，可改变电容 C 反充电的速度，即改变电容两端的电压 u_C 到达 U_G 的时间，从而实现移相触

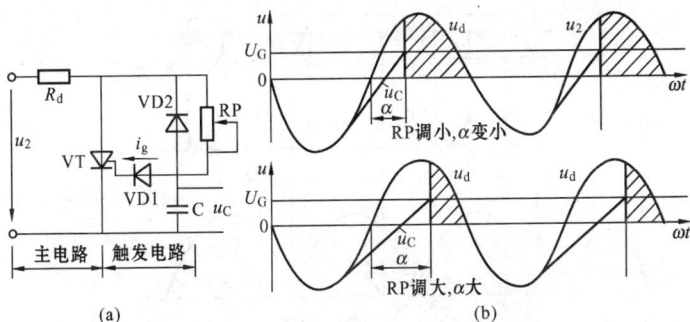

图 1-35　阻容移相触发电路及波形

(a) 电路图；(b) 波形图

发，最大移相角度 $\alpha \leqslant \pi$。

1-6-20 晶闸管单结晶体管触发电路是如何工作的？

单结晶体管也称双基极二极管，由其构成的触发电路及波形如图 1-36 所示。图中主电路为电阻负载单相半控桥式

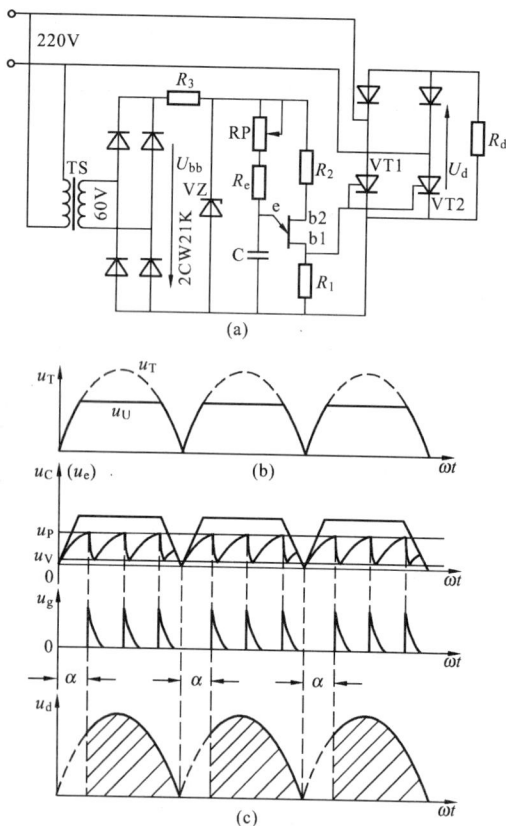

图 1-36 单结晶体管触发电路及波形

(a) 电路图；(b) u_T 波形图；(c) u_C、u_g、u_d 波形图

整流电路。触发电路由同步变压器 TS、整流桥和稳压管 VZ 组成同步电路，以保证在每个半波内以相同的控制角 α 触发晶闸管。TS 二次绕组的输出经整流桥整流和稳压管 VZ 稳压削波后，得到一梯形电压波，作为触发电路的同步电源。电路正常工作时，同步电源经电位器 RP 和 R_e 对电容 C 充电，当电容 C 两端的电压 u_C 达到单结晶体管的峰点电压 U_P 时，单结晶体管 e、b1 导通，电容对电阻 R_1 放电。由于放电时间常数很小，故在 R_1 上便得到一个很窄的触发尖脉冲。从波形图上可以看出，每个周期中电容的充放电有多次，但晶闸管由第一个脉冲触发导通后，以后的脉冲并不起作用。当 RP 增大时，第一个脉冲出现时刻推迟，即 α 增大，反之 α 则减小，因此可以调节输出电压。为了简化电路，触发脉冲同时送到晶闸管 VT1 和 VT2 的门极，因为只有阳极电压为正的管子才能导通，故可以保证两只管子轮流正常导通。

1-6-21 举例说明三相全控桥式晶闸管集成触发电路是如何工作的?

由三只国产 KC04 移相触发器和一只 KC41C 六路双窄脉冲形成器所组成的三相全控桥式集成触发电路如图 1-37 所示。KC04 的内部电路是由锯齿波形成、脉冲移相控制、脉冲形成及放大等基本环节组成。16 端接 +15V 电源，8 端经 1.5kΩ 微调电位器、5.1kΩ 电阻和 1μF 电容组成的滤波移相器接同步电压，以消除同步电压中高频谐波的侵入，提高集成电路的抗干扰能力。移相器所配参数可使同步电压后移约 π/6，通过微调电位器的调整，可确保输出脉冲间隔均匀。4 端形成锯齿波，可以通过 6.8kΩ 电位器调整，使三片集

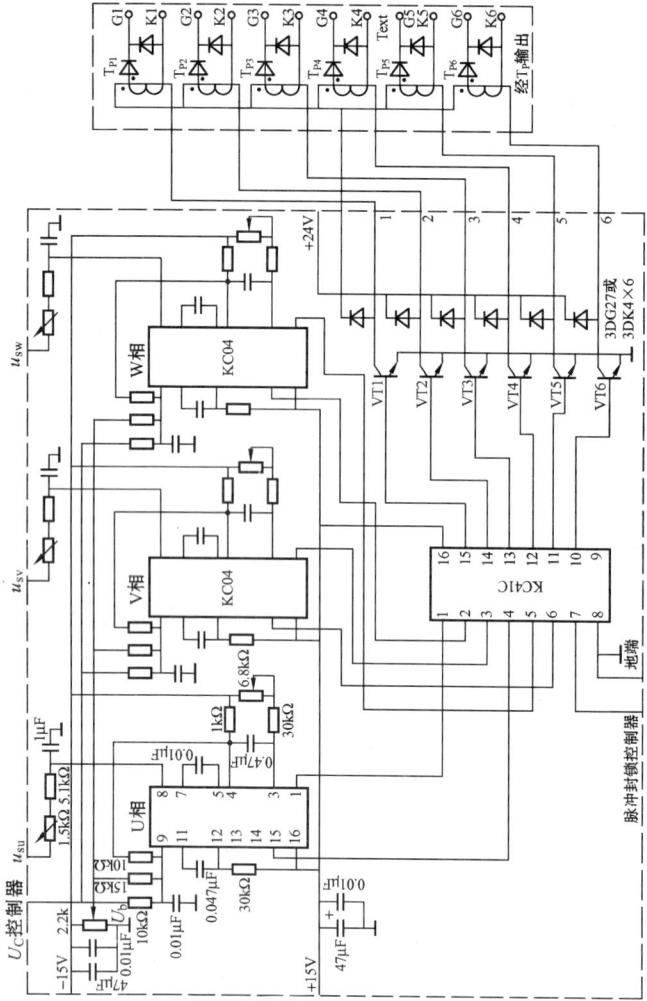

图 1-37 集成触发电路

成块所产生的锯齿波斜率一致。9端为锯齿波电压、直流偏移电压 $-U_b$ 和移相控制直流电压 U_c 的合成电压输入端。当合成电压为负时，电路无触发脉冲输出；当合成电压为正且大于0.7V时，电路输出触发脉冲。改变 U_c 的大小可以改变（$U'_c - U'_b$）与锯齿波交点 Q 的位置（U'_c、U'_b 分别为 U_c 和 U_b 的比例电压），也即改变了合成电压波形与时间

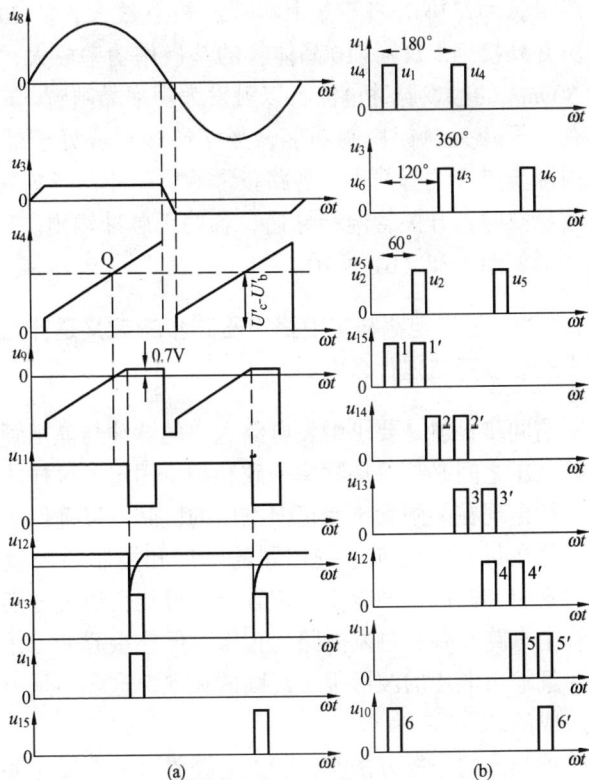

图 1-38　KC04 及 KC41C 各端波形

(a) KC04 波形；(b) KC41C 波形

轴交点的位置，从而改变了输出脉冲产生的时刻。输出脉冲在1端和15端产生，相位相差π。13端可提供脉冲列调制和脉冲封锁控制。KC04移相触发器各端的波形如图1-38（a）所示。

将三块KC04所产生的6个触发脉冲分别接到集成块KC41C的1～6端，经其内部集成二极管完成"或"功能，形成双窄脉冲，再由内部6个集成三极管放大，从10～15端输出并外接到VT1～VT6晶体管的基极作功率放大，可得到约800mA的触发脉冲电流，以触发大功率晶闸管。KC41C还具有电子开关封锁控制功能，当7端接地或处于低电位时，内部集成开关管截止，各路正常输出脉冲；当7端接高电位或悬空时，开关管饱和导通，各路无脉冲输出。KC41C各端波形如图1-38（b）所示。

1-6-22 触发电路与主电路电压同步的含义是什么？实现同步的一般方法是什么？

所谓同步，就是要求触发电路送出的脉冲与晶闸管承受的电源电压之间必须保持频率一致和相位固定，这样才能使触发脉冲出现在晶闸管承受正向电压的区间，以确保主电路各晶闸管在每一个周期中按相同的顺序和控制角被触发导通。在安装和调试晶闸管变流装置时，可能会出现分别检查晶闸管主电路和各相触发电路均正常，但连接起来工作就不正常并且输出电压的波形很不规则的现象，这多半是由于不同步造成的。

实现同步的一般方法有：①主电路整流变压器与触发电路的同步变压器应由同一电网供电，以保证电源频率一致；②根据主电路的形式选择适当的触发电路；③依据整流变压器的接线组别、主电路的形式、负载的性质，确定触发电路的同步电压；④通过同步变压器的不同接线组别或配合阻容滤波移相，得到所要求相位的同步电压信号。

1-6-23 什么是双向晶闸管？与普通晶闸管相比有什么特点？其用途如何？

无论加正向还是反向电压都可以受控触发导通的晶闸管，称为双向晶闸管。双向晶闸管是三端器件，外形与普通晶闸管相似，有塑封式、螺栓式和平板式三种，其等效电路、图形符号分别如图 1-39（a）、（b）所示。双向晶闸管只有一个门极，而且无论晶闸管是正向还是反向，也无论门极相对于 T1 端加正脉冲还是加负脉冲，都可以触发导通，只是触发灵敏度有些差异。常用的触发方式是：T2 为正 T1 为负的正脉冲触发和 T1 为正 T2 为负的负脉冲触发二种。双向晶闸管具有正反向对称的伏安特性曲线，如图 1-39（c）所示。

普通晶闸管是单向导通器件，在作交流电路控制时，需

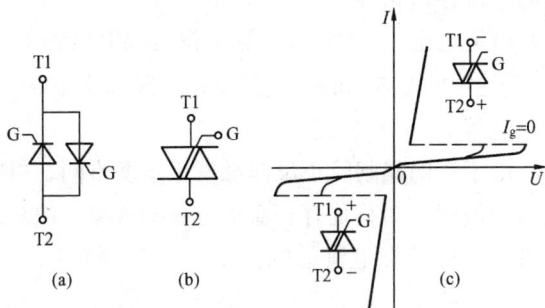

图 1-39　双向晶闸管
（a）等效电路；（b）图形符号；（c）伏安特性

要两个元件反向并联,并且需要两套散热器和两套彼此独立的触发电路,这将使装置变得复杂。而双向晶闸管（TRIAC）相当于两只普通晶闸管反向并联,只需要一套触发电路,故电路构成简单,工作可靠。

双向晶闸管在交流调压、无触点交流开关、温度控制、灯光调节以及交流电动机调速等方面有着广泛的应用。

1-6-24 双向晶闸管选择使用时应注意哪些问题?

（1）额定电流 $I_{T,RMS}$ 的选择。双向晶闸管通常用在交流电路中,因此不用平均值而用其允许流过的最大正弦交流有效值来表示额定电流。在选择双向晶闸管的额定电流时,应根据负载的性质和容量,并考虑 1.5～2 倍的安全裕量进行选择。当采用双向晶闸管代替普通晶闸管时,应注意普通晶闸管电流平均值 $I_{T,av}$ 和双向晶闸管电流有效值 $I_{T,RMS}$ 之间的换算关系, $I_{T,av} = 0.45 I_{T(RMS)}$ 。也就是说,若双向晶闸管的额定电流为 100A,则与两个反向并联额定电流为 45A 的普通晶闸管的电流容量相等。

（2）额定电压 U_{Tn} 的选择。通常按电源电压的 2～3 倍选择,例如：380V 线路用的交流开关,一般选用 1000～1200V 的双向晶闸管。

（3）由于双向晶闸管正反向触发灵敏度不同,可能会出现正负电流波形不对称而存在直流分量的现象,故最好采用强触发方式,即触发电流的幅值 I_g >（2～4） I_{GT} （门极触发电流）。

（4）为了防止双向晶闸管带电感负载时换相失控,需在元件两端并接 RC 支路,以限制 du/dt 值,通常取 $R =$

100Ω，$C = 0.1 \sim 0.47\mu\mathrm{F}$。

（5）应满足规定的散热条件。

1-6-25　什么是可关断晶闸管（GTO）？与普通晶闸管相比有何异同？GTO 对门极控制信号有何要求？其用途如何？

可以通过对门极加正向脉冲控制其导通，加负脉冲控制其关断的晶闸管，称为可关断晶闸管（GTO）。GTO 的阳极伏安特性和主要参数与普通晶闸管相似，但其额定电流定义为阳极最大可关断电流 I_{ATO}。阳极电流超过 I_{ATO}，GTO 便处于深度饱和导通状态，门极负电流脉冲将不能使其关断。另外，最大可关断阳极电流 I_{ATO} 与门极负电流最大值 I_{GM} 之比，即 $I_{\mathrm{ATO}}/I_{\mathrm{GM}} = \beta_{\mathrm{off}}$，称为关断增益，它表示了 GTO 的关断能力。

为了保证 GTO 可靠地导通与关断，对门极控制信号波形有一定要求，如图 1-40 所示。图中实线为电流波形，虚线为电压波形。此外，还应设置适当的缓冲电路来抑制换相过电压、电压变化率 $\mathrm{d}u/\mathrm{d}t$ 和电流变化率 $\mathrm{d}i/\mathrm{d}t$ 等。

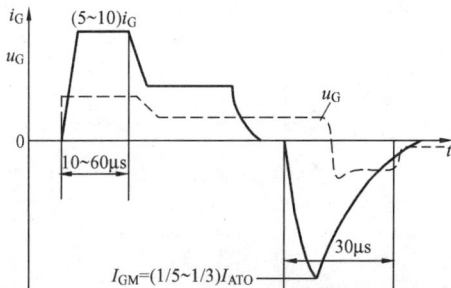

图 1-40　推荐采用的较理想门极控制信号波形

可关断晶闸管除了具有普通晶闸管的全部优点（如耐压高、容量大、控制功率小、价格便宜等）外，还具有自关断（即在门极加适当的负脉冲可使其自行关断）能力、使用方便等优点，因而在电力机车的逆变器、电网动态无功功率补偿、大功率直流斩波调速等方面获得了广泛的应用。

第二章
基本技能

第一节　电、钳工操作和工器具使用

2-1-1　常用的测量器具有哪些? 钢直尺和钢卷尺的常用规格有哪些?

常用的测量器具有：钢直尺和钢卷尺、游标卡尺、百分尺、水平尺、铅垂线和角尺。

钢直尺常用的规格有 150、300、500mm 等。钢卷尺的常用规格有 1000、2000、3000、5000mm 等。尺面除有公制刻线外有的还有英制刻线，测量准确度公制为 0.5mm，英制为 1/32in 或 1/64in。公制和英制长度换算为 25.4mm 等于 1in。

2-1-2　什么是游标卡尺? 如何使用游标卡尺?

游标卡尺是带有测量卡爪并用游标读数的量尺，其测量精度较高，结构简单，使用方便，可以直接测量零件的内经、外经、长度和深度尺寸值。游标卡尺的结构如图 2-1 所示，测量精度有 0.1、0.05、0.02mm 三种，刻线原理与读数方法相似。

其中 0.02mm 精度游标卡尺的刻线原理与读数方法见表 2-1。

为了保证测量的准确度，游标卡尺使用时应注意：①不要损伤卡爪；②游标卡尺测量时应放正，不可歪斜；③注意用力应适当，不可过紧或过松；④需要抽出卡尺读数时，应先

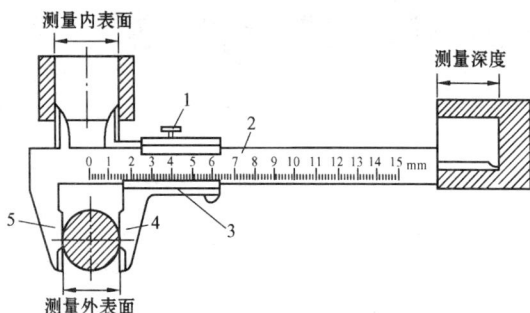

图 2-1　游标卡尺结构图

1—制动螺钉；2—主尺；3—副尺；4、5—卡爪

拧紧制动螺钉，再缓缓抽出卡尺，以免卡爪松动。

表 2-1　　　　　游标卡尺的刻线原理及读数方法

精度值	刻 线 原 理	读数方法及示例
0.02mm	主尺 1 格 = 1mm 副尺 1 格 = 0.98mm，共 50 格 主、副尺每格之差 = 1 − 0.98 = 0.02（mm） 	读数 = 副尺 0 位指示的主尺整数 + 副尺与主尺重合线数 × 精度值 示例： 读数 = 22 + 9 × 0.02 = 22.18（mm）

2-1-3　什么是百分尺？如何使用百分尺？

百分尺是精密量具，测量精度为 0.01mm。图 2-2（a）

为一种测量范围 0～25mm 的外径百分尺结构示意图。尺架左端有砧座 1，螺杆 2 与活动套筒 4 是连在一起的。转动活动套筒时，螺杆即沿其轴向移动，5 为微调转轮。螺杆的螺距为 0.5mm，固定套筒 3 上轴向中线上下相错 0.5mm 各有一排刻线，每格 1mm。活动套筒的锥面边缘沿圆周有 50 等分的刻度线，当螺杆端面与砧座接触时，活动套筒上零刻度线与固定套筒的中线对准，活动套筒边缘也应与固定套筒的零刻度线重合。

用百分尺测量外径时应先转动活动套筒使螺杆伸出，当螺杆接近被测零件表面时，改用微调转轮继续调节，听到棘轮发出"达达"响声时，表明砧座和螺杆端面已经接触被测零件外表面，此时便可读取测量数值。读数时应先从固定套筒上读出毫米数。若 0.5mm 刻度线露出活动套筒边缘，则加 0.5mm；再从活动套筒上读出小于 0.5mm 的小数，两者加在一起即为测量数值。图 2-2（b）所示读数为 8.5 + 0.01 × 27 = 8.77（mm）。使用时应注意不可一直转动活动套筒使螺杆端面接触被测零件表面，以免造成测量数据偏小。

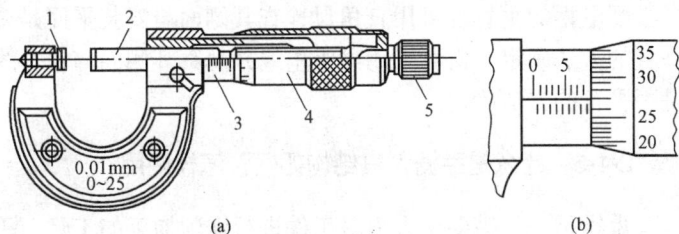

图 2-2　外径百分尺及读数示例

（a）外径百分尺结构；（b）读数示意

1—砧座；2—螺杆；3—固定套筒；4—活动套筒；5—微调转轮

2-1-4 水平尺有何用途？其结构如何？怎样使用？怎样检查配电柜的安装垂直度？

水平尺可用于检查设备安装的水平度，其结构上主要有金属或木制的尺身和水平度指示器。当水平尺尺身处于水平状态时，指示器中的小气泡应处于中心位置。使用时可将尺身置于被检查平面的不同位置，观察小气泡是否处于指示器的中心位置。

在护套线采用明敷或 BV 线穿管明敷方式以及塑料槽板布线时，可以采用一种土办法确定线路走向的水平度。其方法是：取一段（10～15m）$\phi 6～\phi 8$mm 的透明塑料软管，在管内灌入自来水，不要完全灌满（在软管两端留有 20～30cm 的空间），并且软管两端也不能封闭。如果要确定 A、B 两点的水平度，可将软管的一端置于 A 点，并使管内液面高度与 A 点重合，然后根据软管的另一端液面的高度便可确定 B 点的位置。由于软管两端液面总是水平的，故由此确定的 A、B 两点也是水平的。线路走向的垂直度可采用吊铅垂线的方法确定。

配电柜的垂直度可用直角尺检查其侧面与安装平面是否垂直的方法确定，也可采用吊铅垂线并观察其侧面与铅垂线是否平行的方法确定。

2-1-5 什么是手锯？其结构如何？怎样使用？

手锯是一种借助于人力对工件进行锯削加工的工具。手锯由锯弓和锯条两部分组成。锯弓用来安装和张紧锯条，有固定式和可调式两种。锯条分为粗齿（每 25mm 长度内含齿 14～16 牙）、中齿（每 25mm 长度内含齿 18～24 牙）、细齿

（每 25mm 长度内含齿 26 ~ 32 牙）。粗齿一般用于铜、铝等软金属及厚工件的锯削加工；中齿一般用于加工普通钢、铸铁及中等厚度的工件；细齿一般用于硬钢板料及薄壁管子的锯削加工。

操作前应根据工件材料性质选择合适的锯条；锯条应装正，锯齿应向前，其松紧应适当，否则容易断锯条或锯缝易歪斜；工件应用台虎钳夹牢，有弹性的工件其锯缝离台钳口不宜太远，一般为 20 ~ 30mm，否则因工件弹跳而不好操作，锯条也容易折断。起锯时应用左手拇指靠住锯条，防其滑动，使锯条锯在所需的位置上；拉锯行程要短，压力要小，速度要慢；起锯角度控制在 10°左右为好，太大易爆齿，太小不易切入工件。起锯后便可进入正常锯削，锯条前推时应给予适当压力，起切削作用；锯条回拉时不加压力，不切削，使锯条从工件表面轻轻滑过；锯削时拉锯方向应保持平直，不可左右摆动，以免断锯条；锯削行程长度应不小于锯条全长的 2/3，以免锯条局部磨损而降低使用寿命；工件快要锯断时，用力要轻，以免碰伤手臂或折断锯条；锯削速度应根据工件材料硬度而定，锯削硬材料时应低一些，锯削软材料时可高一些，通常为 40 ~ 60 次/min；在锯削钢材时应加机油润滑，以延长锯条使用寿命。

2-1-6 什么叫攻丝？如何攻丝？

攻丝就是用丝锥来加工内螺纹。操作时需将丝锥安装在铰杠上进行，铰杠一般为可调式，可以安装不同规格的丝锥。丝锥为标准刀具，一般用碳素工具钢或高速钢制成，通常分为头锥、二锥和三锥。攻丝时须按头，二、三锥的顺序攻至标准尺寸。攻丝操作方法如下：

（1）确定底孔直径。底孔直径可由表 2-2 查得，也可由经验公式（2-1）计算得到

$$\left.\begin{array}{ll} \text{对脆性材料} & d_2 = D - (1.04 \sim 1.08)P \\ \text{对塑性材料} & d_2 = D - P \end{array}\right\} \quad (2\text{-}1)$$

式中　d_2——底孔直径，mm；

　　　D——螺纹公称直径，mm；

　　　P——螺距，mm。

表 2-2　　　　　　　钢材攻丝底孔直径

螺纹公称直径 D（mm）	2	3	4	5	6	8	10	12
螺距 P（mm）	0.4	0.5	0.7	0.8	1	1.25	1.5	1.75
钻头直径 d_2（mm）	1.6	2.5	3.3	4.2	5	6.7	8.5	10.2
螺纹公称直径 D（mm）	14	16	20	24	27	30	36	
螺距 P（mm）	2	2	2.5	3	3	3.5	4	
钻头直径 d_2（mm）	11.9	13.9	17.4	20.9	23.9	26.3	31.8	

在攻盲孔螺纹时，由于丝锥不能攻到底，所以钻孔深度应大于螺纹有效长度，可按式（2-2）确定

$$\text{孔深} = \text{螺纹有效长度} + 0.7D \quad (2\text{-}2)$$

（2）攻丝方法和注意事项。将钻好底孔的工件用台虎钳夹牢，孔的端面要保持水平，以便校正丝锥的垂直度；孔口处应倒角，通孔的两端都应倒角，使丝锥容易切入，并可防止孔口螺纹崩裂；攻丝时两手用力要均匀，丝锥攻入 1～2 圈后，应将丝锥反转 1/4 圈，以折断和排出切屑，然后再攻；攻丝时如已感到很费力，不可强行转动，应将丝锥倒转退出，清除切屑后再攻；在用小规格丝锥（M4 以下）攻盲孔时，可先在丝锥上做一孔深记号，以防丝锥触到孔底而折

断；对钢件攻丝时，要加乳化液或机油润滑冷却；对铜材和铝材攻丝，一般不加润滑液，必要时可加煤油润滑。

2-1-7 什么叫套丝？如何套丝？

套丝就是用板牙来加工外螺纹。套丝操作方法如下：

(1) 底杆直径确定。底杆直径可由表 2-3 查得，也可由经验公式 (2-3) 计算得到

$$d_1 = d - 0.13P \qquad (2\text{-}3)$$

式中　d_1——底杆直径，mm；

　　　d——螺纹公称直径，mm；

　　　P——螺距 mm。

表 2-3　　　　　　部分普通螺纹套丝底杆直径

螺纹公称直径 d (mm)	螺距 P (mm)	底杆直径 d_1 (mm)	
		最小直径	最大直径
M6	1	5.8	5.99
M8	1.25	7.8	7.9
M10	1.5	9.75	9.85
M12	1.75	11.75	11.9
M14	2	13.7	13.85
M16	2	15.7	15.85
M18	2.5	17.7	17.85
M20	2.5	19.7	19.85
M22	2.5	21.7	21.85
M24	3	23.65	23.8

(2) 套丝方法和注意事项。套丝的底杆端部应倒角，使板牙容易切入工件；底杆应用台钳夹牢，并保持底杆与台钳

口垂直；应使扳牙端面与底杆保持垂直，然后每扳动扳牙 1 ~2 圈，要倒转 1/4 圈以折断切屑，如此循环操作至套丝完成；在钢件上套丝时应加乳化液或机油润滑冷却。

2-1-8 焊接的要求是什么？如何用电烙铁手工焊装电子元器件？

焊装元器件是制作电子装置的重要环节，其质量的好坏对整机的性能影响很大，必须予以充分重视。焊接的要求是电气连接良好、焊点牢固可靠、外表美观。

用电烙铁手工焊装电子元器件的要求如下：

（1）焊接材料及工具：焊接材料和工具主要包括焊锡、助焊剂和电烙铁。助焊剂的作用是去除焊接点处的氧化膜，增加焊锡的浸润作用，使焊点光滑可靠。电子器件焊装一般用在常温下无腐蚀性的松香类助焊剂。通常焊锡丝是中空的，其内部含有松香，使用起来非常方便。电烙铁应选用 25W 外热式或 20W 内热式，若需要焊接热容量较大的元器件时，可选用功率较大的电烙铁。电烙铁在使用时接地线应可靠接地，这样既保证人身安全，也能防止漏电或感应电损坏元器件。

（2）焊接方法：焊接前要使烙铁头吃锡良好，对因加热时间过长，过分氧化而"烧死"的烙铁头应重新用锉刀锉光上锡。对元器件的引脚，如吃锡不好的也应重新上锡（一般新购入的元器件引脚均已作过上锡处理）。焊接时先将烙铁头在松香上揩一下，使附锡光亮，并在烙铁头上熔上适量焊锡，然后将烙铁头在焊点上稍作停留，待焊锡浸润焊点和引线表面时，立即将烙铁移开，同时保持元器件不能晃动，以免焊点附着不牢或形成虚焊。焊锡用量不宜过多，整个焊过程中动作要快而准确。对于较大热容量的焊点，焊接时间要适当延长。

(3) 注意事项：

1) 装配焊接前应对元器件的主要参数进行检测，剔除不合格品。同时，对印刷电路板进行仔细检查，是否有错线、断线和碰线情况。

2) 焊接顺序一般采用先矮后高的方式，如电阻（卧装）、集成块（扁平装）、电容和电阻（立装）、晶体管、继电器、变压器等。对静电比较敏感的绝缘栅型场效应管等器件应在最后安装。

3) 元器件与印刷电路板的距离或引脚的长度应根据元器件固定所需要的机械强度、焊接时的热量对元器件的影响、元器件工作时的发热以及空间密度、排列整齐美观等因素综合考虑。一般轴向引脚的元器件，如电阻、二极管等通常采用卧式安装。发热的元器件则应与印刷电路板保持一定距离。一般小型晶体管、塑封晶体管、片式电容器和立式电解电容器，可以稍稍离开印刷电路板而靠自身引线支撑，焊接时用镊子钳住引线，以减少传入器件内部的热量。对较大或较重的元器件应另配支架。对带螺栓的晶闸管或整流二极管，可利用阳极的螺栓作为紧固件来安装。

4) 集成电路的引线较多，其封装形式有金属圆帽、扁平和双列直插三种。对双列直插式集成电路，在焊接时应配以专用插座，以方便在调试或维修时调换器件。

5) 烙铁头的温度要适当。可用松香来判断烙铁头的温度。如果温度过低，烙铁头碰到松香时松香熔化较慢；如温度过高，松香会迅速熔化，并发出声音和产生大量白烟。一般说，松香熔化较快而又不产生白烟时的温度比较适宜。

6) 焊接时间要适当。焊接时间过长或过短，都会影响焊点质量。

7) 焊料和助焊剂要适量。焊料与助焊剂用量过多，不仅浪费，而且可能会掩盖虚焊现象；用量过少，不仅机械强度不够，而且也会造成虚焊。

8) 不要烫伤周围的元器件和导线，必要时可先移开影响焊接的元器件和导线，然后再恢复。

9) 应将剪掉的导线和锡渣及时清除掉，防止落入产品内带来隐患。对松香助焊剂的残留物一般不需处理，但为了焊接后的印刷电路板美观、清爽,也可以用香蕉水擦除残留物。

2-1-9 常用的电工工具有哪些?

常用的电工工具包括低压验电笔、螺丝刀、钢丝钳、尖嘴钳、剥线钳、压接钳、电工刀、活络扳手、冲击钻、喷灯、紧线器、弯管器等。

2-1-10 如何使用低压验电笔,使用时的注意事项是什么?

低压验电笔有钢笔式和螺丝刀式，可用于 500V 以下交直流电压的测量。使用时手指应触及电笔后部的金属部分，使电流能经验电笔、人体和大地构成回路，这样氖管才会发亮。同时，观察时应将氖管窗口背光朝向自己。由于人体有一定的存储电荷作用，故站在绝缘物体上验电时，电笔也会发亮，只是亮度较站于地面时要弱。使用注意事项：①不能用于 500V 以上电压验电；如果氖管窗口发光，则表明被测物带电，但若氖管窗口不发光，却不一定表明被测物不带电，因为验电笔可能是坏的，此时应将验电笔在确实有电的地点测试，确保其是完好的再进行验电；②验电笔使用时应避免摔碰，以免损坏氖管；③螺丝刀式验电笔一般不要作螺丝刀使用，因其结构强度较低，很容易损坏。

2-1-11　螺丝刀的种类和规格有哪些？使用时的注意事项是什么？

螺丝刀按头部形状可分为"一"和"十"两种，刀柄有绝缘柄（木柄和塑料柄）和直通柄两种。螺丝刀的规格很多，常用的有 50、100、150、200mm 几种，可根据螺丝的大小和端头形状适当选用。

使用注意事项：①带电操作时严禁使用直通柄螺丝刀，以免触电；②带电操作前应检查木柄或塑料柄是否完好，操作时不得触及螺丝刀金属杆，最好在金属杆上套一段塑料绝缘管。

2-1-12　钢丝钳结构如何？其使用注意事项有哪些？

钢丝钳由钳头和钳柄两部分组成。钳头由钳口、齿口及刀口等部分组成，其中钳口用于弯绞和钳夹导线线头或其他金属、非金属体；齿口用于旋动螺杆螺母；刀口用于切断 $10mm^2$ 以下的导线、起拔钉子及剥削导线绝缘等。钳柄部分套有耐压 500V 的塑料绝缘套，可带电操作。

使用注意事项：①钳子的转轴部分应常加一点机油润滑，以保证钳口开合自如；②钢丝钳不应作锤子使用，以免将转轴打毛，造成钳口开合不灵活或歪斜等，不便使用；③带电操作前应仔细检查绝缘护套是否完好；④带电切断导线时，不可相—零线或相—相线同时切断，以免发生短路。

2-1-13 尖嘴钳有何特点，其主要用途是什么？使用时应注意哪些问题？

尖嘴钳头部尖细，适合在狭小的空间操作，其钳柄也带有绝缘护套，耐压 500V。尖嘴钳主要用于切断 6mm² 以下的导线及剥绝缘、夹持小螺丝及垫圈、导线弯制接线鼻子等。

使用注意事项与钢丝钳相同。

2-1-14 什么是剥线钳，其结构和用途如何？使用时应注意哪些问题？

剥线钳是一种可剥削 2.5mm² 以下导线的专用工具。剥线钳由钳头和钳柄组成。钳头上的钳口处有若干大小不等的齿口，供剥削不同规格的导线选用。钳柄部分带有耐压 500V 的绝缘护套。当进行控制盘、保护盘等的二次接线，有大量线头需要剥削时，用剥线钳是非常方便的。

使用注意事项：①不要用小齿口剥大规格线头，以免损伤导线或损坏剥线钳；②带电剥线头绝缘时，应先检查钳柄护套是否完好，操作中应注意不得触及钳头金属部分；③钳子的活动部分常加一些润滑油，以保证操作灵活。

2-1-15 什么是压接钳？其使用方法及注意事项是什么？

压接钳是一种用于导线和导线、导线和接线鼻压接连接的专用工具。根据工作原理的不同，压接钳可分为机械式和液压式两种，各自都有多种型号。图 2-3 为 OX – 18 型机械式压接钳构造图。该型压钳配有 10 对压模块，所产生的最大压力为 40kN，可压接 16～240mm² 的导线。

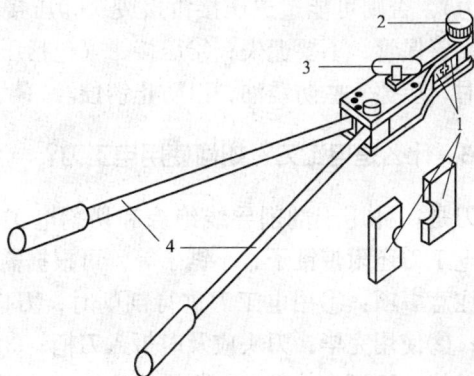

图 2-3　OX-18 机械压钳构造
1—压模块；2—销钉；3—调整把手；4—钳柄

（1）使用方法：根据导线的截面选择合适的压模块；拔除压钳头部的销钉，将压模块从头部的滑槽内装入，再插上销钉；转动调整把手（调整把手只能单向转动，并且随着调整把手的不断转动，两个模块之间的距离由小到大，再由大到小，如此循环往复）使得两模块分开一定距离；将待压接导线及压接管穿入两模块之间，转动调整把手至无法再转动为止，使得两模块将压接管挤紧；双手握持钳柄，不断进行开合操作，模块不断挤压压接管和导线，此时感觉阻力不断增大，继续进行开合操作，直至感觉阻力消失，表明压接已到位；转动调整把手，将两模块打开一定距离，取出压接好的导线。

（2）使用注意事项：①将导线插入压接管或接线鼻后，如感到比较松时，应剪一些短线头塞紧，以保证压接质量；②在装入压模块后，销钉一定要插到位（因其在操作时将承受巨大压力），否则可能造成压接钳报废；③压接钳所配的压模块应妥善保管，不要遗失；④压接钳（包括压模）长时间不用时，应擦一些防锈油，以防止锈蚀。

2-1-16　什么是电工刀？如何使用电工刀？

电工刀是一种用于剖削导线绝缘和切割电工材料的工具。有的电工刀还附带锥子、小锯子等，可根据需要选用。

使用注意事项：①用电工刀进行剖削时，刀口应向外，以免伤手；②使用完毕，刀头应及时折入刀柄；③电工刀柄不是绝缘结构，不可直接带电剖削导线绝缘；④不宜剖削软导线绝缘。

2-1-17　如何正确使用电工工具剥除导线绝缘？

常用的电工工具中，钢丝钳、尖嘴钳、剥线钳及电工刀都可以进行导线绝缘的剥除，但各自的使用场合不完全相同。钢丝钳、尖嘴钳适用于 $6mm^2$ 以下的单芯硬导线和多芯软导线绝缘的剥除，操作时可用钳子的刀口环切导线绝缘，然后左手捏紧线根，用钳子刀口将绝缘剥下。环切的力度应适当，太轻绝缘剥不下来，太重则会伤及线芯。剥线钳适用于 $2.5mm^2$ 以下单芯硬导线和多芯软导线绝缘的剥除，特别适合二次接线时，有大量线头需要剥除的场合，而一般电工操作时，剥导线绝缘并不使用剥线钳，而是用其他工具代替。电工刀除了多芯软导线绝缘剥除不宜使用外（因其极易损伤线芯），其余各种规格导线绝缘剥除都可以使用。

500V 以下带电导线绝缘剥除时，应站在干燥的绝缘物体上进行操作。绝缘剥除有两种方法：一是使用绝缘护套完好的钢丝钳，操作时用钳头的尖角部分将绝缘撕掉至合适的长度即可；二是使用经绝缘处理的电工刀（用绝缘胶布以半搭盖方式将刀柄包 4~5 层），在操作中应注意不要触及刀头部分。

2-1-18 什么是活络扳手？活络扳手的使用注意事项是什么？

活络扳手是用来紧固或拆卸螺母的工具，其规格很多，常用的有 150mm×19mm、200mm×24mm 及 250mm×30mm 等几种。因其开口大小可以调节，所以可适应不同规格的螺栓，使用很方便。

使用注意事项：根据螺母的规格调节扳口的大小，不可过松，以免损坏螺母棱角；在拧 M6 以下小规格螺母时，用力应适度，以免拧断螺栓；操作时应握稳扳手，以免滑脱后扳手砸坏设备或碰伤操作者的手臂；扳手不能用钢管套在手柄上加长力臂使用，也不能作为撬棍或锤子使用。

2-1-19 什么是冲击钻？其功能特点及使用注意事项是什么？

冲击钻是一种常用的电动钻孔工具，其种类、规格繁多，通常都制成手枪形或冲锋枪形。冲击钻一般都有旋转和冲击两种功能，有的还具有调速功能。各种功能通过转换把手来切换，以满足不同的使用要求。当冲击钻置于旋转位置时，即为普通的手电钻；配用麻花钻头后，可在金属、塑料、木制品等上面钻孔。当冲击钻置于冲击位置时，配用专用的硬质合金冲击钻头，可在砖墙或水泥墙面上钻孔，此时钻头除了旋转外，还有高频轴向前后"冲击"运动，故冲击钻因此而得名。

使用注意事项：

（1）使用前应检查电源线是否完好，电源插头应使用带接地线的三极插座。

（2）钻孔时应经常将钻头拔出以排出钻屑。

（3）钻较硬的工件或墙体时，不可施加过大的压力，以免钻头退火或钻子因过载而损坏。

（4）在登高操作时应站稳，保持身体重心的平衡并尽量双手持钻，钻头应保持垂直钻入墙面，不能歪斜而产生别钻，特别是钻子功率较大并用大规格钻头钻孔时更应注意。别钻严重时，会发生钻头不转而钻身旋转的情况，因其发生突然，令人猝不及防，可能使操作者从高处摔下。

（5）改变钻子旋转和冲击功能时，应待钻头完全停转后进行。

（6）钻子的夹头部位应经常上一些润滑油，以利于钻头装卸。

2-1-20 什么是喷灯？有何用途？其使用方法及注意事项是什么？

喷灯是一种利用喷射火焰对工作物进行加热的工具，按照使用燃料的不同，可分为煤油喷灯和汽油喷灯两种类型，常用于铅包电缆头的封铅、大截面铜导线连接处的加固搪锡及铜母排连接处防氧化镀锡等。图 2-4 为喷灯的外形及结构图。

使用方法：使用前旋下加油阀螺栓，加入适量的汽油或煤油，一般以不超过桶体的 3/4 为宜，以保留一部分空间储存压缩空气，维持必要的喷气压力，然后拧紧加油阀螺栓；关闭调节阀，擦净泼在储油桶体上的燃油；在燃烧盘中倒入

适量燃油并点燃，预热火焰
喷头；火焰喷头预热后，打
气5次左右，再缓慢旋松放
油阀，让油雾喷出着火，然
后继续打气至火焰正常喷射
为止；工作完毕需要熄灭喷
灯时，应先关闭放油调节阀，
待火焰熄灭后，再慢慢地旋
松加油阀螺栓，放出储油桶
内的压缩空气。

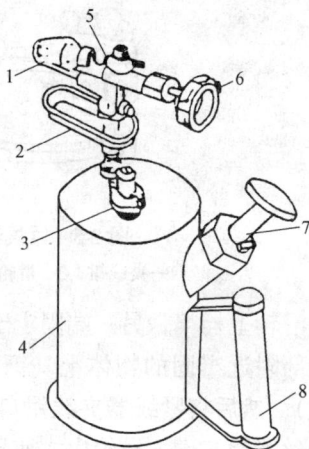

图2-4 喷灯的外形及结构图
1—火焰喷头；2—预热燃烧盘；
3—加油阀；4—储油桶；5—喷
油针孔；6—放油调节阀；
7—打气阀；8—手柄

使用注意事项：①煤油
喷灯不得加入汽油，汽油喷
灯也不得加煤油；②喷灯加
油时应先熄火，再将加油阀
上的螺栓慢慢旋松放气，待
气完全放尽后，再开盖加油；
③加油时周围不得有明火；
④打气压力不可过高，打完气后应将打气柄卡牢在泵盖上；
⑤喷灯在使用过程中应经常检查油桶内的油量，不应少于桶
体容积的1/4，以免桶内过热发生危险；⑥要经常检查喷灯
是否有漏油跑气现象，用完后应将剩油放掉。

2-1-21 什么是紧线器？其使用方法及注意事项是什么？

紧线器是用来收紧室内外架空线路导线的专用工具，其
种类很多，常用的钳型紧线器的外形及构造如图2-5所示。

使用方法：将直径4～6mm的多股绞合钢丝绳的一端绕

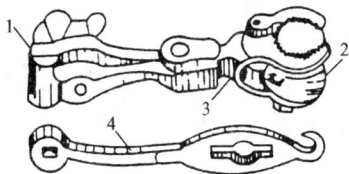

图 2-5 紧线器外形及结构图

1—夹线钳；2—滑轮；3—收紧器；4—摇柄

于滑轮上栓牢，另一端固定于角钢支架、横担或被收紧导线端部附近牢固的物体上（钢丝绳固定要牢靠，以免滑脱伤人），然后将紧线器夹线钳口夹紧待收导线；转动摇柄，将钢丝绳逐步卷入滑轮内，使导线收紧至适当程度即可。注意紧线器转动部位应经常加些润滑油，以保证其转动灵活。

2-1-22 什么是手用弯管器？如何使用手用弯管器？

手用弯管器是用于钢管和电线管弯曲成形的专用工具，由钢管手柄和铸铁弯头组成，其结构简单，操作方便，适用于 50mm 直径及以下的钢管或电线管的弯曲。

图 2-6 手用弯管器

1—钢管手柄；2—铸铁弯头

弯管时先将管子需要弯曲部分的前缘送入弯管器弯头，然后操作者用脚踏住管子，适度用力扳动弯管器手柄，并逐点依次移动弯头，每移动一个位置，扳弯一定弧度，如图 2-6 所示，最后将管子弯成所需要的形状。

2-1-23　为什么要进行导线连接操作？导线连接的质量要求是什么？怎样连接单芯铜导线？

一般绝缘导线的长度为 100m/卷，当线路敷设长度超过100m 或需要接分支线路时，就要进行导线连接操作。

导线连接的质量要求是：连接处有足够的机械强度、良好的接触和绝缘恢复，以避免日后使用时断线或因接触电阻过大发热而产生故障。

单芯铜导线的连接方法有直接和 T 接两种，方法如下。

（1）单芯铜线的直接。将已剥除绝缘层的两根线头成"×"相交，并互相缠绕 2～3 圈，然后扳直两线头，再将线头在各自一边的线芯上贴紧并绕 3～5 圈。将多余的线头剪去，并用尖嘴钳将并绕部分绞紧，修整好切口毛刺，如图 2-7 所示。

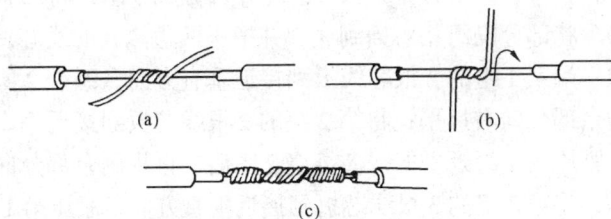

(a)　　　　　　　　　　　(b)

(c)

图 2-7　单芯铜线直接方法示意图
(a) 步骤 1；(b) 步骤 2；(c) 步骤 3

（2）单芯铜线的 T 接。将已剥除绝缘层的支路线芯线头与干线线芯成十字相交，然后将支路线芯在干线线芯上紧密缠绕 6～8 圈，将多余的线头剪去，用尖嘴钳将紧密缠绕部分绞紧并修整毛刺如图 2-8 所示。

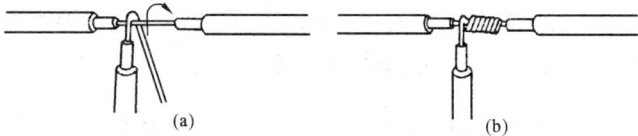

图 2-8　单芯铜线 T 接方法示意图

（a）步骤 1；（b）步骤 2

2-1-24　怎样连接多芯铜导线？

多芯铜导线的连接方法有直接和 T 接两种，现以 $10mm^2$ 导线（线芯 7 根 $\times \phi 1.35mm$）为例，说明连接方法。

（1）直接。将待连接的二根线头绝缘剥除 20cm 左右；将已剥除绝缘线头长度 l 的 1/3（靠线根绝缘）处用钢丝钳或尖嘴钳顺线芯原扭转方向绞紧，余下的 2/3 长度线头分散成伞状，将各芯线整直并按 2、2、3 根分成 3 组；将二根线头的伞状部分隔组相对插到底，并撸平两边散开的线芯；将其中一端第 1 组的 2 根芯线扳到接近垂直方向，缠绕 2 圈后将剩余部分向右扳平；将第 2 组的 2 根线芯扳到接近垂直方向，紧压第 1 组扳平的线芯缠绕 2 圈后，再将剩余部分向右扳平；将第 3 组的 3 根线芯扳到接近垂直方向，紧压第 1、2 组扳平的线芯，缠绕 3 圈；剪去多余的线芯，用钢丝钳将缠绕部分绞紧并修整毛刺。至此导线的一端连接完毕，另一端可按相同方法连接，如图 2-9 所示。

（2）T 接。将干线绝缘剥除 12～15cm，将支线线头绝缘剥除 20cm 左右；将支线已剥除绝缘的线头长度的 1/8（靠线根绝缘）处用钢丝钳或尖嘴钳顺线芯原扭转方向绞紧，然

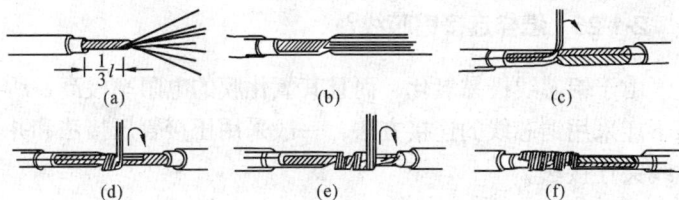

图 2-9　7 芯铜线直接方法示意图

(a) 步骤 1；(b) 步骤 2；(c) 步骤 3；(d) 步骤 4；

(e) 步骤 5；(f) 步骤 6

后将剩余 7/8 长度的线头按 3 根和 4 根分成两组，拉直并排列整齐；用螺丝刀在干线线芯上撬开一空隙，空隙的一边是 3 芯，另一边是 4 芯，然后将支线两组线头中的一组插入干线空隙，并将两组线头按相反方向紧密缠绕在空隙两端的线芯上，各缠绕 4~5 圈；将剩余线芯剪去，用钢丝钳将缠绕部分绞紧，修整毛刺。7 芯铜线 T 接方法见图 2-10。

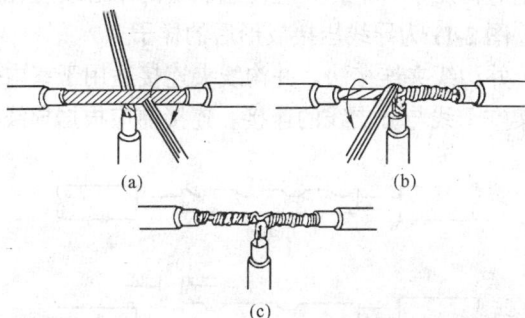

图 2-10　7 芯铜线 T 接方法示意图

(a) 步骤 1；(b) 步骤 2；(c) 步骤 3

2-1-25　怎样连接铝芯线?

由于铝芯线极易氧化，而且其氧化膜的电阻率极高，所以不能采用铜芯线的连接方法，一般采用压接管压接法和并沟线夹连接法。

（1）压接管压接法。压接管压接是将导线穿入压接管内，并用压接钳进行压接的导线连接方法。压接管有圆形和椭圆形两种类型。圆形压接管用于导线的对接压接，椭圆形压接管用于导线的搭接压接。在操作时，应根据导线的截面选择配套的压接管，并将压接管内壁和导线表面的氧化层清除掉，再涂上中性凡士林油膏。对接时，应将导线两端线头插入到圆形压接管的一半处，压接时先压两端，后压中间，压坑一般为 4 个。搭接时应将两端线头插入椭圆压接管后各露出 10～30mm，压接时要从一端开始，按顺序交错向另一端进行。压接操作时，压模块压到位后，稍停 10～15s，待变形稳定后再压下一个，并应注意压坑的中心线应在同一条直线上。图 2-11 为导线压接成形后的样子。

（2）并沟线夹连接法。并沟线夹连接适用于室内外截面较大的架空干线与分支线的连接。连接前应根据导线的截面

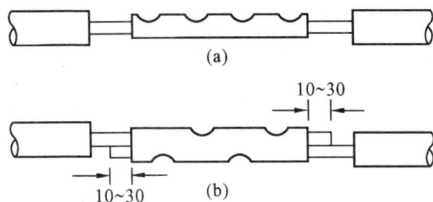

图 2-11　单股铝线的压接
(a) 对接，压坑在一侧；(b) 搭接，压坑在两侧

选用配套的线夹，一般 $70mm^2$ 以下的导线用一副线夹连接，$70mm^2$ 以上的导线用两副线夹连接，两副线夹之间的距离为 300～400mm。连接时应先去除导线线头和线夹沟槽内的氧化层，再涂上中性凡士林，然后将导线卡入线夹沟槽，并拧紧螺栓。为了防止日后松动，螺栓上应加装弹簧垫片。图 2-12 为并沟线夹连接示意图。

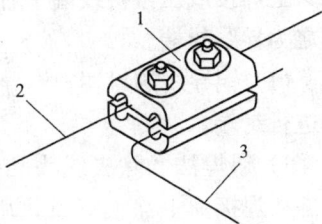

图 2-12　并沟线夹连接图示意图
1—并沟线夹；2—干线；3—分支线

2-1-26　怎样连接铜芯和铝芯线？为什么要采用这样的连接方法？

铜、铝导线不能直接相连，而应在连接处加装铜—铝过渡接头，然后再采用压接的方法连接。

因为铜铝导线直接连接后，由于铝较铜的化学性质活泼，很容易失去电子，遇到空气中的水分、二氧化碳气体后会遭到锈蚀成为负极，而铜较难失去电子而成为正极。这样在两种金属的接触面处便形成了一个原电池，从而不断产生电化锈蚀，使得接触电阻不断增大，接头处温度过高，而高温下锈蚀更加严重。如此恶性循环，使得导线连接处因高温而冒烟、烧坏，甚至发生短路事故。

2-1-27　什么是导线封端？如何进行导线封端操作？

为了保证导线线头与电气设备有良好的电气接触和机械性能，除了 $6mm^2$ 以下的单芯线可以通过弯制接线鼻子而直接与电气设备连接外，大截面的导线以及多芯软导线都应在线头上焊接或压接接线端子后，再与设备相连接，这一工艺称之为导线封端。

（1）铜导线的封端。铜导线可以采用锡焊和压接两种方法进行封端。

1）锡焊法。除去线头和接线端子内孔表面的氧化层，分别在焊接面上涂上焊膏，用喷灯或150～300W电烙铁在线头上先搪一层锡；将适量的锡放入接线端子的线孔内，对端子进行加热，待焊锡熔化时，趁热将搪锡线头插入端子孔内；继续加热，直至焊锡完全渗透到线芯缝中和灌满线头与接线端子孔壁之间的缝隙为止。

2）压接法。将表面已清洁的线头插入内表面已清洁的接线端子孔内，用压接钳进行压接。

（2）铝导线封端。铝导线封端通常采用压接法。压接前应先清除线头及铝接线端子孔内表面的氧化层及污物，然后在接触面涂上中性凡士林，将线头插入端子孔内，再用压接钳进行压接。

2-1-28 导线何时需要进行绝缘恢复？如何进行绝缘恢复？

绝缘导线连接或导线绝缘发生破损后都需要进行绝缘恢复。为了保证安全用电，要求恢复后的绝缘强度不应低于原有的绝缘强度。绝缘恢复常用的材料有黑胶布带和防水胶带等。对380/220V线路，一般包2～3层黑胶布带即可；对室外线路还应再加1～2层防水胶带。包缠时采用半搭盖方式，且各层的包缠方向相反。

2-1-29 如何进行线管的弯制与连接?

(1) 钢管、电线管的弯曲和连接。对直径 50mm 以下的管子，可使用手用弯管器弯曲，详见 2-1-22 题。直径较大或管壁较薄的管子可以使用如图 2-13 所示的滑轮弯管器弯制。必要时可灌沙（管子两端加木塞）弯制，以防将管子弯瘪。明管敷设时，管子的弯曲半径 $R \geqslant 4d$；暗管敷设时，管子的弯曲半径 $R \geqslant 6d$。d 为管子的外径。

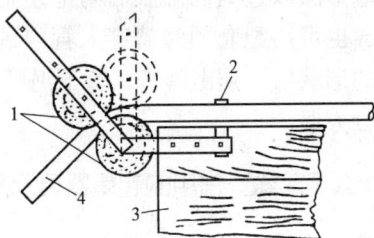

图 2-13 滑轮弯管器
1—铁滑轮；2—掐子；3—作业台；4—管子

钢管与钢管的连接，无论是明配还是暗配管线，最好采用管箍连接。尤其是有防潮和防爆要求时，为了保证接口的严密性，管子的丝扣部分应顺螺纹方向缠上麻丝，并涂上白漆，再用管箍拧紧，使两管端部吻合。线管与接线盒连接时，应在接线盒的内外各用一个薄型螺母夹紧线管。

(2) 硬塑料管的弯曲与连接。弯曲硬塑料管时，可将需弯曲的部位在电炉上均匀加热（边加热边转动管子），待管子适当软化后，将其置于地面弯曲成所需要的形状，并及时用抹布蘸水冷却定形。

硬塑料管之间的连接通常采用插入法比较方便。采用插入法时，先将其中一根管子的端部在电炉上均匀加热，加热的部位不要太长，一般为管径的 1.2～1.5 倍。待管子的端部适当软化后，将另一根管子（管口适当倒角以便插入，并涂以过氧乙烯胶）迅速插入软化段，并及时用抹布蘸水冷却定形。

（3）可挠性塑料管的弯制与连接。各种规格的可挠性塑料管都配套有束节（用于管子的直接）、弯头、三通等附件，可在被接管的端部涂以过氧乙烯胶后与上述附件进行连接。对小规格管子，也可用配套的弹簧穿入管内进行冷态弯制，弯制成所需要的形状后，抽出弹簧，管子仍可保持所弯曲的形状，使用十分方便。

2-1-30 什么是起重？常用的起重器具及方法有哪些？

起重就是改变重物空间位置的操作。

常用的起重器具有汽车式起重机、千斤顶（包括齿条式、螺旋式、油压式）、链式起重机及卷扬机滑轮组等。起重的基本方法如下：

（1）吊：利用起重器具将重物吊起，或在吊起的同时将重物移动到某个确定的位置的操作。

（2）顶：将重物从较低位置移动到较高位置的操作。

（3）落：将重物从较高位置移动到较低位置的操作。

（4）撬：利用撬棍借助杠杆原理将重物撬离原地的操作。

（5）拨：利用撬棍将重物作前后略微移动的操作。

（6）迈：利用撬棍将重物作左右略微移动的操作。

（7）滑：将重物置于滑道上，利用人力或卷扬机牵引作短距离移动的操作。

（8）滚：将重物置于若干根钢管上，利用人力或卷扬机牵引作短距离移动的操作。

2-1-31 如何使用千斤顶？

千斤顶使用前应检查各部分是否完好，如果油压式千斤顶的安全栓有损坏或螺旋式或齿条式千斤顶的螺纹、齿条的磨损量达到 20％时严禁使用；千斤顶应设置在平整、坚实处，并用垫木垫平，千斤顶必须与荷重面垂直，其顶部与重物的接触面间应加防滑垫层；千斤顶严禁超载使用，不得加长手柄，不得超过规定人数操作；使用油压千斤顶时，任何人不得站在安全栓的前面；在顶升的过程中，应随着重物的上升在重物下加设保险垫层，到达顶升高度后及时将重物垫牢；用两台及两台以上千斤顶同时顶升一个重物时，千斤顶的总起重能力应不小于荷重的两倍，顶升时应由专人统一指挥，确保各千斤顶的顶升速度及受力基本一致；油压式千斤顶的顶升高度不得超过限位标志线，螺旋及齿条式千斤顶的顶升高度不得超过螺杆或齿条高度的 3/4；千斤顶不得在长时间无人照料下承受荷重；千斤顶的下降速度必须缓慢，严禁在带负荷的情况下使其突然下降。

2-1-32 如何使用链式起重机？

使用前应检查吊勾及链条是否良好，传动及刹车装置是否良好；吊钩、链轮、倒卡等有变形以及链条直径磨损量达到15％时，严禁使用；链式起重机的起重链不得打扭，并且不得拆成单股使用；链式起重机的刹车片严防沾染油污；链式起重机不得超负荷使用，拉链人数不得超过规定，人不得站在起重机的正下方操作；吊起的重物如需在空中停留较长时间时，应将手拉链拴在起重链上，并在重物上加设保险绳；链式起重机在使用中如发生卡链情况，应将重物垫好后方可进行检修。

2-1-33　如何使用电动机械及工具？

（1）单相电源线必须使用三芯软橡胶电缆，三相电源线必须使用四芯软橡胶电缆。接线时，缆线护套应穿进设备的接线盒内并予以固定。

（2）使用前应仔细检查：外壳及手柄无裂缝、无破损；保护接地线或接零线连接正确、牢固；电缆或软线完好；插头完好；开关动作正常、灵活、无缺损；电气保护装置完好；机械防护装置完好；转动部分灵活。

（3）电动机械及工具的绝缘电阻应定期用 500V 兆欧表进行测量，如果带电部件与外壳之间的绝缘电阻达不到 $2M\Omega$ 时，必须进行维修处理；电动工具的电气部分经维修后，必须进行绝缘电阻测量和绝缘耐压试验，试验电压为 1000V，试验时间为 1min。

（4）连接电动机械及工具的电气回路应单独设开关或插座，并装设漏电保护器，严禁一闸接多台设备；电流型漏电保护器的额定漏电动作电流不得大于 30mA，动作时间不得大于 0.1s；电压型漏电保护器的额定漏电动作电压不得大于 36V；电动机械及工具的外壳应接地。

（5）电动机械及工具的操作开关应置于操作人员伸手可及的部位，当休息、下班或工作中突然停电时，应切断电源开关；使用移动式电动工具时，必须带绝缘手套或站在绝缘垫上，移动工具时，不得提着电线或工具的转动部分。

（6）在潮湿或含有酸类的场地上以及在金属容器内使用
Ⅲ类绝缘的电动工具时，必须采取可靠的绝缘措施并设专人
监护，电动工具的开关应设在监护人伸手可及的地方。

（7）磁力吸盘电钻的磁盘平面应平整、干净、无锈，进
行侧钻或仰钻时，应采取防止失电后钻体坠落的措施；使用
电动扳手时，应将反力矩支点靠牢并确实扣好螺帽后方可开
动。

第二节 仪器、仪表使用

2-2-1 什么是万用表？指针式万用表有哪些组成部分？怎样使用指针式万用表？

万用表是一种多功能、多量程的测量仪表，常用于交、
直流电流和电压以及电阻等的测量。有些万用表还可以测量
电容量、晶体管共射极直流放大倍数 h_{fe} 等参数。因为万用
表具有功能多、量程多、体积小、使用携带方便和价格较低
等优点，所以在电气安装、调试和维修工作中得到了广泛的
运用。

指针式万用表通常由磁电式微安表头、选择开关和测量
线路三部分组成。

现以 MF－47 型万用表为例，说明指针式万用表的使用
方法和注意事项。

（1）使用前应仔细阅读说明书，弄清转换开关、旋钮和
插孔的作用，了解各种参数的测量方法。

（2）根据参数测量的需要，将转换开关转到相应的位
置，并检查表笔所接插孔是否正确。当无法估计被测量的大

小时，应先用最高量程试测后，再调至合适量程。读数时应根据被测量和量程选取对应的读数标尺。选择量程时还应注意，应使表针能产生较大偏转，一般应为标度尺的 2/3 左右，以减小测量误差。

（3）电流、电压测量。

1）在测量直流电流、电压时，应注意正负极性，以免表针反偏碰弯。如果对被测电路的正负极性不清楚，可在测量前用表笔触碰一下被测电路，根据表针的偏转情况再行调整。

2）当直流电流大于 500mA 时可用 5A 量程，将红笔插入 5A 插孔，转换开关仍置于 500mA 挡。

3）万用表交流电压挡只能用于正弦交流电压的测量。

4）当交、直流电压大于 1000V 时，可用 2500V 量程（该量程交、直流共用），此时应将红笔插头插入 2500V 插孔，并将转换开关置于直流 1000V 挡（测直流）或置于交流 1000V 挡（测交流）。测量时应站在干燥的绝缘台并用单手进行。

5）配以专用的高压探头可以进行电视机 25kV 以下的高压测量。测量时将转换开关打在 $50\mu A$ 的位置，高压探头的红黑插头分别插在"＋"、"－"插孔中，接地夹与电视机金属底板相连，操作者应站在干燥的绝缘台上并单手测量。

6）在测量含有电感线圈电路的电压时，测量完毕后应先取下万用表再切断电源，以免线圈自感高压损坏万用表。

（4）电容测量。电容测量需要借助 10V 交流电源，将转换开关置于 10V 交流挡，被测电容串接于任意一支表笔上，然后跨接于 10V 交流电源上进行测量。电容测量范围为 $0.001 \sim 0.3\mu F$。

(5) 电感测量。电感测量方法与电容测量相似，可参照进行。电感测量范围为 20～1000H。

(6) 不应带电转动转换开关，以免开关触点烧毛，造成接触不良。

(7) 电阻测量。

1) 在测量电阻之前，应将表笔短接，转动调零旋钮，使指针指在欧姆标度尺的零位上，并且注意，在转换量程后，必须重新调零。如果无法调整到零位，则可能是因为电池已旧，需更换。

2) 根据被测电阻的大小选择与其相近的欧姆中心值倍率挡，以便获得较准确的测量结果。通常应使被测电阻在 0.1～10 倍中心阻值范围内。例如 MF－47 型万用表的 $R \times$ 1k 挡的中心阻值为 22kΩ（不同厂家的产品，各挡中心阻值不尽相同），此挡适宜测量 1～100kΩ 的电阻。高于 100kΩ 的电阻可用 $R \times 10k$ 挡测量，其中心阻值为 220kΩ。低于 1kΩ 可用 $R \times 100$、$R \times 10$ 和 $R \times 1$ 挡测量，其中心阻值分别为 2.2kΩ、220Ω 和 22Ω。但对于额定电流小、耐压低的电子元器件，如小功率二极管、三极管等的正反向电阻的测量，不宜选择 $R \times 1$ 挡，因其输出电流较大（满偏电流约 60mA），可能造成元器件烧坏。也不宜选用 $R \times 10k$ 挡，因其输出电压较高（该挡内置电池电压为 15V 或 9V，而 $R \times 1$、$R \times 10$、$R \times 100$、$R \times 1k$ 各挡的电池电压为 1.5V），可能造成元器件击穿。

3) 不应在带电情况下测量电路电阻；如电路中有较大容量的电容元件，应先将电容两极短路放电，以免损坏万用表。

4) 测量电路电阻时，应注意被测电路是否有并联支路，必要时可断开被测电路一端，再进行测量。

5）在测量电解电容、二极管及三极管等元件的正反向电阻时，应注意万用表的红表笔实际上是与内置电池的负极相连，而黑表笔是与内置电池的正极相连。

6）在测量二极管、三极管等非线性元件时，选用不同的量程会带来不同的测量结果，这是因为不同的量程所输出的电流有很大差别。$R \times 1$、$R \times 10$、$R \times 100$、$R \times 1K$ 各挡输出电流分别为 60、6、0.6、0.06mA。

7）不能用电阻挡直接测量高灵敏度表头的内阻，以免烧坏表头线圈或打弯表针，也不能用电挡直接测量电池的内阻，以免损坏万用表。

8）在测量高阻值电阻时，不能用双手捏住两支表笔的金属端，以免将人体电阻并入，造成测量误差。

(8) 测三极管的 h_{fe}。将转换开关拨至 h_{fe} 挡，区别是 NPN 管还是 PNP 管后，分别将各管脚插入万用表面板上的测试插孔内，读取测试值即可。

(9) 万用表测量线路设置了 0.5A 熔断器，如因偶然误用而造成熔断时，应换上同规格熔断器。

(10) 工作结束时，应将转换开关置于空挡或交流电压最高量程挡。特别应避免转换开关处于电阻挡，而表笔无意间又碰在一起，造成电池因长时间放电而失效，甚至因漏液而腐蚀电表。长期不用的万用表应将电池取出，以免电池漏液腐蚀电表。

2-2-2　数字式万用表有什么优点？怎样使用？

数字式万用表采用了大规模集成电路和液晶显示技术，从根本上改变了传统的指针式万用表的电路和结构。与指针式万用表相比，数字式万用表具有很多特有的性能和优点，如具有很高的准确度和分辨力，显示清晰、直观，功能齐全，性能稳定，测量范围宽，测量速度快，过载能力强，功耗、质量、体积较小等。

数字式万用表的型号规格很多，按照其用途、功能和价格的不同，大体可分为低档表、中档表和高档智能表。图2-14为DT890D型数字式万用表的外形图。该表为中档表，可以进行交、直流电流，交、直流电压，电容、电阻、二极管、三极管以及电路通断等的测量。以下主要以DT890D型表为例，说明数字式万用表使用方法和注意事项：

（1）使用前应仔细阅读万用表使用说明书，熟悉电源开关、转换开关、输入插孔、专用插口、旋钮及附件等的作用。了解仪表的极限参数，过载、极性等的显示特征，有关标志符的含义以及小数点的变化规律。

（2）根据测量项目及被测量的大小，选择测量功能、量程以及确定表笔的插孔位置。数字万用表的最大显示值与满量程相差一个字。例如：满量程为2.0000V，但万用表最大显示为1.9999V，故一旦满量程，表计就将溢出。这时表计仅最高位显示数字"1"，其他位均消失，需选择更高的量程测量。

（3）交、直流电压和电流的测量。数字式万用表测量交、直流电压和电流与指针式万用表相似，所不同的是，如果极性接反，表计会自动显示"－"号，不必调换表笔重测。

虽然数字万用表的交、直流电压和电流挡均设置了过载保护，但仍应尽量避免超量程测量。注意，20A电流挡无保护，故测量时间不得超过15s。在测量含有电感线圈电路的

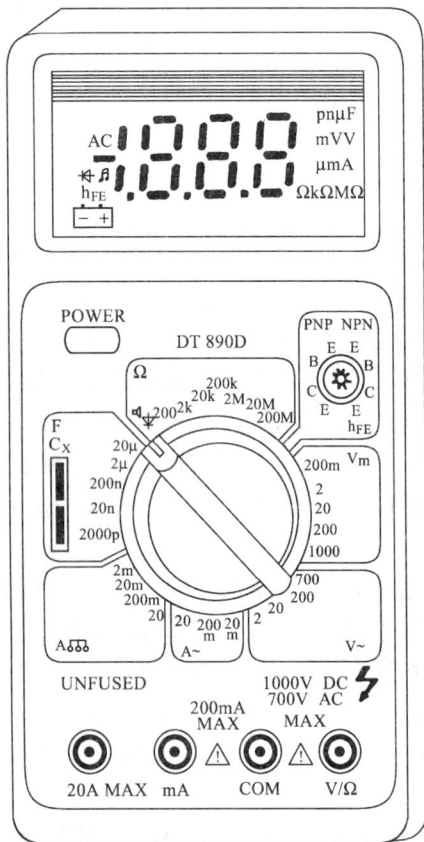

图 2-14　DT890D 型数字万用表外形图

电压时，测量完毕后应先取下万用表，再切断电源，以免线圈自感高压损坏万用表。

（4）电容测量。数字式万用表电容的测量范围为 1pF ~ 20μF，具有自动调零功能和带有保护电路。在电容测试过程中不必考虑电容器的极性及充放电情况，使用很方便。测量时，将电容器插入 C_X 插孔内，并选择适当量程即可进行测量。在转换量程或测试一次后，自动调零需要一定时间，但漂移读数不会影响再次测量结果的准确性。

(5) 电阻测量。电阻测量中的注意事项与指针式万用表基本相同，需要注意的是：

1) 用电阻挡可以测量较小容量电容的漏电阻，但不适宜对较大容量的电解电容漏电阻的测量。因为数字万用表各电阻挡的输出电流太小（不超过 1mA），其充电时间太长。

2) 蜂鸣器、二极管挡可用来检查线路的导通情况和检测二极管、三极管等非线性元件的 PN 结的极性和正向导通压降。当检查线路时，如蜂鸣器发出响声，则表明表笔所搭接的回路是导通的（回路电阻≤70Ω）。在对二极管、三极管等非线性元件 PN 结的极性和正向导通压降进行检测判断时应注意，万用表的蜂鸣器、二极管挡以及电阻挡的内置电池的正极与红笔相连，负极与黑笔相连，与指针式万用表正好相反。现以 IN 4001 型硅整流二极管为例进行说明。将两支表笔分别触于管子的两极，如果电表读数为溢出数 1，则交换表笔再测，电表读数为 537。据此可以判断，二极管是正常的，其正向导通压降为 0.537V（锗管一般为 0.15～0.3V），此时的红笔所接端为二极管的正极。如果两次测量都显示溢出数 1 或一定压降读数，则此二极管已损坏（整流硅堆除外）。另外，有些型号的数字万用表，如 UT 2000 系列表的二极管挡，在反向测量二极管时，电表并不显示溢出数 1，而是一个固定数字 2.65V。用电阻挡也可以判断二极管的极性。如用 200k 电阻挡测 6A10 型硅整流管的反向电阻为溢出数 1,正向电阻为 86.8kΩ,则红笔所接为二极管的正极。

(6)三极管 h_{fe} 测量与指针式万用表相同。

(7)工作结束时,应断开电源开关(数字表一般设有自动断电电路),并将转换开关置于交流电压最高量程档。长期不用的万用表应将电池取出,以免电池漏液腐蚀电表。

2-2-3 什么是钳型电流表?怎样使用钳型电流表?

钳形电流表是一种电工常用的测量仪表,使用时不必断开被测电路即可方便地实现交流电流的测量。图 2-15 为某种钳形电流表的结构图。钳形电流表主要由一只电流互感器和一只电磁式电流表组成。因其借助于电磁感应原理构成,故只能用于交流电流测量。

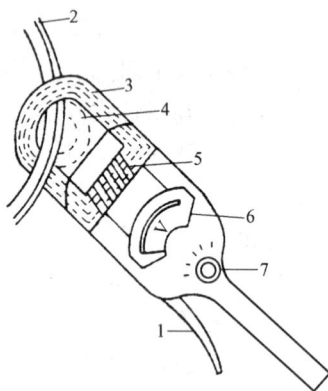

图 2-15 钳形电流表结构图
1—扳手;2—被测线路;3—环状铁芯;
4—磁通;5—二次线圈;6—电流表;
7—机械调零旋钮

测量前应先调整指针零位,然后根据被测电流的大小选择合适的量程。如事先不清楚被测电流的大小,应先用最大量程试测,然后再调整。测量时将钳口打开,将被测线路经钳口放入环状铁芯(此时,被测线路相当于钳形表电流互感器的一次绕组,并且匝数为 1)后,再闭合钳口,然后根据表针指示读取测量数值。测量时为了减小误差,应尽量将被测线路置于环状铁芯的中间。如果被测电流较小，为了提高其测量准确度，可将被测线路在环状铁芯上绕几匝后测量，但此时电路中的实际电流应为表计读数除以环状铁芯内导线的根数。

2-2-4 什么是直流单臂电桥？直流单臂电桥的使用方法及注意事项是什么？

直流单臂电桥又称惠斯顿电桥，是精确测量中阻值电阻的专用仪器。图 2-16 为 QJ23 型直流单臂电桥的板面布置，测量范围为 $1 \sim 9.999 \times 10^6 \, \Omega$。

直流单臂电桥（以下简称"电桥"）使用方法及注意事

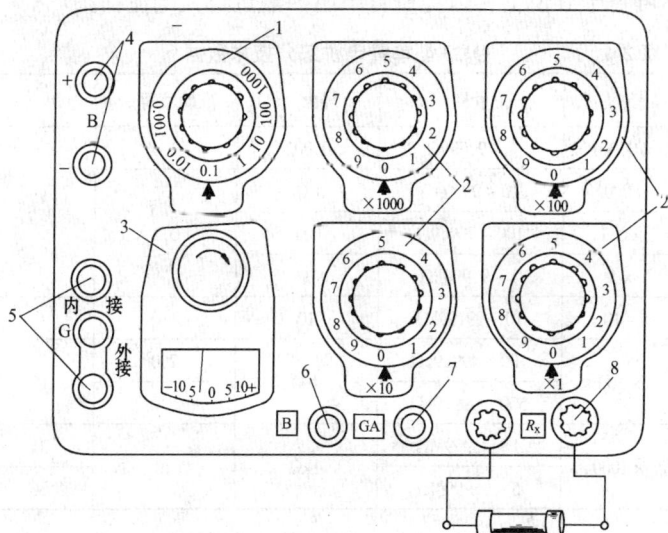

图 2-16 QJ23 型直流单臂电桥的板面布置

1—倍率开关；2—比较臂电阻调整盘；3—检流计；4—外接电源
端子；5—检流计短接、打开端子；6—电池通、断开关；
7—检流计通、断开关；8—被测电阻接线端子

项：

(1) 电桥可以内置 3 节串联 2 号 1.5V 干电池，电压 4.5V。当较高倍率测量需要提高电源电压时，其内置电池不一定要取出，可将仪器左上角 B 端子短路片打开，并在此两端子上加接直流稳压电源或若干干电池即可。注意：内置电池加外接电源的电压不得超过表 2-4 的规定，以免损坏电桥。当然也可以将内置电池取出，直接用外加电源，但此时应将内置电池的卡脚的正负极用导线短接。在使用外接电源时，应先用较低电压，调节电桥大致平衡后，再逐渐将电压升至规定值。同时应特别注意，×1000 比较臂调整电阻盘不可置于 0 位上，以免桥臂电阻因流过过大电流而损坏。

表 2-4　　　　　QJ23 型单臂电桥部分技术数据

倍率	量程	分辨力（Ω）	准确度等级	电源（V）
×0.001	1～9.999Ω	0.001	2.0	
×0.01	10～99.99Ω	0.01		4.5
×0.1	100～999.9Ω	0.1	0.2	
×1	1～9.999kΩ	1		
×10	10～99.99kΩ	10	1.0	6
×100	100～499.9kΩ	100	2.0	15
	500～999.9kΩ		5.0	
×1000	1～4.999MΩ	1kΩ	10	21
	5～9.999MΩ			36

(2) 将检流计短接、打开端子上的连接片置于外接位置并拧紧，此时检流计被接入测量电路。如果携带电桥外出工作时，应先将连接片置于内接位置，此时检流计被连接片短接，可以减小指针的摆动，对检流计起保护作用。

如果 R_X 超过 10kΩ 或在测量中转动 $R \times 1$ 调整盘很难分辨指零仪读数时，需外接高灵敏度指零仪。此时应将连接片置于内接位置，并在外接位置接入高灵敏度指零仪。

　　(3) 将被测电阻接于 R_X 端子，根据被测电阻的大概数值，选择合适的倍率，并将比较臂电阻置于适当数值。如果对被测电阻大小心中无数，应先用万用表粗测一下，以避免测量时由于倍率相差太大，而使电桥处于极度不平衡状态，造成检流计流过过大电流而损坏。

　　(4) 先按下（接通）电池开关 B，后按下检流计开关 G，观察检流计指针的摆动方向。如果指针偏向"−"，则应减小比较臂调整电阻；如果指针偏向"+"，则应增加比较臂调整电阻。比较臂调整电阻的调整，应从较大阻值盘调起，到 $R \times 1$ 调整盘调至电桥平衡（检流计指针指在中间 0 位）为止。此时，被测电阻值 = 倍率 × 比较臂调整电阻值。

　　【例 2-1】 现有一只金属膜电阻，阻值不详，试用 QJ23 型电桥测量其阻值。

　　先用万用表测得电阻阻值为 151Ω，查表 2-4 可知，应将倍率开关置于 0.1 挡，并将 ×1000 比较臂调整电阻盘置于 1，将 ×100 比较臂调整电阻盘置于 5，将 ×10 比较臂调整电阻盘置于 1，将 ×1 比较臂调整电阻盘置于 0（注意：不能将 ×1000 比较臂调整电阻盘置于 0，而将 ×100 比较臂调整电阻盘置于 1，将 ×10 比较臂调整电阻盘置于 5，将 ×1 比较臂调整电阻盘置于 1。因为此时倍率开关为 0.1，如此设置比较臂电阻为 $0.1 \times 151 = 15.1$ （Ω），与被测电阻值 151Ω 相差太远）。按下电池开关，再按下检流计开关，发现检流计指针偏向"+"，需要增加比较臂调整电阻值。将 ×100 比较臂调整电阻盘由 5 增至 6，发现检流计指针立即偏向

"－"，说明调整×100比较臂调整电阻盘电阻级差过大，不合适。将×100比较臂调整电阻盘由6退回5，改调×10比较臂调整电阻盘。将×10比较臂调整电阻盘由1增加至2，发现检流计指针偏"＋"角度减小。继续增加×10比较臂调整电阻盘阻值至4，检流计指针偏"＋"角度继续减小。当×10比较臂调整电阻盘由4增至5时，发现检流计指针立即偏向"－"，说明此时调整×10比较臂调整电阻盘也不合适了。将×10比较臂调整电阻盘由5退至4，改调×1比较臂调整电阻盘。经过调整最终发现，将×1比较臂调整电阻盘调至3时电桥平衡，所以被测电阻值 = 0.1 × 1543 = 154.3（Ω）。

（5）在测量电感线圈（如电机、变压器绕组）的电阻时，必须先按电池开关，再按检流计开关；测量完毕应先断开检流计开关，后断开电池开关。如果进行相反操作，可能会使检流计因较大激磁电流流过或因断开时线圈自感电动势高压而损坏。

（6）当电池电压过低时会影响电桥测量准确度，应及时更换；电桥应避免剧烈振动；长期不用的电桥应将电池取出；电桥的存放环境应阴凉、干燥、无腐蚀性气体。

2-2-5 什么是直流双臂电桥？直流双臂电桥的使用方法及注意事项是什么？

直流双臂电桥又称开尔文电桥，是一种专门用于测量低电阻的精密仪器。图2-17是QJ44型直流双臂电桥的板面布置图。表2-5为电桥的部分技术数据，其测量范围是0.0001～11Ω。电桥的全量程由5个量限和步进读数盘及滑线读数盘组成，主要用于金属导体电阻、直流分流器电阻、开关电器的触头接触电阻以及电机、变压器绕组电阻的测量。

表 2-5　　　　QJ44 型直流双臂电桥部分技术数据

倍　率	有效量程（Ω）	准确度等级	基准电阻值（Ω）
×100	1～11	0.2	10
×10	0.1～1.1	0.2	1
×1	0.01～1.11	0.2	0.1
×0.1	0.001～0.011	0.5	0.01
×0.01	0.0001～0.0011	1.0	0.001

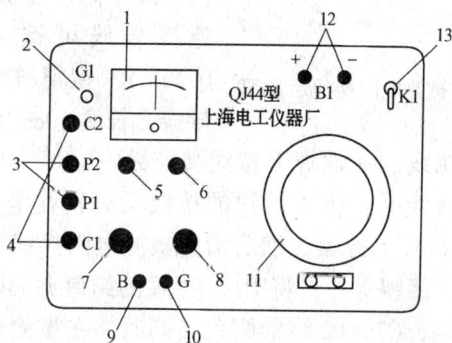

图 2-17　QJ44 型直流双臂电桥板面布置图

1—检流计；2—外接检流计插座；3—被测电阻电位接线柱；
4—被测电阻电流接线柱；5—检流计调零旋钮；6—检流计灵
敏度旋钮；7—倍率开关；8—步进电阻盘；9—电池通断开关；
10—检流计通断开关；11—滑线电阻盘；12—外接电池接线柱；
13—检流计工作电源开关

直流双臂电桥（以下简称"电桥"）使用方法及注意事
项：

（1）电桥采用内置 6 节 1.5V 的 1 号电池并联作为测量

电源，另采用3节9V层叠式电池并联作为晶体管检流计的工作电源。如果采用外接1.5～2V的大容量直流电源时，内置电池应全部取出。"G1"插座供外接检流计使用，当外接检流计插入插座时，电桥自身的检流计自动断开。

（2）将被测电阻 R_X 按四端连接法，接在电桥相应的C1、P1、C2、P2接线柱上，如图2-18所示。在测量0.1Ω以下阻值时，C1、P1、C2、P2接线柱至被测电阻之间的连接导线的电阻应为0.005～0.01Ω；测量其他阻值时，连接导线电阻应不大于0.05Ω。连接导线可选4mm²（77/0.26）RV型塑料绝缘铜芯软导线，长度50cm/根左右，共需4根。

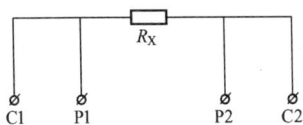

图2-18 被测电阻接线示意图

在线的一端焊上接线叉，另一端焊一只大号鳄鱼夹。实际接线时，将4根线的接线叉分别在电桥C1、P1、C2、P2接线柱上拧紧，然后清除被测电阻接线端头上的金属氧化膜、漆膜等，再将C1、P1线的鳄鱼夹同时夹在被测电阻的一端，C2、P2线的鳄鱼夹同时夹在被测电阻的另一端。完成接线后，可捏紧鳄鱼夹头在被测电阻接线端上来回转几下，以减小接触电阻。

（3）将检流计工作电源开关K1置于"通"的位置，等待5min。在检流计工作稳定后，增大检流计灵敏度，即将灵敏度调节旋钮顺时针调至全行程的1/2左右（检流计灵敏度不可太高，否则，电桥很难调平衡，测量时间太长），调节检流计调零旋钮，使指针指在零位。因为改变检流计的灵敏度或由于环境因素的影响可能造成检流计指针偏离零位，所以测量前应调整指针零位。

（4）根据被测电阻值的大小，选择适当的倍率。按下电池开关"B"，再按下检流计开关"G"（将"B"或"G"按钮按下并顺时针旋转一定角度，可处于接通锁定状态），根据检流计指针的偏转方向，调节步进和滑线电阻盘。当指针偏"－"时，应减小步进或滑线电阻；当指针偏"＋"时，应增加步进或滑线电阻。最终使检流计指针指在"0"位上，电桥处于平衡状态。此时，被测电阻＝倍率×（步进电阻盘读数＋滑线电阻盘读数）。例如，倍率开关选择0.01，步进电阻盘读数是0.02，滑线电阻盘的读数是0.0031，则被测电阻＝0.01×（0.02＋0.0031）＝0.000231（Ω）。

如果事先不知道被测电阻的大小，测量前应先将检流计灵敏度调节旋钮放在最低位置（逆时针旋到底），将倍率开关置于×1挡，将步进电阻盘置于0.01挡，滑线电阻调整盘于0.001位置。接通电池按钮"B"后，点动"G"按钮，观察检流计的偏转方向。如果指针偏向"－"，说明被测电阻小于0.011Ω，此时应将倍率开关置于×0.1挡再试；反之，则说明被测电阻大于0.011Ω，应将倍率开关置于×10挡再试。如此这般调整，在电桥达到初步平衡后再增加检流计的灵敏度进行测试，以防止检流计被打坏。

（5）在测量电感线圈的直流电阻时，应先按下"B"按钮，再按下"G"按钮；断开时，应先断"G"按钮，再断"B"按钮。

（6）双臂电桥的工作电流较大，为了延长电池的使用寿命，在测量0.1Ω以下的电阻时，"B"按钮应间歇使用。电桥在使用过程中，如发现检流计灵敏度显著下降，则可能是电池的电已用完，应及时更换。

（7）测量完毕，应将按钮"B"、"G"断开，"K1"也应置于断开位置，以免空耗电池。

(8) 如果电桥长期不用，应将电池取出，并打开仪器面板，在倍率开关、步进电阻盘及滑线电阻盘的滑动接触处涂以中性凡士林，以防止氧化造成接触不良。

(9) 电桥应避免剧烈振动；存放地点应阴凉、干燥、无腐蚀性气体。

2-2-6　什么是兆欧表？兆欧表是怎样分类的？兆欧表的使用方法和注意事项是什么？

兆欧表也称绝缘摇表，是测量电气设备绝缘电阻的专用仪器。

从构成原理来分，有永磁发电机式兆欧表（如 ZC – 7 型）和晶体管型兆欧表（如 ZC – 30 型）；从试验电压来分，常用的兆欧表有 500、1000、2500V 三种规格。380/220V 系统内的电气设备绝缘电阻测量一般采用 500V 兆欧表。

现以永磁发电机式兆欧表为例，说明其使用方法和注意事项。

(1) 试验应尽量选择在晴天进行，试验前应用棉纱将被试品绝缘表面擦拭干净。

(2) 兆欧表有线路端子（L）、接地端子（E）及屏蔽端子（G）三个接线端子。测量之前应先将 L 和 E 端子短接后轻摇一下发电机，表针应指在 0 位；然后将 L 和 E 端子开路，再摇发电机，表针应指向 ∞，这样说明兆欧表是好的。

(3) 对大电容量被试品，如电缆、电力电容等，试验前应进行充分放电，以免剩余电荷伤人。

(4) 试验接线如图 2-19 所示，被测绝缘接在 L 和 E 之间，L 和 E 应采用单根引线并对地悬空。转动手摇发电机，保持 120r/min 左右，待表针稳定下来后读取测量值。

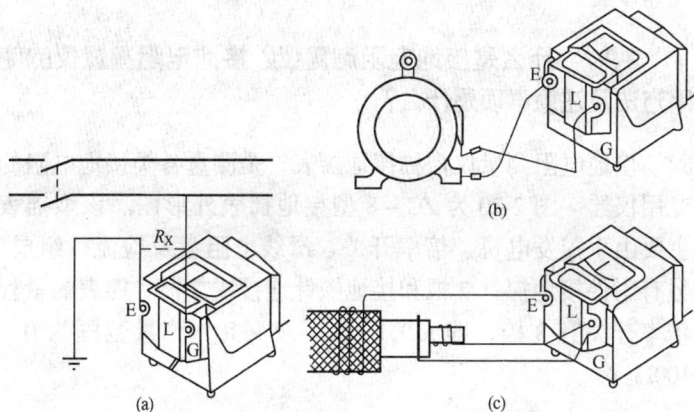

图 2-19　兆欧表测量接线图
(a) 测量线路绝缘电阻；(b) 测量电机绕组对地
绝缘电阻；(c) 测量电缆绝缘电阻

（5）对大电容量被试品，因充电电流很大，故开始转动发电机时应慢一些，并根据表针的偏转情况控制发电机的转速。随着充电电流的逐渐减小，逐渐提高发电机转速直至额定转速，待表针稳定后读取测量值。测量完毕，应先取下测量线 L 再停转发电机，以免被试品上的储存电荷对兆欧表放电致其损坏，然后再将被试品充分放电。

（6）若被试品绝缘表面比较脏或空气比较潮湿，则会导致沿绝缘表面的漏电流大大增加，绝缘电阻较低的假象。此时，可在靠近 L 测量线所接线芯附近的绝缘上，紧贴绝缘表面用裸导线做一个短路环，并将该短路环接至屏蔽端子 G

即可，如图 2-19（c）所示。

（7）表计应防止剧烈振动；存放时应避免潮湿和腐蚀性气体侵袭。

2-2-7 什么是接地电阻测量仪？接地电阻测量仪的使用方法及注意事项是什么？

接地电阻测量仪俗称接地摇表，是测量各类接地电阻的专用仪器。图 2-20 为 ZC－8 型接地摇表外形图。该型摇表主要由手摇发电机、倍率开关、滑线电阻盘及检流计组成。另有附件接地探针 2 根和接地探针连接线 2 根。摇表的量程倍率开关有 3 挡，即 ×0.1、×1 及 ×10，测量范围为 0 ~ 100Ω。

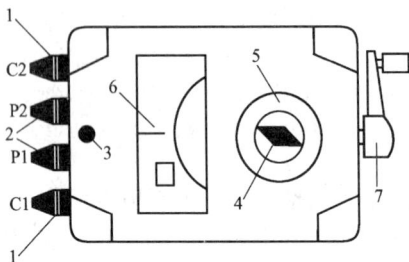

图 2-20　ZC－8 型接地摇表外形图

1—电流接线端子；2—电位接线端子；3—检流计调零旋钮；4—倍率开关；5—滑线电阻调整盘；6—检流计指针；7—发电机摇把

接地电阻测量仪的使用方法及注意事项：

（1）根据接地体的形式和尺寸，按表 2-6 规定的距离，直线敷设（用榔头打入地中）接地探针。

表 2-6　　　　　　　　　接地探针埋设距离

接地体形状	L（m）	Y（m）	Z（m）
管　或　板　状	≤4	≥20	≥20
	>4	≥5L	≥40
沿地面呈带状或网状	>4	≥5L	≥40

（2）将接地摇表置于被测接地体附近，按图 2-21 所示连接测量线，P2 和 C2 测量线需另配。接地摇表本身所配的 2 根连接线，其长度分别为 20m（接 P1）和 40m（接 C1），当 Y 和 Z 距离为 20m 时，摇表所配连接线可满足接线要求。当 Y 和 Z 距离大于 20m 时，需另选不小于 1.5mm^2 的 RV 型铜芯塑料绝缘软线作为连接线。

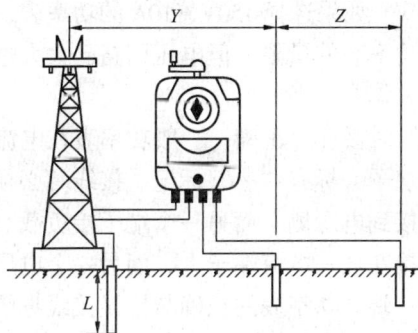

图 2-21　接地电阻测量接线示意图

（3）摇表在 P2 和 C2 接线柱设置了一只连接片。当被测电阻大于 1Ω 时，可将此连接片连上，并接一根测量线至被测接地体即可；当被测电阻小于 1Ω 时，应将此连接片打开，分别在 P2 和 C2 接线柱上各接一根线至被测接地体，以消除连接导线电阻对测量结果的影响。

（4）根据被测电阻的大小，选择相应的倍率。转动手摇发电机，保持 120 转/min，并调整滑线电阻盘，使表计指针指在中间位置，则被测电阻 = 倍率 × 滑线电阻盘读数。

（5）表计应防止剧烈振动，存放时应避免潮湿和腐蚀性气体侵袭。

2-2-8　如何正确使用功率表？

（1）根据被测功率的电压和电流的大小，适当选择功率表的电压量限和电流量限，不得使其中之一过载。尤其动圈电流是经游丝引入的，其过载能力很差。例如：某感性负载的功率为 800W，电压为 220V，功率因数为 0.8，可计算出电流为 4.55A，此时应选择 300V、5A 的功率表，功率表的量限为 1500W。如果选择 150V、10A 的功率表，虽然负载功率没有超过功率表的量限，但电压回路已大大过载，容易损坏仪表。

（2）接线时极性应正确。一般功率表在电流支路和电压支路的一个端子旁标有"＊"标记。接线时必须将带有标记的电流端子接到电源侧，而另一个端子接负载。带有标记的电压端子可接在任一电流端子上，而另一个电压端子应跨接到负载的另一端。功率表的正确与错误接线见图 2-22。如果极性接错，则表计指针会反偏或测量误差增大，甚至造成表计损坏。

（3）多量限功率表通常只标注分格数而不标注瓦数，是因为选用不同的量限时，每一分格代表的瓦数不同。设功率表的分格常数为 C（W/格），指针偏转的格数为 α，则被测功率 $P = C\alpha$（W）。

如果功率表上没有"分格常数表"时，则

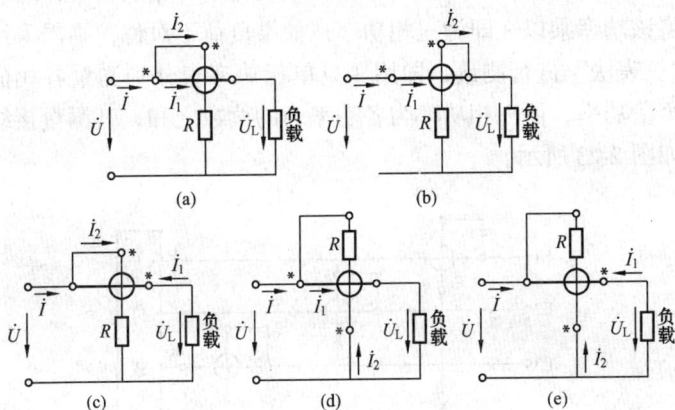

图 2-22　功率表的正确与错误接线

(a)、(b) 正确接法；(c) 电流接反；(d) 电压

接反；(e) 电流、电压都接反

$$C = U_m I_m / \alpha_m \quad \text{（W/ 格）} \qquad (2\text{-}4)$$

式中　U_m——电压端子标称值，V；

　　　I_m——电流端子标称值，A；

　　　α_m——标度尺满刻度格数。

例如：300V、5A、150 分格的功率表，其每格瓦数为 $300 \times 5/150 = 10$（W）。

（4）多量限表在改变量限转换开关、连接片或插塞时，应保证接触良好，以免造成测量误差。外磁场对测量机构的影响较大，在使用没有防外磁场干扰措施的表时，应注意远离强磁场设备。

2-2-9　如何用有功功率表测三相有功功率？

对于三相四线制线路，如果负荷对称，可以采用"一表法"进行测量，即用 1 只单相功率表测量一相的功率，然后将该功率乘以 3 即为三相功率；如果负荷不对称，则需采用"三表法"进行测量，即用 3 只单相功率表分别测量各相的负荷功率，而三相功率为各功率表的读数之和，其测量接线如图 2-23 所示。

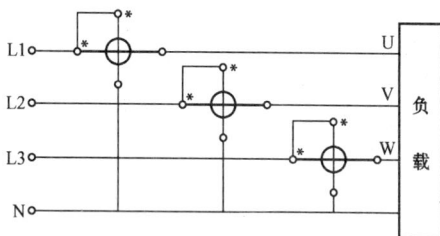

图 2-23 三表法测量接线图

对于三相三线制线路，因为三相负荷电流总存在 $i_U + i_V + i_W = 0$ 的关系，所以不管负荷是否对称，都可以采用"两表法"进行测量。一般控制屏用的有功功率表，其结构就是将两只单相功率表组合在一起，两个活动线圈接线电压，同时作用在一根轴上，带动指针指示三相功率。三相功率表如配合电压和电流互感器使用时，其电流应接 5A 端

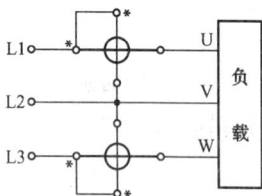

图 2-24 三相三线制线路
三相有功功率表接线

子，电压应接 110V 端子，但标度盘上将直接标出一次高压侧功率。接线时要注意极性（有标记的端子应接电源侧）及电流与电压的相位关系，U 相电流 I_U 要配 U_{UV}，W 相电流 I_W 要配 U_{WV}，如图 2-24 所示。此时，

功率表用两相功率元件测量的就是三相负荷的有功功率。

2-2-10　如何用有功功率表测三相无功功率?

在测量三相无功功率时, 可以直接使用三相无功功率表, 也可以利用单相有功功率表并采用适当的接线方式来测量。在三相三线制或三相四线制对称负荷的线路中, 可以用一只或两只单相有功功率表来测量三相负载总的无功功率。图 2-25 为一表法测量三相无功功率的接线, 此时功率表的读数为

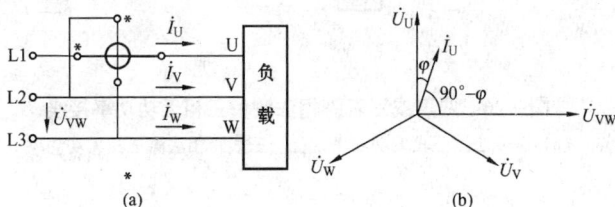

图 2-25　一表法测量三相无功功率

(a) 接线图; (b) 相量图

$$Q = U_{VW} I_U \cos(90° - \varphi) = U_{VW} I_U \sin\varphi \qquad (2-5)$$

式中　　U_{VW}——线电压, V;

　　　　I_U——线电流, A;

　　　　φ——$\dot{I}_U$ 与相电压 $\dot{U}_U$ 之间的相位差。

因为三相线路中负载总的无功功率 $Q = \sqrt{3} U_{VW} I_U \sin\varphi$, 所以只要把功率表的读数乘以 $\sqrt{3}$ 就是三相负载总的无功功率。采用两只单相有功功率表测量三相对称负荷无功功率的接线如图 2-26 (a) 所示, 图中两只功率表的读数之和为 $2 U_{VW} I_U \sin\varphi$, 故应将其乘以 $\sqrt{3}/2$ 才是三相总无功功率。在

三相负荷不对称线路中，可以用三表跨相法来测量总的无功功率，其接线如图 2-26（b）所示，三只功率表的读数之和为三相总无功功率的 $\sqrt{3}$ 倍，所以将三只功率表的读数之和除以 $\sqrt{3}$，即为三相总无功功率。上述结论对负荷不对称的三相四线制线路同样适用。

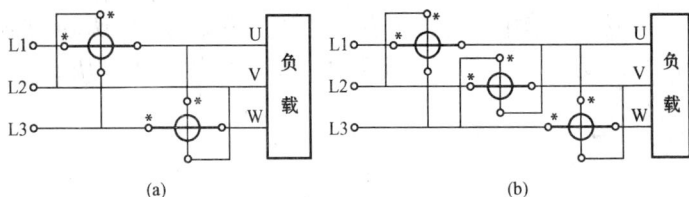

图 2-26　两表或三表跨相法测量三相无功功率接线

（a）两表法测三相无功功率；（b）三表跨相法测三相无功功率

2-2-11　如何测量负载电路的功率因数？测量时的注意事项是什么？

功率因数可以用电流表、电压表、功率表进行间接测量，也可以用功率因数表进行直接测量。常用的功率因数表的类型有：电动系功率因数表，如 D3—φ 型、D26—$\cos\varphi$ 型，为便携式实验室用表；铁磁电动系功率因数表，如 1D1—$\cos\varphi$ 型、1D5—$\cos\varphi$ 型等，为固定安装式仪表。

（1）利用电流表、电压表、功率表间接测量功率因数。

1）单相交流电路功率因数的间接测量。单相交流电路的功率 $P = UI\cos\varphi$，则功率因数

$$\cos\varphi = P/UI \qquad (2\text{-}6)$$

式中　P——有功功率，W；

U——电压，V；

I——电流，A。

分别用交流电流表、电压表和单相功率表测出电路的 U、I、P 值，即可算出 $\cos\varphi$。

2) 对称三相电路功率因数的间接测量。对称三相电路的功率因数就等于一相负载的功率因数。因三相功率 $P = \sqrt{3}\,UI\cos\varphi$，则功率因数

$$\cos\varphi = P/\sqrt{3}\,U_{\text{L}}I_{\text{L}} \tag{2-7}$$

用交流电压表、电流表和三相功率表分别测出线电压、线电流和三相有功功率，即可算出 $\cos\varphi$。

(2) 用单相功率因数表直接测量功率因数。图 2-27 为 D26—$\cos\varphi$ 型功率因数表的面板布置图以及测量接线图。该表为电动系携带式仪表，其准确度等级为 1.0 级。仪表的测量机构采用流比计原理制成，适当选择仪表参数可使得仪表指针的偏转角度 α 仅与被测电路的功率因数角 φ 有关。仪表的标度尺用 0.5（滞后）—1—0.5（超前）的形式刻度，

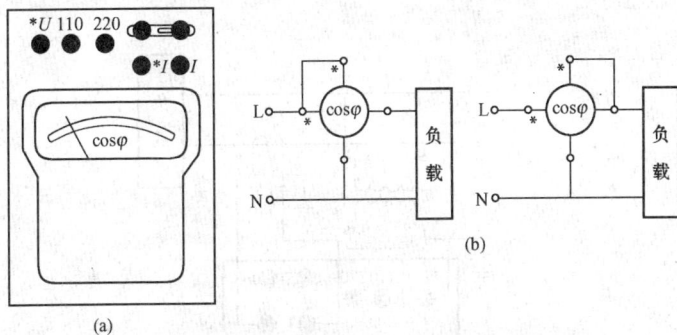

图 2-27　D26—$\cos\varphi$ 表面板布置及接线图

(a) 面板布置图；(b) 测量接线图

其零点（$\cos\varphi = 1$）在标度尺的中间位置。当指针偏向左边时，表示负载为感性（滞后）；当指针偏右时，则表示负载为容性（超前）。

（3）用三相功率因数表直接测量功率因数。电动系三相功率因数表用于测量三相三线制对称负载的功率因数，其接线如图 2-29 所示，使用方法与单相的基本相同，只是在接入被测电路时，除了注意极性外，还应注意三相电源的相序不可接错。

注意事项：①仪表使用时应水平放置（对于安装式仪表应垂直放置），并尽可能远离强电流导线和强磁场，以免增加仪表误差；②注意电压量程和电流量程的选择，不使仪表过载，电流端子串接时为低量程（图 2-28 中电流端子为串接），并接时为高量程；③仪表接线时应注意极性，在电压和电流接线端子中，各有一个带有特殊标记的端子，应将其并接后接至电源侧；④当仪表需要接入大电流和高电压被测电路时，应与电流互感器和电压互感器配合使用，如图 2-28 所示；⑤仪表携带时应小心轻放，避免强烈振动。

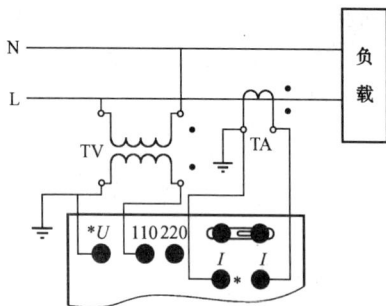

图 2-28　高电压、大电流测量接线

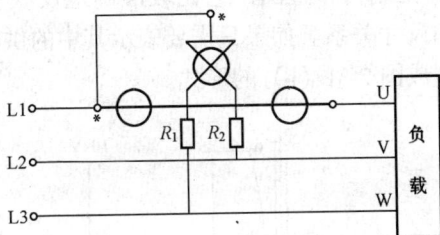

图 2-29　三相功率因数表接线图

2-2-12　如何测定三相电路的相序?

三相电路的相序可借助于图 2-30 所示的示相器来测定。

示相器的两只灯泡应相同,电容器的容抗值应与灯泡的电阻值相等。由于负载不对称,其中性点将发生偏移,两只灯泡所承受的电压是不同的,故其亮度也不同。假定电容器所接的为 U 相,则灯亮的为 V 相,灯暗的为 W 相。

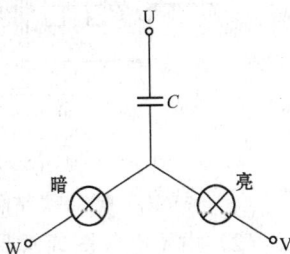

图 2-30　用示相器测相序

第三节　电气图识读

2-3-1　电气图的特点是什么? 读图时应注意哪些问题?

(1) 电气图通常采用简图形式。所谓"简图"是指形式上的"简化",是相对于严格按几何尺寸、绝对位置等绘制的机械图而言的。某变电所的电气图如图 2-31 所示,其中

图 2-31 （a）是结构布置图，它比较准确地反映了各元件的外形结构和尺寸关系。如果只需要表示其中的供电关系，则可简化绘制成图 2-31 （b）的形式。

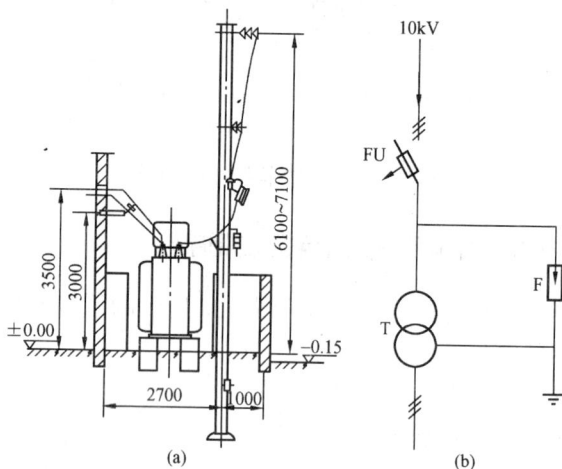

图 2-31　某 10kV 变电所电气布置和系统图

（a）配电装置结构图；（b）配电装置系统图

（2）由于电气图通常是采用统一的图形符号并加注文字符号绘制出来的，所以绘制和阅读电气图时必须首先明确和熟悉这些图形和文字符号的准确含义以及它们之间的相互关系。

（3）要读懂图纸，必须了解设备的基本结构、工作原理、主要性能和用途等。电路的基本组成部分包括：电源、用电设备、导线、测量、控制以及保护设备，任何电路都必须构成闭合回路电流才能流通，保证电气设备正常工作。

（4）电路中的电气元件间是通过导线连接起来，构成一个整体的。导线可长可短，长导线能跨越比较远的空间距离。因此，电气图往往不像机械图或建筑图那样比较集中和直观。在电气图中，有时某个设备安装在 A 处，而其控制、保护设备等则可能在 B 处，这就要求将有关设备的图纸联系起来，对照阅读。一般地说，应通过系统图、电路图找联系；通过布置图、接线图来找位置。

（5）电气工程施工通常是与主体土建工程及其他安装工程（给排水管道、通信线路及消防系统等）的施工相互配合进行的。例如：电气设备的布置与土建平面布置、立面布置有关；线路的走向与建筑结构的梁、柱、门、窗、楼板以及管道的位置、走向有关；安装方法与墙体结构有关，特别是一些暗敷线路、电气设备的基础以及各种预埋件更与土建工程密切相关。因此，阅读电气图时应与有关的土建工程图、管道工程图等联系起来阅读。

（6）阅读电气图的主要目的是用来编制工程预算、施工方案和了解有关设备的工作原理，指导设备的安装、运行、维修和管理。不过，有关设备的安装、使用和维修等方面的技术要求是不可能在图纸中完全反映出来的，而这些技术要求在有关的国家标准和规范中都有明确的规定，有些电气图纸仅在说明栏内标注"参照××规范"。因此，熟悉有关的国家标准和规范，对阅读工程图纸亦是十分有帮助的。

2-3-2 阅读电气图的一般方法是什么？

（1）看标题栏及图纸目录。了解工程名称、项目内容和设计日期等。

（2）看施工说明。了解工程总体概况、设计依据及其他有关内容，如电源的引入、电压等级、线路敷设方式、设备安装高度及安装方式、补充使用的非国标图形符号、施工注意事项等。有些分项局部问题是在各分项工程的图纸上说明的，因此看分项工程图纸时，也应先看设计说明。

（3）看一次电气系统图。各分项工程的图纸中都包含有系统图，如变配电工程的供电系统图、电力工程的电力系统图及电气照明工程的照明系统图等。看系统图的目的是了解系统的基本组成，主要电气设备、元件等的连接关系及其规格、型号、参数等。

（4）看二次电路原理图、安装接线图。通过看电路原理图，了解各系统中用电设备的电气控制原理，以指导设备的安装和控制系统的调试工作。电路原理图主要有集中（整体）和分开（展开）两种表示方式。集中表示方式通常是采用功能布局法绘制的，它是将二次回路与一次回路绘制在一起，元件以整体形式表示。看图时应依据功能关系从上至下或从左至右一个回路、一个回路地阅读。分开（展开）表示方式是按不同的回路分开绘制的，如交流电流回路、交流电压回路、直流回路、信号回路等，并且同一个元件的不同组成部分可以分别在不同的回路，如某继电器线圈在交流回路，其触点则在直流回路，看图时应联系起来看。若能熟悉电路中各元件的性能和特点，对读懂图纸将是一个很大的帮助。在进行控制系统的配线和调试工作中，应配合阅读安装接线图。

（5）看平面布置图。电气图纸中的平面布置图，如变配电所设备安装平面图、电力平面图、照明平面图及防雷接地平面图等，都是用来表示设备安装位置，线路敷设部位和方法以及所用导线、材料的型号、规格和数量的。平面图是安装施工、编制工程预算的主要依据，必须熟读。对于施工经验还不太丰富的人员，可对照相关的安装大样图一起阅读。

（6）看安装大样图（详图）。安装大样图是按照机械制图方法绘制的用来详细表示设备安装方法的图纸，也是用来指导施工和编制工程材料计划的重要图纸。特别对初学安装的人员更显重要，甚至可以说是必不可少的。安装大样图通常采用《全国通用电气装置标准图集》绘制。

（7）看设备材料表。设备材料表提供了该工程所使用的设备、材料的型号规格和数量，是编制设备、材料购置计划的主要依据之一。

以上介绍了阅读电气图纸的一般方法。实际上阅读图纸的方法没有统一的规定，可以根据读者自身的情况和需要灵活掌握。为了更好地利用图纸指导施工，使得工程质量符合要求，在阅读图纸时，还应配合阅读有关的施工及验收规范、质量检验评定标准及《全国通用电气装置标准图集》等，以详细了解安装技术要求和具体安装方法及质量标准，保证工程施工的顺利进行。

2-3-3 什么是电气系统图？一次电气系统图的主要特点是什么？

电气系统图是用符号或带注释的框，概略地表示系统的基本组成、相互关系及其主要特征的一种简图。

一次电气系统图通常指一次设备按一定次序连接而成的电气图，习惯上又称为一次电路图或主接线图。一次电气系统图的主要特点如下：

（1）一次电气系统图所描述的对象是系统或分系统。系统可大可小，既可以用来表示大型区域电力网，也可以用来描述一个较小的供电系统，如一个企业、一幢住宅楼的供电。还可以用来表示某一电气设备，如一台电动机的供电关系。

（2）一次电气系统图所描述的内容是系统的基本组成和主要特征，而不是全部组成和全部特征，因而一次系统图中一般略去了次要的环节和设备。

（3）一次电气系统图中对内容的描述是概略的，其概略的程度随所描述的对象不同而不同。例如：描述一个大型电力系统，只要画出发电厂、变电所和输电线路即可，而要描述某一设备的供电系统，则应将开关、线路和设备本身等主要元件表示出来。

（4）一次电气系统图中通常用单线来表示多线系统，用图形符号来表示系统的构成。对于某一具体的电气装置，也可以用框图（带注释的框形符号）来表示。

2-3-4　什么是二次电气图？其主要特点是什么？

描述二次设备工作原理的图纸称为二次电路原理图，主要有集中和分开两种表示方式。描述二次设备安装要求和接线关系的图纸，称为安装接线图。安装接线图又分为屏（盘）面布置图、屏后接线图和端子排图。二次电路原理图、安装接线图统称为二次电气图。

二次电气图的主要特点如下：

（1）所描述的二次设备数量多。例如：对一台较大容量的电动机供电，其一次设备只有线路、开关和电动机这几件东西，而监视、测量、控制和保护用的二次设备可多达几十件。

（2）连接导线多，连接关系复杂。一次设备连接的导线数量少，其连接关系十分简单，一般只在相邻设备之间连接；而二次设备可以跨越较远的距离与其他设备连接，并且由于二次设备本身数量多，其连接导线也必然随之增多。

（3）二次设备动作程序多，工作原理复杂。一次设备动作简单，一般只有通和断两种形式；而二次设备则复杂得多，尤以继电保护装置为甚。保护的测量元件测量被测信号后，与定值进行比较，满足一定条件后，或立即执行，或经一定延时后执行，或同时作用于几个元件动作，或按一定次序作用于几个元件先后动作等。

（4）二次设备电源种类及电压等级多。对某一确定的系统，一次设备的电压等级较少，如 10kV 变电所，一次电压等级只有 10kV 和 380/220V，且只为交流；而二次设备则有交流和直流，电压等级也有 380、220、100、48、24、12V等。

2-3-5　变配电所常用二次小母线符号是如何规定的?

二次回路的电源除了交流电流回路由电流互感器直接提供外，其他的一般都是通过各种电源小母线提供。各种小母线按电源类别和功能不同，分别采用不同的名称和符号，如表 2-7 所示。

表 2-7 　　　　　　　　　　常用二次小母线符号

序号	名　　　称	旧　符　号	新　符　号
1	直流控制电源小母线	+ KM、– KM	+ WC、– WC
2	直流信号电源小母线	+ XM、– XM	+ WH、– WH
3	交流电源小母线	A、B、C、O（N）	L1、12、L3、N
4	事故信号小母线	SYM	WHA
5	预告信号小母线	YBM	WHL
6	交流电压小母线	YM_a、YM_b、YM_c、YM_N	TV1、TV2、TV3、TV_N
7	接地小母线	D	PE

2-3-6 二次交、直流回路的编号规则是怎样的?

为了安装接线和维护检修时的方便，在分开式二次电路图中，对每一回路以及元件之间的连接线都应当标号，其标号一般按如下规则进行：

（1）按回路功能进行分组，每组给以一定的数字范围。

（2）标号数字一般由 1～3 位数字组成，其位数的多少取决于回路的数量。当需要标明回路的相别和其他特征时，可在数字前面加注必要的文字符号。

（3）回路标号按等电位原则进行，即在电气回路中任何时候电位都相等的那部分电路，应标注同一个回路编号。但当回路经过开关或继电器触点时，虽然在其接通时等电位，可是断开时两侧电位不等，故应给予不同的标号。

（4）直流回路的标号从正电源开始，以奇数顺序号 1、3、5…标至最后一个电压降元件，然后按…6、4、2 标至负电源，如图 2-32（a）所示；交流回路的标号与直流电源回

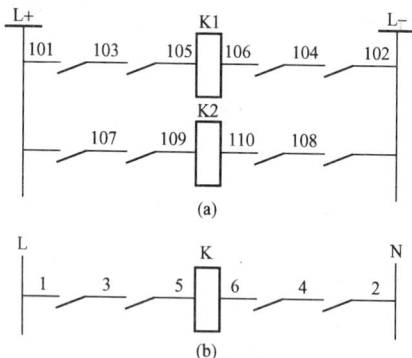

图 2-32 二次回路标号示例

(a) 直流回路标号；(b) 交流回路标号

路相似，如图 2-32（b）所示。对二次回路的标号范围，国家有关标准作了明确规定。常用交流回路标号数字序列如表 2-8 所示，常用直流回路标号数字序列如表 2-9 所示。对于交流回路，当需要表示相别时，可在数字前冠以相别字母。旧标准习惯上用 A、B、C、N，新标准用 U、V、W、N。对直流保护回路，可在前面加注特征文字符号 K（新标准）或 J（旧标准）。

表 2-8　　　　　　常用交流回路标号数字序列

回　路　名　称	标　号　数　字　序　列			
	L1 相	L2 相	L3 相	中性线 N
电流回路	U401～U409 U411～U419 ⋮ U581～U589 U591～U599	V401～V409 V411～V419 ⋮ V581～V589 V591～V599	W401～W409 W411～W419 ⋮ W581～W589 W591～W599	N401～N409 N411～N419 ⋮ N581～N589 N591～N599
电压回路	U601～U609 ⋮ U791～U799	V601～V609 ⋮ V791～V799	W601～W609 ⋮ W791～W799	N601～N609 ⋮ N791～N799
控制、保护信号回路	U1～U399	V1～V399	W1～W399	N1～N399

表 2-9　　　　　　常用直流回路标号数字序列

回　路　名　称	标　号　数　字　序　列			
	Ⅰ	Ⅱ	Ⅲ	Ⅳ
+电源回路	1	101	201	301
−电源回路	2	102	202	302
合闸回路	3～31	103～131	203～231	303～331
绿灯或合闸回路监视继电器的回路	5	105	205	305
跳闸回路	23～49	133～149	233～249	333～349

回 路 名 称	标 号 数 字 序 列			
	Ⅰ	Ⅱ	Ⅲ	Ⅳ
红灯或跳闸回路监视继电器的回路	35	135	235	335
备用电源自动合闸回路	50~69	150~169	250~269	350~369
开关器具的信号回路	70~89	170~189	270~289	370~389
事故跳闸音响信号回路	90~99	190~199	290~299	390~399
保护及自动重合闸回路	01~099（或 J1~J99、K1~K99）			
机组自动控制回路	401~599			
励磁控制回路	601~649			
发电机励磁回路	651~699			
信号及其他回路	701~999			

2-3-7 变压器控制、保护二次回路是如何实现其功能的?

图 2-33 为某变压器保护装置集中式电路原理图。变压器为 Y，yn0 连接，其高压侧为 10kV，0.4kV 侧中性点直接接地。图 2-34 为变压器控制、保护装置二次回路的分开式原理图。

变压器投入与退出运行是通过控制其高压侧的断路器 QF 来实现的。在断路器的操作控制回路中，控制开关 SA 的转动手柄共有 6 个位置（顺时针转 3 个，逆时针转 3 个），即分闸后—预备合闸—合闸操作—合闸后—预备分闸—分闸操作—分闸后。控制开关触点在上述各位置的通断情况见表 2-10。

（1）断路器的操作控制。

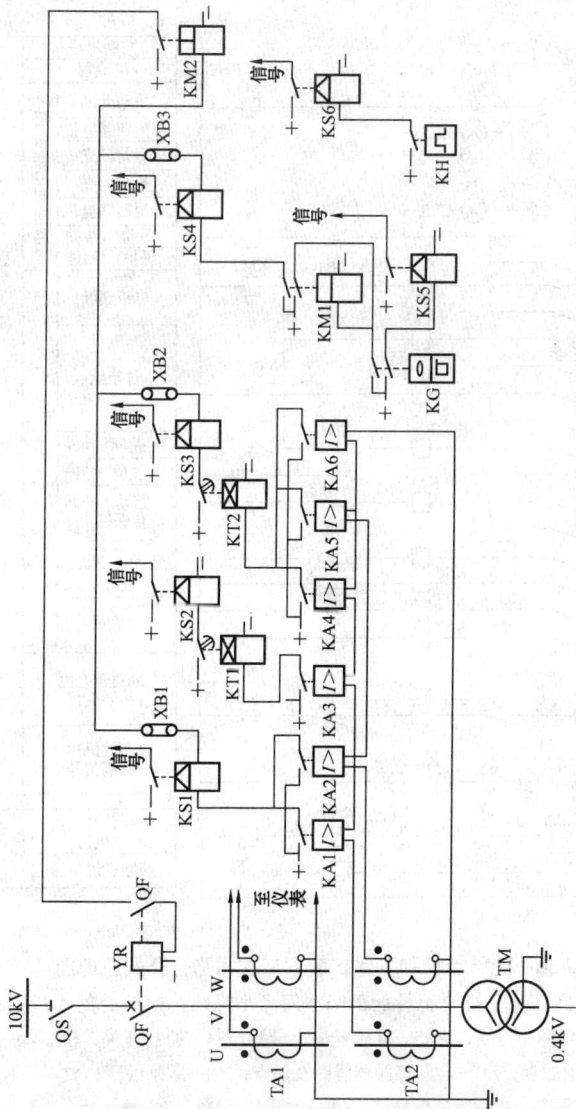

图 2-33 变压器保护装置集中式电路原理图

QS—隔离开关；QF—断路器及辅助触点；YR—跳闸线圈；TA—电流互感器；TM—变压器；KA—电流继电器；
KS—信号继电器；KT—时间继电器；KM—中间继电器；KG—气体继电器；KH—热继电器

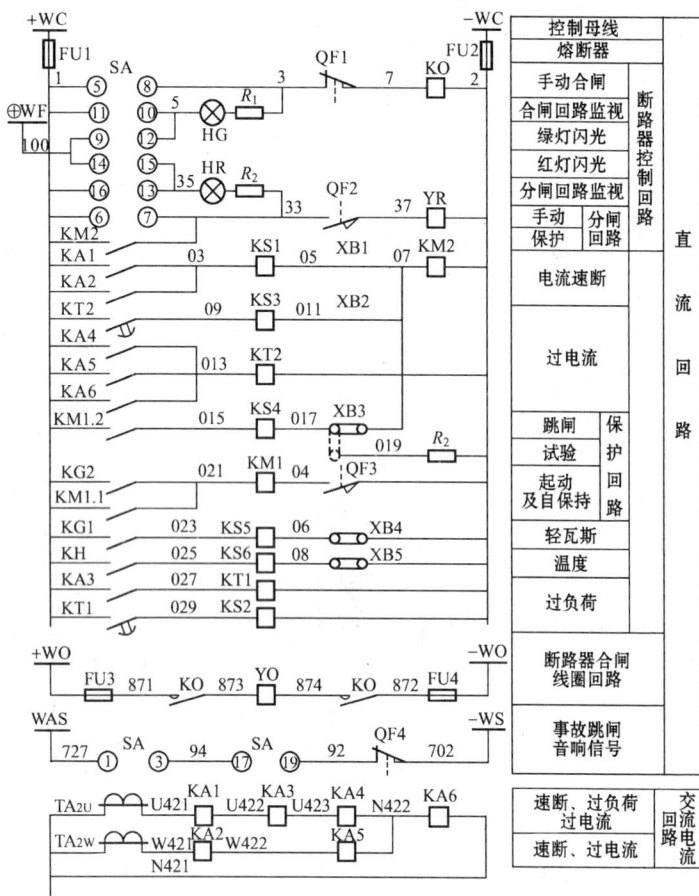

图 2-34 变压器控制、保护装置二次回路分开式原理图

FU—熔断器；WC—控制小母线；WF—闪光小母线；WO—合闸小母线；
WS—信号电源小母线；WAS—事故音响小母线；SA—控制开关；QF1～4—
断路器辅助触点；KO—合闸接触器线圈及触点；YR—跳闸线圈；YO—合闸
线圈；HG—绿色信号灯；HR—红色信号灯；XB—连接片

表2-10　LW2－1a、4、6a、40、20、20/F8型控制开关触点图表

在"分闸后"位置的手柄（正面）的样式和触点盒（背面）接线图：

触点图示：
- 1a：1,2／3,4（2—3相连）
- 4：5,6／7,8（6—7相连）
- 6a：9,10／11,12（10—11相连）
- 40：13,14／15,16（14—15相连）
- 20：17,18／19,20（18—19相连）
- 20：21,22／23,24（22—23相连）

手柄和触点盒型式 位置	F8	1a		4		6a			40			20			20		
触点号	—	3—1	4—2	8—5	7—6	11—10	12—9	10—9	16—13	15—14	14—13	20—18	18—17	19—17	24—22	22—21	23—21
分闸后		—	×	—	—	×	—	—	×	—	—	×	—	—	×	—	—
预备合闸		—	×	—	×	—	×	—	—	×	—	—	×	—	—	×	—
合闸		×	—	—	—	—	—	×	—	—	×	—	—	×	—	—	×
合闸后		×	—	—	—	—	—	×	—	—	×	—	—	×	—	—	×
预备分闸		×	—	×	—	—	×	—	—	×	—	—	×	—	—	×	—
分闸		—	×	—	—	×	—	—	×	—	—	×	—	—	×	—	—

注　"×"表示接通，"—"表示断开。

1）用控制开关合闸。合闸操作前断路器处于分闸位置，SA 也处于"分闸后"位置。此时 SA 的 11—10 触点接通，QF1 处于闭合状态，+ WC→SA 的 11—10 触点→HG→R1→QF1→KO→ – WC 回路接通，HG 发出平稳光，说明断路器在分闸位置，合闸操作回路完好，实现其监视功能。由于 HG 及 R1 的限流作用，上述回路中的电流很小，不足以使 KO 动作。

将 SA 操作手柄顺时针转 90°至"预备合闸"位置，SA 的 9 – 10 触点接通，此时 HG 发出闪光（提醒操作人员注意核对）。再将 SA 手柄顺时针转 45°至"合闸操作"位置，SA 的 11 – 10 触点断开，HG 灭。同时，SA 的 5 – 8、13 – 16 触点接通，KO 得电，其在合闸线圈回路中的触点 KO 闭合，使合闸线圈得电，断路器合闸，QF2 接通，HR 发平稳光。合闸完成后，在操作人员松开 SA 手柄返回前，QF1 自动断开，将合闸操作回路切断。待操作人员松开 SA 手柄后，手柄借弹簧反力自动返回，处于"合闸后"位置。此时，SA 的 13 – 16 触点仍处于接通状态，HR 保持平稳光，表明断路器处于合闸运行状态，同时监视分闸回路是否完好。

2）用控制开关分闸。将 SA 操作手柄逆时针转 90°至"预备分闸"位置，SA 的 13 – 14 触点接通，HR 发出闪光。再将 SA 操作手柄逆时针转 45°至"分闸操作"位置，SA 的 13 – 16 触点断开，HR 灭。同时，SA 的 6 – 7、11 – 10 触点接通，YR 得电，断路器分闸，QF1 接通，HG 发平稳光。分闸完成后，在操作人员松开 SA 手柄返回前，QF2 自动断开，将分闸操作回路切断。操作人员松开 SA 操作手柄后，手柄借弹簧反力自动返回，处于"分闸后"位置。此时，SA 的 11 – 10 触点仍接通，HG 保持平稳光，表明断路器处于分闸状态，并监视合闸回路是否完好。

3）保护自动分闸。当保护范围内发生短路时，保护装置立即作出反应，起动出口中间继电器 KM2，其触点闭合，使断路器跳闸。由于此前断路器处于正常合闸运行位置，SA 也处于"合闸后"位置，即断路器实际位置与 SA 指示位置是对应的，故红灯 HR 平稳发光。但当保护使断路器跳闸后，SA 仍然处于"合闸后"位置，SA 的触点 9-10 仍处于接通状态，断路器实际位置与 SA 指示位置不对应，闪光母线 + WF 电源→SA 的 9-10 触点→HG→R1→QF1→合闸接触器线圈 KO→-WC，绿色信号灯发出闪光。同时，因 SA 在"合闸后"位置，触点 1-3 和 17-19 仍处于闭合状态，断路器跳闸后其辅助触点 QF4（图 2-33 中未画出 QF4 触点）闭合，使得信号电源母线 - WS 加至事故音响信号小母线 WAS，接于 WAS 与 + WS 之间的音响装置便发出事故音响信号。

需要说明的是，当进行用 SA 使断路器跳闸的正常操作时，因 SA 在预备分闸、分闸操作和分闸后这 3 个位置，SA 的 1-3 和 17-19 触点是断开的，故不会发出事故跳闸音响信号。

（2）保护装置功能。

1）电流保护。电流保护采用了不完全星形接线，其中 KA1、KA2、KS1 组成了电流速断保护及其信号回路，主要作为变压器高压侧进线及部分高压绕组的相间短路保护。KA4、KA5、KA6、KT2、KS3 组成过电流保护及其信号回路，主要作为变压器高、低压绕组和低压侧母线的相间短路保护，并作为电流速断及低压侧出线保护的后备保护。KA4、KA5、KA6 为两相三继电器接法，KA6 可以提高低压侧发生单相（V相）短路时保护的灵敏度。

2）过负荷保护。KA3、KT1、KS2 组成过负荷保护及其信号回路。当变压器发生过负荷时，经过一定延时，发出过负荷信号，提醒值班人员注意并处理。

3）瓦斯保护。气体继电器 KG 的一触点 KG1 与 KS5 组成轻瓦斯信号，另一触点 KG2 与 KM1、KS4 组成重瓦斯跳闸及信号回路。中间继电器 KM1 的一触点 $KM_{1.1}$ 用于自保持是为了防止重瓦斯触点抖动，保证可靠跳闸。与 KM1 线圈串联的断路器辅助触点 QF3（图 2-33 中未画出 QF3 触点）的作用是在跳闸完成后，自动切断 KM1 的自保持回路。

4）温度保护。由 KH、KS6 组成温度信号回路。

中间继电器 KM2 为各保护跳闸出口共用。连接片 XB 供保护检验、调试及投切时使用。

2-3-8 什么是变配电所二次设备安装接线图？阅读时应注意哪些问题？

变配电所二次设备安装接线图是生产、安装施工、调试以及运行维护工作所必须的重要图纸资料，主要包括平面布置图、端子排图和屏背面接线图。

阅读安装接线图时应注意以下问题：

（1）屏面布置图。屏面布置图是加工制造屏体和安装屏上设备的依据。屏上各元件按比例绘制，并明确表示出安装的具体位置。屏上各元件的排列和布置，是根据运行操作的合理性以及运行维护和施工方便而确定的。图 2-35 为某低压配电屏屏面布置图。

（2）端子排图。屏内外以及屏内各安装项目之间二次设备的连接，必须通过端子排进行。这样可以减少导线交叉，便于检修和调试。图 2-36 为端子排标记图。

(3)屏背面接线图。屏背面接线图中应标示出安装项目代号、安装设备的位置及其项目代号、接线端子号等内容，如图 2-37 所示。安装项目是指二次设备安装时所划分的单元，通常按一次设备来划分，即以从属于某一次设备的二次设备作为一个安装项目，其名称按一次设备来命名，如"××变压器"、"××线路"等。图 2-37 中的安装项目名称为"10kV 电源进线"，其代号为 W1。如果是公用设备，则按装置功能来划分，如"××信号装置"、"××保护装置"等。

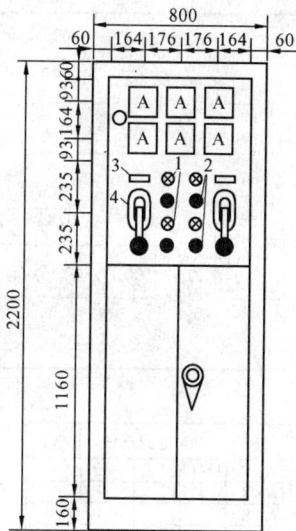

图 2-35　低压配电屏屏面布置图
1　红、绿信号灯；2—分、合闸按钮；3—标签框；4—刀开关

在实际安装中，如果同一块

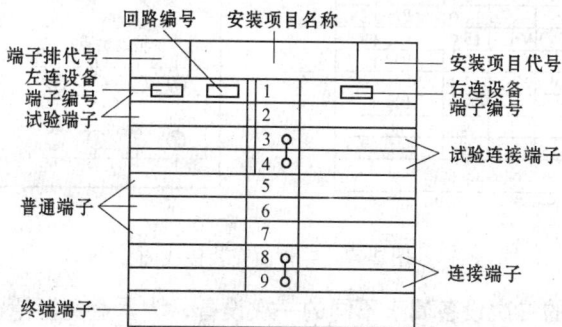

图 2-36　端子排图

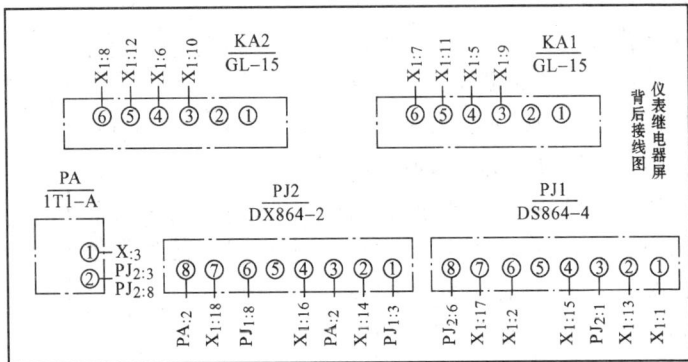

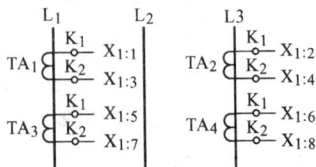

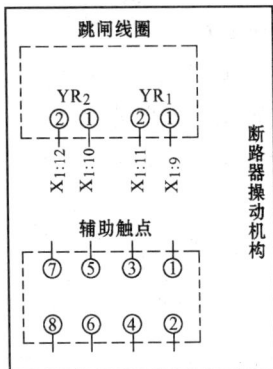

图 2-37　屏背面安装接线图

屏上的二次设备属于不同的一次设备,为了避免混淆,应以不同的项目代号表示,否则可以采用简化表示方法,即只需标注待安装二次设备的项目种类代号、设备型号及端子号。如果有几个相同型号的设备，则应在设备的项目种类代号后加注阿拉伯数字来区别，如 KA1、KA2、KA3 等。接线图中的各二次设备，应尽量采用简化图形（如方形、圆形等）表示，可以不按比例画出。二次设备内部的接线，可画可不画，但接线端子必须画出。在安装接线图中，当二次设备较多时，若用连续线的方法将所有连接线全部绘出，将使接线图显得十分繁杂，不易辨认。为了使图面清晰，连接线通常采用中断线表示法，并在被连接的两个端子处各自标上对端的端子编号，即相对标号。如图 2-37 中，端子排 X1 的 1 号端子右连设备端子编号为 PJ1：1，表示 X1 的 1 号端子连向 PJ1 的 1 号端子；与之相对应的是 PJ1 的 1 号端子编号为 X1：1，表示 PJ1 的 1 号端子连向 X1 的 1 号端子。

2-3-9 阅读电力及照明电气平面图应注意哪些问题？

电力、照明电气平面图是工程施工、编制工程预算的重要依据，也是竣工后调试、验收以及日后运行中维护、故障处理的重要图纸资料。阅读电力及照明电气平面图时应注意以下问题：

（1）了解电力及照明电气平面图的特点。电力及照明电气平面图是在简化的建筑平面图上绘制的。建筑平面准确按比例绘制，而电气部分的线路和设备的外形尺寸则不完全按比例绘制。对于线路、敷设的线管长度可以根据其在建筑平面内的相对位置，按照建筑结构尺寸进行估算，并应注意不要遗漏垂直方向上的长度。另外，因电气平面图不能直接反映被安装设备垂直方向上的尺寸，故通常以标注安装标高或附加文字说明的方法表示。

（2）熟悉常用电线、电缆、配电、用电设备型号的含义；熟悉线路敷设的表示方法；熟悉用电、配电设备和照明灯具文字标注的含义；熟悉常用的照明控制线路的图纸表示方法；熟悉用电、配电设备以及照明灯具的图形符号。

（3）熟悉与工程相关的施工及验收规范。对于某些电器或设备的安装要求，图纸上往往标注不全或习惯上不予标注，此时应当通过有关技术资料和施工及验收规范来了解。例如：对照明灯控开关、插座、吊扇等的安装高度，一般是不在图纸上标注的，但施工及验收规范中有明确的规定。

2-3-10　线路敷设方式对应的新旧文字符号是什么？

线路敷设方式对应的新旧文字符号见表 2-11。

表 2-11　　　　　　　不同线路敷设方式新旧文字符号

敷设方式	旧符号	新符号	敷设方式	旧符号	新符号
暗　　敷	A	C	钢索敷设	S	M
明　　敷	M	E	金属线槽		MR
铝线卡	QD	AL	电线管	DG	T
电缆桥架		CT	塑料管	SG	P
金属软管		F	塑料线卡		PL
水煤气管	G	G	塑料线槽		PR
瓷绝缘子	CP	K	钢　管	GG	S

2-3-11　线路用途对应的文字符号是什么？

在一般的电力及照明电气图中，线路的用途比较清楚，一般无需标注。但当同一张图纸中出现不同用途的线路较多时，为了便于区别，应加以标注。常用的线路用途符号见表2-12。

表 2-12　　　　　常用线路用途文字符号

线路用途	文字符号		
	单字母	双字母	三字母
控制线路		WC	—
直流线路		WD	—
应急照明线路		WE	WEL
电话线路		WF	—
照明线路	W	WL	—
电力线路		WP	—
声道（广播）线路		WS	—
电视线路		WV	—
插座线路		WX	—

2-3-12　线路敷设部位对应的文字符号是什么？

线路的敷设部位新旧文字符号见表2-13。

表 2-13　　　　　线路敷设部位新旧文字符号

敷设部位	旧符号	新符号	敷设部位	旧符号	新符号
梁	L	B	构　架	—	R
顶　棚	P	CE	吊　顶	—	SC
柱	Z	C	墙	Q	W
地面（板）	D	F			

2-3-13　线路标注格式及含义是什么?

线路的基本标注格式为 a—b—(c×d) e—f,其中 a 为线路编号;b 为导线型号;c 为导线根数;d 为导线截面;e 为敷设方式或穿管管径;f 为敷设部位。例如:1WP—BLV—(3×50+1×35)K—WE,表示 1 号电力线路,铝芯聚氯乙烯绝缘导线,共有 4 根导线,其中 3 根相线截面为 50mm²,1 根中性线截面为 35mm²,采用绝缘子配线,沿墙明敷。

2-3-14　用电设备文字标注格式及含义是什么?

用电设备文字标注格式一般为 a/b 或 $\dfrac{a}{b}\bigg|\dfrac{c}{d}$,其中 a 为设备编号;b 为额定功率,kW;c 为线路首端熔断器或自动开关脱扣电流,A;d 为安装标高,m。例如:2—3/4.3,表示第 2 组 3 号用电设备,功率为 4.3kW。

2-3-15　配电箱文字标注格式及含义是什么?

配电箱的文字标注格式一般为 a$\dfrac{b}{c}$或 a—b—c。当需要标注引入线的规格时,则应标注为 a$\dfrac{b-c}{d\ (e×f)\ -g}$,其中 a 为设备编号;b 为设备型号;c 为设备功率,kW;d 为导线型号;e 为导线根数;f 为导线截面,mm²;g 为导线敷设方式。例如:3$\dfrac{XL-3-2-35.165}{BLV\ (3×35)\ -G40-CE}$表示 3 号电力配电箱,型号为 XL-3-2,功率为 35.165kW。配电箱为三相进线,截面为 35mm² 的聚氯乙烯绝缘铝芯线穿直径为 40mm 的水煤气钢管沿柱明敷。

2-3-16 开关及熔断器文字标注格式及含义是什么?

开关及熔断器的文字标注格式一般为 $a\dfrac{b}{c/i}$ 或 $a-b-c/i$。

当需要标注引入线的规格时,则应标注为 $a\dfrac{b-c/i}{d\ (e\times f)\ -g}$,其中 a 为设备编号;b 为设备型号;c 为额定电流,A;i 为整定电流,A;d 为导线型号;e 为导线根数;f 为导线截面,mm^2;g 为导线敷设方式。例如:$2\dfrac{HH_3-100/3-100/80}{BX\ (3\times 35)\ -P40-FC}$,表示 2 号设备是型号为 $HH_3-100/3$,额定电流为 100A 的三极铁壳开关,开关内熔断器熔体额定电流为 80A。开关为三相进线,导线为铜芯橡皮绝缘线,截面为 $35mm^2$,穿直径为 40mm 的塑料管埋地暗敷。

2-3-17 照明变压器文字标注格式及含义是什么?

照明变压器文字标注格式一般为 a/b—c,其中 a 为一次电压,V;b 为二次电压,V;c 为额定容量,VA。例如:380/36—500,表示该照明变压器的一次电压为 380V,二次电压为 36V,容量为 500VA。

2-3-18 照明灯具文字标注格式及含义是什么?

照明灯具文字标注格式一般为 $a-b\dfrac{c\times d\times l}{e}f$。当灯具为吸顶安装时,则应标注为 $a-b\dfrac{c\times d\times l}{-}$,其中 a 为灯具数量;b 为灯具的型号或编号;c 为每盏灯具的灯泡数;d 为每只灯泡的功率，W；e 为灯泡安装高度，m；f 为灯具安装方式；1 为光源种类。

灯具常用的安装方式新旧文字符号见表 2-14。常用的光源种类新旧文字符号见表 2-15。

表 2-14   灯具常用的安装方式新旧文字符号

安装方式	旧符号	新符号	安装方式	旧符号	新符号
吸壁安装	B	W	管吊安装	G	P
线吊安装	X	WP	嵌入式安装		R
链吊安装	L	C	吸顶安装	D	

表 2-15   常用的光源种类新旧文字符号

光源种类	旧符号	新符号	光源种类	旧符号	新符号
白炽灯	B	IN	汞　灯	G	Hg
荧光灯	Y	FL	碘钨灯	L	I
氖　灯		Ne	红外线灯		IR
钠　灯	N	Na	紫外线灯		UV
氙　灯		Xe			

例如，$5 - \text{DBB}306 \dfrac{4 \times 60 \times \text{IN}}{-}$，表示灯具为 5 盏，其型号为 DBB306 的圆口方罩吸顶灯，每盏灯有 4 个白炽灯泡，每只灯泡功率为 60W，吸顶安装。

2-3-19 照明线路在电气平面图上是如何表示的？常用的照明控制线路有哪些？

在照明电气平面图中，如果画出电器之间的实际接线，将使图面十分繁杂而不容易看清楚，故电器之间的连接通常用单线表示，并在该单线上附加若干小斜线表示实际导线的根数。当导线为 2 根时，习惯上不加小斜线；当导线为 3 ~ 4 根时，加与导线根数相同的小斜线；当导线为 5 根以上时，通常以一根小斜线外加相应的阿拉伯数字来表示。弄清单线所表示的电器之间的连接与实际接线之间的对应关系，将有助于读懂电气平面图。

常用的照明控制线路有以下几种：

（1）一只开关控制一盏灯。这是最简单的照明控制线路，其电气平面图与实际接线的对应关系如图 2-38 所示。

（2）多个开关控制多盏灯。

1）电气平面图如图 2-39（a）所示，实际接线如图（b）所示。图（b）中左边两盏灯的相线和中线是分别从干线上剖

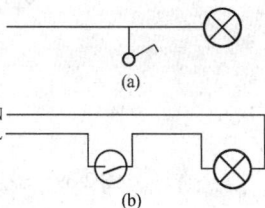

图 2-38 一只开关控制一盏灯
(a)电气平面图；(b)实际接线图

削接头直接引出的，这种方法被称为直接接线法。如果干线不允许剖削接头，则应将接头分别放在开关盒和灯座盒内，这种方法被称为共头接线法，其平面图和实际接线如图 2-40 所示。注意，直接接线法和共头接线法的电气平面图略有不同。

2）电气平面图如图 2-41（a）所示，电源进线经两只双极暗装开关分别控制两盏壁灯和两盏吸顶安装的双管荧光灯以及向一只单相三极暗装插座供电。电路实际接线如图（b）所示。

3）用两只双控开关在两处控制一盏灯。这种接线常用于楼上楼下控制一盏楼梯灯，其电气平面图与实际接线如图 2-42 所示。

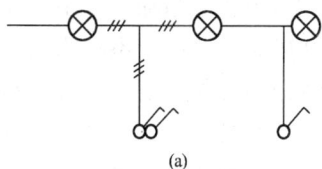

(a)

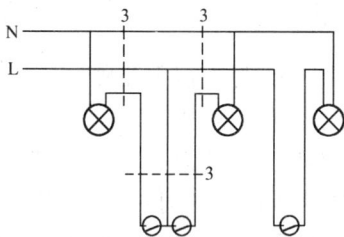

(b)

图 2-39　多只开关控制多盏灯（一）

（a）电气平面图；（b）实际接线图

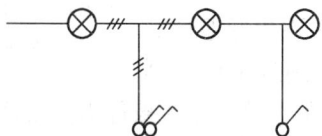

(a)

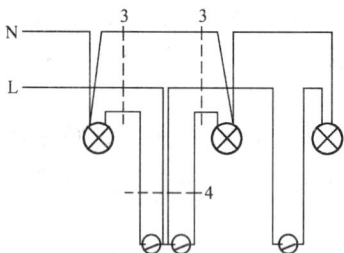

(b)

图 2-40　多只开关控制多盏灯（二）

（a）电气平面图；（b）实际接线图

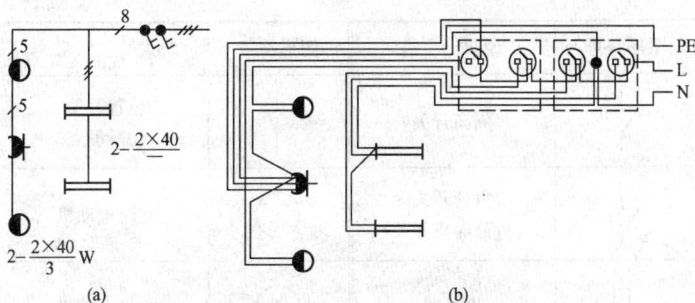

図2-41 多只开关控制多盏灯（三）

（a）电气平面图；（b）实际接线图

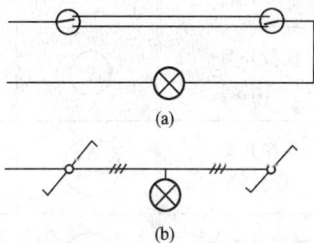

図2-42 两只双控开关在两处控制一盏灯

（a）实际接线图；（b）电气平面图

2-3-20 常用用电、配电、保护设备以及照明灯具的图形符号有哪些？

常用用电、配电设备以及照明灯具的图形符号见表2-16。

表2-16 常用用电、配电设备以及照明灯具的图形符号

图形符号	说　　明	图形符号	说　　明
	断路器		位置开关 动合触点

图形符号	说　　明	图形符号	说　　明
	隔离开关		位置开关 动断触点
	负荷开关 （负荷隔离开关）	(M⎓)	直流电动机
	熔断器	(M∼)	交流电动机
E-\	按钮开关 （不闭锁）	或	双绕组变压器
	拉拨开关 （不闭锁）	(V)	电压表
	旋钮开关 （闭锁）	(A I sinφ)	无功电流表
	接触器（在非动 作位置触点断开）	(var)	无功功率表
	动合（常开）触点	Wh	有功电能表
	动断（常闭）触点		动力—照明配电箱
	延时闭合 动合触点		照明配电箱
	延时打开 动合触点	∼	交流配电盘（屏）

图形符号	说　　明	图形符号	说　　明
	延时闭合 动断触点		星—三角起动器
	延时打开 动断触点		自耦变压器式 起动器
	单相插座（明装）		天棚灯
	单相插座（暗装）		电风扇（如不致混 淆，方框可不画）
	带接地插孔的 单相插座（明装）		电磁阀
	带接地插孔的 单相插座（暗装）		电磁式过电流 继电器
	带接地插孔的 三相插座（明装）		反时限过电流 继电器
	带接地插孔的 三相插座（暗装）		电磁式欠电压 继电器
	单极开关（明装）		电磁式时间 继电器（缓吸线圈）
	单极开关（暗装）		电磁式时间 继电器（缓放线圈）
	三极开关（明装）		电磁式信号 继电器

图形符号	说　　明	图形符号	说　　明
●	球形灯		中间继电器
⊗	灯或信号灯		气体继电器
	单管荧光灯 三管荧光灯		温度继电器
◕	壁　灯		热继电器
⊗	花　灯		接触器

2-3-21　怎样阅读照明电气平面图?

【例 2-2】　某研究所两层办公楼的第二层照明电气平面图如图 2-43 所示,试说明电源、照明电器的配置情况以及照明电器的安装方式。

(1) 阅读施工说明。通过阅读施工说明了解到,接待室、楼梯间、走廊采用 BV - 500 - 2.5mm² 导线,并采用穿塑料管或多孔楼板暗敷的敷设方式,其余房间采用 BVV - 500 - 2×2.5mm² 护套线明敷方式。

(2) 了解电源支路引入情况。二层由一层共引入 3 条电源支路,即 N6、N8 及 N9。N6 支路由楼梯间西南角穿楼板引

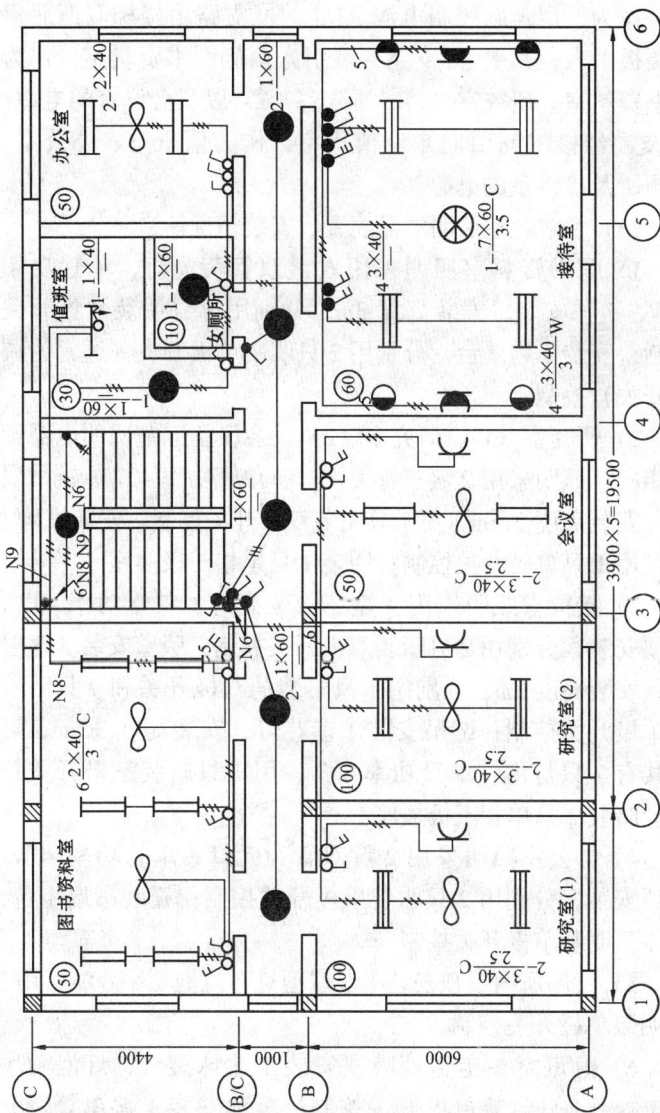

图 2-43 办公楼二层照明电气平面图

入，作为二层走廊照明电源。N8、N9 支路由楼梯间西北角穿楼板引入，其中 N8 支路穿墙引入西侧图书资料室，作为图书资料室、研究室（1）、研究室（2）以及会议室的电源；N9 支路经楼梯间引向东侧值班室，作为值班室、办公室、女厕所及接待室的电源。

（3）了解各室照明电器配置、安装情况。

1）图书资料室照明采用 6 盏双管荧光灯，单管功率 40W，链吊安装，安装高度 3m，分别用 3 只明装双极开关控制；安装吊扇 2 台，分别用 2 只明装单极开关（通常为调速开关）控制。

2）研究室（1）、研究室（2）及会议室三室照明电器配置相同。照明采用 2 盏三管荧光灯，单管功率 40W，链吊安装，安装高度 2.5m，用 1 只明装双极开关控制；安装吊扇 1 台，用 1 只单极开关控制；明装 1 只单相三极插座。

3）接待室照明采用 4 盏三管荧光灯，单管功率 40W，吸顶安装，分别用 2 只暗装双极开关控制；吸壁安装 4 盏壁灯，安装高度 3m，分别用 1 只暗装的双极开关和 2 只暗装的单极开关控制；链吊安装 1 盏花灯，安装高度 3.5m，灯上共有 7 只灯泡，单只功率 60W，用 1 只暗装三极开关控制；暗装 2 只单相三极插座。

4）办公室照明采用 2 盏双管荧光灯，单管功率 40W，吸顶安装，分别用 2 只明装单极开关控制；安装吊扇 1 台，用 1 只明装单极开关控制。

5）女厕所内吸顶安装 1 盏球型灯，灯泡功率 60W，用 1 只明装单极开关控制。

6）值班室在走道处吸顶安装 1 盏球型灯，灯泡功率 60W，用 1 只明装单极开关控制；吸顶安装 1 盏单管荧光灯，功率40W，用1只拉线开关就地控制。

7）走廊吸顶安装5盏球型灯，灯泡功率60W，分别用3只暗装单极开关控制；楼梯间吸顶安装1盏球型灯，灯泡功率60W，用2只暗装双控开关在楼上、楼下分别控制。

2-3-22　怎样阅读电力平面图？

【例2-3】　某学校实习工厂电力平面布置如图2-44所示。试说明配电线路、有关设备的配置情况以及安装、敷设方法。

（1）配电线路。查阅施工说明，配电系统为TN—S制，电源进线处PE保护线需加装辅助接地，其接地电阻不得大于10Ω。电源进线采用VV22 – 1000 – 3 × 75 + 2 × 25聚氯乙烯绝缘及护套钢带内铠装电力电缆，其电压等级1kV，相线截面为75mm^2，N线及PE线截面为25mm^2，并采用经架空线引下后穿电线管埋地暗敷方式，穿墙进入配电室内的1号配电柜内。由1号配电柜共引出3条电缆出线，电缆的型号与进线相同，但截面较小。各出线均采用穿电线管埋地暗敷方式，分别引向2、3、4号配电柜。分别用BV – 500 – 5 × 4（6）铜芯聚氯乙烯绝缘导线，截面4mm^{2}或6mm^2，采用穿电线管埋地暗敷方式，由2、3号配电柜引向各用电设备。

（2）配电柜。1号配电柜为总电源柜，型号为PGL – 1 – 09，容量为130kW。该型配电柜为1进4出结构，其中1路出线开关备用。2、3、4号配电柜型号均为XL – 21 – 02，容量50kW，其中4号配电柜备用。配电柜均为落地安装，柜内元器件的配置情况需要结合阅读系统图了解。

（3）用电设备。图中显示目前共有两组用电设备，均为容量3～6kW的三相电动机。

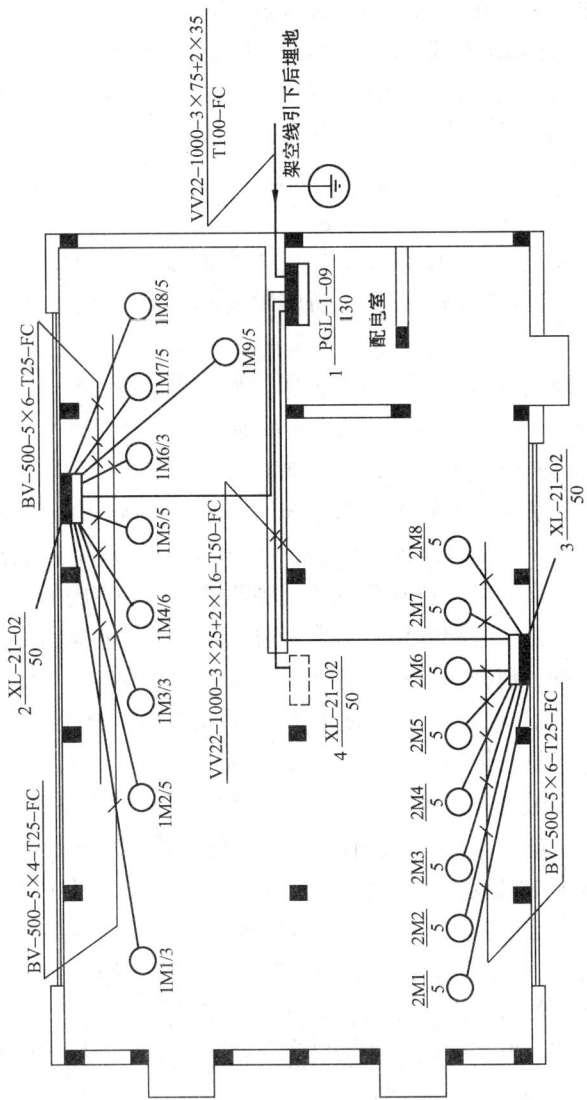

VV22-1000-3×75+2×35
T100-FC

架空线引下后埋地

$1 \dfrac{\text{PGL}-1-09}{130}$ 配电室

$2 \dfrac{\text{XL}-21-02}{50}$

$3 \dfrac{\text{XL}-21-02}{50}$

$4 \dfrac{\text{XL}-21-02}{50}$

VV22-1000-3×25+2×16-T50-FC

BV-500-5×6-T25-FC

BV-500-5×4-T25-FC

1M1/3
1M2/5
1M3/3
1M4/6
1M5/5
1M6/3
1M7/5
1M8/5
1M9/5

BV-500-5×6-T25-FC

$\dfrac{\text{2M1}}{5}$
$\dfrac{\text{2M2}}{5}$
$\dfrac{\text{2M3}}{5}$
$\dfrac{\text{2M4}}{5}$
$\dfrac{\text{2M5}}{5}$
$\dfrac{\text{2M6}}{5}$
$\dfrac{\text{2M7}}{5}$
$\dfrac{\text{2M8}}{5}$

图 2-44 实习工厂电力平面图

第三章

变配电设备

第一节　变压器结构、原理和用途

3-1-1　变压器有何作用？普通双绕组变压器的结构与基本工作原理是什么？

变压器是电力系统中的重要设备之一，其作用是升高或降低电压并传递电功率，降低输电电能损耗和满足用户用电需要。

变压器是根据电磁感应原理工作的电气设备。普通双绕组变压器的主要结构是由两只彼此绝缘的绕组套在同一个具有闭合磁路的铁芯上组成，绕组间只有磁的耦合，没有电的联系。其中一个绕组接交流电源，称为一次绕组；另一个绕组接负载，称为二次绕组。当一次绕组接交流电源时，绕组中便有交流电流流过，并在铁芯中产生与外加电压频率相同的交变磁通，该交变磁通同时交链着一、二次绕组。根据电磁感应定律，交变磁通将在一、二次绕组中感应出相同频率的电动势。二次绕组有了电动势后，便可以向负载输出电能，实现了能量传递。绕组中感应电动势的大小与绕组的匝数成正比，而且一次绕组的感应电动势接近于外加电压，二次绕组的感应电动势也接近于其端电压。

变压器空载运行时，一次绕组中的激磁电流所产生的磁势在铁芯中产生主磁通，如忽略一次绕组漏抗压降，则有如式（3-1）、式（3-2）所示关系式

$$U_1 = E_1 = 4.44fN_1\Phi_m \qquad (3-1)$$

$$U_2 = E_2 = 4.44fN_2\Phi_m \qquad (3-2)$$

式中　U_1——一次绕组的外加电压;

　E_1、E_2——一、二次绕组的感应电动势;

　　U_2——二次绕组的端电压;

　　　f——电源频率;

　N_1、N_2——一、二次绕组的匝数;

　　　Φ_m——主磁通幅值。

　　由式 (3-1) 可见,由于 f、N_1 为常数,故变压器铁芯中的主磁通与一次绕组的外加电压成正比。如果一次绕组的外加电压不变,则主磁通也保持不变。

　　由式 (3-1) 和式 (3-2) 可以得到

$$U_1/U_2 = E_1/E_2 = 4.44fN_1\Phi_m/4.44fN_2\Phi_m$$

$$= N_1/N_2 = K \qquad (3-3)$$

K 即为变压器的变比。

　　由式 (3-3) 可见,变压器一、二次电压比与其绕组的匝数成正比;同样也可以证明,一、二次的电流比与其绕组的匝数成反比,即 $I_1/I_2 = N_2/N_1 = 1/K$。

　　变压器带负载运行时,二次绕组中便有了负载电流,该电流所产生的磁势将对主磁通产生去磁作用。由于一次绕组的外加电压不变,则主磁通也应保持不变。为了保持主磁通不变,一次绕组的电流必须增加,以平衡二次绕组电流的去磁作用。由此可见,变压器带负载运行时,通过电磁感应关系,一、二次绕组的电流是紧密地联系在一起的。二次电流的增加或减小必然引起一次电流的增加或减小,相应地,二次绕组输出功率的增加或减小,必然引起一次绕组从电网中吸取的功率同时增加或减小。

3-1-2 变压器型号及铭牌所示技术参数的含义是什么?

变压器型号主要由两段组成:第一段以汉语拼音首位字母表示变压器的型式、结构和材料等;第二段以阿拉伯数字表示变压器容量(kVA)和额定电压(kV)。

第一段又分四个部分。第一部分表示相数:S为三相,D为单相;第二部分表示冷却方式:J为油浸自冷,F为油浸风冷,S为油浸水冷,P为强迫油循环,FP为风冷强迫油循环,SP为水冷强迫油循环,G为干式;第三部分表示绕组数:S为三绕组,双绕组不表示;第四部分表示变压器特性:Z为有载调压,Q为全绝缘,L为铝芯,铜芯不表示。例如:SFSL7—6300/110表示三相油浸风冷三绕组铝芯变压器,设计序号为7,容量为6300kVA,额定电压为110kV。

每台变压器上都装有铭牌,用以标明该变压器的额定数据和使用条件。这些额定数据和使用条件所表明的是,制造厂按照国家标准在设计及试验该类设备时必须满足的要求。所谓额定值,是保证设备能正常工作,且能保证一定寿命而规定的限额。变压器铭牌所示的技术参数主要有如下各项:

(1)额定容量。额定容量是指变压器额定运行时的视在功率,单位为kVA。

(2)额定电压。按规定加在变压器一次绕组的工作电压,称为一次绕组的额定电压。当一次绕组加额定电压时,二次绕组的空载电压称为二次绕组的额定电压。额定电压的单位为kV。

(3)额定电流。根据额定容量和一、二次侧的额定电压计算出的线电流称为额定电流,单位为A。

（4）额定频率。我国规定为 50Hz。

（5）空载损耗。一次绕组加额定电压，二次绕组开路时变压器所产生的损耗，称为空载损耗。空载损耗主要为铁损，包括涡流损耗和磁滞损耗，单位为 kW。一般电力变压器在额定电压时的空载损耗约为其额定容量的 0.2% ~ 1.0%，并且百分比随着变压器的容量增大而降低。

（6）短路损耗。将变压器的二次绕组短路，逐渐提高一次绕组的外加电压至一次绕组为额定电流时，变压器所消耗的功率称为短路损耗。短路损耗主要由绕组导体所产生，故又称为铜损，单位也是 kW。一般电力变压器在额定电流下的短路损耗约为额定容量的 0.4% ~ 4%，并且百分比随着变压器的容量增大而降低。

（7）阻抗电压。将变压器的二次绕组短路，逐渐提高一次绕组的外加电压至一次绕组为额定电流时，加于一次侧的电压与额定电压比值的百分数，即为阻抗电压。一般中小型电力变压器的阻抗电压为 4% ~ 10.5%，大型的为 12.5% ~ 17.5%。

（8）额定温升。指变压器内绕组或上层油温与变压器周围大气温度之差的允许值。根据国家标准规定：周围大气的最高温度为 + 40℃，绕组的额定温升为 65℃；自然油循环和强迫油循环变压器上层油额定温升分别为 55℃和 45℃。

（9）连接组别。表征三相变压器一、二次绕组之间线电压或线电流的相位关系。

3-1-3　什么是变压器绕组的极性？什么是减极性连接和加极性连接？

如果绕在同一个铁芯上的两个绕组被同一个交变磁通所

交链时，绕组中都将感应出电动势，其中在某一个瞬间，两个同时达到高电位的一端或同时为低电位的那一端都称为同极性端，通常用"＊"或"·"表示。同极性端可能在两个绕组的相同端，也可能在不同端，这取决于两个绕组的绕向是否相同，如图3-1所示。

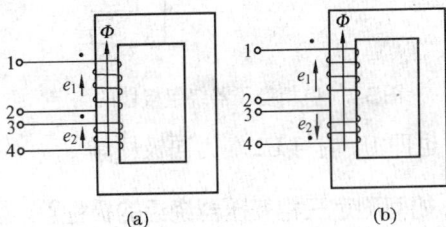

图 3-1 单相变压器绕组的极性

(a) 两个绕组绕向相同；(b) 两个绕组绕向不同

在图 3-1 (a) 中，如果将两个绕组的 1、3 端头（即同极性端）相连，则从 2、4 端头看进去两个绕组的感应电势 e_1、e_2 是相减的，因而称之为减极性连接。如果将两个绕组的 2、3 端头（即异极性端）相连，则从 1、4 端头看进去，两个绕组的感应电势 e_1、e_2 是相加的，因而称之为加极性连接。在确定变压器的连接组别时，必须弄清楚绕组的极性关系。两个绕组绕向不同时如图 3-1 (b) 所示，其关系请读者自行分析。

3-1-4　如何测定单相变压器绕组的极性？

单相变压器绕组极性的测定接线如图 3-2 所示。在合上开关 S 的瞬间，如果直流电压表正偏，则说明 U1 端和 u1 端为同极性端。如果直流电压表反偏，则说明 U1 端和 u1 端为

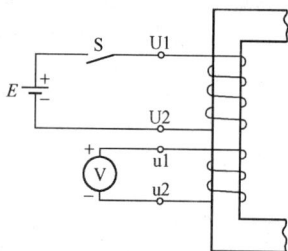

图 3-2　单相变压器绕组极性的测定

异极性端，也即 U1 端与 U2 端为同极性端。

3-1-5　如何测定三相变压器绕组的极性?

三相变压器任意一相的一、二次绕组极性的测定方法与单相变压器相同。对于三相变压器，除了要测定每相一、二次绕组的极性外，还要测定各相一次绕组之间的极性，以保证绕组连接时，各相一次绕组的首端具有相同的极性。如果某相一次绕组的首、尾端接反，则会造成空载激磁电流大增、二次三相电压不对称等不良后果。

测定各相一次绕组之间极性的接线如图 3-3 所示。先假定各相一次绕组的首端分别为 U1、V1、W1，尾端分别为 U2、V2、W2，并将 U2 与 W2 相连接。在 V 相上加适当的交流电压，分别测量 $U_{U1,W1}$、$U_{U1,U2}$、$U_{W1,W2}$。如果 $U_{U1,W1} = U_{U1,U2} - U_{W1,W2}$，则说明所假定的标号正确（U1、U2 与 W1、W2 两个绕组为减极性连接）；若 $U_{U1,W1} = U_{U1,U2} + U_{W1,W2}$，则说明所假定的标号不对（U1、U2 与 W1、W2 两个绕组为加极性连接），此时只需将两个绕组中任一个的线端标号互换即可。U1、U2 与 V1、V2 绕组的同极性端可用类似的方法

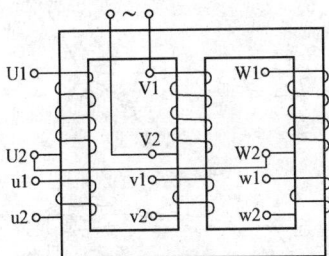

图 3-3　三相变压器各相一次绕组间极性的测定

测定。

3-1-6　什么是变压器的连接组别？什么是时钟表示法？

三相变压器一、二次绕组之间线电压或线电流相位关系的各种组合，叫做变压器的连接组别。实际应用中，变压器的一、二次绕组都要按一定的方式连接，如连接成星形（Y）或三角形（D）。由于每相一、二次绕组可以有不同的极性关系和首、尾标记方法，同时每侧三相的组别也可以人为地互换，因此就产生了多种不同的连接组合。无论哪一种连接形式，一、二次绕组各量之间的相位关系都是 30° 角的整倍数。于是习惯上便采用时钟表示法来说明连接组别，以便于记忆。

时钟表示法规定：将一次高压侧的线电压（或线电流）的相量用长针表示，让它固定在 12 点位置，二次低压侧线电压或线电流相量用短针表示，短针所指示的钟点位置，就是这台变压器的连接组别，如图 3-4 所示。图 3-4（a）中的一、二次线电压是同相位，即为 0 接线组别，时钟的长、短针都指向 12 点；图 3-4（b）中一、二次线电压反相位，即 6 接线组别，时钟的长针指向 12 点，短针指向 6 点；图 3-4

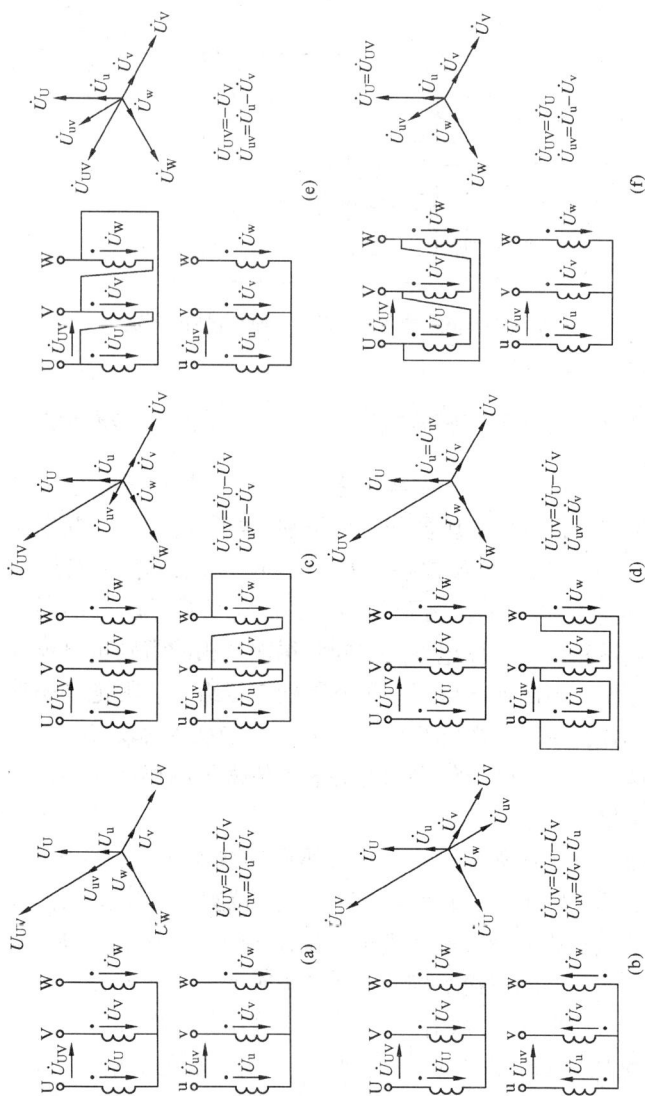

图 3-4 三相变压器的连接组别

(a) Y, y0接线; (b) Y, y6接线; (c) Y, d11接线; (d) Y, d1接线; (e) D, y1接线; (f) D, y11接线

(c) 中的二次线电压的相位超前一次线电压30°，即11连接组别，时钟的长针指向12点，短针指向11点；其余的以此类推。

3-1-7 电力变压器常用的连接组别有哪几种？

双绕组电力变压器常用的连接组别有三种，即 YN，d11、Y，d11 和 Y，yn0。

（1）YN，d11 接线表示一次侧为星形连接，且中性点引出，必要时可以接地。二次侧为三角形连接，连接组别为11。该连接组别主要用于110kV 及以上高压输电系统中的变压器。

（2）Y，d11 接线表示一次侧为星形连接，且中性点未引出。二次侧为三角形连接，连接组别为11。该连接组别一般用于 10～35kV 高压配电系统中的变压器。

（3）Y，yn0 表示一次侧为星形连接，且中性点未引出。二次侧也为星形连接，且中性点引出，必要时可以接地，连接组别为0。该连接组别一般用于容量相对较小的配电变压器，供给动力和照明负荷。动力负荷接 380V 线电压，照明负荷接 220V 相电压。

三绕组电力变压器常用的连接组别也有三种，即 YN，y0，d11；YN，yn0，d11 和 YN，yn0，y0，其含义与双绕组变压器相似。

3-1-8 D，yn11 连接组别的变压器有何优点？

由于受前苏联习惯的影响，长期以来我国工业与民用低压配电系统基本上都采用 Y，yn0 连接组别的配电变压器，而目前国际上多数国家则是采用 D，yn11 连接组别的配电变压器。该连接组别变压器的一次侧接成三角形，二次侧接成星形，中性点引出，可以接地，能同时满足接线电压和相电压负荷的供电要求。与 Y，yn0 连接组别的变压器相比，D，yn11 具有以下优点：

（1）在当前电网中谐波污染日益严重的情况下，由于变压器的一次绕组接成三角形，三次及以上整倍次的高次谐波电流可以在三角形绕组中形成环流，从而使高次谐波受到抑制。

（2）零序阻抗小，有利于单相接地故障的切除。

（3）Y，yn0 变压器要求中性线电流不超过低压绕组额定电流的 25%，严重限制了所接单相负荷的容量，而 D，yn11 变压器则可达低压绕组额定电流的 75%，因而其设备容量的利用率要高得多。

正因为如此，在国家标准 GB50052—1995《供配电系统设计规范》中明确提出，"在 TN 及 TT 接地型式的低压电网中，宜采用 D，yn11 接线组别的三相变压器作为配电变压器。"

3-1-9 什么叫变压器的并联运行？并联运行的方式有什么优点？

所谓并联运行是指两台或两台以上变压器的一次绕组共同接到一次母线上，二次绕组共同接到二次母线上的运行方式。

并联运行具有以下优点：

（1）当负荷容量很大时，如用一台变压器供电，则变压器势必要造得很大，这在技术上、经济上和运输上都是有问题的，采用数台变压器分担容量就能解决此问题；

（2）并联运行时，若其中某台变压器发生故障，可以由其他变压器保证向重要用户供电；

（3）负荷较轻时，可以停运一台变压器，以减少变压器的空载损失，提高系统供电效率及功率因数；

（4）便于变压器有计划地轮流检修；

（5）便于根据负荷的逐年递增情况，分批设置变压器，以减少一次性投资。

3-1-10 变压器并联运行应满足哪些条件？为什么？

（1）连接组别必须相同。当连接组别不同的变压器并联时，变压器二次侧的电压相位就不同，并且至少相差 30°，因此会产生很大的电压差。在这个电压差的作用下，一、二次绕组都将出现很大的环流，其大小与相位差及阻抗电压的大小有关。

（2）变比应相等。因为变比不相等时，两台变压器构成的一次和二次绕组回路内也都将产生环流，环流的大小决定于两台变压器变比差异的大小，所以变压器制造厂规定：出厂变压器的变比误差不超过 ±0.15%。现行规程规定两台变压器并联运行时其变比差异不得超过 ±0.5%（变比差对几何平均变比的百分数）。

（3）阻抗电压应相同。并联运行的变压器，其负荷分配与阻抗电压成反比。假如并联运行的两台变压器的容量不等，但阻抗电压相同，则两台变压器将按各自的容量的大小成比例地分配负荷，并且随着负荷的增加，两台变压器将同时达到满载。假如并联运行的两台变压器的容量不等，且阻抗电压也不相同，则阻抗电压小的变压器将承担较多的负荷，并且随着负荷的增加，首先达到满载。如负荷进一步增加，则会出现过载。因此并联运行变压器的阻抗电压差异不得超过 10%。

3-1-11 为什么变压器空载试验可以测出铁损，而短路试验可以测出铜损？

变压器在空载运行时，铁芯中主磁通的大小是由绕组端电压决定的。因此当在变压器一次侧（或二次侧）加以额定电压时，铁芯中的主磁通达到了变压器额定工作时的数值，这时铁芯中的功率损耗（铁损），也达到了变压器额定工作状态下的数值。又因为变压器空载时，激磁电流很小，所产生的铜损也很小，可以忽略，故变压器一次侧（或二次侧）的输入功率可以认为全部是变压器的铁损。

做短路试验时，一般将二次绕组短路，在一次绕组施以可调试验电压，使变压器在额定分接档时，一次电流达到额定值，这时变压器的铜损相当于额定负载时的铜损。又因为变压器一次电流达到额定值时，加于一次绕组的电压比正常工作时低得多，铁芯中的磁通比额定工作状态也小得多，产生的铁损很小，可以忽略不计，故短路试验的全部输入功率，基本上都消耗在变压器一次、二次绕组的电阻上，这就是变压器的铜损。

3-1-12 什么叫分接开关？分接开关有哪几种，各起什么作用？

用来连接和改变变压器一次绕组抽头位置，以增加或减少一次绕组部分的匝数，从而达到改变电压比，使输出电压得到调整的装置叫做分接开关。

分接开关分为有载调压和无载调压两种。所谓有载调压，即变压器在带负荷运行中，以手动或借助于自动调压控制装置来变换分接开关位置调压。无载调压即变压器必须退出运行，才可以手动变换分接开关位置来调整输出电压。一般 10kV 配电变压器，其 10kV 侧无载调压分接开关有三个位置："Ⅰ"的位置为 10500V，"Ⅱ"的位置为 10000V，"Ⅲ"的位置为 9500V。

3-1-13　有载与无载调压变压器各自的优缺点与应用是什么？

有载调压变压器能在额定容量范围内带负荷随时调整电压，且调压范围大（可达 ±15%），每次调整幅度小（如 ±8×1.25%），避免了电压大幅度波动，母线电压质量高；但其体积大，结构复杂，造价高，运行维护要求高，故一般用于电压控制要求较高的地方。无载调压变压器改变分接头位置时必须停电，不方便，且调整的范围较小（通常为 ±5%或 ±2×2.5%），每次调整幅度较大，电压波动较大；但其结构简单，比较便宜，体积较小，故一般用于调压要求不是很高的场所。

3-1-14　怎样安装无载分接开关？

安装时先把操作机构清理干净，按照拆卸时所做的标记复装到油箱的安装孔上，并确认指示器位置与变压器当时的实际分接位置相符合。然后用螺栓把操作机构底座固定到安装孔的法兰面上，法兰之间用胶垫密封。操作机构装好后，往复操作一遍，检查分接开关的动作和接触情况。如果操作机构指示器与法兰盘上各个分接位置的标记对不准，则应对指示器加以调整，确认无误后再将分接开关置于运行要求的挡位。

3-1-15　怎样确定配电变压器的安装位置?

配电变压器应尽量安装在负荷中心,并且一般情况下应安装在用电量最大的用户附近,这样可使线路损耗最小。当变压器采用柱上安装方式时,在角度杆、分支杆、进户杆、交叉路口的电杆上以及装有油断路器或高压电缆头的电杆上不准装设变压器。在架空线特别多、不易巡视以及不便检查更换的电杆上,也不允许装设变压器。

3-1-16　配电变压器安装前对外观要进行哪些检查?

变压器安装前外观检查内容包括:①检查变压器铭牌上所列各项技术参数与图纸上的型号、规格是否相符;②变压器本身不应有机械损伤;③箱盖螺栓应完整无缺,密封衬垫要求密封良好,无渗油现象;④外表不可有锈蚀,油漆应完好;⑤套管不应有渗油,表面无缺陷;⑥滚轮轮距应与基础铁轨轨距相符。

3-1-17　配电变压器安装在室内时有哪些要求?

(1) 每台油量为100kg及以上的三相变压器,应设在单独的变压器室内。

(2) 在确定变压器室的面积时应考虑负荷发展因素,一般按能装设大一级容量的变压器考虑。

(3) 为便于带电巡视检查,变压器宽面推进时,低压侧应朝向观察方向;变压器窄面推进时,油枕侧应朝向观察方向。

(4) 变压器的外廓与门和墙壁的净距,应符合表3-1的规定。

(5) 多台干式变压器布置在同一室内时，变压器防护外壳间的净距不应小于表 3-2 所示数值。

表 3-1　　　　变压器的外廓与门和墙壁的净距

变　压　器　容　量　（kVA）		≤1000	>1250
油浸变压器外廓与后壁、侧壁净距（m）		0.6	0.8
油浸变压器外廓与门净距（m）		0.8	1.0
带有 IP2X 及以上防护等级干式变压器金属外壳与后壁、侧壁净距（m）		0.6	0.8
带有 IP2X 及以上防护等级干式变压器金属外壳与门净距（m）		0.8	1.0
干式变压器有金属网状遮栏与后壁、侧壁净距（m）		0.6	0.8
干式变压器有金属网状遮栏与门净距（m）		0.8	1.0

注　1. 表中各值不适用于制造厂的成套产品。
　　2. 干式变压器的金属网状遮栏的防护等级不低于 IP1X，遮栏高不低于 1.7m。

表 3-2　　　　干式变压器防护外壳间的最小净距

变　压　器　容　量　（kVA）			≤1000	>1250
变压器侧面具有 IP2X 防护等级及以上的金属外壳（m）	A		0.6	0.8
变压器侧面具有 IP4X 防护等级及以上的金属外壳（m）	A		可贴邻布置	可贴邻布置
考虑变压器外壳之间有一台变压器拉出防护外壳（m）	B^*		变压器宽度 $b+0.6$	变压器宽度 $b+0.6$
不考虑变压器外壳之间有一台变压器拉出防护外壳（m）	B		1.0	1.2

*　变压器外壳的门应为可拆卸式。当变压器外壳的门为不可拆卸式时，其 B 值应为门的宽度 C 加变压器宽度 b 之和再加 0.3m。

表 3-2 中 A 与 B 等的含义请见图 3-5。

(6) 变压器室内可安装与变压器有关的负荷开关、隔离

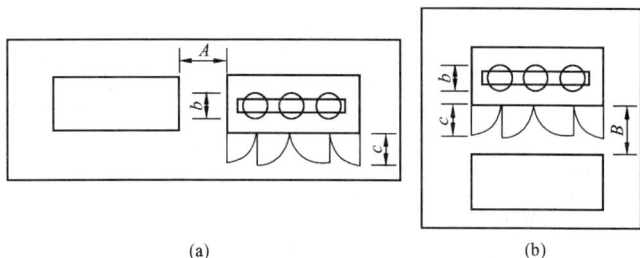

图 3-5　多台干式变压器布置各相关尺寸示意

(a) 多台干式变压器之间 A 值；(b) 多台干式变压器之间 B 值

开关和熔断器。在考虑变压器及高低压进出线位置时，应尽量使开关的操动机构装在近门处，并在操作方向上留有 1.2m 以上的操作宽度。

（7）变压器室的采光窗、通风口等应采用不可燃材料制成百叶窗并罩铁丝纱，以防蛇、鼠类小动物进入；变压器室应采用铁门，且门应向外开启，变压器巡视小门应开在变压器室的门上或侧面的墙上。

（8）母线安装不应妨碍变压器吊芯检查；二次母线支架距地面不应小于 2.3m，高压母线两侧应加遮栏。

（9）当变压器室位于容易沉积可燃粉尘、可燃纤维的场所或变压器室附近有粮、棉及其他易燃物大量集中的露天场所以及变压器室下面有地下室时，油浸式变压器应设置容量为 100%贮油量的挡油设施（在变压器的油坑内设置厚度大于 250mm 的卵石层），或设置容量为 20%储油量的挡油池并有能将油排到安全处所的设施。

（10）变压器室内不应有与其无关的管道及线路明敷通过。

3-1-18　配电变压器安装在室外时有哪些要求?

(1) 室外落地安装的变压器应设置固定围栏，围栏高度不低于 1.7m；变压器的外廓距建筑物外墙和围栏的净距不应小于 0.8m，与相邻变压器的外廓间的净距不应小于 1.5m；变压器底部距地面高度不应小于 0.3m。

(2) 变压器不宜设置在建筑物倾斜屋面的低侧，以防屋面冰块和水落到变压器上。当外物有可能落到变压器或母线上时，变压器不宜设置在露天。

(3) 变压器的外廓距建筑物的外墙在 5m 以内时，其防火要求如下：

①当变压器油量在 1000kg 以下时，建筑物在变压器高度加 3m 的水平线以下及变压器外廓两侧各 1.5m 的范围内，不应有门窗或通风孔；②当变压器油量在 1000kg 以上时，建筑物在变压器高度加 3m 的水平线以下及变压器外廓两侧各 3.0m 的范围内，不应有门窗或通风孔；③当建筑物外墙与变压器外廓的距离为 5~10m 时，可在外墙上设防火门，并可在变压器高度上设非燃性的固定窗。

(4) 当用油浸式变压器供电给一级负荷，或相邻布置的油浸式变压器的用油量均在 2500kg 以上时，其防火净距不应小于 5m。若小于 5m 时，应设置防火墙。防火墙应高出油枕顶部，且墙两端应大于挡油设施各 0.5m。

(5) 当变压器油量为 1000kg 以上时，应设置能容纳 100%油量的储油池，或设置 20%储油量的储油池或挡油墙，并有将油排到安全处所且不应引起污染危害的设施。当设有油、水分离的总事故储油池时，其容量不应小于最大一台变压器油量的 60%。储油池或挡油墙的长宽尺寸，一般应较变压器的外廓尺寸每边相应加大 1m。储油池的四周应高出地面 100mm，以防止雨水泥沙流入池内。储油池内一般应铺设厚度不小于 250mm 的卵石层，卵石直径为 50～80mm。

3-1-19 箱式变电站的安装布置要求有哪些?

（1）户外箱式变电站位置选择应避开低洼处，且具有良好的排水设施，其基础台标高不低于 300mm。

（2）基础台下应设电缆小室，小室高度不低于 1.2m，地上应留出电缆小室的电缆井井盖。电缆小室应预埋电缆管，管长 1500mm，管径和数量由工程而定。基础台外应设接地网，并选合适部位将接地极引入基础坑内，以便与设备接地部位相连接。

（3）箱式变电站的进出电缆，高压应选用交联聚乙烯电缆，低压可选用全塑或交联聚乙烯电缆。

3-1-20 配电变压器杆上安装时有什么优点? 什么是变台? 安装变台时要注意些什么问题?

10kV 配电变压器采用杆上安装方式，具有安全、占地面积小等优点。

电杆上放置变压器的构架，称为杆上变台。变台有双杆变台和单杆变台，并且以双杆变台为多。

单杆安装时变压器的容量不应超过 30kVA，双杆安装时变压器的容量不应超过 315kVA。两种变台在安装时要注意以下问题：

（1）电杆可采用 9～10m 长的水泥电杆，电杆应埋入地下 2m。在埋入地下的杆的底端应设置底盘，距底端 1.5m 处应设置卡盘，以增加电杆的稳定度。

（2）高低压线路横担必须安装牢固。变台离地面高度应为 2.5～3.0m，通常用角钢或槽钢制作，并用支持抱箍固定。变台安装的倾斜度不应大于 1%，且应安装牢固，严防向下滑动。

（3）变压器的高压侧应装设避雷器及跌落式熔断器。跌落式熔断器的装设高度应便于地面操作，但不宜低于 2.7m。各相熔断器间的水平距离不应小于 0.5m。杆顶高低压线架设应使高压在上，低压在下，且应保证有 1.5m 的距离。10kV 线间距离应大于 350mm，低压线间的距离一般应大于 150～200mm。

（4）变压器外壳、中性点及避雷器接地端可合用接地引线。接地线的杆上水平敷设部分，可采用截面为 25mm^2 的金属绞线。接地线必须用焊接或螺栓连接的方法与接地体牢固连接，严禁以缠绕方法连接。

3-1-21 落地式变台有什么优缺点？配电变压器安装在落地式变台上有哪些要求？

落地式变台采用砖石砌成，其造价低，且施工、操作、维修方便。但由于离地较近，动、植物容易接近相碰，造成事故。

为了安全应把变台砌得稍高一点，同时四周应装设围栏，并挂上"止步，高压危险！"的警示牌。变台的位置应选择离生活区和人员集中区较远的地方，地势要高一点，防止洪水冲淹。变压器高压侧的导线离地面应在 3m 以上，其他要求基本上与杆上变台相同，可进行参照。

3-1-22 与充油变压器相比干式变压器有何特点？

一般的充油变压器为了绝缘和散热，体积较大，其质量重、耗用材料多，给运输、安装带来不便。而且大量的绝缘油存在，本身就是一种不安全因素，为了防止故障时绝缘油的蔓延燃烧，必须采取相应的防火措施。此外，充油变压器还有抗振能力不高的缺点。干式变压器则完全没有变压器油，而采用固体绝缘材料，其冷却方式为空气自冷。干式变压器具有结构紧凑、体积小、质量轻、防火、防潮、防尘、防振和低噪声等特点，因而在配电网中已获得了广泛的应用。目前我国生产的干式变压器的电压等级有 35、20、10、6kV，其中 35kV 电压等级最大容量已能生产 20000kVA，10kV 电压等级最大已能生产 2500kVA，完全可以满足各类用户的需要。

3-1-23 什么是全密闭式电力变压器，它使用在什么地方？

全密闭式电力变压器油箱里的油与外界完全隔离，并采用了波纹式油箱来解决油的热胀冷缩问题，因而具有防尘、防爆、防腐蚀等优点。此外还具有较强的抗震性能，当地震烈度达 9 度时也不会被破坏。有些特殊型产品，还具有较强的抗腐蚀能力。全密闭式变压器主要用于石油化工、冶金、纺织及粉尘较大以及需要抗震的场所。具有强抗腐蚀能力的特殊型产品，适用于酸、碱、盐、氢、氨、化肥及农药等化工企业及腐蚀性气体浓度大的场所。

3-1-24 配电变压器高低压侧电气接线是怎样的？

图 3-6 为单台 10kV 配电变压器高低压侧的常用电气接线，图中各设备的用途说明如下：

（1）RW4-10 为户外跌落式熔断器（俗称令克）。主要作为变压器本身及其引线的短路故障保护，并可通过绝缘操作杆（俗称令克棒）来切、合变压器的空载电流。当变压器检修时，处于跌落状态的熔断器还可以起到隔离电源的作用。

（2）FS-10 为阀型避雷器，其主要作用是保护变压器免遭沿线路袭来的雷击过电压的损害。

（3）S9-100/10 为 10kV 三相油浸自冷铜线配电变压器，容量为 100kVA，连接组别为 Y，yn0，变比为 10/0.4kV。其作用是将

图 3-6　10kV 配电变压器高低压侧电气接线

10kV 电压降低到 0.4kV，并借助于中性线为负载同时提供 380V 线电压和 220V 相电压。

（4）HD13-200/3 为三极刀开关，额定电流 200A。其作用是当低压母线以及所连接的设备需要进行检修时，在断开断路器后将其打开，使被检修的设备与电源之间有一个明显的断开点，保证检修安全。

（5）DZ20-200 为装置式低压空气断路器，额定电流 200A，作为变压器低压侧总开关，具有短路、过载及失压等保护功能。

（6）LMZ1-0.5 为母线式浇注绝缘电流互感器，变比为 200/5，准确度等级为 0.5 级。其主要作用是将 200A 大电流变为 5A 小电流供电流表、电能表等使用。

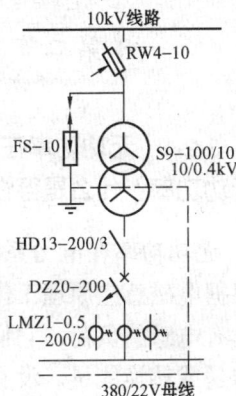

第二节 电力电容器

3-2-1 无功功率在电力系统中起什么作用？什么是感性无功功率？什么是容性无功功率？

无功功率在电力系统中具有很重要的作用。系统中许多根据电磁感应原理工作的设备，如变压器和电动机等，都是具有电感的负荷，它们要依靠无功电流来建立工作磁场，以传送或转换能量。没有磁场，这些设备就不能工作。而磁场所具有的磁场能是由无功电源供给的，因此无功功率表示了无功电源（包括发电机、调相机、电力电容器等）向电感负荷所提供的磁场能量的规模。

运行中的电动机、变压器等带有电感线圈的设备在进行"电"、"磁"转换或"电磁能"和"机械能"转换的过程中，建立交变磁场，在一个周波内吸收的功率和释放的功率相等（不考虑损耗），实际不消耗能量，这种功率叫做感性无功功率。

电容器等电容量较大的设备在电网中运行，在一个周波内，上半周的充电功率和下半周的放电功率相等（不考虑损耗），即也没有消耗能量，这种功率叫做容性无功功率。

3-2-2 系统无功不足会造成什么影响？应采取什么措施？

在电力系统中，如果无功电源功率不足，会使系统电压及功率因数降低，从而对用电设备带来损害，严重时会造成电压崩溃，造成大面积停电。另外功率因数和电压的降低，还会使设备容量得不到充分利用，造成电能损耗增加，效率降低，也限制了输电线路的送电能力。因此，系统无功不足将影响电网的安全经济运行及用户的正常用电。

为了解决电网无功电源容量的不足，应充分利用现有设备改善电压水平，提高功率因数。在电力系统中除了发电机可以发出一部分无功功率外，线路的电容也能产生部分无功功率。在上述两项无功电源不能满足电网无功功率的要求或由发电机多发无功功率不经济时，则需要另外加装无功补偿设备。如加装同步调相机、移相电容器等，以补偿电网无功电源的不足或使无功电源分布合理。

3-2-3　电力电容器的作用是什么？用电力电容器作无功补偿有什么优缺点？

如果系统中的感性负荷所需要的无功功率全部由发电机供给，则势必造成无功功率经输电线路远距离输送，导致线损增大、电压质量降低及有功功率输送容量降低等问题。如果把电力电容器并接在感性负荷附近，那么负荷所需要的无功功率可由电容器发出的无功功率就近供给，可避免无功功率远距离输送所带来的问题，这就是电力电容器的并联补偿作用。此外，由电容器和适当的电抗器组成的并联补偿装置，除了向电网提供容性无功外，尚有滤波作用，可以降低电压波形的畸变，提高电压质量。如果把电容器串联在线路上，补偿线路电抗，可以改善电压质量，提高系统稳定性和增加输电能力，这就是电力电容器的串联补偿作用。

用电力电容器作无功补偿时，投资少，损耗小，便于分散安装，使用较广，但由于电容器的无功功率和它的外加电压的平方成正比，因此受电压波动的影响较大。

3-2-4 国产电力电容器型号的含义是什么?

国产电力电容器的型号,通常用字母和数字两部分来表示。字母部分表示电容器的型式,均为汉语拼音的第一个字母;数字部分表示电容器的额定电压、额定容量以及电容器的相数等,其代表意义如下:

(1) 字母部分。第一个字母 Y—移相,C—串联;第二个字母 Y—油浸;第三个字母 W—户外(无第三个字母为户内);最后的字母 TH—湿热带用。

(2) 数字部分。第一个数字表示额定电压(kV);第二个数字表示额定容量(kvar);第三个数字表示相数。

例如:YY0.4—10—3 表示三相户内油浸式移相电力电容器,额定电压 0.4kV,容量 10kvar。

3-2-5 并联电容补偿的原理是什么?

电力系统中的负荷电流一般情况下呈感性,总电流 i 滞后电压 $\dot{U}$ 一个角度 φ(φ 又称功率因数角),i 可以分为有功电流 i_R 和无功电流 i_L 两个分量,其中 i_L 滞后电压 $\dot{U}90°$。将一电容器连接于电网上时,在外加正弦交变电压的作用下,电容器回路将同时产生一按正弦交变的容性电流 i_C,电流 i_C 将超前电压 $\dot{U}90°$。当把电容器并联接于感性负荷回路中时,容性电流 i_C 与感性电流 i_L 恰好相反,从而可以抵销一部分感性电流,或者说补偿一部分无功电流,如图 3-7 所示。从图 3-7 中还可以看出,并联了电容器以后,功率因数角 φ' 较补偿前的 φ 减小了,并且在有功负荷电流不变的情况下,总电流 i' 也较 i 减小了。

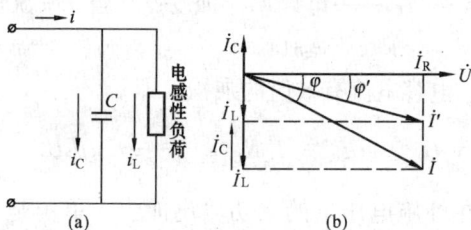

图 3-7 并联电容补偿的接线图和相量图

（a）接线图；（b）相量图

3-2-6 电容器的电容量（μF）与电容器的无功容量（kvar）有什么关系？

所谓电容量是标志电容器储存电荷的能力。通常把单位电压作用下，电容器极板上所储存的电荷 Q 定为电容器的电容量，用 C 表示，即

$$C = \frac{Q}{U_C} \tag{3-4}$$

式中　Q——电荷，C；

　　　U_C——电压，V；

　　　C——电容量，F，通常用 μF。

在电容器的极间加上一正弦交变电压时，在回路中将产生一个按正弦交变的电流。电压、电容电流峰值或有效值的比，称为电容器的容抗，即

$$\frac{U_{max}}{I_{c,max}} = \frac{U}{I_C} = \frac{1}{\omega C} = \frac{1}{2\pi f C} = X_C \tag{3-5}$$

式中　U_{max}、$I_{c,max}$——电压、电容电流的峰值；

　　　U、I_C——电压、电容电流有效值；

ω——角频率，即 $2\pi f$，当 $f = 50\text{Hz}$ 时，$\omega = 314$。

电压、电容电流有效值的乘积，即

$$Q_{\text{C}} = UI_{\text{C}} = I_{\text{C}}^2 X_{\text{C}} = \frac{U^2}{X_{\text{C}}} = 2\pi f C U^2 \qquad (3\text{-}6)$$

为电容器在外施电压下的无功输出能力，单位是乏（var），工程中常以千乏（kvar）为单位。由式（3-6）可见，当 f 一定时，电容器的无功功率输出与电容器的电容量以及外施电压的平方成正比。

当 U 的单位取 kV，C 的单位取 μF，则有如式（3-7）所示关系

$$Q_{\text{C}} = 0.314 C U^2 (\text{kvar}) \qquad (3\text{-}7)$$

3-2-7　并联补偿电容器有哪些接线形式？电容器串、并联后如何计算总电容？电容器串接于电网中时应注意什么问题？

并联补偿电容器一般有星形和三角形两种接线。当采用星形接线时，每相电容器组的额定电压应等于电网额定（线）电压的 $1/\sqrt{3}$；当采用三角形接线时，线间电容器组的额定电压应等于电网额定（线）电压。

n 台相同的电容器并联时，其总电容为

$$C = nC_1 \qquad (3\text{-}8)$$

总容抗为 $\qquad X_{\text{C}} = \dfrac{X_i}{n} \qquad (3\text{-}9)$

n 台相同的电容器串联，其总电容为

$$C = \frac{C_i}{n} \qquad (3\text{-}10)$$

总容抗为 $\qquad X_C = nX_i \qquad$ (3-11)

以上式中 $\quad C$、X_C——总电容和总容抗；

$\qquad\qquad C_i$、X_i——单台电容器的电容和容抗；

$\qquad\qquad n$——串并联电容器的台数。

当电容器的额定电压低于电网额定电压而经串联接于电网中时，各电容器应对地绝缘。而且不论何种接线均应使每台电容器承受的电压等于其本身的额定电压。因为电网电压高于电容器额定电压时，会造成电容器损坏；低于电容器额定电压时，电容器的容量又得不到充分利用。例如，将额定电压等于电网线电压的电容器接在相电压上，其无功出力将减小为原来的 1/3。

3-2-8 低压电网采用并联电容器进行无功补偿的方式有哪些？各有何特点？

根据并联电容器的安装地点和方式，无功补偿方式主要有集中补偿和分散就地补偿两种。

将并联电容器组集中装设于变配电所低压母线上，称为集中补偿。由于低压母线上所带负荷以及变压器本身所需要的无功功率可由母线上的并联电容器组提供，不必经上级线路输送，因而可以降低上级线路的无功损耗，改善电压质量以及提高变压器的利用率。集中补偿方式通常采用自动投切装置，根据功率因数的变化情况，自动投入或切除电容器组，以获得较好的补偿效果。并且电容器的使用效率也较高，其运行维护方便，投资较省。不过，负荷所需要的无功功率仍需经过低压母线所连接的下级线路输送，故下级线路上仍然存在无功损耗。将并联电容器装设在需要补偿的用电设备附近，就近提供设备所需要的无功功率，称为分散就地补偿。这种补偿方式效果好，可以降低用电设备配电线路无功电流引起的电能损耗，并可以适当减小配电线路导线截面；但由于电容器装设分散，其运行维护不太方便，并且一次投资也较大。另外电容器往往随着设备的停运而被切除，使用效率较低，故该补偿方式适用于满负荷长期运行的大容量用电设备。

3-2-9 采用并联电容集中补偿时如何确定补偿容量?

如果补偿前最大有功负荷为 P（kW）时的功率因数为 $\cos\varphi_1$，现要求经过补偿提高到 $\cos\varphi_2$，则每千瓦所需要的无功补偿容量 $Q_C = P\left(\sqrt{1/\cos^2\varphi_1 - 1} - \sqrt{1/\cos^2\varphi_2 - 1}\right)$（kvar），代入不同的 $\cos\varphi_1$ 和 $\cos\varphi_2$，计算结果如表 3-3 所示。

表 3-3　　　　　无功补偿容量计算表（kvar/kW）

补偿前功率因数 $\cos\varphi_1$	补偿后功率因数 $\cos\varphi_2$			
	0.85	0.90	0.92	0.95
0.56	0.860	0.995	1.053	0.151
0.58	0.785	0.920	0.979	1.076
0.60	0.713	0.849	0.907	1.004
0.62	0.646	0.782	0.839	0.937
0.64	0.581	0.717	0.775	0.872
0.66	0.518	0.654	0.712	0.809
0.68	0.458	0.594	0.652	0.749
0.70	0.400	0.536	0.594	0.691
0.72	0.344	0.480	0.538	0.635
0.74	0.289	0.425	0.483	0.580
0.76	0.235	0.371	0.429	0.526

补偿前功率因数 $\cos\varphi_1$	补偿后功率因数 $\cos\varphi_2$			
	0.85	0.90	0.92	0.95
0.78	0.182	0.318	0.376	0.473
0.80	0.130	0.266	0.324	0.421
0.82	0.078	0.214	0.272	0.369
0.84	0.026	0.162	0.220	0.317
0.86	—	0.109	0.167	0.264
0.88	—	0.056	0.114	0.211
0.90	—	—	0.058	0.155

通过计算或查得每千瓦有功负荷所需的无功补偿容量后，再乘以最大有功负荷 P （kW），便可得到需要增加的无功补偿总容量。需要说明的是，在确定无功补偿容量时，$\cos\varphi_2$ 的确定应适当。若 $\cos\varphi_2$ 定得太低，则补偿作用有限；若定得太高，则设备投资太大。一般定在 $0.85 \sim 0.95$ 为宜。

3-2-10　采用并联电容器对电动机分散就地补偿时，其补偿容量如何确定？

分散就地补偿时，应将电动机空载时的功率因数补偿到 1。如果将电动机满载时的功率因数补偿到 1，则空载或轻载时功率因数角就会超前，即产生过补偿。当切断电源时，电容器会对电动机绕组放电，使绕组感应出过电压，可能损坏绝缘。因此单独就地补偿的补偿容量 Q_C （kvar）应按式（3-12）确定

$$Q_C = \sqrt{3} \cdot U_n \cdot I_0 \qquad (3\text{-}12)$$

$$I_0 \approx 2I_n(1 - \cos\varphi_n) \qquad (3\text{-}13)$$

式中　U_n——电动机额定电压，kV；

I_0——电动机空载电流，A；

I_n——电动机额定电流；

$\cos\varphi_n$——电动机额定功率因数。

对中小容量电动机的就地补偿容量，可按式（3-12）适当加大15%～25%。表3-4为中小型异步电动机就地补偿推荐的电容器容量值，供参考。

表3-4 　　中小型异步电动机单独就地补偿的补偿容量推荐值

电动机容量（kW）	10～14	14～18	18～22	22～30	30～40	40～75	75～200
补偿容量（kvar）	5.0	6.0	7.5	10	15	$0.35P_n$	$0.3P_n$

注　表中P_n为电动机额定容量，kW。

3-2-11　并联电容器组为什么要设放电装置？常用的放电装置有哪些？

并联电容器组设置放电装置是为了保证人身安全。电容器是储能元件，当其从电网中断开后，极板上所储存的电荷将通过其自身的绝缘电阻进行释放。由于绝缘电阻很大，所以放电过程很长，也就是说，电容器的极板间将长时间存在较高的电压，这是很危险的。因此，必须借助于放电装置尽快放电。

常用的放电装置一般由6只220V、15～25W的白炽灯泡，两两串联后再接成星形构成；也可以采用电炉丝构成。电动机并联补偿电容的放电可借助于电动机绕组进行，不必另设。

3-2-12　三相电容器组电流怎样计算？单台电容器电流如何计算？

（1）三相电容器组电流的计算。

1）星形接线的电容器组，其线电流 I_L 等于相电流 I_{ph}，即

$$I_L = I_{ph} = \frac{Q_C}{\sqrt{3}\,U} \qquad (3\text{-}14)$$

2）三角形接线的电容器组，其线电流等于$\sqrt{3}$倍相电流，即

$$I_{ph} = \frac{Q_C}{3U} \qquad (3\text{-}15)$$

$$I_L = \sqrt{3}\,I_{ph} = \frac{Q_C}{\sqrt{3}\,U} \qquad (3\text{-}16)$$

式中　Q_C——三相电容器总容量，kvar；

　　　U——电网线电压，kV；

　　　I_L——线电流，A；

　　　I_{ph}——相电流，A。

（2）单台电容器电流的计算。

1）按电容器的额定容量和额定电压来计算

$$I_n = \frac{Q_n}{U_n} \qquad (3\text{-}17)$$

式中　Q_n——电容器的额定容量，kvar；

　　　U_n——电容器的额定电压，kV。

2）按电容器的标称电容和额定电压来计算

$$I_n = 2\pi f C U_n \times 10^{-3} \qquad (3\text{-}18)$$

对于工频 $f = 50\text{Hz}$，$2\pi f = 314$，所以式（3-18）变为

$$I_n = 0.314 C U_n \qquad (3\text{-}19)$$

式中　C——电容器标称电容，μF；

　　　f——频率，Hz；

　　　U_n——电容器额定电压，kV；

　　　I_n——电容器额定电流，A。

3-2-13 采用熔断器来保护并联电容器，其熔体电流如何确定？

采用熔断器保护并联电容器时，其熔体额定电流应按式（3-20）计算

$$I_{n,FU} = K \cdot I_{n,C} \qquad (3\text{-}20)$$

式中　$I_{n,C}$——电容器的额定电流，A；

　　　K——计算系数，对限流式熔断器，当为一台电容器时，K 取 $1.5 \sim 2.0$，当为一组电容器时，K 取 $1.3 \sim 1.8$。

3-2-14 电容器在哪些情况下必须立即退出运行？新装电容器投入运行前应做哪些检查？

应立即将电容器切除的情况包括：①电容器爆炸；②接头严重过热或熔化；③套管发生闪络；④电容器严重喷油或起火；⑤环境温度超过 40℃。

新装电容器在投入运行前应做的检查项目包括：①电容器完好，试验合格；②电容器组接线正确，安装合格，三相电容之差不超过一相总电容的 5%；③各部连接严密可靠，不与地绝缘的每个电容器外壳和架构均应有可靠的接地；④放电装置完好，并试验合格；⑤电容器组的控制、保护与监视功能正常。

第三节　避雷针和避雷器

3-3-1 什么是避雷针，其作用和防雷原理是什么？

由接闪器、引下线和接地装置三部分组成的防雷装置，

称为避雷针，它可以保护设备免遭直接雷击的损害。

在雷云先导发展的初期，因其远离地面，故发展方向（受一些偶然因素的影响）是不固定的；但当它离地面达到一定高度时，地面上高耸的避雷针因静电感应聚集了与雷云先导异性的大量电荷，使电场畸变，因而将雷云放电的通路吸引到避雷针本身，并通过引下线和接地装置将雷电流放入大地，避免了被保护物遭受直接雷击而损坏，这就是避雷针的防雷原理。

3-3-2 常用的避雷器有哪些类型？

常用的避雷器有管型避雷器、阀型避雷器（包括普通型和磁吹型）和氧化锌避雷器。

3-3-3 管型避雷器的组成和工作原理是什么？它有什么缺点？

管型避雷器由两个串联间隙和用纤维、塑料或橡胶等产气材料制成的产气管组成。其中一个间隙在管外，称外间隙，其作用是隔离工作电压，避免产气管被工频电流烧坏；另一个间隙在管内，称为内间隙或灭弧间隙。内间隙的一端为棒形，另一端为环形，环形电极的中部为喷气口。雷击时内外间隙同时被击穿，雷电流经间隙流入大地。过电压消失后，内外间隙的击穿状态由工频电压维持，此时流经间隙的工频电弧电流称为工频续流。工频续流电弧的高温使管内产气材料分解出大量气体，管内压力升高，气体在高压力作用下由环形电极中部的喷气口喷出，对电弧产生强烈的纵吹作用，使工频续流在第一次过零时就被熄灭。管型避雷器的熄弧能力与工频续流的大小有关，续流太大产气过多可能造成管子因压力过大而炸裂；续流太小产气过少则管内气压太低不足以使电弧熄灭。因此，管型避雷器熄灭工频续流有上下限规定，使用时必须核算安装处在各种运行情况下短路电流的最大值和最小值，并使管型避雷器熄弧电流的上下限分别大于和小于短路电流的最大值和最小值。

管型避雷器的主要缺点是：伏秒特性较陡且放电分散性较大，而一般变压器和其他设备绝缘的冲击放电伏秒特性较平，两者不能很好配合；管型避雷器动作后相当于工作母线直接接地而形成截波，对变压器绕组的纵绝缘不利；管型避雷器的放电特性受大气条件影响较大。因此，管型避雷器一般只用于线路保护，如发电厂、变电所的进线段保护等。

3-3-4 阀型避雷器的结构及主要部件的作用是什么？磁吹阀型避雷器与普通阀型避雷器的差别是什么？

阀型避雷器的基本结构包括瓷套、法兰盘、火花间隙及并联均压电阻、阀片电阻、弹簧压紧件等。弹簧压紧件、火花间隙、阀片电阻呈串联形式置于瓷套内。

（1）瓷套。用于密封、绝缘并固定火花间隙和阀片电阻等。

（2）火花间隙。通常采用多个短间隙串联组成。正常情况下火花间隙使阀片电阻与系统隔离，以避免工频电压长期作用于阀片电阻，致其因过大的电流（通常有几十安）流过而烧毁。而在过电压击穿过后半个周波内，火花间隙利用短间隙的自然熄弧能力将工频续流截断。

（3）火花间隙及并联均压电阻。由于各串联间隙对地和高压端存在杂散电容，使得避雷器动作后各间隙上分布的恢复电压既不均匀也不稳定，从而降低了避雷器的熄弧能力，其工频放电电压也将下降并且不稳定。在火花间隙上并联均压电阻后，强制使得每个火花间隙上分布的恢复电压相等，从而提高了间隙的熄弧电压和工频放电电压。

(4) 阀片电阻。阀片电阻由碳化硅和水玻璃共同混合压制成圆饼状，在低温下焙烧而成。阀片电阻的两面喷铝，以减少接触电阻。阀片的侧面涂以无机的绝缘瓷釉，以防表面闪络。阀片电阻具有非线性特性，在雷电流通过时，其电阻甚小，产生的残压不超过被保护设备的绝缘水平；当雷电流通过后随后跟进的工频续流通过时，其电阻变大，将工频续流峰值限制在 80A 以下，以保证火花间隙能可靠灭弧。

磁吹阀型避雷器的基本结构与普通型相似，主要差别在于火花间隙。由于具有磁吹作用，其火花间隙的灭弧能力较强，故火花间隙的数量可以适当减少，降低了冲击放电电压。又由于磁吹将电弧拉长，其电弧电阻增大，因而具有限流作用，使得阀片电阻的数量也可以适当减少，这又带来残压降低的好处。因此，磁吹型避雷器的保护性能要优于普通型。普通阀型避雷器一般用于配电系统和变电所防雷保护。磁吹阀型避雷器一般用于变电所和旋转电机的防雷保护。

3-3-5 对阀型避雷器有哪些基本要求？

为了可靠地保护电气设备，使系统安全运行，阀型避雷器应满足下列要求：

(1) 额定电压与系统电压等级相同，工频放电电压符合规定；

(2) 冲击放电电压及残压应低于被保护设备的冲击绝缘水平；

(3) 灭弧电压应大于可能出现的最高工频电压；

（4）火花间隙并联电阻的电导电流符合规定。

3-3-6 氧化锌避雷器的特点是什么？

氧化锌避雷器的阀片电阻以氧化锌为主要原料，并掺以少量具有非线性特性的金属氧化物添加剂，经高温烧结而成。与碳化硅电阻片相比，氧化锌电阻片具有平坦的伏安特性曲线，其非线性系数也小得多。当电流在很大范围内变化时，氧化锌电阻片上电压变化很小。例如，10kA 与 1mA 的电流通过电阻片时，其电压降之比仅为 2.5～3.0 倍。在正常电压下，通过氧化锌电阻片的电流极其微小，基本处于截止状态；当过电压侵入时，其阻值急剧降低，尽管此时通过很大电流，但氧化锌电阻片上的残压却不高。当电网电压恢复正常时，氧化锌电阻片立即恢复其高阻特性。由于正常工作电压下通过氧化锌电阻片的电流很小，不会造成电阻片烧坏，故氧化锌避雷器不必加装火花间隙，其保护特性比较稳定。此外还具有体积小、质量轻、通流能力强及温度系数小等优点，因而获得了广泛的应用。

3-3-7 变电所一般装设哪些防雷设备？

变电所一般采用避雷针来防止直击雷的侵害。对于沿输电线路的入侵雷，则通过阀型和磁吹避雷器以及与其相配合的进线段保护（即架空地线、管型避雷器或放电间隙）来进行防护。在小电流接地系统装设消弧线圈，以减少线路雷击跳闸次数。对旋转电机（如调相机）装设电容器，以防止感应过电压。

第四节 互 感 器

3-4-1 电流互感器有何作用？其工作原理如何？

电流互感器的作用有两个：一是将一次大电流按比例转换成二次小电流（通常为5A），使得仪表和保护装置标准化和小型化；二是使二次设备与一次高压进行绝缘隔离，保证人身和二次设备安全。

电流互感器是根据电磁感应原理进行工作的。电流互感器有两个相互绝缘的绕组，套在一个闭合的铁芯上，其一次绕组匝数很少，有时仅为1匝，而二次绕组匝数较多。正常工作时，一次绕组 N_1 串接在一次电路中，通以电流 I_1 便产生磁势 $F_1 = I_1 N_1$，此磁势可达几百安匝。二次绕组 N_2 串接了二次设备的电流线圈，其电流 I_2 产生磁势 $F_2 = I_2 N_2$。由于 F_2 对 F_1 有去磁作用，因此合成磁势 $\dot{F}_0 = \dot{F}_1 + \dot{F}_2$ 及铁芯中的磁通 Φ_0 的数值很小，二次绕组中的感应电势一般也仅为数十伏。又因为电流互感器二次回路所串接的负载是电流表和继电器等的电流线圈，故正常运行时其二次侧接近于短路状态。电流互感器的一次电流与二次电流存在式(3-21)关系

$$I_1 / I_2 \approx N_2 / N_1 \approx K_I \qquad (3-21)$$

式中 K_I——电流互感器的变比，一般定义为 I_{1N}/I_{2N}，如 600/5、400/5 等。

3-4-2 电流互感器和普通变压器比较有何不同？

电流互感器和普通变压器都是根据电磁感应原理工作的，其不同点在于：

（1）电流互感器正常运行时，二次侧接近于短路状态，并且不允许开路；而普通变压器的二次侧不允许短路，但可以开路。

（2）电流互感器的一次绕组串接于电网中，其一次电流由一次回路的负载阻抗决定，与二次电流无关；而变压器的一次绕组并接于电网中，其一次电流是随二次电流的增减而增减的。

（3）变压器的一次电压决定了铁芯中主磁通的大小，也即决定了二次感应电势的大小。如果一次电压不变，则二次感应电势也不变，不会随二次负载阻抗的变化而变化。电流互感器不同。其二次回路的阻抗发生较大变化时，会影响二次感应电势，如果一次电流一定，则二次电流的大小决定于二次回路中阻抗的大小。当二次阻抗增加较多时，二次电流便会减小，此时一次电流中用于平衡二次电流的部分也随之减小，而用于励磁的电流增加，使得二次感应电动势增高；反之，二次感应电动势就降低。

（4）电流互感器二次负载阻抗在额定范围内变化时，其二次电流基本不变，近似为一个恒流源；而变压器的二次负载阻抗在额定范围内变化时，其二次电流会发生很大变化。需要强调的是，电流互感器的恒流源性质是有条件的，一旦负载增大超过允许值，还是会影响二次电流的大小，使测量误差增大。

（5）二次负载是轻还是重的含义不同。对于电流互感器，其负载是串接于二次回路的，二次阻抗越小负载越轻；而对于变压器，其负载是并接于二次回路的，二次负载阻抗越大负载越轻。

（6）正常工作时铁芯中的磁通密度不同。对于电流互感器，为了减小测量误差，要求其励磁电流越小越好，因而其铁芯中的磁通密度设计得很低，一般仅为 0.08 ~ 0.10 Wb/m²；而对于普通变压器，为了充分利用铁芯材料，减小体积，降低制造成本，其铁芯中的磁通密度设计得较高。例如：采用热轧硅钢片时，磁通密度一般为 1.4 ~ 1.47Wb/m²；采用冷轧硅钢片时，磁通密度一般为 1.5 ~ 1.7Wb/m²。

3-4-3 正确确定电流互感器同极性端有何意义？如何确定同极性端？

正确确定电流互感器同极性端，对于保证电测仪表的正确计量以及继电保护装置动作的正确性有极其重要的意义。

电流互感器极性与变压器极性的含义相同，但电流互感器一般采用减极性标示法来确定同极性端，即先任意选定一次绕组端子的一个端头作始端，并使电流 I_1 由该端头流进，而二次绕组电流 I_2 流出的那一端就标示为二次绕组的始端，符合这种瞬时电流关系的两个端子称为同极性端。继电保护装置接线时，必须十分注意电流互感器的极性，否则将造成保护装置无法正常工作甚至误动作。

3-4-4 如何根据电流互感器的铭牌容量确定二次负载阻抗？

电流互感器的误差与二次回路的阻抗有关，阻抗增大，误差也随之增大。同一台电流互感器使用在不同准确度等级时，有不同的额定容量，而且通常以二次负载阻抗额定值表示。当互感器使用在某一准确度等级时，其二次回路阻抗（包括负载阻抗和连接导线阻抗）不应超过此等级的额定值。

二次负载阻抗与二次容量之间的关系为

$$I_2^2 Z = S \qquad\qquad (3\text{-}22)$$

式中　I_2——电流互感器二次电流，A；

　　　Z——电流互感器二次负载阻抗，Ω；

　　　S——电流互感器二次容量，VA。

例如：LDZJ1-10 型电流互感器，变比为 800/5，准确度为 0.5 级时的额定二次负载容量为 30VA。若要保证其准确度，则二次负载阻抗不得大于 $S/I_2^2 = 30/25 = 1.2\Omega$。实际工程中，因电流互感器二次绕组所串接的仪表、装置等的电流线圈阻抗是一定的，故只能通过适当选择连接导线的截面来满足二次负载阻抗的要求。电流互感器的准确度等级有0.1、0.2、0.5、1 和 3，共 5 级。保护用的电流互感器为 5P 和 10P 两个等级。高压电流互感器一般有多个铁芯和多个二次绕组，其中准确度高的二次绕组供测量表计用，准确度低的供保护用。

3-4-5　电流互感器二次侧为什么不允许开路?

电流互感器正常工作时，由于二次阻抗很小，接近于短路状态，故一次电流所产生的磁势大部分被二次电流的磁势所抵消，总磁通密度不大，二次绕组感应电势也不大。当互感器二次开路时，阻抗无限大，二次电流被强制为零，其去磁作用也为零，一次电流完全变成了励磁电流，将造成铁芯因极度饱和而过热，并在二次绕组中产生很高的尖顶波感应电势，其峰值可达几千伏，威胁人身和设备安全，因此电流互感器二次侧不允许开路。

3-4-6　电流互感器安装使用时应注意哪些问题?

(1) 按图施工，正确接线，导线端头标记应清晰，标号范围应符合规程要求。

(2) 二次回路导线或电缆均应采用铜线，且截面不应小于 $2.5mm^2$。

(3) 安装接线时应注意电流互感器的极性，以免造成表计测量指示错误以及保护误动等问题。

(4) 二次绕组的一端和铁芯应同时妥善接地，以防一、二次绕组间绝缘击穿时，二次侧窜入高电压，危及设备及人身安全。

(5) 电流互感器不得过负荷运行，以免造成测量误差增大。严重的过负荷会使铁芯饱和、铁芯和线圈过热、绝缘老化加快，甚至损坏。

(6) 电流互感器运行时二次回路严禁开路。若要从运行的电流互感器上拆除电流表等设备时，应先将二次绕组用铜线短接后再进行。

3-4-7 电压互感器有何作用？其工作原理如何？

电压互感器的作用有两个：一是将一次高电压按比例转换成二次低电压，通常为100V；二是使二次设备与一次高电压进行绝缘隔离，以保证人身和二次设备安全。

电磁式电压互感器也是根据电磁感应原理工作，与变压器相同。其一次绕组匝数很多，二次绕组匝数较少，绕在同一个闭合的铁芯心上，相当于降压变压器。互感器的一次绕组并接在一次电路中，而二次绕组则并接测量仪表以及其他二次设备的电压线圈。由于电压线圈的阻抗很大，故互感器正常工作时接近于开路状态。电压互感器的一次电压 U_1 与二次电压 U_2 之间有如式（3-23）所示关系

$$U_1/U_2 \approx N_1/N_2 \approx K_U \qquad (3-23)$$

式中 N_1、N_2——电压互感器一次和二次绕组的匝数；

K_U——电压互感器变比，一般定义为 U_{1n}/U_{2n}，如 10000/100，35000/100 等。

3-4-8 电磁式电压互感器和普通变压器比较有何不同？

电磁式电压互感器有一些与普通变压器相似的特性，如都是利用电磁感应原理工作，都具有电压变换作用，二次侧都不能短路等，但仍有以下不同之处：

（1）电压互感器用来测量和隔离高电压 其容量较小，一般为数十至上千伏安；而普通变压器则用于传递电功率，其容量小的也有几十千伏安，大的可达几十万千伏安。

（2）正常运行时，电压互感器二次负荷阻抗很大且恒定，基本处于空载状态；而普通变压器的二次负荷根据需要可以在空载至满载的很大范围内变化。

（3）电压互感器不能过载，否则将造成测量误差增大；而在必要时变压器可以适当过载。例如，可以利用变压器的正常和事故过载能力来保证供电的连续性。

（4）当电压互感器的二次负荷在准确度允许的范围内变化时，其二次端电压基本保持恒定，相当于恒压源；而变压器二次侧的端电压在二次负荷发生变化时会有较大的变化。

（5）电压互感器是降压变压器；而普通变压器可以是降压变压器，也可以是升压变压器。

（6）为了减小测量误差，必须减小励磁电流和一、二次绕组间的漏抗。因此，电压互感器铁芯一般选用性能较好的硅钢片制成，正常工作时铁芯磁通密度较低，约为 $0.6 \sim 0.8 \mathrm{Wb/m^2}$。

3-4-9　电压互感器的额定容量和最大容量是何含义？

电压互感器的额定容量是指满足规定的准确度所允许接入的最大负载容量。由于电压互感器的测量误差随二次负载的变化而变化，所以不同的准确度等级所对应的额定容量是不同的。容量增大，准确度就会降低。最大容量是指由热稳定（长期工作时允许发热条件）确定的极限容量。例如：JDZ-10 单相浇注绝缘 10kV 电压互感器，其 0.5、1、3 级所对应的额定容量分别为 50、80、200VA，其最大容量为 400VA。电压互感器的准确度有四级：0.2、0.5、1 和 3 级。0.2 级一般用于实验室精密测量，一般发电厂和变电所的测量和保护常用 0.5 级和 1 级。

3-4-10　电压互感器常用的接线形式有哪些？它们的用途分别是什么？

电压互感器的接线形式是根据其用途，所接系统的特点而定的，其常用的接线形式有单相式、V，v、YN，yn、YN，yn，△等。

（1）只需要测量或取用一个线电压时，可采用一只单相电压互感器接线，如图 3-8（a）所示。

（2）只需要测量或取用线电压，不需要相电压的场合可以采用两只单相电压互感器 V，v 接线，如图 3-8（b）所示。该接线广泛地应用于小电流接地系统中。

（3）同时需要测量或取用线电压和相电压时，可以采用三只单相电压互感器接成 YN，yn 形式，如图 3-8（c）所示。需要注意的是在小电流接地系统中，测量相电压并兼作绝缘监察的电压表应按线电压来选择。

（4）在小电流接地系统中，既需要测量或取用线电压，又需要测量或取用相电压，并且需要发出单相接地信号时，

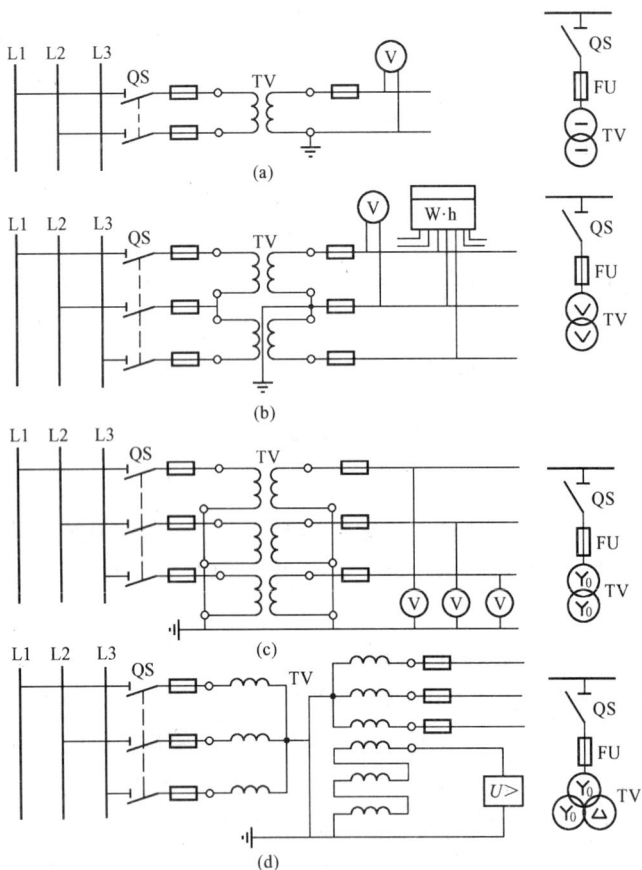

图 3-8　电压互感器常用接线形式

(a) 单相式接线；(b) V，v 接线；(c) YN，yn 接线；

(d) YN，yn，△接线

可以采用三只单相三绕组电压互感器或一只三相五柱三绕组电压互感器接成 YN，yn，△形式，如图 3-8（d）所示。当系统正常运行时，电压互感器二次开口三角绕组的端电压接近于零。当系统发生单相金属性接地时，开口三角绕组两端会出现近 100V 的电压，使电压继电器动作发出信号。

3-4-11 电压互感器的二次侧为什么要接地？

电压互感器二次侧接地也是为了人身和二次设备的安全。因为若不接地，当互感器绝缘损坏时，一次侧高压便会窜入二次侧，可能造成二次回路工作人员的伤亡以及设备的损坏。

3-4-12 电压互感器安装使用时应注意哪些问题？

（1）按图施工，正确接线，导线端头标记应清晰，标号范围符合规程要求。

（2）二次回路导线或电缆均应采用铜线，且截面不应小于 1.5mm^2。

（3）安装接线时也应注意互感器的极性。对于单相互感器的一次绕组端子标以 A、X，二次绕组端子标以 a、x，A 与 a 或 X 与 x 分别为同极性端子；对于三相电压互感器，一次绕组分别标以 A、X，B、Y，C、Z，二次绕组则分别对应地标为 a、x，b、y，c、z，A 与 a，B 与 b，C 与 c 或 X 与 x，Y 与 y，Z 与 z 分别为同极性端子。

（4）二次绕组的一端和铁芯应同时妥善接地。

（5）电压互感器不得过负荷运行，以免造成测量误差增大；互感器运行时二次回路严禁短路。

（6）电压互感器的一、二次侧一般应加装熔断器，以防互感器短路烧毁或影响一次电路正常运行。

第五节　低压配电屏（柜、箱）

3-5-1　什么是低压配电屏（柜、箱），如何进行分类？

低压配电屏（柜、箱）是用于接受、分配 380/220V 低压电能并对低压配电系统进行控制、测量和保护的一种配电装置。

根据低压配电屏（柜、箱）用途的不同，可分为计量屏（柜、箱）、受电屏（柜）、馈电屏（柜、箱）、功率因数补偿及联络屏（柜）（用于双电源供电，一路电源停电后的倒闸操作）等。根据所控制电路电源性质的不同又可分为直流屏（柜）和交流屏（柜）。根据所控制负荷性质的不同，可分为动力配电屏（柜、箱）、照明配电屏（柜、箱）等。根据安装地点的不同来分，安装于变电所低压室内的通常称为配电屏或配电柜，带有总控制和总保护的含义；安装于低压配电线路末端直接用于负荷控制的通常称为配电柜或配电箱，带有分路控制和保护的含义。

3-5-2　低压配电屏（柜、箱）所配置的常用电器设备有哪些？

低压配电屏（柜、箱）主要由①控制电器，包括各类按钮开关、转换开关等；②控制、保护电器，包括断路器、隔离开关、负荷开关及熔断器等；③电流互感器；④指示（计量）仪表，包括电压表、电流表、功率表及电能表等；⑤灯光信号指示；⑥连接母排和屏（柜、箱）体等部分组成。配电屏（柜、箱）的用途不同，其电器配置也不完全相同。例如，电能表，包括有功电能表和无功电能表，通常仅装设在计量柜内；馈电柜则需要装设按钮、隔离开关、断路器、电流互感器、电流表及信号灯等；功率因数补偿柜则需要安装带灭弧装置的刀熔开关、电容器组、电容器自动投切装置、接触器、热继电器、避雷器、熔断器、电抗器、电流互感器、电流表、电压表、功率因数表、信号指示灯及自动放电装置等。

3-5-3 低压配电屏（柜、箱）中的控制、保护电器有哪些，其作用是什么？

低压配电屏（柜、箱）中常用的控制、保护电器有断路器、熔断器、隔离开关、负荷开关及漏电保护器。断路器有很强的灭弧能力，可以切、合正常或过载或短路电流。熔断器也有很强的灭弧能力，可以断开故障时的短路电流，还具有一定的过载保护能力。隔离开关灭弧能力很弱，不能带负荷切、合，只能在断路器处于断开位置时操作。由于断路器没有明显断开点，所以在断路器的电源侧，应装设隔离开关，以便停电检修时隔离电源，保证安全。负荷开关带有明显断开点，故可以代替隔离开关使用。由于负荷开关有一定灭弧能力，所以可以切、合正常及过负荷电流。当低压配电系统发生短路、过负荷、过压、欠压和漏电等故障或不正常运行状态时，断路器所具有的各种保护功能可以进行有效的保护。例如，短路保护是由断路器的过流脱扣器来实现，也可以借助于熔断器来保护；过负荷保护可以由断路器的热脱扣器来实现；过压或欠压保护可由断路器的过压或欠压脱扣器来实现；漏电保护可由断路器的漏电脱扣器来实现。如果断路器不带漏电保护功能，则可以借助于专门的漏电保护器来实现。

3-5-4 如何安装动力配电箱？

（1）动力配电箱有挂墙明装、嵌墙暗装和落地安装三种方式，可根据配电箱容量的大小、建筑墙壁的结构尺寸等具体情况选用。挂墙安装时，应使配电箱的底面距离地面1.4m，并注意箱体的水平度和垂直度。明装时，宜采用4颗不小于 M10mm 的膨胀螺栓进行固定，安装膨胀螺栓时应注意尽量避开砖缝，以保证螺栓与墙面结合的质量。暗装时，应在土建进行时根据箱体尺寸大小预留安装位置，实际安装时，将配电箱放入预留位置，将箱内的进出线穿入并校正其水平及垂直度后，用碎砖填齐箱体四周空间，再用水泥沙浆填充抹平。落地安装时应预先砌安装基础，并预埋 4 颗 M10mm 螺栓，以便固定配电箱。如果配电箱采用箱底进出线方式，则砌安装基础时，应使箱底与地面留出 150mm 左右距离，以便穿线；也可以在安装基础上固定槽钢，再将配电箱固定在槽钢上。

（2）金属箱体上的穿线孔应加装橡皮护圈。

（3）刀开关、负荷开关及断路器等设备应垂直安装，并且上端接电源，下端接负荷。对于少数可以横装的设备，如熔断器等，应将其左侧（面对盘面看）接电源，右侧接负荷。

（4）对配电箱一次大电流回路 $10mm^2$ 以上导线，应压接接线鼻子后再与电器连接。

（5）箱内二次配线所用铜芯线截面不应小于 $1.5mm^2$，电流互感器二次回路导线截面不应小于 $2.5mm^2$。配线时需排列整齐，横平竖直，绑扎成束。箱内的引入引出导线应预留适当长度，以利检修。

（6）为了便于维修查线，二次线最好采用带色的铜芯塑料线，L1相用黄色，L2相用绿色，L3相用红色，N线用黑色，PE线用半黄半绿线。

（7）配电箱体、电器的金属外壳及电流互感器的二次侧均应有良好的接地。

3-5-5 如何安装低压配电屏？

（1）将待安装的所有配电屏按图纸要求，搬放在安装位置的基础槽钢上。先把各屏调整到大致水平位置，然后再精确调整第一块，再以第一块屏为标准依次调整其他各屏。可自左至右或从右至左，也可先调中间一块，然后左右分开调整。配电屏水平调整，可用水平尺测量。垂直情况调整，可在屏顶放一根木棒，沿屏侧面悬挂一铅垂线，测量屏面上下与铅垂线距离。如果上下距离相等，表示屏已垂直，如果距离不等，可用薄铁片加垫，使其达到要求。调整好的配电屏，屏面应一致，排列整齐，屏与屏之间应用螺栓拧紧，无明显缝隙。配电屏的水平误差不应大于 1/1000，垂直误差不应大于其高度的 1.5/1000。经过检查质量合乎要求后，再用螺栓将配电屏固定在基础槽钢上。

（2）抽屉式配电屏的安装应符合以下要求：①抽屉推拉应轻便灵活，无卡阻碰撞现象；②动触头与静触头的中心线应一致，触头接触应紧密；③抽屉柜的机械连锁或电气连锁装置应正确可靠，在断路器分闸后隔离触头才能拉开；④抽屉柜与屏体间的接地触头应接触紧密，当抽屉柜推入时，接地触头应比隔离触头先接触。

(3) 配电屏应符合国家现行技术标准规定；屏面漆层应完整、无损伤；固定电器的支架等应刷漆；安装于同一室的配电屏，颜色宜和谐一致。

(4) 装置在配电屏内的隔离开关、空气断路器应在屏前操作。

(5) 屏后通道内，裸导体的高度低于 2.3m 时，应加装防护网，防护网的高度不应低于 1.9m；跨越屏前通道的裸导体，其安装高度不应低于 2.5m。

(6) 配电屏箱体、电器的金属外壳及电流互感器的二次侧均应有良好的接地。

(7) 根据安装图纸及规程要求,进行电源进线、负荷出线的连接,母线的安装连接以及屏间控制、信号线等的连接。

3-5-6 如何安装支持绝缘子?

(1) 硬母线（如铜排、铝排等）支持绝缘子的安装有水平和垂直两种方式。绝缘子在安装前要检查外表有无裂缝、细孔或机械损伤，然后用抹布浸汽油将瓷体擦净，并进行绝缘测试，绝缘电阻应大于 1000MΩ。

(2) 绝缘子金属支架上的螺栓孔应为条形孔，以便于调整。安装时应先将两头装好,然后拉一条细铅丝作基准线,再一一安装中间的绝缘子,使其水平和垂直一致。垂直安装时,应从高处往下装,以免工具或材料掉落时打碎下面绝缘子。

(3) 绝缘子的底座及支架需用扁钢或裸铜线接地。

3-5-7 如何安装低压硬母线?

(1) 低压（400V）硬母线安装应符合净距要求：①相间距离以及相对地距离不应小于 20mm；②带电部分至栅栏距

离不应小于 800mm；③带电部分至网状遮拦距离不应小于 100mm；④ 无遮拦裸导体至地面距离不应小于 2300mm；⑤ 不同时停电检修的无遮拦裸导体之间的水平距离不应小于 1875mm；⑥穿墙套管对室外通道路面的垂直距离不应小于 3650mm。

（2）母线表面应光洁平整，不得有裂纹、折叠及夹杂物。

（3）母线与母线，母线与分支线以及电器端子连接时，其接触面的处理应符合下列要求：

1）铜—铜在干燥的室内可以直接连接；在室外、高温且潮湿或对母线有腐蚀性气体的室内，应搪锡后再连接。

2）铝—铝可以直接连接，或涂以导电膏后连接。

3）铜—铝在干燥的室内铜导体应搪锡后进行连接；在室外或特别潮湿的室内，应采用铜铝过渡接头并涂以导电膏后进行连接。

（4）母线的排列顺序，如设计无特别规定时，应符合以下规定（面对配电屏正面看）：

1）上下排列的母线，由上而下分别为 L1、L2、L3；直流母线的排列是上正下负。

2）水平排列的母线，由内向外分别为 L1、L2、L3；直流母线的排列是内正外负。

3）由母线引下的分支线，由左至右分别为 L1、L2、L3；直流母线的排列左正右负。

（5）母线应按下列要求涂刷相色漆或色标：三相交流母线涂色，L1 相为黄色，L2 相为绿色，L3 相为红色，N 线为黑色；直流母线涂色，正母线为赭色，负母线为蓝色。

（6）母线连接处和母线与电器端头的连接处以及所有连

接处 10mm 以内的地方不应涂刷油漆；供携带型接地线连接用的接触面上，不刷漆部分的长度应为母线的宽度或直径，但不应小于 50mm，并在此处两端刷宽度为 10mm 的黑色带。

3-5-8 如何进行硬母线的弯制与连接？

硬母线在安装前应检查有无机械损伤，截面是否符合图纸要求。母线加工成型前，首先将母线平直，手工平直时应把母线放在平坦的钢板上，用木槌敲平直。如用铁锤敲时，需用平直的硬木或金属板衬垫。弯曲母线时，一般先做好模具，以提高精确度。用手工弯曲时，可用乙炔火焰或喷灯加热，加热温度不宜过高，一般铝母线加热至 250℃，铜母线 350℃左右为宜。生铝母线加热弯曲时不可移动，待冷却后才可弯曲，以免母线碎裂。母线弯曲 90°时应弯成圆角；母线扭转 90°时，扭转处不得有裂纹及显著的折皱，其扭转部分的长度不应小于母线宽度的 2.5 倍。母线加工量很大时，可使用平弯机和立弯机。母线打孔时，钻头不可太大，一般比螺栓略大 0.5～1mm。母线的接触面应平整，并需用锉刀清除尘污及氧化物后进行搪锡；铝母线需涂上中性凡士林。母线经加工后其截面的减小值，铜母线应不超过原截面的 10%，铝母线不应超过原截面的 5%。

母线叠接时，连接螺栓应逐个均匀拧紧，不应过紧或过松，螺栓长度应露出螺帽 2～5 丝扣。连接用的螺栓、螺帽、垫圈均应镀锌，垫圈厚度不应小于 3mm。当母线电流大于 2000A 时，应用铜质螺栓连接。多片母线搭接时，应使每片母线的接头错开。不同材质的母线连接应符合题 3-5-7（3）中的规定。

第六节　低压控制、保护电器

3-6-1　什么是按钮？按钮的主要作用是什么？常用按钮的类型有哪些？

按钮是一种发送控制指令的电器，因而被称为主令电器。按钮的符号由一般的常开或常闭触点符号加推动操作符号组成。对复合按钮，还需在两个触点之间用虚线连接，表示联动。按钮用于交流电压 500V 或直流电压 440V，电流为5A 以下的电路中。一般情况下它不直接用于通断主电路，而被用来通断其控制电路。

按钮的类型根据触点的不同可分为：起动按钮（常开按钮）、停止按钮（常闭按钮）及复合按钮（常开或常闭组合按钮）三种。根据结构形式不同可分为开启式、防水式、紧急式、旋钮式、保护式、钥匙式、防腐式及带灯式等。

3-6-2　组合开关的结构怎样？一般用在哪些地方？在电路中起什么作用？

组合开关（又称转换开关）是用动触片的旋转来代替闸刀的推合和拉开，结构较为紧凑。在开关的顶部装有扭簧储能机构，使开关能快速闭合或分断，其分合速度与手柄旋转速度无关，以利于灭弧。常用的 HZ10 系列普通型组合开关，额定电压为 380V，直流电压为 220V，额定电流有 10、25、60、100A 四种，极数有 1~4 极四种，在机床电气控制和其他电气设备中使用十分广泛。组合开关通过手动操作来不频繁地接通或分断电路，换接电源和负载，测量三相电压，改变负载的连接方式，或控制 5kW 以下的交、直流电动机直接起动和正反转，星三角形起动和变速转向等。

3-6-3　怎样选择和使用组合开关?

（1）应根据电源种类、电压等级、所需触点数和额定电流进行选用。用于一般电热、照明电路时，其额定电流应等于或大于被控制电路中的计算电流；若用来控制电动机时，额定电流一般取电动机额定电流的 1.5～2.5 倍。

（2）当操作频率超过 300 次/h 或负载功率因数低于规定的数值（0.8～0.5）时，组合开关需要降低容量使用，否则不仅会降低开关的寿命，还可能因持续燃弧发生事故。若负载的功率因数小于 0.5 时，由于熄弧困难，不宜采用 HZ 系列组合开关。

（3）用来控制电动机可逆运转的组合开关必须在电动机完全停止运转以后，才允许反方向接通。

（4）组合开关本身不带过载、短路及欠压等保护功能，如果需要这类保护，就必须选配其他保护电器。

3-6-4　倒顺开关的结构是怎样的? 有何作用? 常用的倒顺开关有哪些? 安装时的注意事项是什么?

倒顺开关又叫可逆转换开关，它由手柄、转轴、动触点和静触点组成。静触点分两组：第一组 L1、L2、L3 接电源；第二组 U、V、W 接电动机。动触点套在转轴上，手柄有"倒"、"停"、"顺"三个工作位置，通常用于机床电机控制。

在倒顺开关"倒"、"顺"两个位置时，接入电动机的电源相序不同，因而可使电动机正转和反转。在"停"的位置时，电源断开，电动机处于停止工作状态。

常用的倒顺开关有 HZ5 系列，其额定电流有 10、20、50、60A，控制电动机的功率分别为 1.7、4.0、7.5、10kW。

倒顺开关安装时外壳要可靠接地，防止意外漏电而使操作者触电。

3-6-5 什么是万能转换开关，其结构型式怎样？

万能转换开关是由多组不同结构的触点组件叠装而成的多回路控制电器。

根据触点通断方式的不同，万能转换开关通常有两种型式，即双滑动金属触片式和凸轮控制式。典型的双滑动金属触片如 LW2 系列开关，转动其操作手柄并使之处于不同位置时，便可通过中心转轴带动若干组双滑动金属触片旋转，使其与安装在胶木外壳上的若干组静触点接通或断开，从而实现其控制功能。凸轮控制式如 LW5 系列开关，转动其操作手柄并使之处于不同位置时，便可通过中心转轴带动若干组由胶木或塑料制成的凸轮旋转，通过顶杆使得安装在胶木外壳上的若干组桥形动、静触点断开或在凸轮移位后靠自复弹簧作用而再接通，从而实现其控制功能。万能转换开关的操作手柄一般有旋钮、普通手柄、枪形手柄等。为了适应不同的需要，手柄还能做成带信号灯的、钥匙型等多种型式。面板通常有方形和圆形两种。操作位置有自复位（松开手柄后，手柄借反力弹簧返回到操作之前的位置）、定位和不限位（可 360°旋转）三种。

3-6-6 万能转换开关主要用在哪些场合？使用时应注意什么问题？

万能转换开关主要用于高压断路器操作机构的闭合与

分断控制，电流表和电压表的换相测量，控制小容量电动机的起动、制动、正反转换向及双速电动机的调速控制，笼型异步电动机的星形—三角形降压起动控制等。由于它触点挡数多、换接的线路多、用途广泛，故称为"万能"转换开关。

万能转换开关使用时的注意事项如下：

（1）万能转换开关应根据用途、接线方式、所需触点节数和额定电压、额定电流等参数来选择。

（2）万能转换开关的通断能力不强，当用来控制电动机时，LW5 型控制功率为 5.5kW，LW6 型为 2.2kW。若用于可逆运行控制，应在电动机停转以后再反向起动。

（3）万能转换开关本身不带任何保护，所以在使用时，必须有其他保护电器来配合。

（4）注意定期保养，清除接线端子处的尘垢，检查接线有无松动现象。

3-6-7　什么是刀开关？其结构和主要用途是什么？刀开关有哪些类型？

刀开关是低压电器中结构最简单、应用最广泛的电器。刀开关由手柄、触刀、静触座和底板组成，其常用型号有 HD11～14 系列和 HS11～13 系列，主要用在低压成套配电装置中来隔离或转换电源。带有灭弧装置的刀开关也可以在一定的条件下，不频繁地接通与分断带有一定负荷的交直流电路。刀开关按极数分可为单级刀开关、双极刀开关和三极刀开关；按操作方式可分为直接手柄操作刀开关、杠杆操作和电动机操作刀开关；按转换方式可分为单投（HD）刀开关和双投（HS）刀开关等。

3-6-8 刀开关主要技术参数有哪些，它们各表示什么含义？

刀开关的主要技术参数有额定电压、额定电流、通断能力、机械寿命及电寿命。

(1) 额定电压是指在规定条件下，保证电器正常工作的电压。

(2) 额定电流是指在规定条件下，保证电器正常工作的电流。

(3) 通断能力是指在规定条件下，能在额定电压下接通和分断的电流值。

(4) 机械寿命是指在需要修理前所能承受的无载操作次数，一般为 5000～10000 次。

(5) 电寿命是指在需要修理前负载操作次数，一般为 500～1000 次。

3-6-9 什么是熔断器式刀开关？常用的有哪些型号？它们有什么用途？

熔断器式刀开关简称刀熔开关，是一种直接以熔断器作为触刀的隔离开关。

常用的型号有 HR3、HR5、HR6 系列，其中 HR5 系列和 HR6 系列符合 GB14048.3 及 IEC408 标准。

HR 系列熔断器式刀开关主要作为电源开关、隔离开关，用于电压 AC660V，电流至 630A 的具有高短路电流的配电电路和电动机电路中。HR5、HR6 系列刀开关中的熔断器为 NT（有填料封闭式刀形触头熔断器）低压高分断型，是引进德国 AEG 公司（通用电气公司）制造技术生产的产品。

这两型刀开关若配有熔断撞击器的熔体，则当某极熔体熔断时，撞击器弹出使辅助开关闭合发出信号，可以实现断相保护。

3-6-10　怎样选择刀开关？

（1）根据刀开关的作用和在成套配电装置中的安装、操作方式来选择。如用来分断负载时，应选有灭弧装置的；如果仅用来隔离电源，可选无灭弧装置的。此外还应根据是正面操作还是侧面操作，是直接操作还是杠杆操作，是板前接线还是板后接线等来选择。刀开关中 HD11、HS11 系列仅作隔离电源用；HD12、HS12 系列用于正面侧方操作前面维修的开关柜中，其中有灭弧装置的可切断额定电流以下的负载电路；HD13、HS13 系列用于正面操作后面维修的开关柜中，其中有灭弧装置的可切断额定电流以下的负载电路；HD14 系列用于动力配电箱中，其中有灭弧装置的可带负载操作。

（2）刀开关的额定电压应等于线路的额定电压。

（3）刀开关的额定电流应大于所控制负载电路的计算电流，还需根据其装设地点可能出现的最大短路电流，校验其动稳定性及热稳定性。

3-6-11　安装和使用刀开关时有哪些注意事项？

（1）刀开关应垂直安装，使静触头位于上方，并将电源进线接在静触头上，负荷接在触刀侧的出线端。这样刀开关断开时，触刀和熔丝均不带电，可保证更换熔丝时的安全。此外，如果静触头安装于下方，则当刀开关打开时，如果支座松动，触刀在自重的作用下会向下掉落而发生误合闸，造成严重事故。

（2）刀开关用于隔离电源时，合闸顺序是先合上刀开关，再合上断路器，分闸顺序相反。

（3）无灭弧装置的刀开关不允许用于分断负载，否则有可能导致短路事故。

（4）刀开关合闸应到位，且应保证三相触刀接触良好，否则可能造成电动机因缺相运行而烧毁。

（5）刀开关应定期检查，防止因积尘过多而空气又潮湿时发生相间闪络。

3-6-12　开启式负荷开关有哪些用途？常用的开启式负荷开关有哪些种类？

开启式负荷开关俗称闸刀开关，因其结构简单，使用方便和价格低廉而得到了广泛的应用。它主要用于电压380V，电流60A及以下的工频交流电路中，作为照明、电热回路的控制开关和分支电路的配电开关。也可用于5.5kW及以下的小容量电动机，作不频繁的直接起动和停止，并兼作短路保护的开关。闸刀开关通常带有熔丝，用于短路故障保护，适用于干燥、无导电粉尘的场合。

常用的开启式负荷开关有HK1、HK2型。按极数分有2极和3极；按电压分有250V和500V；按电流分有15、30、60、75A等。

3-6-13　怎样选择开启式负荷开关？

用于照明电路时，可选用250V、2极开启式负荷开关，其额定电流应等于或大于电路的计算电流；用于电动机直接起动时，可选用380V或500V3极开启式负荷开关，其额定电流可取电动机额定电流的 2 ~ 3 倍。不带熔丝以及额定电流大于 60A 的开启式负荷开关只能用作隔离开关。

3-6-14 怎样安装和使用开启式负荷开关?

不准横装或倒装,必须垂直安装,并使静触头座处于上方;电源进线接上方静触头座,出线接下方出线座,不能接反,以免更换熔丝时发生触电事故;分断负载时应快速拉闸,以利迅速灭弧;经过一段时间使用后,如刀片和静触片接触歪斜或松动,会因接触电阻增大而过热损坏,应及时修复;合闸时应保证三相刀片同时闭合,并接触良好,以免电动机因缺相运行而烧毁;更换熔丝必须在开关断开的情况下进行,且应换上与原熔丝规格相同的新熔丝,严禁用大截面铜丝替代熔丝使用。

3-6-15 刀开关触头过热甚至熔焊是什么原因,如何解决?

造成开关触头过热甚至熔焊的主要原因包括:①触头表面存在氧化层或静触头座弹簧弹性不够而导致接触不良;②动刀片由于调整不当而导致插入静触头座深度不够,从而降低了开关的载流容量;③开关选择不当,容量偏小,热稳定不够等。

刀开关触头过热甚至熔焊的解决办法是:①用细锉或砂皮对触头进行打磨,去除氧化层,并在触头上涂一层薄导电膏,使触头接触良好并防止其氧化;②调整或更换静触头弹簧,使之对触刀保持足够的夹紧力;③调整杠杆操作机构,保证触刀插入深度达到规定的要求;④更换较大容量开关。另外,对于轻微熔焊的触头,可将它撬开后稍加修整继续使用；触头熔焊严重的应更换。

3-6-16 开关与导线接触部位过热是什么原因，如何解决？

造成开关与导线接触部位过热的主要原因包括：①接线螺栓松动；②接线螺栓选择不当，规格偏小；③铜铝两种金属直接连接而造成电化学腐蚀等。

开关与导线接触部位过热的解决办法是：①清除氧化膜并紧固接线螺栓；②选择较大规格的螺栓；③采用铜铝过渡接头。

3-6-17 什么是行程开关？行程开关有何用途？常用的行程开关有哪些类型，其动作原理是怎样的？

行程开关又称限位开关或终端开关，是利用生产机械运动部件在行程过程中或接近终了时，碰触其滚轮或顶杆，使触点动作，从而接通或断开控制电路的一种电器。行程开关一般用于交流 380V 以下，直流 220V 以下，电流 5~20A 的控制电路，作为机械信号和电气信号的转换元件，常用于顺序控制、变换运动方向、行程控制、定位控制及限位等场合。

常用的行程开关有 JLXK1、LX3、LX22，LX19 及 LX29 等系列。JLXK1 系列如图 3-9（a）~图 3-9（c）所示。其中直动式 JLXK1 - 311 行程开关依靠复位弹簧复位；单轮旋转式 JLXK1 - 111 行程开关也能自动复位。而双轮旋转式 JLXK1 - 211 行程开关不能自动复位，当运动部件前行，其挡铁碰压其中一个滚轮时，摆杆便转动一定角度，使触点瞬时切换；挡铁离开滚轮后，摆杆不会自动复位，触点也不

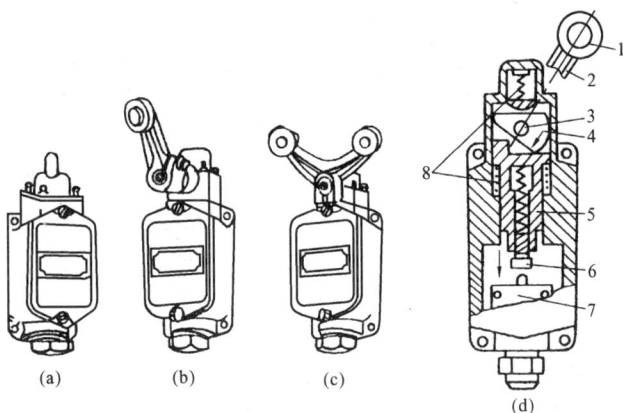

图 3-9　JLXK1 系列行程开关

(a) 直动式；(b) 单轮旋转式；(c) 双轮旋转式；(d) 结构图

1—滚轮；2—杠杆；3—转轴；4—凸轮；5—撞块；6—调节螺钉；

7—微动开关；8—复位弹簧

动。当运动部件返回时，挡铁碰动另一只滚轮，摆杆才回到原来的位置，触点又再次切换。JLXKI – 111 型行程开关的结构如图 3-9（d）所示。当运动机械的挡铁压到滚轮 1 时，杠杆 2 连同转轴 3 一起转动，凸轮 4 推动撞块 5 下压，当撞块下压到一定位置时，推动微动开关 7 快速动作，使其常闭触点分断，常开触点闭合。滚轮上的挡铁移开后，复位弹簧 8 使开关各部分恢复初始状态。

3-6-18　电子接近开关如何分类？其工作原理是什么？有什么特点和用途？

电子接近开关分为电感式和电容式两大类别，主要由振荡、检波、放大、比较和输出电路几个部分组成。电感式接近开关能检测出进入感应区内的金属物体，电容式接近开关能检测出进入感应区内的金属、非金属以及流体。电感式接近开关的高频振荡器在其检测面产生一个交变磁场，当金属物接近检测面时，改变了振荡器的原有振荡条件，使之停振。通过对"振荡"和"停振"两种电路状态的比较，输出高和低两种电平，起到"开"和"关"的控制作用。电容式接近开关则是将高频振荡器调节到将要出现振荡的状态，当某物体接近其检测面时，由于静电电容的增加致使振荡器振荡，通过对"停振"和"振荡"两种状态的比较，输出高和低两种电平，起到"开"和"关"的控制作用。

电子式接近开关具有电压范围宽、重复定位精度高、频率响应好、抗干扰能力强、安装方便和使用寿命长等特点，且由于采用了环氧树脂封装工艺，还具有防水、防蚀和抗振的特点，能适应较为恶劣的工作环境。电子接近开关适用于检测、计数、机床限位、液面控制以及安全保护等场合，还可以直接与计算机或可编程控制器的接口电路连接，作传感器使用。

3-6-19　什么是熔断器，它有何用途，其基本结构如何？熔丝或熔片有哪些规格？

熔断器又称保险，是一种最简单、用得最早的保护电器。当电路中通过的电流超过规定值时，经过相应的延时后，熔断器中熔体熔化，断开所接入的电路，从而起到保护作用。

熔断器一般由底座、载熔体件（熔管）和熔体（熔丝或熔片）组成。底座和载熔体件由各种耐高温的绝缘材料，如瓷、石英玻璃等制成，起支撑、绝缘和保护作用。熔体由铅锡等熔点较低的合金材料做成。

熔体的规格以额定电流标明，电流较大的常用锌片做熔体，也有的用铜丝做成；半导体器件保护用熔断器则是用银片做熔体。熔体的熔断电流一般为额定电流的 1.3 ~ 2 倍，通过电流越大，熔断时间越短。熔丝的规格有 1、3、5、10、15、20、25、30A 等，一般 30A 以上多采用铅合金或锌制成熔片，其规格有 50、75、100、150、200…600A 等。

3-6-20　常用的低压熔断器如何分类，各自的特点如何？

低压熔断器一般按结构型式可分为以下三类：

（1）有填料封闭式，如 RT0、RL6、RS0（快速熔断器）、NT 系列（高分断能力熔断器）及 NGT 系列（半导体器件保护熔断器）等。这一类熔断器一般为瓷质熔管，采用石英砂作填料，用于熔体熔断时迅速可靠灭弧。

（2）无填料封闭式，如 RM10 系列。该类熔断器采用纤维材料作熔管，熔体用锌片制成，熔断后可更换。

（3）自复熔断器，如 RZ1 系列。该类熔断器内置金属钠，正常情况下金属钠呈固态，电阻很低。当发生短路或过载时，大电流使钠急剧发热并气化，形成高温、高压以及高电阻的等离子体，对电流起到了极大的限制作用。当短路或过载被切除后，钠温度迅速下降，恢复到正常状态。

3-6-21　各类熔断器用在什么场合？

（1）无填料封闭管式熔断器 RM10 系列，用于小容量电气设备的短路保护。

（2）有填料管式熔断器 RT0 系列，用于短路电流较大的配电线路或电气装置的短路及过载保护。

（3）螺旋熔断器 RL6 系列等，用于 500V 以下较小容量电路的过载和短路保护。

（4）快速熔断器 RS0 系列等，用于硅整流、晶闸管整流装置中作短路保护。

（5）对 RZ1 系列自复熔断器，由于其只能限流，不能熔断，故通常与低压断路器串联使用，以提高组合分断能力。

（6）NT 系列（国内型号为 RT16）是我国引进德国 AEG 公司（通用电气公司）制造技术生产的一种高分断能力熔断器，适用于 660V 以下的线路和配电装置作过载和短路保护之用。

（7）NGT 系列（国内型号为 RS3□、RS7□系列等，□表示该产品的序列号）是我国引进德国 AEG 公司（通用电气公司）制造技术生产的一种分断能力高、限流特性好、功耗低、性能稳定的熔断器，可用于保护半导体及其成套装置。

3-6-22　熔断器的主要参数有哪些？

（1）额定电压。额定电压是指保证熔断器的绝缘部分能够长期承受的正常工作电压。

（2）熔断器额定电流。熔断器额定电流是指熔断器载熔体件的载流部分温升不超过规定值，长期允许通过的最大电流。

（3）熔体额定电流。熔体额定电流是指熔体不会发生熔断而允许长期通过的最大电流。熔体的额定电流应小于或等于熔断器的额定电流。

（4）分断能力。分断能力是指熔断器在一定条件下能够可靠分断的最大短路电流。

（5）保护特性。因为熔体的熔断时间与通过其电流的大小成反比，在安·秒坐标平面上为一反时限特性曲线，而且不同规格的熔体，其反时限特性曲线是不同的，所以保护特性就是在安．秒坐标平面上，对应于不同规格的熔体以不同的反时限特性曲线来表征的反时限特性曲线簇。熔断器的保护特性由厂家提供，在一般的电工手册中也可以查到。

3-6-23 为什么熔断器一般只能起短路保护作用？

正常工作时，由于流过熔体的电流小于或等于它的额定电流，熔体发热的温度不会达到熔体的熔点，所以熔体不会熔断。当流过熔体的电流为额定电流的 1.3～2 倍时，熔体缓慢熔断；当流过熔体的电流为额定电流 8～10 倍时，熔体迅速熔断，电流越大，熔断越快。试验表明，当通过熔体的电流，分别是熔体额定电流的 1.25、1.6、1.8、2.0 倍时，熔体熔断的时间分别为 ∞、3600、1200、40s。由此可见，熔断器对过载反应是比较迟钝的，故一般只能作短路保护用。

3-6-24 什么是接触器，它的主要用途是什么？接触器是如何分类的？常用的接触器有哪些？

接触器是一种可以用来频繁地接通或断开交、直流主电路的控制电器，主要用于控制电动机的运行（起动、停车、反向、制动和点动）以及电容器组、电焊变压器、低压配电线路、电热器、照明设备及高压断路器等电气设备的投入与切除。

接触器按驱动力的不同可分为电磁式、气动式和液压式三种，其中以电磁式接触器应用最为广泛；按接触器主触头通过电流性质的不同，可分为交流接触器和直流接触器两种；按其主触头的极数，可分为单极、双极、三极、四极等多种；按灭弧方式不同，可分为普通接触器和真空接触器两种。

常用的交流接触器有：CJ15、CJ16、CJ20、CJ40系列，CJX1、CJX2系列以及3TB、3TH、B系列等。其中CJ20系列交流接触器为直动式、双断点、立体布置，结构紧凑，外形安装尺寸较CJ10、CJ8等系列老产品（已淘汰）大大缩小。CJ20系列中某些型号的辅助触点可以任意组合，只需调换少数零件即可，其组合型式有四动断、三动断一动合、二动断二动合、一动断三动合及四动合五种。CJ40系列交流接触器，执行IEC 947-4-1（1990）和GB14048.4—1993标准，是我国接触器生产第一个执行以上标准的产品，其主要技术参数都达到甚至超过国外同类产品。因CJ40系列是对CJ20系列产品的二次开发，使CJ40系列产品的价格同CJ20非常接近，部分规格还低于CJ20相应规格的售价。CJX1系列是引进德国西门子公司制造技术生产的产品，性能等同于该公司3TB系列产品，可互换使用；CJX2系列是引进法国TE公司的产品；B系列为引进德国BBC公司（现为德国ABB公司）的产品。

常用的直流接触器有CZ0、CZ21、CZ22、CZ18等系列。

3-6-25　接触器的主要技术参数有哪些？常见的接触器使用类别及典型用途是什么？

（1）额定电压。额定电压指主触头、辅助触头及吸引线圈的正常工作电压。直流线圈常用的电压等级为24、48、110、220、440V等；交流线圈常用的电压等级为36、127、

220、380V 等。

（2）额定电流。额定电流指主触头的额定工作电流。它是在规定条件下（额定工作电压、使用类别、额定工作制和操作频率等），保证电器正常工作的电流值。若改变使用条件，额定电流也要随之改变。

（3）工作制。接触器的工作制分为长期工作制（24h 不间断通电）、间断长期工作制（8h 工作制，通电持续率为100％）和反复短时工作制（通电持续率为40％）三类。所谓通电持续率是指有载时间与工作周期之比。

（4）机械寿命与电气寿命。机械寿命与电气寿命是指需要修理前的无载和负载操作次数。接触器是频繁操作电器，应有较长的机械和电气寿命，有些接触器（如 CJ20 系列）的机械寿命已达 1000 万次，电寿命达 120 万次；但大容量接触器的机械及电气寿命相对较短，如 CJ15 系列其机械寿命为 30 万次，电气寿命为 1 万次。

（5）操作频率。操作频率是指每小时允许的操作次数，一般为 300、600、1200 次/h 等；但大容量接触器的允许操作频率较低，如 CJ15 系列为 50 ~ 60 次/h。操作频率直接影响接触器的电寿命及灭弧装置的工作条件，对于交流接触器还影响线圈温升，是一个重要的技术指标。

（6）接通与分断能力。接通与分断能力是指接触器的主触头在规定的条件下，能可靠地接通和分断的最大电流值。在此电流值下，接通时，主触头不应发生熔焊；分断时，主触头不应发生长时间燃弧。

接触器使用类别不同，对接触器主触头的接通和分断能力的要求是不同的。接触器的使用类别是根据其控制对象以及所采用的控制方式不同而分别规定的。我国低压电器基本标准中规定了使用类别，其分类比较多；但在电力拖动控制系统中，常见的接触器使用类别及其典型用途如表 3-5 所示。

表 3-5　　　　　常见的接触器使用类别及典型用途

电流种类	使用类别代号	典 型 用 途
AC （交流）	AC1	无感或微感负载、电阻炉
	AC2	绕线型电动机的起动和中断
	AC3	笼型电动机的起动和运转中分断
	AC4	笼型电动机的起动、反接制动、反向和点动
DC （直流）	DC1	无感或微感负载、电阻炉
	DC3	并励电动机的起动、反接制动、反向和点动
	DC5	串励电动机的起动、反接制动、反向和点动

3-6-26　交流接触器的结构和工作原理是怎样的？

交流接触器主要由主触头、电磁系统（包括静铁芯、励磁线圈、动铁芯）、灭弧装置和辅助触头组成。主触头用以通断电流较大的主电路，其容量较大；辅助触头由常开触头和常闭触头成对组成，用以通断控制电路的小电流，其容量较小。

当接触器电磁系统中套在静铁芯上的线圈被通电励磁后，铁芯磁化，产生了大于复位弹簧弹力的电磁力，动铁芯便被吸合，带动主触头闭合，接通主电路。同时使常闭辅助触头断开，常开辅助触头闭合。当励磁线圈断电或外加电压太低时，在复位弹簧的作用下动铁芯释放，主触头断开，切断主电路。同时常开辅助触点断开，常闭触点闭合，接触器恢复到通电前的状态。

3-6-27　交流接触器铁芯上的短路环起什么作用?

如果交流接触器的铁芯上没有短路环,当线圈中通入交流电流时,由于在铁芯中产生的磁通是交变的,故对动铁芯的吸力便时大时小,并且在电流过零时吸力等于零。这样,在复位弹簧的作用下,就会造成铁芯振动并产生噪声,而且还会使触头接触不良,甚至产生电弧烧伤触头。若将接触器静铁芯的截面分成两个部分,并在其中的一个部分装上短路环,则交变磁通的一部分(设为 Φ_1)经没有短路环的铁芯部分通过,而交变磁通的另一部分(设为 Φ_2)将穿过短路环通过,Φ_2 在短路环中会产生感应电流,该感应电流所产生的磁通将反抗 Φ_2 的变化,使 $\dot{\Phi}_2$ 的相位滞后于 $\dot{\Phi}_1$ 一定角度,因此当铁芯中的磁通 Φ_1 过零时,环中磁通 Φ_2 不为零,仍然吸住动铁芯,从而使铁芯的振动和噪声显著减小。只要设计时保证电磁吸引力始终大于复位弹簧的反力,就可满足减小振动和噪声的要求。

3-6-28　为什么交流接触器需要可靠灭弧?交流接触器灭弧装置的灭弧原理是什么?

交流接触器在分断大电流时,会在动、静触头之间产生很强的电弧。电弧一方面会烧伤触头;另一方面会使电路的切断时间延长,甚至引起事故。因此,可靠灭弧是交流接触器主要需要解决的任务之一。

小容量交流接触器一般采用的灭弧方法是采用双断口触头和触头间电弧的电动力灭弧,如图 3-10 (a) 所示。这种做法是利用双断点桥式触头分断后将电弧分割成两段,以提

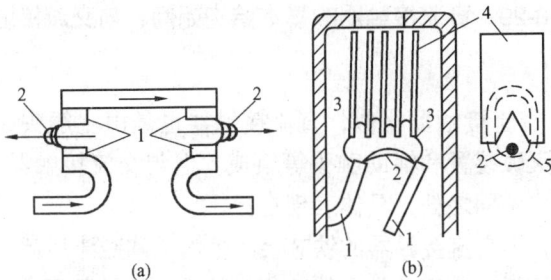

图 3-10　接触器灭弧原理

（a）利用触头回路产生的电动力灭弧；（b）利用灭弧栅灭弧

1—主触头；2—电弧；3—被拉进灭弧栅片的电弧；

4—灭弧栅片；5—电弧所产生的磁场

高起弧电压；同时利用两段电弧相互间的电动力使电弧向外侧拉长到与陶瓷灭弧罩接触，使其因受到迅速冷却而很快熄灭。大容量的交流接触器一般采用灭弧栅灭弧，如图 3-10（b）所示。由薄铁板做成的表面镀铜的灭弧栅，安装在用石棉水泥或陶土、耐弧塑料等绝缘材料制成的灭弧罩内，各片彼此绝缘。当动、静触头分断时，触头间形成电弧，其周围存在磁场。由于薄铁板磁阻远小于空气磁阻，电弧上部磁通多数进入栅片，因而造成了电弧周围空气中的磁场上疏下密。这一磁场对电弧的作用力方向向上，把电弧拉进栅片间隙中，并自动分割成若干个串联的短弧。这样可以利用电流每次过零熄弧后每段短弧的近阴极效应，使得触头间总的绝缘恢复强度大于外加电压的恢复强度，致使电弧不能重燃。与此同时，电弧的热量被栅片吸收，使电弧迅速冷却，促使电弧更快地熄灭。

3-6-29 直流接触器的基本结构如何，与交流接触器有何差异？

与交流接触器相似，直流接触器也是由主触头、电磁系统、灭弧装置和辅助触头等组成。但与交流接触器相比，仍有许多不同之处，具体表现在：

（1）因交流接触器的铁芯会产生涡流和磁滞损耗，故为了减少损耗，其铁芯是由彼此绝缘的硅钢片叠压而成的，并做成双 E 型；直流接触器不会产生上述损耗，因此其铁芯是由整块软钢做成的，可动部分为拍合式衔铁结构。

（2）交流接触器的线圈匝数较少（工作时主要是电抗限流），电阻较小，因而发热较少，线圈常做成粗而短的圆筒状；直流接触器的线圈匝数多，电阻大，铜损大，线圈发热多，为增加线圈的散热面积，线圈做成长而薄的圆筒状。

（3）为消除铁芯产生的振动和噪声，交流接触器在静铁芯的端部嵌有短路环，直流接触器则不需要。

（4）由于交流接触器的动铁芯吸合前，其线圈的电抗较小，因而起动电流较大，直流接触器励磁线圈电流的大小取决于线圈直流电阻的大小，故衔铁吸合前后线圈电流不变。

（5）直流接触器经过长期使用后，由于剩磁的影响，即使在励磁线圈断电后，衔铁受到铁芯剩磁吸引仍可能继续保持吸合状态而无法使主触头断开，交流接触器则无此现象。

3-6-30 什么是智能交流接触器？什么是智能混合式交流接触器？各有什么特点？

所谓智能交流接触器就是借助于微处理器对接触器的起动、保护和分断全过程进行优化控制。由于其触头系统采用了特殊的结构，可以实现接触器的无弧或少弧分断，从而大大提高了接触器的电寿命。

智能混合式交流接触器是在智能交流接触器的基础上，结合微电子和计算机技术而研制的新型接触器。该接触器采用了3只晶闸管与接触器触头并联，可以实现吸合和分断过程中的无弧运行，实现了全过程的优化控制，具有节能、节材、无声运行、高操作频率、高电寿命以及与计算机双向通信的功能。

3-6-31 当交流接触器通电后，如果铁芯受到卡阻而不能吸合，将产生怎样的后果？如果直流接触器发生同样情况，结果又将怎样？

交流接触器通电后，铁芯受到卡阻而不能吸合，线圈将受到过大电流作用而被烧毁。这是因为交流线圈所呈现的电抗与该线圈所产生的磁通大小有关。磁通大，电抗值就大，反之电抗值就小。当磁势一定时，磁通的大小就与磁路的磁阻有关。磁阻大，磁通就小，反之磁通就大。在交流接触器接通电源瞬间，由于铁芯处于断开位置，磁路上存在空气隙，磁阻很大，因而线圈所产生的磁通很小，线圈的电抗也很小，线圈中的电流很大。随着铁芯迅速被吸合，磁路上的空气隙立刻减小为零，线圈所产生的磁通基本在铁芯中流通，其值很大，因而线圈的电抗也随之增大，线圈中的电流立刻下降为正常值。

直流接触器励磁线圈电流的大小取决于线圈直流电阻的大小，与衔铁是否吸合无关。因此，直流接触器通电后衔铁被卡阻而不能吸合的话，不会造成线圈烧毁，只是影响其实现控制功能。

3-6-32 一只额定电压为220V的交流接触器，其线圈直流电阻为210Ω，吸合状态时电抗为2460Ω。若将其接在220V交流电源上，在接触器吸合后，线圈的励磁电流和功率是多少？若将其接在220V直流电源上，是否能正常工作？

当接触器加上220V交流电压后，铁芯吸合，线圈的励磁电流 $I = U/\sqrt{R^2 + X^2} = 220/2469 = 89.10$（mA）。线圈的功率 $S = UI = 220 \times 89.10 \times 10^{-3} = 19.60$（VA），$\varphi = \mathrm{arctg}\, 2460/210 = 85°$，$P = S \times \cos\varphi = 19.6 \times \cos 85° = 1.71$（W）。

当接触器加上220V直流电压后，铁芯也会立即吸合，此时线圈的励磁电流 $I = U/R = 220/210 = 1.05$（A）。线圈的功率 $P = UI = 220 \times 1.05 = 231$（W），大大超过线圈正常的励磁功率，所以会很快烧毁。

3-6-33 怎样选择、安装接触器？

（1）接触器的选择。

1）根据负载的性质选择接触器的类型，即交流负载应选择交流接触器，直流负载应选择直流接触器。

2）主触头、辅助触头额定电压应分别大于或等于主回路、控制回路的额定电压。

3）根据控制对象的工作参数（使用类别、控制功率、工作制和操作频率等）确定主触头额定电流。

4）根据控制电路的要求确定接触器励磁线圈的工作参数。

5）根据环境条件确定接触器的防护类型，如防爆、防腐蚀、防尘及防溅等。如环境温度过高时，接触器应适当降低容量使用（即接触器触头容量要适当高于控制负载所需的容量）。

6）在控制直流并励或串励电动机以及高电感直流电磁铁时，直流接触器必须适当降低容量使用。由于直流接触器一般均采用磁吹灭弧结构，存在着临界断开电流问题，故降低容量后的工作电流值不应低于直流接触器额定电流的20%。

（2）接触器安装前应作如下检查。

1）检查接触器铭牌与线圈的技术数据是否符合实际使用要求；

2）检查接触器的外观应无机械损伤，用手推动接触器的活动部分时要动作灵活，辅助触点接触应良好；

3）新购置或搁置已久的接触器，最好作解体检查，并把铁芯上的防锈油擦干净，以免油污的黏性影响接触器的释放；

4）用500V兆欧表检查相间绝缘电阻，一般应不小于10MΩ，并用万用表检查线圈是否断线；

5）带灭弧罩的产品，应特别注意陶瓷灭弧罩是否有破损或失落，禁止使用破损的灭弧罩或无灭弧罩运行；

6）检查接触器在85%～105%额定电压下能否正常动作，噪声是否严重。

（3）接触器安装时应注意的问题。

1）按规定留有适当的飞弧空间，以免烧坏相邻器件或发生短路；

2）除特殊产品外，接触器一般应垂直安装，倾斜度应小于5°，否则会影响动作特性；

3）吸引线圈部位带有散热孔的交流接触器，安装时应使有孔的两面放在上、下位置，以利于空气流通散热；

4）固定螺钉应加装弹簧垫圈，同时勿使螺钉、垫圈等零件落入接触器内，以免造成故障；

5）大容量接触器操作时的振动较大，应注意其安装基础必须牢固。

3-6-34 接触器通电后吸不上或吸力不足是什么原因，该如何解决？

接触器通电后吸不上或吸力不足可能有以下原因：①电源电压过低或波动太大；②操作回路电源容量不足或发生断线，配线错误及控制触点接触不良；③线圈技术参数与使用条件不符；④产品本身受损，如线圈断线或烧毁，机械可动部分被卡住，转轴生锈或歪斜等。

解决办法是：①调高并稳定电源电压；②增加电源容量，更换线路，修理控制触点；③更换线圈、排除卡住故障，修理受损零件等。

3-6-35 接触器在运行中有时产生很大的噪声是什么原因，怎样处理？

接触器在运行中有时产生很大噪声，主要原因是衔铁吸合不好所致。造成衔铁吸合不好的原因有：①铁芯端面不好，接触不良，有灰尘、油垢或生锈；②短路环损坏、断裂，使铁芯产生跳动；③电压太低，电磁吸力不够；④活动部分发生卡阻等。

相应的处理方法有：①去除灰尘、油垢或锈蚀；②更换短路环；③提高电压；④修理排除卡阻故障。

3-6-36 什么是继电器，它由哪几个基本部分组成？怎样分类？

继电器是一种根据电气量（电压、电流等）或非电气量（热、时间、转速、压力等）的变化，接通或断开控制电路，以完成控制或保护任务的电器。

继电器一般由感测机构、中间机构和执行机构三个基本部分组成。感测机构把感测得的电气量或非电气量传递给中间机构，将它与整定值进行比较，当达到整定值（过量或欠量)时，中间机构便使执行机构动作，从而接通或断开电路。

继电器分类：①按动作原理可分为电磁式继电器、感应式继电器、热继电器、机械式继电器、电动式继电器和电子式继电器等；②按反映参数可分为反映电量（又可以细分为交流和直流）的电流继电器、电压继电器等；还有反映非电量的速度继电器、压力继电器、温度继电器等；③按动作时间可分为瞬时动作继电器、短延时动作继电器等；④按用途可分为控制继电器，包括中间继电器、时间继电器和速度继电器等，还有保护继电器，包括热继电器、电压继电器和电流继电器等。

3-6-37 电磁式继电器与接触器有哪些主要区别？

（1）电磁式继电器一般用于控制小电流的电路，触点额定电流不大于 5A，所以不用灭弧装置，而接触器一般用于控制大电流电路，主触头处通常装有灭弧装置。

（2）电磁式接触器一般只能对电压的有或无作出反应，而各种继电器不仅可以对各种电量的有或无以及有多少作出反应，而且可以在各种非电量作用下动作。

3-6-38 什么是电磁式电流继电器，如何分类？它们各自应用在什么场合？

根据电路中电流的变化（增加或减小至某一定值）而接通或断开电路的电磁式继电器，称为电磁式电流继电器（以下简称继电器）。这种继电器线圈的导线粗，绕的匝数少，它串接于控制电路的电流回路中。

线圈中的电流大于整定值动作的继电器，叫做过电流继电器；线圈中的电流小于整定值动作的继电器，叫做欠电流继电器。改变电流线圈的匝数以及调节游丝的扭力，可改变继电器的动作电流值。

过电流继电器主要用于构成过电流保护，作为输电线路、电气设备的过载和短路保护。35kV 及以下电压等级的系统，通常采用过电流保护作为主要保护；在 110kV 系统中过电流保护一般用作后备保护。欠电流继电器常用于电磁吸盘和直流电机励磁系统的失磁保护。

3-6-39 什么是电磁式电压继电器，如何分类？电压继电器与电流继电器有何不同？电压继电器应用在什么场合？

根据线圈两端电压的变化（增加或减小至某一定值）而接通或断开电路的电磁式继电器叫做电磁式电压继电器。线圈两端的电压超过整定值动作的继电器，叫过电压继电器；线圈两端的电压低于整定值动作的继电器，叫欠电压继电器。改变反力弹簧的拉力，可以改变电压继电器的动作值。

电压继电器与电流继电器在结构上十分相似，所不同的是，电压继电器反映的是电压量，其线圈匝数较多，而且并接于控制电路的电压回路中。

电压继电器可以用于重要电动机和其他电气设备的失压、欠压和过压保护。保护动作后，或作用于跳闸，或作用于信号。

3-6-40 什么是电磁式中间继电器，其结构怎样，有何用途?

将一个输入信号变成一个或多个输出信号的电磁式继电器称为电磁式中间继电器。它的输入信号为线圈的通电或断电，输出信号是若干对触点的动作，触点的额定电流一般为 5A，小型的为 3A。中间继电器的线圈匝数是不能改变的，故其动作电压 $(70\% \sim 110\%)$ U_n 是通过改变弹簧的反力作用，或改变衔铁与铁芯之间的气隙来调整的。

中间继电器是一种辅助继电器，主要用于弥补主继电器触点数量不够或触点容量不足，从而实现控制和保护功能。

3-6-41 什么是时间继电器，有何作用? 如何分类?

从得到输入信号（电源接通或断开）起，经过一定的延时后才输出信号（即触点闭合或分断）的继电器叫做时间继电器。

时间继电器作为辅助元件，广泛地应用于各种保护和自动化装置中，使得被控电路达到所需要的延时，以实现保护有选择性地动作，以及实现自动化装置预定的逻辑功能。

根据控制回路电源性质的不同，时间继电器分为直流和交流两类；根据延时特性，时间继电器有通电延时型和断电延时型两种；根据工作原理的不同，还可分为电磁型、电动型及电子型三类。

3-6-42 两相双金属片式热继电器的结构及工作原理如何？何时应选用三相式热继电器？

双金属片式热继电器（以下简称热继电器）的外形结构如图 3-11 所示。热元件共有两块,由主双金属片 1、2 及围绕在外面的电阻丝（加热元件）3、4 组成。双金属片由

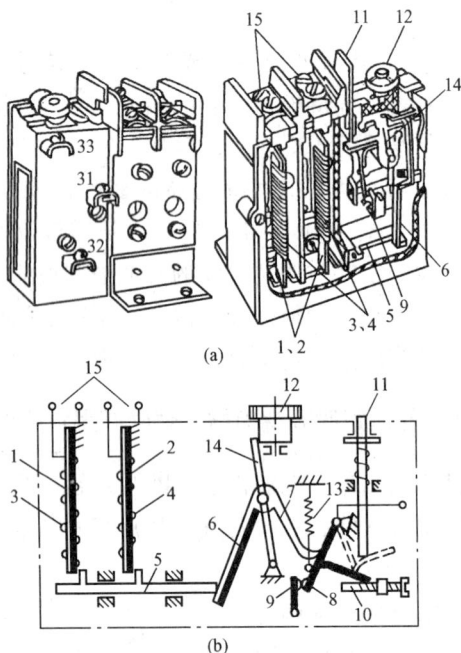

图 3-11 两相式热继电器结构及工作原理

(a) 外形；(b) 内部结构；(c) 工作原理示意图

1、2—主双金属片；3、4—加热元件；5—导板；6—温度补偿片；

7—推杆；8—动触点连杆；9—静触点；10—手动或自动复位调整

螺钉；11—复位按钮；12—动作值整定旋钮；13—弹簧；

14—支撑杆；15—接线端子

两种膨胀系数不同的金属片（如铁镍铬和铁镍合金）复合而成。电阻丝一般用康铜、镍铬合金等材料做成，使用时将电阻丝直接串接在电动机的两相电路上。

电动机过载时，电流使双金属片受热弯曲，推动导板 5 向右移动，导板 5 又推动温度补偿片 6，使推杆 7 绕轴转动，又推动了动触点连杆 8，使动触点连杆 8 与静触点 9 分开，从而使电动机控制线路中的接触器线圈断电释放而切断电动机的电源。温度补偿片 6 用与主双金属片同样类型的双金属片做成。当环境温度变化时，这一双金属片与主双金属片一同弯曲，因而可以补偿环境温度变化对热继电器动作精度的影响。转动带偏心轮的动作值整定旋钮 12，可以改变支撑杆 14 的位置，从而改变继电器的动作电流值。

热继电器动作后，复位方式有自动复位和手动复位两种。

（1）自动复位：调整螺钉 10 使动触点连杆 8 的复位弹簧 13 始终位于动触点连杆 8 转轴的左侧。当热元件冷却后，双金属片恢复原状，动触点连杆 8 在弹簧 13 作用下复位，与静触点 9 闭合。

（2）手动复位：将调整螺钉 10 拧出一段距离，使复位弹簧 13 位于连杆的转轴右侧。双金属片冷却后，由于弹簧 13 的作用，动触点连杆 8 不能自动复位。这时必须按动复位按钮 11、推动动触点连杆 8，使弹簧 13 偏到动触点连杆 8 转轴的左侧，便可利用弹簧的拉力使动触点复位。

上面讨论的热继电器只有两个热元件，属于两相式热继电器。如果电源的三相电压均衡，电动机的绝缘良好，则三相线电流必相等，用两相结构的热继电器已能对电动机进行过载保护。但当三相电源电压严重不平衡或电动机的绕组内部有短路故障时，就可能使电动机的某一相的线电流比其余两相高，如果恰巧该相线电流中没有热元件，就不能可靠地起到保护作用，此时就应选用三相式热继电器。

3-6-43 三相双金属片式热继电器的结构及工作原理如何?

三相双金属片式热继电器结构如图 3-12 所示，该继电器具有断相保护功能。当三相均衡过载时，三个热元件中通过的电流相等，双金属片受热向左弯曲，推动外导板 6，同时带动内导板 7 左移，通过补偿双金属片 12 和推杆 13，使动触点 9 与常闭静触点 8 分开，从而断开控制电路。当一相断路时，该相的双金属片逐渐冷却而右移，带动内导板 7 也右移，并且一相断路时，电动机处于单相运行状态，必然引起另两相电流增大，外导板 6 继续在未断相的双金属片推动

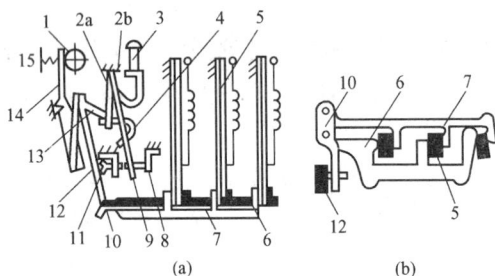

图 3-12 三相式热继电器结构及工作原理

(a) 结构示意图; (b) 差动导板

1—电流调节偏心轮; 2a、2b—片簧; 3—手动复位按钮;
4—弹簧片; 5—双金属片; 6—外导板; 7—内导板;
8—常闭静触点; 9—动触点; 10—杠杆; 11—常开静
触点; 12—补偿双金属片; 13—推杆; 14—连杆;
15—压簧

下左移。由图 3-12（b）可见，一左一右产生差动作用，通过杠杆 10 的放大，大大加快了补偿双金属片 12 的左移距离，即使继电器迅速脱扣动作。

3-6-44 什么是智能式热继电器？它的作用是什么？

智能式热继电器即由微处理器控制的热继电器。

该继电器可以作为电动机的过载、断相、三相不平衡、接地，失压及欠压等故障的保护，并可以数字显示故障类型，能适应不同起动条件和工作条件电动机的保护要求，动作特性准确可靠。

3-6-45 什么是热继电器的整定电流，如何整定？

热继电器的整定电流是指长期不动作的最大电流，超过此值热继电器就会动作，其整定方法如下：如图 3-11 所示，旋钮 12 上刻有整定电流值的标尺，旋动旋钮时，偏心轮压迫支掌杆 14 绕支点左右移动，支掌杆向左移动时，推杆 7 与动触点连杆 8 的间隙增大，继电器的热元件动作电流就增大，反之动作电流就减小；当整定电流一定时，过载电流越大，继电器的动作时间越短，反之则越长。

3-6-46 选择热继电器时应注意哪些方面？

（1）类型选择。一般轻载起动、长期工作的电动机或间断长期工作的电动机，宜选择二相结构的热继电器；当电动机的电流电压均衡性较差、工作环境恶劣或较少有人看管时，可选用三相结构的热继电器。

（2）额定电流选择。热继电器的额定电流应略大于电动机的额定电流。

（3）热元件额定电流选择。热元件的额定电流应略大于电动机的额定电流。

（4）热元件整定电流选择。根据热继电器型号和热元件额定电流，即可查出热元件整定电流的调节范围。通常将热继电器的整定电流调整到电动机的额定电流；对过载能力差的电动机，可将热元件整定值调整到电动机额定电流的 0.6～0.8 倍；当电动机起动时间较长、拖动冲击负载或不允许停车时，可将热元件整定电流调节到电动机额定电流的 1.1～1.15 倍。

（5）对于工作时间较短、间歇时间较长的电动机（例如摇臂钻床的摇臂升降电动机等），以及虽然长期工作但过载的可能性很小的电动机（例如排风机等），可以不设过载保护。

（6）因热元件受热变形需要时间，故热继电器只能作为电动机的过载保护，不能作为短路保护用。因此，在使用热继电器时，应加装熔断器作为短路保护。对于重载、频繁起动的较大容量的重要电动机，则可用过电流继电器（延时动作型的）作它的过载和短路保护。

（7）对点动、重载起动，连续正反转及反接制动等运行的电动机，一般不宜用热继电器。

3-6-47 怎样安装和使用热继电器？

（1）热继电器安装时，应清除触点表面尘垢，以免因接触电阻太大或电路不通，而影响热继电器的动作性能；必须按照说明书中规定的方式安装，当与其他电器装在一起时，应注意将它装在其他电器的下方，以免其动作特性受到其他电器发热的影响。

（2）因导线材料和截面不同会影响热元件传导到外部热量的多少，从而影响继电器的动作特性，故热继电器出线端的连接导线，应按照表3-6规定选用。铝芯线截面应增大约1.8倍，且端头应搪锡。

表3-6　　　　　热继电器连接铜芯导线选用表

热继电器额定电流（A）	连接导线截面积（mm²）	连接导线种类
10	2.5	单股铜芯塑料线
20	4	单股铜芯塑料线
60	16	多股铜芯橡皮软线
150	35	多股铜芯橡皮软线

（3）出线螺钉必须拧紧，以免因接触电阻增大而影响热元件温升，使保护特性不稳定或误动作。

（4）对于在继电器动作后必须检查电动机和设备状况的场合，为防止继电器自动再扣，宜用手动复位；而在易于发生工艺性过载的场合，则宜采用自动复位。

（5）环境温度变化对于带温度补偿的继电器本身影响甚微，但电动机与热继电器两者环境温度之间的差异（如控制在室内，而电动机安装在室外），却能影响其特性的配合，对此不容忽视。因此，在安装热继电器时，应尽量使其与电动机周围的环境温度保持一致。

（6）安装好的热继电器在投运前，应检查其整定电流是否符合要求。

（7）应定期去除尘垢，若发现双金属片上有锈斑，可用清洁棉布蘸四氯化碳等溶剂轻轻揩拭，切忌用砂纸打磨；正常情况下热继电器应每年校验一次；当发生短路故障后，亦应对热继电器进行校验，检查热元件是否损坏和双金属片是否已发生永久变形，必要时应及时更换。

3-6-48　热继电器误动作的可能原因有哪些，应该怎样处理?

（1）整定电流偏小，未过载就动作。应重新整定。

（2）电动机起动时间过长，使热继电器在起动过程中就脱扣。应按起动时间要求，选择具有合适可返回时间的热继电器或在起动过程中将热继电器暂时短接。

（3）操作频率太高，使热继电器因经常受起动电流的冲击而误动作。应适当降低操作频率或选用其他保护方式（如延时动作过电流继电器）。

（4）受到强烈冲击及振动，使热继电器机构松动而脱扣。应选用带防冲击装置的专用热继电器。

（5）连接导线太细，接线端接触不良。应按技术条件规定选用导线并保证连接可靠。

（6）调整部件松动，致使热元件整定电流偏小。拆开热继电器检查机构及部件并紧固，再重新调整。

（7）热继电器与电动机所处的环境温度相差太大。应采取通风散热等措施，使其符合要求。

3-6-49　什么是低压断路器，有何用途? 其工作原理如何?

低压断路器是一种可以不频繁通断正常负荷电路的控制电器。当电路发生过载、短路、失压和欠压时，还能够自动地切断电路。

断路器的工作原理可用图3-13说明。它的触头1共有3个，串联在三相主电路中。当用操作手柄使断路器闭合后，

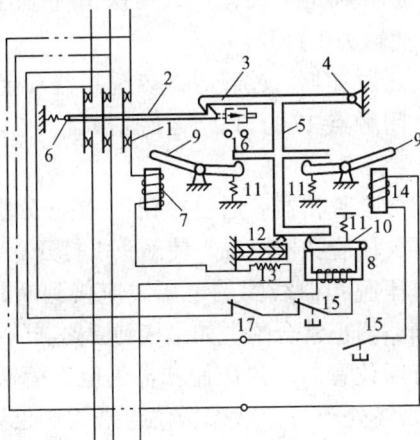

图 3-13 断路器工作原理图

1—触头；2—锁键；3—搭钩；4—转轴；5—杠杆；6、11—弹簧；
7—过流脱扣器；8—欠压脱扣器；9、10—衔铁；12 热脱扣器
双金属片；13—加热电阻丝；14—分励脱扣器；15—按钮；
16—合闸电磁铁；17—热脱扣器触点

触头 1 由锁键 2 保持在闭合状态。锁键 2 是由搭钩 3 支持的，搭钩可以绕转轴 4 转动。如果搭钩 3 被杠杆 5 顶开，触头 1 就被弹簧 6 拉开，电路分断。其中搭钩 3 被杠杆 5 顶开这一动作，可以由以下四种方式完成：

（1）利用过流脱扣器。过流脱扣器 7 的线圈和主电路串联。线路发生短路时，过流脱扣器的电磁吸力将衔铁 9 吸合（正常负荷电流所产生的吸力不足以使衔铁动作），撞击杠杆 5，使搭钩 3 释放，触头 1 打开。

（2）利用欠压脱扣器。欠压脱扣器 8 的线圈并联在主电路上。电压正常时，欠压脱扣器将衔铁 10 吸合；当电压降

到某一值时，脱扣器的吸力减小，衔铁10被弹簧11拉开，撞击杠杆5，使触头1打开。

（3）利用热脱扣器。过载时，热脱扣器双金属片12发热弯曲，使常闭触点17打开，欠压脱扣器失电，触头1打开。

（4）利用分励脱扣器。通过按钮15接通分励脱扣器14的电源或断开欠压脱扣器电源，使触头1打开。

注意，欠压脱扣器线圈的电源线应接到断路器的进线端，才能使断路器正常合闸。如果接到断路器的出线端，当断路器处于分断位置时，欠压脱扣器失电，衔铁10受弹簧11拉力作用始终处于打开状态，使得搭钩3也处于打开状态，断路器便不能正常合闸。

低压断路器都装有操作手柄，可以在正常情况下闭合、分断电路及故障跳闸后重新手动合闸使用。另外，装有合闸电磁铁16的断路器，可以通过按钮在远方控制其合闸。

3-6-50 常用的低压断路器有哪些类型，各适用于什么场合？

常用的断路器分为DW型框架式（又称万能式）和DZ型塑料外壳式（又称装置式）两种类型。

（1）DW型框架式断路器。此类断路器有一钢制或者塑料压制的框架，触头系统、灭弧室、传动机构、各种脱扣器及辅助开关等全部安装在框架上。常用有DW15、DWX15、ME、AE等系列。这类开关保护性能完善，极限断流能力高，可以由远方控制合、分闸，适用于低压配电网及交流电动机的过载、短路和欠压保护以及正常情况下不频繁通断负载电路。其中DW15系列万能式低压断路器（如图3-14所示）是国内有关科研单位与厂家联合研制开发的性能较好的产品，该产品系列性能符合 JB1284 - 1985 及 IEC157 - 1 标准，其额定电流等级分为 200、400、630、1000、1600、2500、4000A。断路器具有三段保护特性，因而可以对配电系统进行有选择性保护。在 DW15 系列断路器的基础上，适当改变触头的结构，便制成了 DWX15 系列限流式断路器，它具有快速开断和限制短路电流上升的特点，特别适用于可能发生特大短路电流的电路中。

（2）DZ 型塑料外壳式断路器。此类断路器将触头系统、

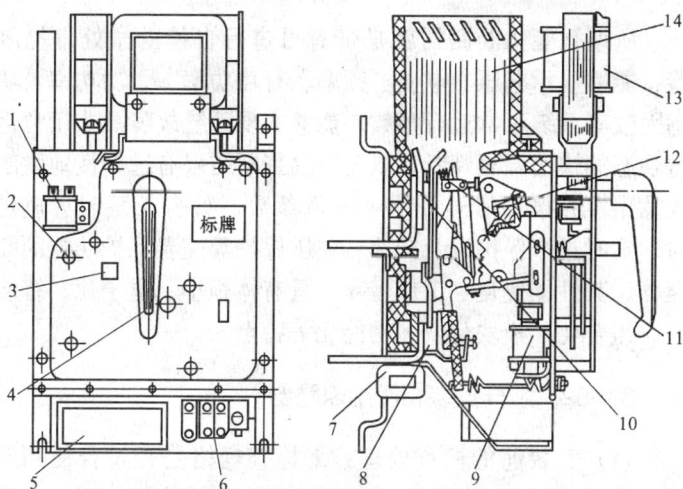

图 3-14   DW15-200、400、630 型断路器结构示意图

1—分励脱扣器；2—手动分闸按钮；3—"分""合"闸指示；

4—操作手柄；5—阻容延时装置；6—热脱扣或电子脱扣器；

7—速饱和互感器或电流电压变换器；8—瞬动过流脱扣器；

9—失压脱扣器；10—静触头；11—动触头；12—主轴；

13—合闸电磁铁；14—灭弧罩

灭弧室、操作机构和脱扣器等部件都安装在塑料外壳内。该类断路器适用于配电支路、电动机及照明负荷的短路、过载保护以及正常情况下不频繁通断负荷电路。在选择性要求不高的情况下，也可以用作电源总开关。开关的过电流脱扣器多采用热双金属片延时和电磁瞬时脱扣器构成复式脱扣，因而具有两段保护特性。部分产品还配有多种附件，可使断路器具有漏电、欠压、分励、报警等功能。常用的 DZ 型断路器有 DZ15、DZ12、DZ20、3VE、C45N、DZX19 等系列。

3-6-51　什么是智能化断路器？有何特点？

所谓智能化断路器就是带有可进行自检的微处理控制器，能够显示电压、电流、频率、有功功率、无功功率及功率因数等系统正常运行参数，能够实现系统故障及非正常运行状态的快速检测判断，以及根据判断结果有选择性地跳闸或发出声光报警信号并记录故障参数，具有长延时、短延时、瞬时过流保护以及接地、欠压保护等完善保护功能的断路器。其性能优良、工作可靠，具有体积小、电子化、智能化、组合化、模块化及多功能化等特点。

3-6-52　怎样安装和使用断路器？

（1）安装前的检查处理：①检查规格是否符合使用要求；②用 500V 兆欧表检查一次回路对地的绝缘电阻，应不小于 10MΩ；③将断路器操作数次（有欠压脱扣需先送电），观察机构动作是否灵活，分合是否可靠以及分合指示是否正确；④将脱扣器铁芯工作面上的防锈油脂抹去，以免影响动作灵敏性。

（2）按照说明书规定的方式安装，并安装平整，不得有附加机械应力；电源进线应接灭弧室一侧的接线端，出线则应接脱扣器一侧的接线端；灭弧罩上部应留有飞弧空间，以防止飞弧短路。

(3) 接线端的连接线截面应严格按规定选取，以免影响双金属片热脱扣器的保护特性；过流脱扣器的定值一经调好不允许随意更动。

(4) 带插入式触头的 DZ 型断路器应安装在金属箱内，而将操作手柄外露，以免发生操作人员触电事故；DW 型断路器的接地螺钉应可靠接地。

(5) 在断路器分断短路电流后，应及时检查触头，擦除弧烟痕迹；若触头烧毛，应细心修整。

(6) 应定期（半年至一年）给操作机构加润滑油并定期清除尘垢，以免影响操作和绝缘；定期检查各种脱扣器的动作值，有延时者还要检查其延时情况。

3-6-53 怎样操作断路器？

(1) 对于 DW 型断路器，正常情况下可以用操作手柄就地合闸，也可以通过按钮接通合闸电磁铁或合闸电动机电源合闸；分闸时在正常情况下可以用按钮控制分励脱扣器进行，在故障或异常情况下则通过过流或欠压或热脱扣器自动进行。

(2) 对于 DZ 型断路器，正常情况下一般只能用操作手柄就地分、合闸，对于某些产品（如 DZ20 系列）可以用按钮控制分励脱扣器进行分闸；在故障或异常情况下则通过过流或欠压或热脱扣器自动进行分闸。DZ 型断路器的手动操作方法如下：

1) 合闸时将手柄向上推，断路器闭合接通电路，手柄指向"合"位置。

2）断路器经脱扣器自动分断后再合闸时，应先将手柄向下扳到底，使已处于释放状态的搭钩勾住再扣面，然后再将手柄上推合闸。

3）分断时将手柄向下扳，断路器断开电路，手柄指向"分"位置。

3-6-54 断路器手动或电动操作时，触头不能闭合或一个触头未能闭合是什么原因，怎样处理？

触头不能闭合的主要原因及处理方法是：①失压脱扣器无电压或其线圈已损坏，应加上电压或更换线圈；②机构不能复位再扣，应调整再扣面；③储能弹簧变形使闭合力减小，应更换储能弹簧；④操作电源电压过低，应调整电源电压；⑤熔断器已熔断，应更换熔断器；⑥控制电路接线错误，应检查并改正接线；⑦电路中的元件（如整流管或电容器）损坏，应检查并予以更换；⑧合闸电磁铁拉杆行程不够或电动机操作定位开关变位，应重新进行调整。一个触头不能闭合的原因一般是一相连杆断裂，应更换连杆。

3-6-55 分励脱扣器或失压脱扣器不能使断路器分断是什么原因，怎样处理？

分励脱扣器不能使断路器分断主要原因及处理方法是：①电源电压过低，应检查排除电源故障；②线圈短路或断路，应更换线圈；③机构的脱扣面太大，应重新调整。

失压脱扣器不能使断路器分断主要原因及处理方法是：①机构卡住，应找出原因（如生锈或异物等）并予以消除；②机构的脱扣面太大，应重新调整。

3-6-56 断路器触头运行温度过高是什么原因，怎样处理？

触头温度过高的原因有很多。如果是触头压力过分降低，则应调整触头压力或更换触头弹簧；如果是触头表面被污染或过分磨损而造成接触不良，则应清理接触面或更换触头，不能更换触头的只好更换整台断路器；如果是导电部件连接螺钉松动，则应将它们拧紧。

第四章
进户及电能计量装置

第一节 进户装置

4-1-1 什么是进户装置?

由配电线路接户杆至电能计量装置前的所有设施,包括接户杆、接户线、第一支持物及进户线等,称为进户装置,如图 4-1 所示。

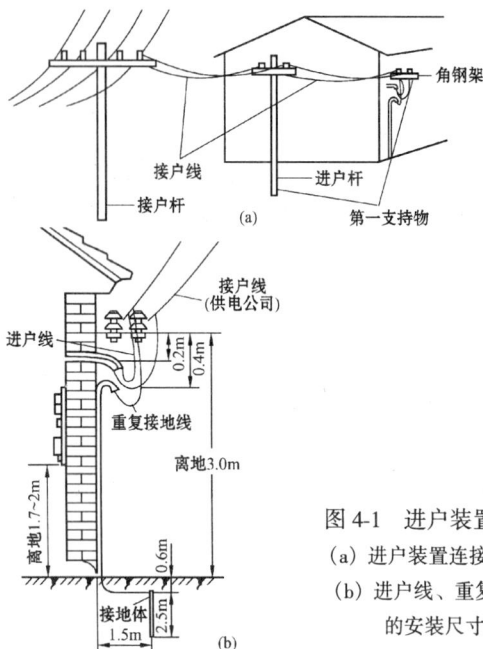

图 4-1 进户装置示意图

(a) 进户装置连接示意图;

(b) 进户线、重复接地等的安装尺寸图

4-1-2 什么是接户杆、接户线、第一支持物、进户线?

下引接户线的低压配电线路电杆称为接户杆;从低压配电线路引至建筑物墙外角钢架的线路,称为接户线;第一支持物指建筑物墙外支持接户线的设施,包括进户杆(不一定需要装设)及角钢架;从角钢架至计费电能表的线路称为进户线(亦称套户线)。

4-1-3 进户点设置的一般规定是什么?

(1) 同一地点、同一单位、同一建筑物、内部相互连通的房屋或同一围墙内的照明、动力用电,原则上只允许设置一个进户点;

(2) 公用住宅的多层建筑的进户点,应尽量避开阳台和走廊;

(3) 进户点外的建筑物应牢固和不漏水,应能保证施工安全和便于进行维修;

(4) 尽可能接近供电线路和负荷中心;

(5) 与邻近房屋的进户点尽可能取得一致。

4-1-4 如何确定供电相数?

供电相数应根据负荷大小及配电变压器的负荷平衡情况来确定。

(1) 对于永久性用电负荷,当装表容量在 40A 及以下者,以单相二线供电;当装表容量在 40A 以上者,以三相四线供电。在负荷分配时,应尽可能将负荷平均分配在各相上。在考虑三相负荷平衡的前提下,住宅群的每个进户点一般以单相供电。

（2）对于临时用电负荷，如节日彩灯、临时拍摄影视片等用电，可根据变压器容量和申请负荷，适当放宽单相供电的装表容量。

（3）对于建筑工地用电，一般以三相四线供电，并将照明和动力用电分开。

4-1-5　怎样选择接户线?

（1）在易燃、易爆或有特殊要求不适宜采用明线的场所，应采用电缆作接户线。

（2）一般不采用硬母线。若必须采用硬母线时，应在进户穿墙套管处加装 U 型支持角铁和支柱绝缘子。

（3）接户线应采用橡胶或塑料绝缘导线，截面应根据载流量及机械强度来考虑选择，其最小截面应符合表 4-1 的规定。在跨越通车的主干道时，必须用多股绝缘导线，其最小截面要求：铜芯线为 $10mm^2$；铝芯线为 $16mm^2$。

表 4-1　　　　　接户线最小允许截面

接户线架设方式	档距（m）	铜线（mm^2）	铝线（mm^2）
由杆引下	≤10	2.5	4.0
	10～25	4.0	6.0
沿墙敷设	≤6	2.5	4.0

4-1-6　接户线的安装施工有哪些注意事项?

（1）接户线不宜从变压器构架两侧顺线路的方向引出；接户线不得跨越电车线；接户线跨越街道或靠近窗户、阳台等的最小距离应符合表 4-2 的规定。

表 4-2   接户线与其他物体或线路跨越交叉的最小距离

序号	接户线跨越交叉的对象		最小距离（m）
1	跨越通车的街道		6
2	跨越通车困难的街道、人行道		3.5
3	跨越人行道、巷道		3*
4	跨越阳台、平台、平顶屋面		2.5
5	跨越屋脊		0.6
6	与通信、广播线交叉	接户线在上方时	0.6**
		接户线在下方时	0.3**
7	在窗户上		0.3***
8	在窗户或阳台下		0.8
9	与窗户或阳台的水平距离		0.75
10	与墙壁或构架的水平距离		0.2
11	对树枝的距离		0.4

*   住宅区跨越场地宽度在 3m 以上 8m 以下时，其高度一般应不低于
     4.5m。

* *   如不能满足要求时，应采取隔离措施。

* * *   如达不到 0.3m 时，可将支持物由两眼角钢改为四眼角钢或采取其他
     措施。

（2）接户线采用一般绝缘导线自杆上引下时，其最小线
间绝缘距离一般应不小于 200mm；接户线采用绝缘导线沿墙
敷设时的最小线间距离要求：档距在 6m 及以下时不小于
100mm，档距在 6m 以上时不小于 150mm。

（3）接户线的档距不应大于 25m，超过 25m 时应增设进
户杆；接户线应在接户杆上连接，不应在档距内连接，并且
接户线在一个档距内的接头不得超过一个，接户线受电端的
对地距离不应小于 2.6m。

（4）沿墙敷设的连接线，档距不应大于6m；对于住宅大楼沿墙敷设的连接线的档距可适当加大，但最大不得超过10m，并且此时支持物应采用角钢制作；由一个用户的墙外第一支持物接到另一个用户第一支持物的连接线，包括接户线在内的总长度不得超过60m。

（5）接户线、连接线遇有铜、铝连接时，应采取铜铝过渡措施。

4-1-7 角钢架的制作应符合哪些要求？

角钢架具体制作尺寸应符合以下各条规定，并应采取热镀锌等防腐处理措施。

（1）两眼角钢的制作尺寸如图4-2和表4-3所示。

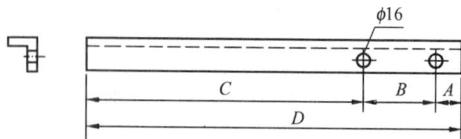

图 4-2 两眼角钢制作

（2）四眼角钢的制作尺寸如图4-3和表4-4所示。

表 4-3 两眼角钢制作尺寸

导线截面 （mm²）	角钢规格 （mm）	绝缘子固定孔距离 （mm）			
		A	B	C	D
6～10	4×40×40	50	200	400	650
16～35	5×50×50				
50～120	5×60×60				
150～185	6×65×65				

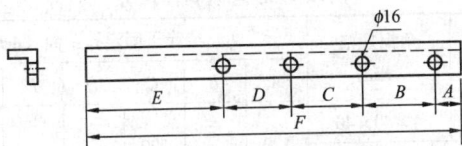

图4-3　四眼角钢制作

表 4-4　　　　　　　　**四眼角钢制作尺寸**

导线截面 (mm²)	角钢规格 (mm)	绝缘子固定孔距离（mm）					
		A	B	C	D	E	F
6 ~ 10	4 × 40 × 40						
16 ~ 35	5 × 50 × 50	50	200	200	200	400	1050
50 ~ 120	5 × 60 × 60						
150 ~ 185	6 × 65 × 65						

（3）两眼 U 形角钢的制作尺寸如图 4-4 和表 4-5 所示。

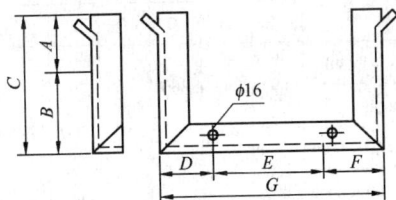

图4-4　两眼 U 形角钢制作

（4）四眼 U 形角钢的制作尺寸如图 4-5 和表 4-6 所示。

若采用绝缘导线沿墙敷设时，支持物绝缘子固定孔间的距离应按题 4-1-6（2）的规定制作。

表 4-5　　　　　　　　　两眼 U 形角钢制作尺寸

导线截面 （mm²）	角钢规格 （mm）	绝缘子固定孔距离（mm）						
		A	B	C	D	E	F	G
6～10	4×40×40	120	200	320	80	200	80	360
16～35	5×50×50							
50～120	5×60×60	150		350				
150～185	6×65×65	200		400				

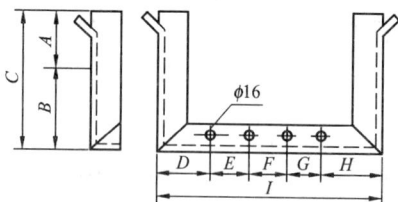

图 4-5　四眼 U 形角钢制作

表 4-6　　　　　　　　　四眼 U 形角钢制作尺寸

导线截面 （mm²）	角钢规格 （mm）	绝缘子固定孔距离（mm）								
		A	B	C	D	E	F	G	H	I
6～10	4×40×40	150	200	350	80	200	200	200	80	760
16～35	5×50×50									
50～120	5×60×60	200		400						
150～185	6×65×65									

4-1-8　角钢架的安装施工应符合哪些要求?

（1）角钢架应按供电方案确定的位置安装，对地距离一般应不高于 4m 且不低于 3m，但在多层住宅区一般可设在 6～6.3m 处。若底层层高增加时，可根据土建的具体情况确定。

（2）临近主干道建筑进户点的角钢架高度应不低于 3.5 m。若不能满足上述要求或接户杆至进户点角钢架的距离大于 25m 时，应增设进户杆，具体选择、安装要求见题 4-1-9。

（3）绝缘子安装要求：导线截面在 $10mm^2$ 及以上时，应使用蝶形绝缘子固定，$10mm^2$ 以下时，可采用针形绝缘子固定。

（4）绝缘子与建筑物间的最小距离不应小于 200mm，特殊情况可以适当延长角钢架并采取加固措施。

（5）角钢架安装必须牢固，横向应保持水平，必要时可根据受力情况加拉线或支撑。

4-1-9 进户杆的选择安装应符合哪些要求？

进户线杆一般应采用圆形水泥杆，其高度一般不低于 7m，梢径为 150mm。水泥杆应有足够的机械强度，不得有弯曲、裂缝、露筋及水泥疏松剥落等现象。进户杆安装应牢固，其埋深一般应不低于杆长的 1/6，必要时可根据受力情况加设拉线。

4-1-10 进户线的选择应符合哪些要求？

应采用绝缘良好的单芯铜线（经电流互感器的除外），不得使用软线且中间不应有接头；截面选择应使导线的安全载流量大于装表容量，并且铜芯线的最小截面不得小于 $2.5mm^2$。

4-1-11 进户线的安装施工应符合哪些要求？

（1）进户线与通信线、广播线严禁在同一个进户点进户；居民与商业等单位合用的综合楼、单位与民用的进户线必须分别敷设。

（2）进户点至计量电能表的电气距离最长不得超过 10m；进户线一般不得穿越房间，若必须穿越时应采用明管敷设；进户线应有足够的长度，户外一端与接户线连接后应有一定的松弛度，以形成滴水弯；PE 线或 PEN 线在进户前应作重复接地，接地电阻不应大于 10Ω；进户线应穿进户管进户，进户管应选用弯头瓷管、钢管或硬塑料管（需做防雨弯头），管径应根据进户线的截面和根数参照表 4-7 进行选择，电线管径的单位换算（毫米-英寸）可参照表 4-8。

表 4-7　　　　　　　穿 线 管 径 选 择

导线标称截面	导 线 根 数								
	2	3	4	5	6	7	8	9	10
（mm²）	电线管最小管径（mm）								
1	13	16	16	19	19	25	25	25	25
1.5	13	16	19	19	25	25	25	25	25
2	16	16	19	19	25	25	25	25	25
2.5	16	16	25	25	25	25	25	25	32
3	16	16	19	25	25	25	25	32	32
4	16	19	25	25	25	25	32	32	32
5	16	19	25	25	25	25	32	32	32
6	16	19	25	25	25	32	32	32	32
8	19	25	25	32	32	32	38	38	38
10	25	25	32	32	38	38	38	51	51
16	25	32	32	38	38	51	51	51	64
20	25	32	38	38	51	51	51	64	64

导线标称截面	导 线 根 数								
	2	3	4	5	6	7	8	9	10
（mm²）	电线管最小管径（mm）								
25	32	38	38	51	51	64	64	64	64
35	32	38	51	51	64	64	64	64	76
50	38	51	64	64	64	64	76	76	76
70	38	51	64	64	76	76	76	—	—
95	51	64	64	76	76	—	—	—	—

注 表中的管径是指电线管的外径。硬塑料管、钢管管径是指内径，也可参照表4-7选择。

表4-8　　　毫米—英寸对照表

毫米	13	16	19	25	32	38	51	64	76	90	100	125	150
英寸				1		2		3			4	5	6
名称	4分	5分	6分	1寸	寸2	1寸半	2寸	2寸半	3寸	3寸半	4寸	5寸	6寸

（3）进户管可采用石灰或水泥固定，应使管子的墙外一端略低于墙内一端，并且使防雨弯头向下。钢管或塑料管伸出墙外部分一般为150mm，瓷管伸出墙外部分为50mm。进户管与第一支持物的垂直距离为200mm。

（4）若采用钢管作进户管，应将进户线全部从一根管子内穿入。

（5）进户线户内一端不得用槽板布线，可采用瓷夹板、硬塑料管或钢管等布线方式敷设于明显可见处。采用塑料管及钢管布线时，管径应根据进户线的截面和根数参照表4-7进行选择，但最小不应小于13mm。进户线与电能表的出线不得交叉混杂在一起，否则进户线应用管子布线。

（6）进户线采用管子敷设的要求是：①钢管应进行镀锌处理并可靠接地，管口应光滑且两端有护圈；②照明和动力线路应分别穿管敷设；③钢管壁厚不小于 2.5mm，硬塑料管壁厚不小于 2mm；④管子的弯头不得多于 3 个；⑤管子应从表箱的侧面或顶部伸入 10 ~ 15mm。

第二节 电能计量装置

4-2-1 什么是电能计量装置?

由电能表及互感器等组成的用于计量电力用户电能消耗的装置，称为电能计量装置，如图 4-6 所示。

4-2-2 电能计量的一般规定是什么?

（1）电能计量装置应保证能正确计量及合理计算电费；供电部门应根据用电单位的性质、电价分类来装设电能计量装置；计量方式、互感器变比、直接表电流规格及安装位置应由供电部门在供电方案中确定。

（2）电能表的量电电流在 150A 及以上者，应在电流互感器二次回路中装设专用接线试验盒。

（3）电能计量用的电流互感器的二次回路中，不得串接其他仪表。

（4）电能表及电流互感器二次回路应采用单根铜芯绝缘线，不得使用软线，且中间不应有接头。电流互感器二次回路导线的最小截面不应小于 $2.5mm^2$，电压回路导线的最小截面不应小于 $1.5mm^2$。

接用户　　接电源进线　　　动力部分　　　　　　　总开关

照明部分　　用户熔断器　　　三相电能表　　　　接分路开关

总开关

单相电能表

(a)

接用户　　接电源电线　　　　　　　　　动力部分

照明部分　　总开关　　　　　　电流互感器

用户熔断器　　　　三相电能表　　　总开关

单相电能表　　　　　　　　　　接分路开关

(b)

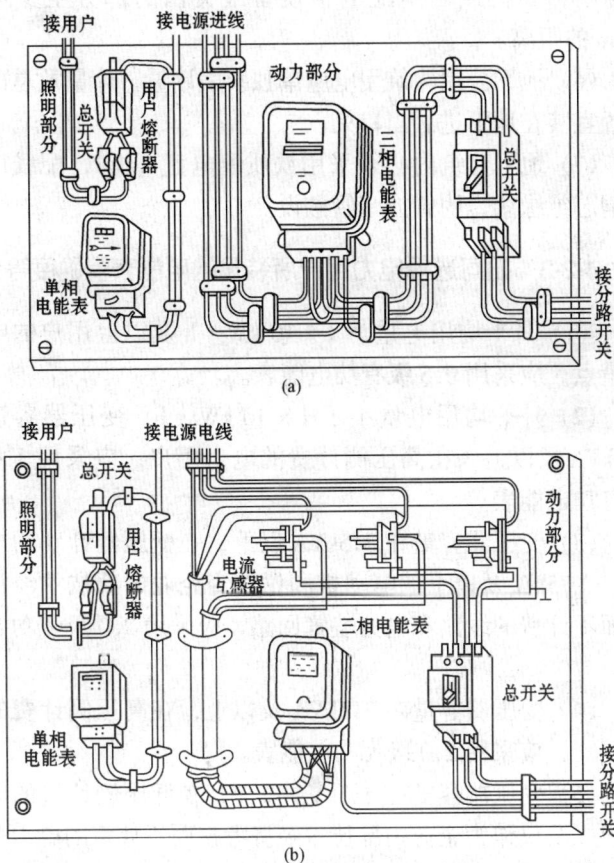

图 4-6　电能计量装置安装图

（a）小容量配电板；（b）较大容量配电板

（5）电能表量电电流在 150A 以下者，应设配电板或配电柜；量电电流在 150A 及以上者应设配电间，并装有专用计量柜。配电柜安装在车间内时，一般应有单独的隔间或加装栅栏，栅栏或墙至配电柜设备最突出的部分至少应有0.8m的距离。

(6) 地下公用建筑用电应单独装表计量，计量及总配电装置宜装在地下进、出口处。

(7) 地下建筑内必须采用铁质配电盘（板），配线应采用铜芯绝缘线，明管或暗管敷设。

4-2-3 如何选择电力用户所装设的电能表精确度等级？

(1) 月平均用电量为 $1 \times 10^6 kW \cdot h$ 及以上用户的电能计量点，应采用 0.5 级有功电能表。

(2) 月平均用电量小于 $1 \times 10^6 kW \cdot h$，变压器容量在315kVA 及以上，在高压侧计费的电力用户，应采用 1.0 级的有功电能表。

(3) 变压器容量在 315kVA 以下，在低压侧计费的电力用户、75kW 及以上的电动机和仅作为企业内部技术经济考核而不计费的线路和电力装置回路，应采用 2.0 级有功电能表。

(4) 变压器容量在 315kVA 及以上，在高压侧计费的电力用户，应采用 2.0 级无功电能表。

(5) 变压器容量在 315kVA 以下，在低压侧计费的电力用户以及仅作为企业内部技术经济考核而不计费的电力用户电能计量点，应采用 3.0 级无功电能表。

4-2-4 如何选择计量用互感器的准确度等级？

0.5 级的有功电能表和 0.5 级的专用电能计量仪表，应配用 0.2 级的互感器；1.0 级的有功电能表、1.0 级的专用电能计量仪表、2.0 级的计费用有功电能表及 2.0 级的无功电能表，应配用不低于 0.5 级的互感器；仅作为企业内部技术经济考核而不计费的 2.0 级有功电能表及 3.0 级的无功电能表，宜配用不低于 1.0 级的互感器。

4-2-5　电能表安装地点应符合哪些要求？

（1）电能表应安装在周围环境明亮、干燥、不易受损、受振，并且便于电能表抄读、装拆及维修的场所。在易燃、易爆、潮湿、高温、有腐蚀性气体、有磁力影响的场所以及卧室内，不宜装设电能表。

（2）电能表量电电流在 150A 及以下者，可采用表板或由供电部门在指定表位时确定其安装位置；150A 以上者，应安装在配电间内的专用计量柜内。

（3）动力用户的照明用电应与动力用电分开计量，其计量电能表应和动力计量电能表装设在一起。

（4）居民照明用电电能表的安装应符合以下要求：

1）感应式电能表的安装。①平房一般安装在户外大门两侧。②7 层及以下的住宅，如果仅有照明用电，可采用暗式表箱集中装在第 1 层；如果含有动力用电者，应在第 1 层设置电表间。计费电能表应按每层每户装设 1 只，并有标明该电能表为哪一层哪一户居民所使用的明显标志。如果因条件限制，可视具体情况将表箱安装在 1～2 层之间楼梯转弯处的墙壁上。③7 层以上的住宅，对 1～13 层者，应集中装在第 1 层电表间内；13～18 层，可在第 1 层和 1/2 总层数处设置电表间；18～30 层，可在第一层，1/3 总层数以及 2/3 总层数处设置电表间。

2）预付费式电能表（电卡表）的安装。预付费式电能表应就近安装在户外大门两侧。

4-2-6 电能表板或表箱安装应符合哪些要求?

安装电能表板或表箱时应注意其水平度和垂直度;表板下沿距地面不应低于 1.7m 且最高不应超过 2m;暗装表箱底口距离地面不应低于 1.4m;临时用电表箱装于室外时,应使用专用表箱,表箱底口距离地面应不小于 1.6m;电能表箱位于电能计量表前的箱盖上应设玻璃观察窗。

4-2-7 电能表与表箱、表板以及其他相邻电器装置的距离应符合哪些规定?

电能表与表箱、表板以及其他相邻电器装置的距离应符合下列规定:①电能表上端距表板的上边沿不小于 50mm;②电能表的上端距表箱顶端不小于 80mm;③电能表的侧面距表板、表箱侧边沿、开关以及其他电器应不小于 6mm。

4-2-8 电能表装表方式应符合哪些规定?

电能表装表电流在 40A 以下(临时用电为 50A)时,可装一只直接单相表;装表电流在 40A 以上时,可装 3 只单相表或 1 只三相四线电能表,此时可以装直接表也可以装带有互感器的电能表。

4-2-9 计量用电流互感器的安装应符合哪些规定?

计量用电流互感器安装前应进行外观检查,其铭牌、线圈外表绝缘及二次端子应完整,并经试验合格后方可进行安装;计费计量用的电流互感器应安装在专用计量柜或互感器箱内,并且计量柜或互感器箱应安装在受电总开关前;电流互感器与一次侧导线连接时,截面 35mm² 及以下的导线可绕制线鼻子后进行连接,截面 35mm² 以上的导线,应用压接钳压制铜或铝接线鼻后进行连接，连接螺栓应配有弹簧垫圈；电流互感器与一次侧导线连接处遇有铜、铝连接时，应采取铜铝过渡措施；同一组互感器的极性方向应一致；电流互感器二次侧应可靠接地。

4-2-10 单相电能表的常用规格有哪些？单相电能表怎样接线？

单相电能表分为感应式和电子式两大类。用于民用照明用电计量的常用规格有 2.5（10）、5（20）、10（40）A 三种，可接最大负荷分别约为 2、4、8kW。

单相电能计量一般为直接接入式，如图 4-7（a）所示。三相电能计量也可以用 3 只单相电能表来计量，接线如图 4-7（b）及图 4-7（c）所示。单相电能表共有 4 个接线孔，通常是进线的相线接 1 孔，进线的中性线接 3 孔；出线的相线接 2 孔，出线的中性线接 4 孔，俗称"1、3 进，2、4 出"。也有少数电能表的接线方法与上述不同，具体接线时可参照其接线盒盖反面的接线图进行。需要注意的是，3 只单相电能表经电流互感器接入时，应将与接线孔 1 相连接的电压连接片断开，然后将各只表的电压端子分别接各相相线。接线时还应注意电流互感器的极性以及保证电流互感器二次侧可靠接地。

采用 3 只单相电能表直接接入方式来测量三相电能时，总用电量为 3 只电能表计度器读数之和。当采用 3 只单相电能表经电流互感器接入方式来测量三相电能时，总用电量为 3 只电能表的读数之和再乘以电流互感器的变比（即倍率）。例如：电能表读数之和为 80，电流互感器变比为 400/5 = 80，则总用电量为 80×80 = 6400（kW·h）。

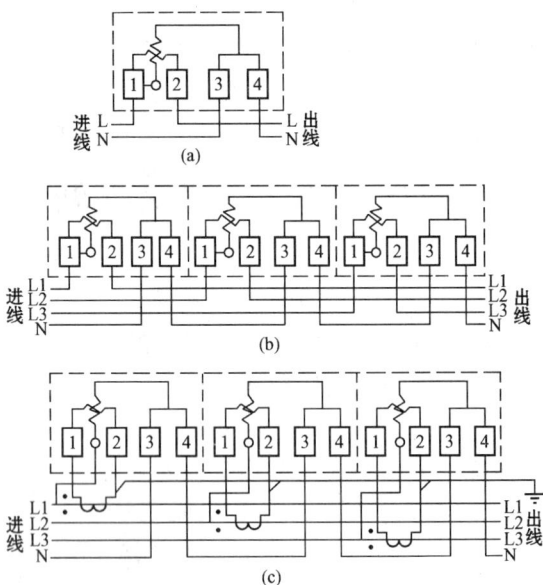

图 4-7　单相电能表接线图

(a) 单相电能表直接接入；(b) 3 只单相电能表测三相电能
直接接入；(c) 3 只单相电能表测三相电能经电流互感器接入

4-2-11　三相有功电能表的常用规格有哪些，如何接线？怎样计算用电量？

三相有功电能表也分为感应式和电子式两大类。根据是否配用电流互感器，可分为直接接入，其常用规格有 5 (20)、10 (40)、20 (80) A 等以及经电流互感器接入，其常用规格为 1.5 (6) A 两种类型。三相有功电能表的接线方式有三相三线式和三相四线式两种。根据是否配用互感器，可分为直接接入和经互感器接入两种，如图 4-8 所示。除了直接接入式接线外，当采用其他接线方式时，应将表的电压连接片断开，并将电压端子按规定的方式连接。接线时还应注意电流互感器的极性以及保证电流互感器二次侧可靠接地。

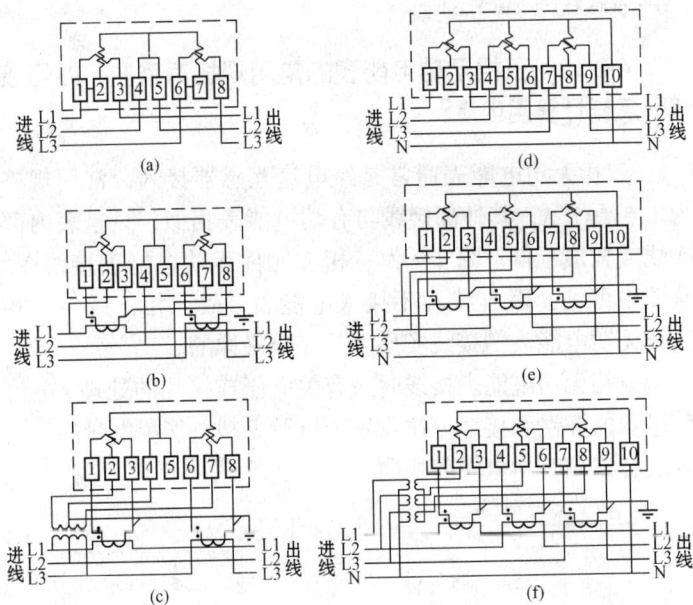

图4-8　三相电能表接线图

(a) 三相三线直接接入；(b) 三相三线经电流互感器接入；

(c) 三相三线经电压、电流互感器接入；(d) 三相四线

直接接入；(e) 三相四线经电流互感器接入；

(f) 三相四线经电压、电流互感器接入

直接接入式三相电能表计度器所示数值，即为三相电路的总用电量。当采用经电流互感器接入式接线时，三相电路实际用电量为计度器读数乘以电流互感器的变比。当采用经电压、电流互感器接入式接线时，三相电路实际用电量为

计度器读数乘以电流互感器变比再乘以电压互感器变比。例如：电压互感器变比为 10000/100 = 100，电流互感器变比为 300/5 = 60，如计度器读数为 50，则实际用电量为 $50 \times 60 \times 100 = 300000$（$kW \cdot h$）。

4-2-12 三相无功电能表的常用规格有哪些，如何接线？怎样计算用电量？

三相无功电能表通常是经电流互感器接入，常用规格为 1.5（6）A，其外部接线与有功电能表相似，只是表内部接线或构成不同。图 4-9 为三相三元件无功电能表接线图。从图中可见，因 N 线并不接入电能表，故三相三线与三相四线无功电能表的接线实质上是完全一样的。

三相无功电能表接线时，有关电压连接片的处理、电流互感器的极性和接地等注意事项以及无功电能用电量的计读方法与三相有功电能表相同。

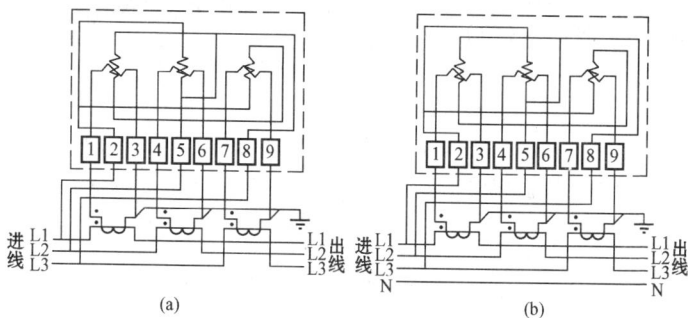

图 4-9 三相无功电能表接线图

（a）三相三线经电流互感器接入；（b）三相四线经电流互感器接入

第五章
室内配线及电缆敷设

第一节　室内配线常用方法

5-1-1　什么是明配线？什么是暗配线？

导线采用绝缘子、槽板、穿管等方法沿墙壁、天花板、房梁以及柱子等建筑结构表面进行敷设，称为明配线。

导线穿入钢管或塑料管中并埋设在墙壁内、地坪内或敷设在顶棚内，称为暗配线。

5-1-2　室内配线常用的绝缘导线如何分类？

室内配线常用的绝缘导线，按其绝缘材料可分为橡皮绝缘线和塑料绝缘线；按线芯材料可分为铜芯线和铝芯线；按线芯根数可分为单股线和多股线；按绝缘层外有无保护层可分为有保护套线和无保护套线；按绝缘导线的柔软程度又可分为软线和硬线等。

5-1-3　常用的室内配线方式有哪些？配线方式选择的一般原则是什么？

常用的室内配线方式有绝缘子、塑料槽板、铝线卡（俗称钢精扎头）、尼龙线卡、钢管或塑料管配线等。

配线方法选择的一般原则是：①干燥无尘场所可采用塑料槽板、铝线卡或尼龙线卡、瓷夹板、绝缘子明敷，也可采用钢管、塑料管明敷或暗敷；②潮湿多尘场所宜采用绝缘子、铝线卡或尼龙线卡、塑料槽板明敷，或用钢管、塑料管明敷或暗敷设；③有腐蚀性气体的场所应采用绝缘子、尼龙线卡、塑料槽板明敷，或用塑料管明、暗敷设；④易燃、易爆场所应采用钢管明敷或暗敷，且管子的连接处应密封。

5-1-4 室内配线的一般要求有哪些?

(1) 根据导线所处的环境条件选择适当的配线方式。

(2) 配线时应尽量避免接头，必须接头时导线分支处不应受力，接头应放在接线盒、灯头盒或开关盒内，管内导线不得有接头。

(3) 导线穿过楼板时应用钢管保护，钢管长度应从离楼板面 2m 高处到楼板下出口处为止。

(4) 导线穿墙时应用瓷管保护，瓷管的出口伸出墙面的距离应不小于 10mm。除了穿向室外的瓷管应一线一管外，同一回路的几根导线可以穿在一根瓷管内，但管内导线的总截面（包括绝缘层）不应超过管子内截面的 40%。

(5) 当导线通过建筑物伸缩缝时，敷设应稍有松弛，对钢管配线应装设补偿盒（即对从两侧伸进盒内的钢管，在一侧加螺母固定，而另一侧不固定，以便于自由伸缩）。

(6) 为了确保安全，室内电气管线和配电设备与其他管道和设备的最小允许距离见表 5-1。表中有两个数字者，分子为电气管线敷设在热力管道上面的距离，分母为电气管线敷设在热力管道下面的距离。如不能满足表中所示距离时，应采取隔热措施。

表 5-1 **室内电气管线和配电设备与其他管道、设备**
之间的最小距离

类别	管线及设备名称	管内导线（m）	明敷绝缘导线（m）	配电设备（m）
平行	煤气管	0.1	1.0	1.5
	乙炔管	0.1	1.0	3.0
	氧气管	0.1	0.5	1.5
	蒸汽管	1.0/0.5	1.0/0.5	0.5
	暖水管	0.3/0.2	0.3/0.2	0.1
	通风管	—	0.1	0.1
	上下水管	—	0.1	0.1
	压缩空气管	—	0.1	0.1
	工艺设备	—	—	
交叉	煤气管	0.1	0.3	
	乙炔管	0.1	0.5	
	氧气管	0.1	0.3	
	蒸汽管	0.3	0.3	
	暖水管	0.1	0.1	
	通风管	—	0.1	
	上下水管	—	0.1	
	压缩空气管	—	0.1	
	工艺设备	—	—	

5-1-5 绝缘子分哪几种？如何进行绝缘子配线操作？其注意事项是什么？

绝缘子一般有鼓形绝缘子、蝶形绝缘子、针形绝缘子等，如图 5-1 所示。截面较细的导线一般采用鼓形绝缘子配线，截面较粗的导线可采用其他两种绝缘子配线。绝缘子配线可用于户内外导线的敷设。绝缘子配线操作方法如下：

（1）绝缘子固定。鼓形绝缘子可用适当长度的木螺钉直接固定在建筑物木结构上，或固定在砖墙的预埋木砖上。在混凝土墙上，可用塑料涨管及木螺钉来固定鼓形绝缘子，也可以用预埋的支架来固定鼓形、蝶形或针形绝缘子。

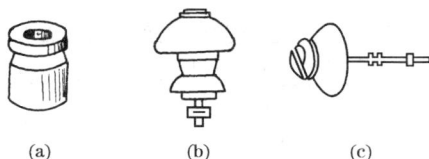

图 5-1　绝缘子外形图

(a) 鼓形；(b) 碟形；(c) 针形

（2）敷设导线及导线绑扎。敷设导线时应将导线的一端绑扎在绝缘子的颈部，再将另一端收紧绑扎固定，最后绑扎固定导线的中间部分。绑扎线宜用裸导线。导线在绝缘子上绑扎固定方法如下：

1）鼓形和蝶形绝缘子直线段导线一般采用单绑法或双绑法两种绑扎方法，分别如图 5-2（a）、（b）所示。截面在 $6mm^2$ 及以下的导线可采用单绑法，截面为 $10mm^2$ 及以上的导线应采用双绑法。

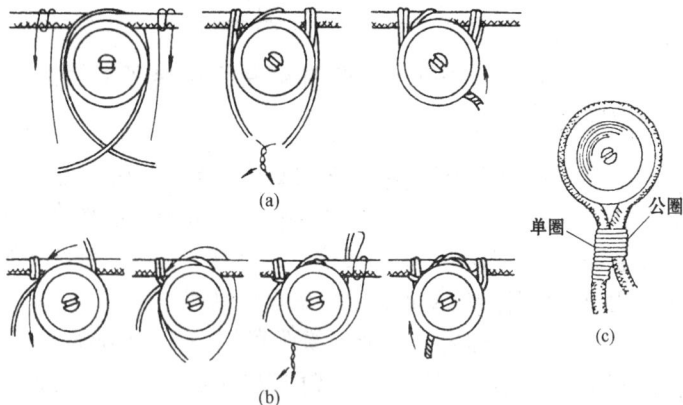

图 5-2　导线的绑扎

（a）单绑法；（b）双绑法；（c）终端线绑扎

2) 终端导线的绑扎可用回头线绑扎, 如图 5-2(c)所示。

（3）注意事项。在建筑物侧面或斜面配线时, 应将导线绑扎在绝缘子上方; 导线在同一平面内有曲折时, 应将绝缘子装设在导线曲折角的内侧; 导线在不同的平面上曲折时, 在折角的两个平面上应各装设一个绝缘子; 导线分支时, 必须在分支点处设置绝缘子; 导线互相交叉时, 应在距建筑物近的导线上套瓷管保护; 平行的两根导线, 应固定在两绝缘子的同一侧或在两绝缘子的外侧; 绝缘子沿墙壁垂直排列敷设时, 导线弛度不得大于 5mm; 沿屋架或水平支架敷设时, 导线弛度不得大于 10mm; 绝缘子固定点距离、室外绝缘导线至建筑物最小距离、室内外绝缘导线间最小距离、室内外绝缘导线至地面最小距离分别如表 5-2～表 5-5 所示。

表 5-2　　　不同配线方式的室内沿墙壁、顶棚等
绝缘子固定点距离

配　线　方　式	线芯截面（mm²）				
	1～4	6～10	16～25	35～70	95～120
	最大允许距离（m）				
鼓形绝缘子配线	1.5	2.0	3.0		
碟形、针形绝缘子配线	2.0	2.5	3.0	6.0	6.0

表 5-3　不同敷设方式的室外绝缘导线至建筑物最小距离

敷　设　方　式	最小允许距离（m）
1. 水平敷设时的垂直距离	
（1）距阳台、平台、屋顶	2.5
（2）距下方窗户	0.3
（3）距上方窗户	0.8
2. 垂直敷设时至阳台窗户的水平距离	0.75
3. 导线至墙壁和构架的距离（挑檐下除外）	0.05

注　若不能满足上述规定时, 应加装遮栏保护。

表 5-4 不同绝缘子固定点间距的室、内外
绝缘导线间最小距离

绝缘子固定点间距 (m)	导 线 最 小 间 距 (mm)	
	室 内 配 线	室 外 配 线
1.5 以下	35	100
1.5~3	50	100
3~6	70	100
6 以上	100	150

表 5-5 不同敷设方式的室、内外绝缘导线至地面最小距离

敷 设 方 式		最小允许距离 (m)
水 平 敷 设	室 内	2.5
	室 外	2.7
垂 直 敷 设	室 内	1.8
	室 外	2.7

注 室外配线跨越人行道时，导线距地面高度不应低于 3.5m；跨越通车道路
时，不应低于 6m。

5-1-6 什么是塑料槽板？塑料槽板配线的优点及应用是什么？如何进行塑料槽板配线操作？

由塑料制成并用于导线沿建筑物内墙表面敷设的槽板，称为塑料槽板，如图 5-3 所示。由于塑料槽板配线具有敷设方便、防潮防蛀、外表美观且可同时敷设多根导线等优点，因而获得了广泛的应用。

塑料槽板配线操作方法如下：

(1) 固定底板。在安装槽板的木榫固定点上依次用铁钉固定槽底板，固定点的间距应不大于 500mm。两块底板直连

时，应将端口锯平或锯成 45°
斜面，以便使槽口对准。槽板
在转角处连接时，应把两根底
板端部各锯成 45°斜面，然后
拼成 90°角。

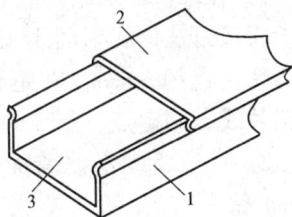

图 5-3　塑料槽板结构图
1—底板；2—盖板；3—线槽

（2）敷设导线。将导线敷
设在固定好的槽底板内。当导
线敷设到灯具、开关和插座等
处时，可将槽底板锯一个出线
小豁口，并留出适当长度以便连接。

（3）固定盖板。将盖板直接扣在底板上即可，不需用钉
子。盖板连接时，应锯成 45°角的斜面，且盖板接口与底板
接口应错开，其间距应大于 20cm。在 90°转角处，也应将两
块盖板的端部都锯成 45°斜面，然后拼成 90°角。

5-1-7　什么是塑料护套线？它的优点及应用是什么？如何进行护套线配线操作？

塑料护套线是一种具有外塑料保护层的双芯或多芯绝
缘导线，可以直接敷设在空心楼板或借助铝片线卡或尼龙线
卡作为支持物，敷设在墙壁以及其他建筑物表面上。由于护
套线具有防潮、耐腐蚀、线路造价较低和安装方便等优点，
故广泛地应用于室内电气照明线路的敷设。

护套线配线操作方法如下：

（1）定位划线。根据各用电器的安装位置确定线路的走
向后，用粉线袋弹线，划出线路敷设基准线。

（2）固定线卡。铝片线卡和尼龙线卡都有多种规格，可
根据所敷设导线的规格和数量适当选用。

1）在木质建筑结构或石灰墙面上，可用小铁钉将铝片线卡直接钉住，线卡间距150～200mm。转角处两边的线卡距离转角点约50mm。在距开关、插座和灯具50mm处需设置铝片线卡固定点。

2）在砖墙或水泥墙面上，则需先用冲击钻或电锤配φ6mm钻头钻孔，孔深略大于小铁钉长度，孔的间距为150～200mm。然后在孔中钉入木榫，再将铝片线卡钉在木榫上。

3）对尼龙线卡（自带水泥钉）不需事先固定，而是在敷设导线的同时钉上线卡将导线固定住。线卡的间距和转角的处理等与铝线卡相同。

（3）放线。成品护套线一般长度为100m/卷，可根据实际需要的长度适当放一些裕量后将线剪断。放线时应当两人配合进行，一人牵引线头，另一人盘转线卷，以避免护套线产生扭转。

（4）布线。将护套线用力勒直后，逐一用线卡固定住，如图5-4所示。然后调整线路走向的水平度和垂直度（必要时可将线卡略松），再用电工锤沿线轻敲一遍，使护套线平直，线卡收紧。

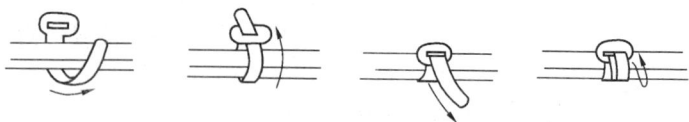

图5-4　铝片线卡固定护套线

（5）其他注意事项。护套线配线时，截面规定铜芯不得小于$0.5mm^2$，铝芯不得小于$1.5mm^2$；护套线转弯时，其弯曲半径不应小于导线外径的 3 倍，以免损伤导线；护套线明配时，导线应平直，不得有松弛、扭绞和曲折；护套线在与电器进行连接时，其护套层不得剖切至电器外；护套线明配敷设的线路上不能直接接头，应通过接线盒或在电器接线桩头上接头；护套线不得直接埋入抹灰层内暗配敷设。

5-1-8 线管配线的优缺点及应用是什么？如何进行线管配线操作？

线管配线有耐潮耐腐蚀，导线不易遭受机械损伤等优点，因而常用于照明和动力线路的敷设；其缺点是安装和维修不便，且造价较高。

线管配线操作方法如下：

（1）线管选择。潮湿和腐蚀性较小的场所内明敷或暗敷一般可采用管壁较厚（3mm）的水煤气钢管；干燥场所内明敷或暗敷。一般采用管壁较薄（1.5mm）的电线管；腐蚀性较人的场所内明敷或暗敷一般采用硬塑料管。线管管径应考虑穿管导线的总截面（包括绝缘层）不应超过线管内截面的40％，可参考表 4-7 选择。

（2）线管的连接与弯制。详见题 2-1-29。

（3）线管穿线。

1）穿线前先用压缩空气将线管吹净或在钢丝上绑以擦布拖擦线管，将管内杂物和水分清除干净。

2）选用 $\phi 1.2mm$ 的钢丝穿入线管做引线。当线管较短且弯头较少时，可将钢丝引线由管子一端穿向另一端。如果线管较长或弯头较多，引线从管子一端穿入至另一端有困难时，可将引线端头弯成小钩后从管子两端同时穿入。当引线在管中相遇时，用手转动引线使其钩在一起，然后拉出即可。

3) 导线穿入线管前，线管口应先套上橡胶护圈或用锉刀锉去管口锐角。接着按线管长度，加上两端连接所需的长度裕量截取导线，削去一端各导线的绝缘层，然后将各导线绑在引线上并用胶布缠好。再由一人将导线理成平行束并往线管内送，另一人在管子另一端用力抽拉钢丝引线，将导线拉出。为了减小穿线的阻力，可在导线上涂擦一些滑石粉。

(4) 线管配线其他注意事项。

1) 穿管导线的绝缘强度应不低于 500V；导线最小截面规定要求铜芯线为 $1mm^2$，铝芯线为 $2.5mm^2$。

2) 线管内导线不准有接头，也不准穿入绝缘破损后经过包缠恢复绝缘的导线。

3) 不同电压或不同电能表的导线不得穿在同一根线管内，但一台电动机包括控制和信号回路的所有导线，以及同一台设备的多台电动机的线路，允许穿在同一根线管内；除直流回路导线和接地线外，不得在钢管内穿单根导线，同一交流回路的导线必须穿于同一钢管内。

(5) 线管线路应尽可能少转角或弯曲，以减少穿线困难。为便于穿线，当线管超过一定长度时，必须加装接线盒。一般无弯曲转角时线管长度不超过 45m，有一个弯曲转角时线管长度不超过 30m，有两个弯曲转角时线管长度不超过 20m，有三个弯曲转角时线管长度不超过 12m。

(6) 在混凝土内暗线敷设时，必须使用壁厚为 3mm 的线管。当线管的外径超过混凝土厚度的 1/3 时，不准将电线管埋在混凝土内，以免影响混凝土的强度。

(7) 明配钢管的固定管卡最大允许距离见表 5-6。

表 5-6 　　　　　　**钢管管卡最大允许距离**

敷 设 方 式	钢管类型	钢 管 直 径（mm）			
		15～20	25～30	40～50	65～100
		最大允许距离（m）			
吊架、支架 或沿墙敷设	厚壁钢管	1.5	2.0	2.5	3.5
	薄壁钢管	1.0	1.5	2.0	

第二节　电　缆　敷　设

5-2-1　与架空线路相比，电缆供电线路有哪些优缺点？

与架空线路相比，采用直接埋地、电缆沟等方法敷设的电力电缆线路，具有受外界因素（如雷害、风害等）影响小，供电可靠性高，对市容环境影响小，发生事故不易影响人身安全等优点。另外电缆线路的电容量较大，对系统无功平衡有利。主要缺点是成本高，故障查找处理困难，接头处理工艺复杂。另外小电流接地系统大量采用电缆供电，会导致单相接地电容电流过大，因此需要采取相应的技术措施。

5-2-2　电缆线路敷设应避开哪些场所？

电缆敷设时应避开：①时常存水的地方；②地下埋设物复杂的地方；③有腐蚀性气体或液体的地方；④预定建设建筑物或时常挖掘的地方；⑤制造或储藏易爆或易燃危险物质的处所。

5-2-3　电缆的常用敷设方法有哪些？选择敷设方法时应考虑哪些因素？

电缆常用敷设方法包括直接埋地敷设，在厂房内沿墙、支架（挂架、桥架）或钢索敷设，在电缆沟或电缆隧道内敷设及用电缆排管敷设等。各种方法都有优、缺点，应根据所敷设电缆的数量、长度以及周围环境条件等具体情况决定敷设方法。

5-2-4 电缆敷设的一般要求有哪些?

（1）敷设前应进行外观检查，不得有绝缘损伤、压扁或扭绞现象。电缆的类型、截面应符合设计要求。对 1kV 及以下的电缆，用 1000V 兆欧表检查绝缘，绝缘电阻一般不应小于 10MΩ。对 1kV 以上的电缆，用 2500V 兆欧表检查绝缘，绝缘电阻一般不应小于 50MΩ，并需要做直流泄漏和耐压试验。从电缆敷设到正式投入运行，中间需要进行多次检查试验。例如：敷设前进行相关检查试验，是为了防止不合格的电缆被用于敷设施工，造成人力、物力和时间的浪费；在制作电缆终端头或中间接头前进行相关检查试验，可以检验电缆敷设的施工质量；在制作电缆终端头或中间接头后进行相关检查试验，可以检验终端头或中间接头的制作质量等。

（2）敷设时电缆之间应排列整齐，不宜交叉；在终端头和中间接头处适当留有备用长度；橡塑绝缘电缆和控制电缆敷设时的弯曲半径应不小于其外径的 10 倍；明敷在室内以及电缆沟内的电缆应剥去麻护层；电缆开断后，其端部应采取可靠的防潮措施。

（3）电缆各支持点的距离应符合设计规定。当设计无规定时，对水平敷设的橡塑电缆，应不大于 1.0m，垂直敷设时，应不大于 2.0m；对水平敷设的控制电缆，应不大于 0.8m，垂直敷设时，应不大于 1.0m。

（4）电缆的固定要求:垂直敷设或超过 45°倾斜敷设的电

缆,应在每一个支架上固定;水平敷设的电缆,应在电缆的首末端、转弯及接头的两端加以固定;电缆夹具的型式宜统一。

(5) 如果电缆存放地点在敷设前 24h 内的平均温度以及敷设现场的温度,低于表 5-7 所示数值时,应采取加温措施,否则不宜敷设。

表 5-7　　　　　　　　电缆最低允许敷设温度

电 缆 类 型	电 缆 结 构	最低允许敷设温度（℃）
橡皮绝缘电力电缆	橡皮或聚氯乙烯护套	− 15
塑料绝缘电力电缆		0
控制电缆	耐寒护套	− 20
	橡皮绝缘聚氯乙烯护套	− 15
	聚氯乙烯绝缘聚氯乙烯护套	− 10

(6) 电缆接头盒的设置要求:并列敷设的电缆,接头盒的位置宜互相错开;直埋电缆接头盒外应有防止机械损伤的保护盒,位于冻土层的保护盒内应注入沥青,以防止盒内水分因冻涨而损坏电缆接头。

5-2-5　何时采用电缆直接埋地敷设? 它有哪些优缺点?

当电缆根数较少、敷设距离较长时,一般采用直接埋地敷设的方法。

这种方法不需要其他结构设施,施工简单、造价低、电缆散热条件较好;但挖掘土方量大,尤其冬季挖冻土较为困难,而且电缆还可能受土中酸碱物质的腐蚀或被其他工程挖掘施工误伤。

5-2-6　电缆直接埋地敷设有哪些特殊要求?

(1) 电缆的埋深一般不应小于 0.7m;在穿越农田时应

不小于1m。电缆沟为倒梯形,上口大,下口小。沟宽应根据所需埋设电缆的根数确定。沟底应铺一层细砂或松土作为垫层,埋设的电缆上面亦应铺以不小于100mm厚的细砂或松土,并盖以混凝土保护板(可用砖块代替),其覆盖宽度应超过电缆两侧50mm。电缆沟的转角处应挖成圆弧形。电缆接头的两端、引入建筑物处以及引上电杆处,应挖出备用电缆的余留坑。

(2) 电缆敷设时,与其他设施最小允许距离见表5-8。

表 5-8 电缆与其他设施最小允许距离

序号	项 目	最小允许净距 (m)		备 注
		平行	交叉	
1	10kV 以下电力电缆间以及与控制电缆间	0.1	0.5	1. 控制电缆间平行敷设的间距不作规定 2. 序号 3 项,当电缆穿管或用隔板隔开时,平行净距可降低为 0.1m 3. 在交叉点前后 1m 范围内,如电缆穿入管中或用隔板隔开,交叉净距可降低为 0.25m
2	控制电缆间	—	0.5	
3	不同使用部门的电缆间	0.5	0.5	
4	热力管道及热力设备	2.0	0.5	1. 对净距能满足要求,但检修路可能伤及电缆时,在交叉点前后 1m 的范围内应采取保护措施 2. 当交叉净距不能满足要求时,应将电缆穿入管中,其净距可以减至 0.25m 3. 对序号第 4 项采取隔热措施,使电缆周围土壤的温升不超过 10℃。电缆与热力管道平行是指左右平行,任何时候都不能上下平行敷设
5	油管道	1.0	0.5	
6	可燃气体及易燃液体管道	1.0	0.5	
7	其他管道	0.5	0.5	

序号	项 目		最小允许净距（m）		备 注
			平行	交叉	
8	铁轨		3.0	1.0	
9	电气化铁路轨道	交流	3.0	1.0	
		直流	10.0	1.0	如不能满足要求应采取适当防腐蚀措施
10	公路		1.5	1.0	特殊情况下平行净距可酌减
11	城市街道路面		1.0	0.7	
12	电杆基础（边线）		1.0	—	
13	建筑物基础（边线）		0.6	—	
14	排水沟		1.0	0.5	

（3）电缆与铁路、公路交叉以及穿过建筑物地梁处，应埋设电缆保护管。管顶距轨道底或路面的深度应不小于 1m，管长应伸出路两边各 2m，过排水沟时应伸出沟两边 0.5m。保护管可采用钢管、混凝土管、陶土管及石棉水泥管等。钢管的内径不应小于电缆外径的 1.5 倍，其他管子的内径不应小于 100mm。

（4）无永久性建筑物时应埋设标志桩，电缆接头与转角处也应埋设电缆标志桩，工程结束应绘制竣工图。

5-2-7 何时采用电缆沟敷设方法？该方法有何特点？电缆沟有哪些形式？

当同时敷设的电缆根数较多，且敷设距离相对较短时，多采用此法敷设，如发电厂、变电所的电力、控制和信号电缆通常采用电缆沟敷设方法。该方法占地面积小,可以容纳较多的电缆以及故障查找,维修比较方便,其投资比电缆隧道、排管敷设等方式要经济,但比直接埋地敷设要高,且沟内容易积灰积水。电缆沟的形式有无支架电缆沟、单侧支架电缆沟和双侧支架电缆沟,如图 5-5 所示。

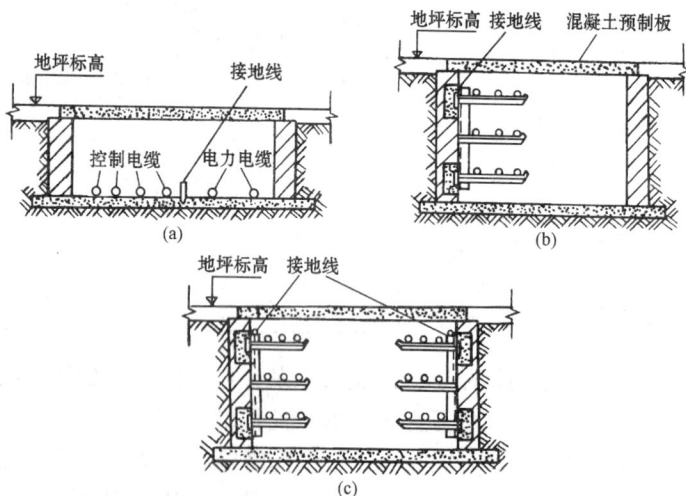

图 5-5 电缆沟结构图

(a) 无支架;(b) 单侧支架;(c) 双侧支架

5-2-8 电缆沟敷设电缆有哪些特殊要求?

(1) 电缆沟尺寸应符合表 5-9 之规定。电缆的排列应符合设计规定,当设计无规定时应符合下列要求:

1) 电力电缆和控制电缆应分开排列;

2) 当电力电缆与控制电缆敷设在同一侧支架上时,应将控制电缆置于电力电缆的下面,1kV 及以下的电力电缆应

表 5-9

电缆沟结构尺寸

名　　　　称	最小允许距离（mm）
两侧支架间水平净距（通道宽）	500
单侧支架与沟壁间水平净距（通道宽）	450
电缆各层间垂直净距　　10kV 以下电力电缆	150
控制电缆	100
电力电缆间水平净距	35（应不小于电缆外径）
最上层支架至沟顶垂直距离	150～200
最下层支架至沟底垂直距离	50～100

置于 1kV 以上电力电缆的下面。

（2）电缆与热力管道、热力设备之间的净距，当左右平行时应不小于 1m，交叉时应不小于 0.5m。如无法达到时，应采取隔热保护措施。电缆不宜平行敷设在热力管道的上部。

（3）在电缆终端头、伸缩缝及转弯处应留一些裕量，以补偿电缆和其支持物因温度变化所产生的变形。

（4）电缆沟内支架的地脚螺栓应预先埋好，以免损坏防水层。沟内不应浸水和油污，支架应刷防腐油漆。电缆沟中敷设的电缆，应在引出端、终端以及中间接头和走向有变化处挂标示牌，注明电缆规格、型号、回路及用途，以便于维修。

5-2-9　什么是电缆排管敷设？一般应用在什么地方？有哪些优缺点？

按照一定的孔数排列来预制水泥管块，再用水泥沙浆浇注成整体，然后将电缆穿入管中的敷设方法称为排管敷设。该方法一般用在电缆与其他建筑物、公路或铁路等相交叉的处所，其优点是利用备用的管孔随时可以增设电缆，不需挖开路面，且不容易受到外力破坏。其缺点是施工比较复杂，工程费用较高，需要建筑材料较多，且散热不良时需降低载流量（与电缆的根数及管孔距有关，一般约降低15%）使用。

5-2-10 排管敷设电缆有哪些特殊要求?

（1）排管孔眼直径应不小于电缆外径的1.5倍。对电力电缆排管孔眼直径应不小于100mm；对控制电缆，排管孔眼直径应不小于75mm。

（2）排管埋入深度由排管顶部至地面的距离要求：①在厂房内应不小于200mm；在人行道下应不小于500mm；在一般地区应不小于70mm。

（3）为了便于敷设、检修或更换电缆，直线距离超过100m以及排管转弯或分支的地方，都应设置排管井坑。井坑深度不应小于1.8m，人孔直径不应小于0.7m。

（4）在排管中敷设电缆时，应将电缆盘放在井坑口，然后用预先穿入排管孔眼中的钢丝绳把电缆拉入管孔内。为了防止电缆受损伤，排管口应套以光滑的喇叭口，井坑口应装设滑轮。电缆表面可涂上滑石粉或黄油，以减少摩擦力。

5-2-11 电缆桥架如何分类，其主要部件有哪些? 电缆桥架敷设有哪些特点?

电缆桥架可分为梯形和槽形两大类，其主要部件包括立柱、托臂、梯架或槽形钢板桥、盖板、直角弯头、三通弯头及四通弯头等。部件表面均采用镀锌或喷塑处理，既抗腐蚀又美观；桥架的所有零部件都做成标准定型件，由专业化厂生产，并运抵现场进行组合安装。

电缆桥架敷设具有造价较低、施工快捷简便及整齐美观等优点；并且由于采用空中走线的方式，其走向灵活方便，特别适合于全塑电缆的敷设。

第三节 电缆头制作

5-3-1 橡塑绝缘电缆有哪几种？如何制作 1kV 及以下橡塑绝缘电缆终端头？

橡塑绝缘电缆包括交联聚乙烯绝缘电缆、乙丙橡胶绝缘电缆和聚氯乙烯绝缘电缆三种。

1kV 及以下聚氯乙烯绝缘电缆终端头如图 5-6 所示，其制作工序如下：

(1) 剥切电缆护层。①校直电缆末端，按实际需要长度剥去聚氯乙烯外护套。②在离剖塑口 30mm 处将铠装钢带锯齐剥去，用 $\phi 2.0mm$ 左右的铜丝在留下的钢带上绑扎 2 道。无铠装的电缆没有此道工序。③剥去内护层及填充物。

(2) 焊接地线。将作接地线用的多股软铜线用铜丝在铠装钢带上扎 2 圈，再用锡焊焊牢后引出。接地线截面选择可参考如下标准：①电缆截面在 35mm² 及以下可选 10mm²；②50～120mm² 可选 16mm²；③150～240mm² 可选 25mm²。无铠装的电缆没有此道工序。

(3) 安装分支手套。在套分支手套前，需先在电缆套手套的部位，半叠绕包 1 层自黏橡胶带（绕包自黏带时应进行适当拉伸，一般拉伸后的宽度是原宽度的 1/2 左右），再

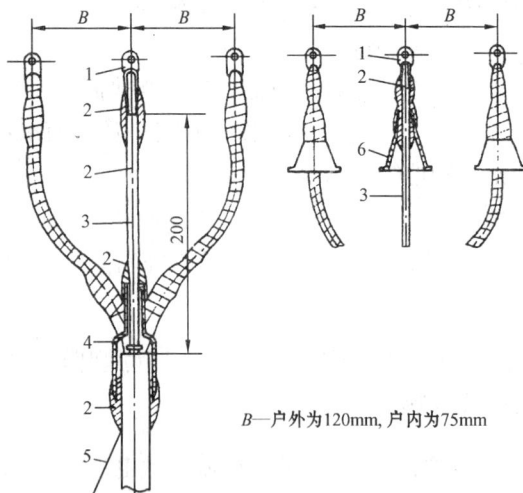

图 5-6　1kV 及以下聚氯乙烯电缆终端头
1—接线鼻子；2—自粘性橡胶带防潮锥；3—电缆绝缘线芯；
4—分支手套；5—接地线；6—户外防雨罩

用电缆聚氯乙烯填充带绕包几层，绕包的层数以手套套入松紧适当为宜。分支手套套入后，在手套指部和臂部管口处用自黏橡胶带绕包防潮锥。在手套臂部管口处的防潮锥外再用塑料胶黏带半叠绕包 2 层。

（4）绕包保护层。由手套指部管口处开始至线芯绝缘末端止，用自黏橡胶带半叠绕包 2 层。如电缆头在户外使用，还应在线芯绝缘末端表面用自黏橡胶带绕包一个小锥体，以便支撑防雨罩。

（5）安装防雨罩。将防雨罩套在每相线芯绝缘末端上，压紧前面绕包的小锥体。

（6）压接线鼻子。将与电缆线芯配套的接线鼻子用压接钳压牢。

（7）绕包雨罩防潮锥。在雨罩的上端至接线鼻子处，用自黏橡胶带绕包防潮锥。在防潮锥外再绕包2层塑料胶黏带。

（8）核对相位、包相色带。将电缆终端头固定在安装支架上，校核相位后用聚氯乙烯相色带（黄、绿、红）在绝缘层外半叠绕包2~3层，再用聚氯乙烯透明带半叠绕包1层进行保护。

（9）进行绝缘电阻测量，合格后方可投入运行。

5-3-2 如何制作1kV及以下聚氯乙烯绝缘电缆中间接头?

1kV及以下聚氯乙烯绝缘电缆中间接头如图5-7所示，其制作工序如下：

（1）校直两根电缆，将盒体两端的螺旋端盖分别套在两根电缆上，并将中间连接盒体套在其中一根电缆上，再将

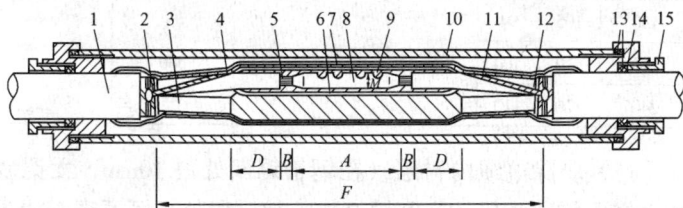

图 5-7　1kV 及以下聚氯乙烯电缆中间接头

1—聚氯乙烯外护套；2—铠装钢带；3—绝缘线芯；4—3~4层橡胶
自黏带；5—线芯导体；6—2层塑料胶黏带；7—2层塑料胶黏带；
8—连接管；9—自黏橡胶带；10—塑料连接盒；11—镀锡软铜线；
12—电缆内衬层；13—橡胶垫圈；14—螺纹连接头；
15—螺旋端盖

螺旋端盖及连接盒体从接头处向两侧移开。

(2) ①按图 5-7 和表 5-10 所给出的尺寸剥除电缆塑料外护套。②在剖塑口处保留 30mm 钢带，用铜丝绑扎 2 道后，将其余钢带用钢锯锯断后剥除。无铠装的电缆没有此道工序。

表 5-10　1kV 及以下聚氯乙烯电缆中间接头结构尺寸

导体标称截面 (mm²)	结构尺寸 (mm)					
	A		B	D	F	M
	铝	铜				
16	65	56	5	40	320	连接管外径 +6
25	70	60				
35	75	64				
50	80	72	10			
70	90	78			350	
95	95	82				
120	100	90				
150	105	94			380	
185	110	100				
240	120	110				

(3) 剥除电缆内衬层（在钢带锯断处留 10mm，无铠装的电缆不需留该尺寸）及填充物，然后用分相塞模将三相线芯分开并临时扎好。弯曲两侧线芯，使线头重叠 120mm，并在线头重叠处居中锯齐。

(4) 按照（B + A/2）的长度剥除线芯末端绝缘，用焊接法或压接法将连接管与导线进行连接。导线连接好后，用锉刀去除连接管表面的毛刺，并用白布蘸汽油将金属粉屑擦净。

(5) 用自黏橡胶带将线芯连接管压坑处以及连接管两端与线芯之间的台阶包平整后，按图5-7以及表5-10所示尺寸用自黏橡胶带以半叠包方式绕包接头处绝缘，然后再用塑料胶黏带半叠绕包2层作为保护层。整个操作过程应保持清洁和干燥。

(6) 以同样方法处理其他各相接头以及接头处的绝缘。

(7) 拆除分相塞模，将各相线芯合并后，用聚氯乙烯胶黏带以半叠包方式从电缆一端的内护层开始绕包至另一端内护层为止，共绕包2层，以形成接头部分的内护层。

(8) 采用锡焊的方法将接头两侧的铠装钢带用镀锡软铜线连接起来。无铠装的电缆没有此道工序。

(9) 用自黏橡胶带整体半叠绕包3~4层，两端与电缆塑料外护套搭接30~40mm，再用塑料胶黏带半叠绕包2层保护。

(10) 将塑料连接盒移至规定位置，旋紧螺旋端盖。

(11) 测量线间及线对地绝缘电阻，合格后方可投入运行。

5-3-3 与传统的操作工艺相比，热缩工艺制作的特点及应用是什么？什么是热收缩材料？使用热缩电缆附件时有些什么要求？

与传统的壳体（灌注）型和手套干包型操作工艺相比，采用热缩工艺制作的电缆终端头和中间接头具有性能优良（表现在绝缘、散热、密封及电应力控制等方面）、体积小、质量轻以及施工简便等优点，因而目前广泛地应用于0.6~35kV橡塑绝缘和油浸纸绝缘电力电缆的户内外终端头和中间接头的制作。其允许的环境温度为 – 40 ~ 40℃，使用寿命预计为 15 ~ 30 年。

热收缩材料是选用适量的多种功能高分子材料共同混合构成多相聚合物，用添加剂改性获得所需要的性能，经成型和射线辐照，使材料分子结构从线性分子链变成网状分子链，然后通过加热扩张成所需要的形状和尺寸，再经过冷却定型即成热缩制品。使用时经再加热，便迅速收缩到扩张前的尺寸。

热缩电缆附件由生产厂配套生产，有多种型号规格。使用时应根据电缆的类型、线芯截面和电缆终端头及中间接头所处的环境条件等进行适当选择。热缩电缆附件使用时的一般要求如下：

（1）使用时环境温度应在 0℃ 以上；相对湿度在 70% 以下，以避免绝缘表面受潮。

（2）切割热缩管时，切割端面要平整，不要有毛刺和裂痕，以免收缩时开裂。应力控制管不可随意切割，应保证原设计的有效长度。

（3）铅包或接线鼻子与热收缩电缆附件接触密封的部位要用溶剂清洁后打毛，并用热熔密封胶带绕包。

（4）收缩加热温度要控制在 110 ~ 140℃，收缩率为 30% ~ 40%。收缩加热时，火焰要向收缩方向适当倾斜以预热前部管材，在热缩件周围移动并缓缓向前推进，以保证收缩均匀。对直立热缩管应由下向上加热收缩，以利于气体的排除和密封。

（5）收缩后管子的表面应光滑无折皱，能清晰地看出其内部线芯结构的轮廓。密封部位应有少量热熔胶挤出，表明密封良好。

（6）加热时宜用丙烷喷枪，其火焰呈黄色，温度适中；如使用汽油喷灯，因其火焰温度较高，故应适当控制加热距离。

5-3-4 如何制作 1kV 及以下橡塑绝缘电缆热缩终端头？

1kV 及以下三芯橡塑绝缘铠装电缆热缩终端头如图 5-8 所示，其制作工艺如下：

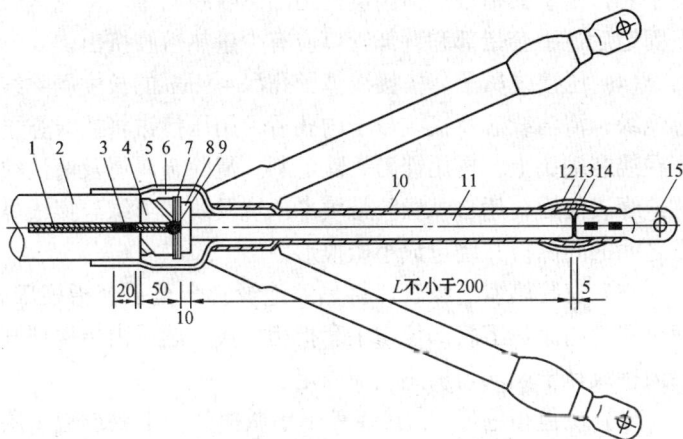

图 5-8 1kV 及以下三芯橡塑绝缘电缆热缩终端头
1—编织接地线；2—电缆外护套；3—防潮段；4—铠装钢带；
5—分支手套；6—自黏橡胶带；7—铜丝扎线；8—电缆内衬层；
9—接地线焊点；10—热缩绝缘管；11—线芯绝缘；12—相色
带；13—自黏橡胶带；14—电缆线芯；15—接线鼻子

（1）剥切电缆护层。按照图 5-8 所示尺寸剥切外护套、锯钢铠及剥切内衬层。其中 L 长度应根据安装需要而定，一般为 400～600m。剥切无铠装橡塑电缆护层时，50mm 铠装剥切尺寸可取消。

（2）焊接地线。用 $\phi2.0$mm 镀锡铜丝将钢带扎紧，将编织铜丝接地线锡焊在钢带上。在防潮段用焊锡熔填编织铜丝接地线内空隙约 15~20mm，热缩密封后可防止水分沿编织铜丝侵入。无铠装电缆无此道工序。

（3）安装分支手套。在线芯分叉以及钢铠处用自黏橡胶带半叠绕包填充，使其外观平整，中间略呈苹果形。套进分支手套，由手套指根部向两端均匀加热收缩固定。待完全收缩固定后，手套指部和臂部管口应有少量热熔胶挤出。

（4）压接线鼻子。按接线鼻子孔深 + 5mm 的长度剥除线芯绝缘，清洁线芯及接线鼻子内孔后，用压接钳将接线鼻子压在线芯端头上，再用锉刀去除毛刺。清除金属屑及清洁线芯绝缘表面后，用自黏橡胶带填平压坑及线芯绝缘与接线鼻子之间的间隙，并绕包成小橄榄形。

（5）安装热缩绝缘管。将热缩绝缘管套至手套指根部，使热缩管内涂热溶胶部位与手套指相搭接。然后由指根部开始向接线鼻子端均匀加热收缩固定。

（6）绕包相色带。在接线鼻子小橄榄处，半叠绕包 1 层相色带。

（7）安装防雨裙。如为户外电缆终端头，还需参考图 5-10 所示尺寸，分别套入三孔防雨裙和单孔防雨裙，定位后加热固定。

（8）进行相关试验，合格后投运。

5-3-5 如何制作 10kV 橡塑绝缘电缆热缩终端头？

10kV 橡塑绝缘电缆热缩终端头如图 5-9 所示，其制作工序如下：

（1）剥切电缆护层。按照图 5-9 所示尺寸，剥切外护

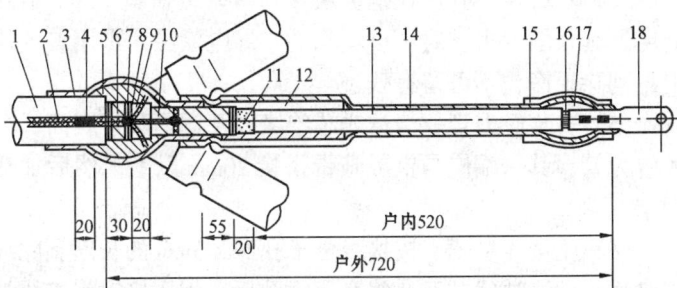

图 5-9　10kV 橡塑绝缘电缆热缩终端头

1—塑料外护套；2—编织铜丝接地线；3—分支手套；4—防潮段；

5—自黏橡胶带；6—铠装钢带；7—铜丝扎线；8—接地线焊点；

9—电缆内衬层；10—铜屏蔽带；11—外半导电层；12—应力管；

13—线芯绝缘；14—热缩绝缘管；15—热缩相色管；16—线芯；

17—自黏橡胶带；18—接线鼻子

层，用铜扎线绑扎后锯钢铠，剥切内衬层。

（2）焊接地线。将编织铜丝接地线的一端拆开均分成三份，重新编织后分别包绕各相铜屏蔽带，用铜丝绑扎后再用锡焊焊牢。然后将接地线用铜丝绑扎在铠装钢带上，也用锡焊焊牢。在防潮段用焊锡熔填编织铜丝接地线内空隙约 15 ~ 20mm。

（3）安装分支手套。在线芯分叉以及钢铠处绕包填充胶带，使其外观平整，中间略呈苹果形，其最大直径大于电缆外径 15mm，并在防潮段用热熔胶带半叠绕包 2 层。套进分支手套，由手套指根部向两端均匀加热收缩固定。待完全收缩固定后，手套指部和臂部管口应有少量热熔胶挤出。

（4）剥切分相铜屏蔽带及半导电层。由分支手套指部向线芯端头方向保留 55mm 铜屏蔽带，用铜丝扎牢后将其余部分剪去，断口要整齐。在铜屏蔽带断口附近保留 20mm 半导电层，其余的剥去。对不可剥除的半导电涂层，可用玻璃片尖角刮除干净，不可留有残迹。

（5）安装应力管。清洁线芯绝缘以及铜屏蔽带表面，套入应力管，其一端应与铜屏蔽带搭接 20mm 以上，然后加热固定。

（6）压接线鼻子。按接线鼻子孔深 + 5mm 的长度剥除线芯绝缘，并清洁线芯及接线鼻子内孔后，用压接钳将接线鼻子压在线芯端头上，再用锉刀清除毛刺。清除金属屑及清洁线芯绝缘表面，用自黏橡胶带填平压坑及线芯绝缘与接线鼻子之间的间隙，并绕包成小橄榄形。

（7）安装热缩绝缘管。清洁线芯绝缘、应力管以及分支手套表面，将热缩绝缘管套至手套指根部，使热缩管内涂热熔胶部位与手指套相搭接。然后由指根部开始向接线鼻子端均匀加热收缩固定。

（8）安装相色管。将相色管套在接线鼻子小橄榄处，然后均匀加热收缩固定。

（9）安装防雨裙。如为户外电缆终端头，还需按照图5-10所示尺寸，分别套入

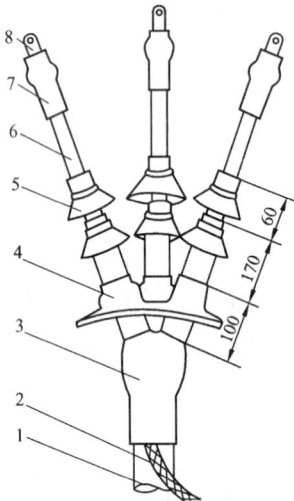

图 5-10　10kV 橡塑绝缘电缆热缩户外终端头外形图

1—塑料外护套；2—编织铜丝接地线；3—分支手套；4—三孔防雨裙；5—单孔防雨裙；6—热缩绝缘管；7—相色管；8—接线鼻子

三孔防雨裙和单孔防雨裙，定位后加热固定。

（10）进行相关试验，合格后投运。

5-3-6 如何制作 1kV 及以下橡塑绝缘电缆热缩中间接头？

1kV 及以下橡塑绝缘电缆热缩中间接头如图 5-11 所示，其制作工艺如下：

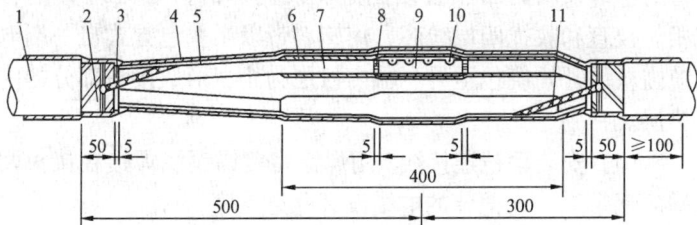

图 5-11 1kV 及以下四芯橡塑绝缘电缆热缩中间接头

1—塑料外护套；2—铠装钢带；3—电缆内衬层；4—热缩护套管；

5—绑扎塑料带；6—热缩绝缘管；7—线芯绝缘；8—线芯；

9—连接管；10—自黏橡胶带；11—镀锡铜线

（1）剥切电缆护层。①将两端电缆各 1.5m 长度内擦干净，重叠约 120mm，然后按图 5-11 所示尺寸剥切电缆外护套。②保留 50mm 钢铠，其余部分锯断，断口处用铜丝扎线扎牢。无铠装的电缆没有此道工序。③剥除电缆内衬层（在钢铠断口处保留 5mm，无铠装的电缆不需留该尺寸）及填充物。④将两端线芯校直、整形，在线芯重叠处居中位置将线芯锯断，将热缩护套管套入长端电缆。

（2）压接线芯。按压接管长的 1/2 + 5mm 的长度将线芯端部绝缘剥除，将热缩绝缘管分别套入电缆长端的四根线芯上（尽量套到线芯根部，以利线芯端部操作）。将线芯及连接管擦拭干净，并将两端线芯按对应的颜色分别插入连接管，用压接钳进行压接，先压两端，后压中间，然后用锉刀去除毛刺，校直线芯。

（3）安装热缩绝缘管。用自黏橡胶带将连接管两端与绝缘之间空隙和压坑填平，并半叠绕包2层。然后将连接管两端线芯绝缘擦拭干净，再将热缩绝缘管从线芯长端拉至连接管的中部，均匀加热收缩固定。以同样的方法处理其他各相。校直和收拢四根线芯，用塑料带以半叠包方式自一端电缆内衬层开始绕包至另一端内衬层为止，形成接头部分的内衬层。

（4）安装钢铠连接线。用焊锡将镀锡铜线焊接在接头两端的钢带上。无铠装的电缆没有此道工序。

（5）安装热缩护套管。将热缩护套管拉至接头处，放好位置，热缩护套管两端与电缆塑料外护套搭接长度应不小于100mm，然后从护套管中部向两端均匀加热收缩固定。

（6）进行相关试验，合格后投运。

5-3-7 如何制作10kV橡塑绝缘电缆热缩中间接头？

10kV橡塑绝缘电缆热缩中间接头如图5-12所示（图中仅示出一相），其制作工序如下：

（1）剥切电缆护层。将两端电缆各1m长度内擦干净，重叠约200mm，然后按图5-13所示尺寸剥切电缆外护套。保留40mm钢铠，其余部分锯断，断口处用铜丝扎线扎牢。在钢铠断口处保留10mm内衬层，其余剥去并清除填充物。将两端线芯校直、整形，在线芯重叠处中间位置将线芯锯断。L尺寸选择：线芯截面$16 \sim 95mm^2$，选500mm；线芯截

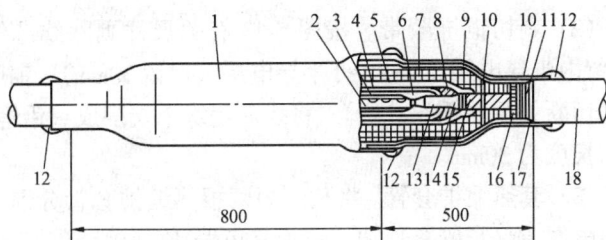

图 5-12　10kV橡塑绝缘三芯电缆热缩中间接头

1—热缩护套管；2—连接管；3—半导电自黏带；4—半导电热缩管；

5—热缩绝缘管；6—自黏橡胶带；7—铜丝屏蔽网；8—半导电自

黏带；9—编织铜线；10—镀锡铜丝扎线；11—焊点；12—自黏

橡胶带；13—线芯绝缘；14—外半导电层；15—铜屏蔽带；

16—电缆内衬层；17—铠装钢带；18—塑料外护套

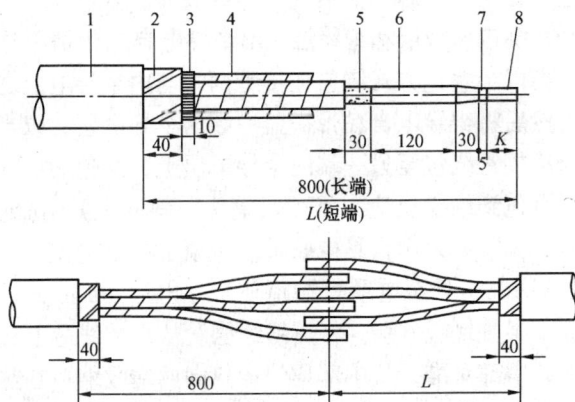

图 5-13　10kV橡塑绝缘三芯电缆热缩中间接头剥切尺寸

1—塑料外护套；2—铠装钢带；3—电缆内衬层；4—铜屏蔽带；

5—外半导体层；6—线芯绝缘；7—内半导体层；8—线芯；

K—1/2 连接管长度 + 5mm

面 120～300mm², 选 600mm。

（2）剥切铜屏蔽带。按图 5-13 有关尺寸剥除线芯绝缘（保留内半导电层 5mm）、外半导电层（保留 30mm）、铜屏蔽带（切断处用软铜丝扎好）。将线芯绝缘末端削成"铅笔头"状，长度为 30mm。

（3）套热缩护套管。将长、短两根热缩护套管分别套在两根电缆上（长管套长端，短管套短端）。

（4）套热缩绝缘管、半导电热缩管和铜丝屏蔽网。在长端电缆的三根线芯上分别套入红色热缩绝缘管和黑色半导电热缩管以及铜丝屏蔽网（先扩张缩短后再套入）。

（5）压接线芯。按连接管长度的 1/2 + 5mm 剥切线头绝缘，将线芯及连接管擦拭干净，并将两端线芯对应插入连接管，用压接钳进行压接。先压两端，后压中间，然后用锉刀去除毛刺，校直线芯，清洁线芯绝缘表面。

（6）绕包屏蔽层和绝缘层。用半导电自黏带填平连接管压坑，再以半叠包方式绕包连接管两端与内半导电层之间的空隙，然后将半导电自黏带搭盖一端内半导电层，以半叠包方式经连接管绕包至另一端内半导电层上，共包两层（半导电带不可包到绝缘反应力锥"铅笔头"斜面上）。在绝缘末端"铅笔头"处，用自黏橡胶带绕包填平。自电缆长端距外半导电层 10mm 处至电缆短端距外半导电层 10mm 处，用自黏橡胶带半叠绕包 6 层。将热缩绝缘管从长端线芯上移至连接管上，中部对准，从中部均匀加热向两端收缩。在热缩绝缘管的两端与外半导电层上，用半导电自黏带半叠绕包成长约 40mm 的锥形，以平滑过渡。将半导电管从长端线芯上移至热缩绝缘管上，中部对准，半导电管两端应包住铜屏蔽带 10～20mm，然后从中部均匀加热向两端收缩。以同样方法处理其他两相线芯。将各相线芯上的铜丝屏蔽网移至接头中部，对准中心，然后拉紧拉直铜丝网，使之平滑紧凑地包在热缩半导电管上。铜丝网的两端用镀锡铜丝绑扎在铜屏蔽带上并用锡焊焊牢。校直和收拢3根线芯，用塑料带以半叠包方式自一端电缆内衬层开始绕包至另一端内衬层为止，形成接头部分的内衬层。

(7) 焊钢铠连接线、安装热缩护套管。将编织铜线用锡焊焊在两端钢带上。在电缆两端（已打毛并清洁）的外护套以及铠装钢带上，分别绕包1～2层热熔胶带。从短端电缆上将短热缩护套管拉出，使其与短端电缆外护套搭接100mm，并从此端向另一端均匀加热收缩。从长端电缆上将长热缩护套管拉出，使其与长端电缆外护套搭接100mm。在长热缩护套管的另一端与短热缩护套管搭接处作一搭接长度标记，在该搭接长度内用热熔胶带绕包1～2层，然后从长端电缆侧向接头方向均匀加热收缩。最后在电缆外护套与热缩护套管以及长、短热缩护套管接头处，用自黏橡胶带半叠绕包3层，长度为200mm，接缝两侧各100mm，以加强接口处的密封。

(8) 进行相关试验，合格后投入运行。

第六章

电气照明

第一节　常用灯具工作原理及特点

6-1-1　照明电光源是如何分类的？常用电光源主要技术数据是什么？

依发光原理的不同，电光源可分为热辐射和气体放电光源两大类。白炽灯、碘钨灯等为热辐射光源。荧光灯、高压汞灯、高压钠灯、金属卤化物灯（包括钠铊铟灯和镝灯）以及氙灯等属于气体放电光源，其中高压汞灯、高压钠灯以及金属卤化物灯又属于高强度气体放电光源，氙灯则属于弧光放电光源。

常用电光源主要技术数据见表 6-1。

表 6-1　　　　　　　常用电光源主要技术数据

光源名称	白炽灯	卤钨灯	荧光灯	高压汞灯	管型氙灯	高压钠灯	金属卤化物灯
额定功率（W）	10～1000	500～2000	6～125	50～1000	1500～100000	250、400	400～1000
光效（1m/W）	6.5～19	19.5～21	25～67	30～50	20～37	90～100	60～80
平均寿命（h）	1000	1500	1500～5000	2500～6000	500～3000	3000～24000	500～2000
显色指数 R_a	95～99	95～99	70～80	30～40	90～94	20～25	65～85

光源名称	白炽灯	卤钨灯	荧光灯	高压汞灯	管型氙灯	高压钠灯	金属卤化物灯
起动稳定时间（min）	瞬时	瞬时	1～3s	4～8	1～2s	4～8	4～8
再起动时间（min）	瞬时	瞬时	瞬时	5～10	瞬时	10～20	10～15
功率因数	1	1	0.33～0.7	0.44～0.67	0.4～0.9	0.44	0.4～0.61
频闪效应	不明显		明		显		
表面亮度	大	大	小	较大	大	较大	大
电压变化影响光通量	大	大	较大	较大	较大	大	较大
环境温度影响光通量	小	小	大	较小	小	较小	较小
耐震性能	较差	差	较好	好	好	较好	好
所需附件	无	无	镇流器启辉器	镇流器	镇流器触发器	镇流器	镇流器触发器

6-1-2 白炽灯、卤钨灯的工作原理和特点是什么？它们各自适用于什么场所？安装卤钨灯时有哪些注意事项？

白炽灯、卤钨灯（包括碘钨灯、溴钨灯）是根据热辐射原理而发光的。当灯具加上额定电压后，灯丝被加热成炽热状态，便可发出可见光。热辐射光源具有显色性好、功率因数高、无明显频闪效应、无需附件、安装方便等优点，但电压的变化对灯具的寿命和发光效率影响较大，其耐振性也较差。由于卤钨灯中的碘或溴元素，采用循环方式不断地将灯丝上蒸发出的钨元素再送回灯丝，所以与白炽灯相比，使用寿命较长。另外卤钨灯中的钨元素不会在灯管壁上沉积发黑，故发光效率也较高。

白炽灯适用于照度要求较低的场所，卤钨灯适用于照度要求较高的场所，且两种灯都可以根据需要频繁开关。

为了保证卤钨灯卤钨循环的有效性，卤钨灯在安装时应注意保持灯管的水平，其倾斜度不得大于4°。此外卤钨灯工作时，灯管温度很高，可达500～700℃，故应注意与周围可燃物保持足够的安全距离，以免引发火灾。

6-1-3 传统的荧光灯和电子镇流器式荧光灯各有什么特点？

传统的（电感线圈镇流器）荧光灯具有使用寿命长、发光效率高、显色性较好的优点。其缺点是：功率因数较低、频闪效应较明显、不宜频繁开关（对使用寿命影响很大）以及电压及环境温度过低时起动较困难。

与传统的荧光灯相比，品质优良的电子镇流器式荧光灯具有较高的功率因数（0.85以上），并且节能节材、体积小、质量轻、无频闪、无噪声、寿命长以及在电源电压波动较大时也能正常工作等独特的优点，其主要缺点也是不宜频繁开关。

6-1-4 单线圈镇流器荧光灯是如何工作的？

单线圈镇流器荧光灯的接线图见6-1（a）。接通电源后，由于处于未放电导通状态的灯管呈现很高的内阻，所以

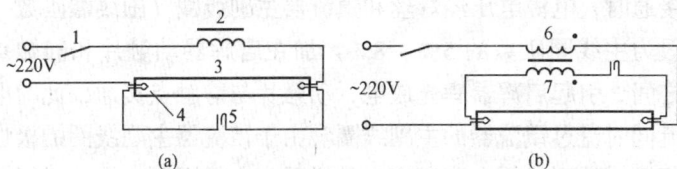

図 6-1 荧光灯接线图

(a) 单线圈镇流器；(b) 双线圈镇流器

1—电源开关；2—单线圈镇流器；3—灯管；4—灯丝；5—启辉器；

6—镇流器主线圈；7—镇流器副线圈

电源电压经过镇流器、灯丝，全部加在启辉器的"∩"形双金属（膨胀系数不同受热后会弯曲）动触片和静触点之间，引起辉光放电。放电时产生的热量使"∩"形动触片膨胀并向外延伸，与静触点相碰，接通电路，使灯丝预热并发射电子。同时，"∩"形动触片与静触点接触后，辉光放电停止，"∩"形动触片冷却并复原脱离静触点。在动触片脱离静触点的瞬间，因电流突然中断，便会在镇流器两端产生很高的自感电势，自感电势连同电源电势加在灯管两端，使管内的惰性气体被电离而引起放电。随着灯管温度的升高，液态汞气化游离并参与放电而产生出大量的紫外线，激发灯管内壁上的荧光粉后，便发出近似日光的光线。当灯管处于正常发光状态时，其内阻大大降低，因而灯管两端的电压也比刚起动时低得多，不会造成启辉器再次启辉接通，其动触片和静触点便一直处于断开状态。

6-1-5 双线圈镇流器荧光灯是如何工作的，其主要优点是什么？

双线圈镇流器荧光灯的接线如图 6-1 (b) 所示。电源接通时，电源电压经灯丝和镇流器主副线圈（副线圈匝数一般为主线圈匝数的 5%～8%）加在启辉器动触片和静触点之间，引起启辉器辉光放电，动触片与静触点接通，此时电流同时流过镇流器的主副线圈。由于镇流器主副线圈的极性相反，故副线圈电流所产生的磁通对主线圈所产生的磁通起去磁作用，使得主线圈阻抗下降，回路电流增大。增大的电流一方面使灯丝发射电子的能力增强；另一方面当启辉器因辉光放电停止，动触片脱离静触点时，镇流器主线圈产生的自感电动势比单线圈镇流器要高，从而较容易使灯管内的惰性气体电离放电。当荧光灯正常工作时，因启辉器处于断开状态，故镇流器副线圈不起作用，此时与单线圈镇流器工作状态相同。

双线圈镇流器荧光灯的主要优点是改善了荧光灯的起动性能，使其能够在电压较低或天气寒冷时顺利起动。

6-1-6　电子镇流器荧光灯是如何工作的？

图 6-2 为某电子镇流器式荧光灯电路图。该电路采用桥式整流并经电容 C_1、C_2 滤波后产生 310V 左右的直流电压

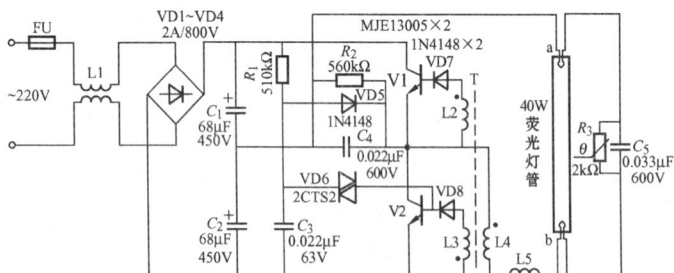

图 6-2　电子镇流器电路图

作为整个电路的工作电源。R_1、C_3 以及双向触发二极管 VD6（触发导通电压约 12V）组成振荡触发电路，电容 C_3 经 R_1 充电至 VD6 导通电压后，VD6 导通，将电压加至高频功率管 V2 基极，V2 导通。此时，电容 C_2 经灯丝 a、电容 C_5、灯丝 b、扼流圈 L5、绕组 L4、V2 集电极及 V2 发射极放电。由于高频脉冲变压器 T 的反馈作用，在 L3 绕组中的感应电势为上正下负，使得 V2 基极电流增大（同时在 L2 绕组中产生的感应电势为上负下正，使得 V1 仍保持截止状态），并致其迅速饱和导通，V2 集电极电流增至最大，即 L4 中的电流达到最大，所以此时高频变压器磁芯处于饱和状态，其磁通变化率趋于零。于是 L2 和 L3 中的感应电势也都为零，V2 基极电流开始减小，其集电极电流也随之减小，即 L4 中的电流减小，造成高频脉冲变压器 T 磁芯中的磁通减小，此时在 L2 和 L3 中的感应电势与各自开始时的方向相反。L3 中的感应电势为上负下正，使得 V2 很快截止；而 L2 中的感应电势为上正下负，使得 V1 开始导通。V1 导通后，电容 C_1 经 V1 集电极、发射极、L4（注意，电流方向与 C_2 放电时相反）、L5、b、C_5、a 放电，L2 中的感应电势使得 V1 迅速饱和导通，其集电极电流增至最大，高频脉冲变压器 T 的磁芯再度饱和……此后的过程与 V2 导通时相似，不再赘述。就这样，高频功率管 V1、V2 在高频脉冲变压器 T 的反馈作用下交替导通，从而输出 30～60kHz 方波振荡电压，再由 L5、C_5 串联谐振产生的高电压使灯管启辉发光。灯管发光后，谐振回路失谐，L5 主要起限流作用。在电路中，L1 为在一个磁芯上反向绕制的两个线圈组成的滤波电感，其主要作用是抑制本电路工作时所产生的谐波对外界的影响。另外，电路经首次触发起振后便可保持自激振荡，不需要再触发。VD5 是为了不使触发电路破坏振荡电路的正常工作而设置的。每当 V2 导通时，电容 C_3 便经过 VD5 放电，使其无法充到 VD6 导通所需要的电压。R_2 和 C_4 是为了提高电路的功率因数而设置的校正网络。VD7、VD8 分别为 V1 和 V2 设置了一定的死区电压，以避免某只管子还未完全截止，另一只管子已导通而致使管子烧坏。R_3 为正温度系数的热敏电阻，其常温下只有 2KΩ 左右的阻值。通电温度升高后 R_3 阻值也随之增高至 10MΩ，利用这段时间（约 1s）对灯丝进行预热，以延长灯管的使用寿命。

6-1-7 高压汞灯有哪些类型？它的工作原理、特点及应用是什么？

高压汞灯（以下简称汞灯）有镇流器式和自镇流式两种类型，分别如图 6-3（a）和图 6-3（b）所示。汞灯属于高气压汞蒸气放电光源，工作时不需要起辉器来预热灯丝。镇流器式汞灯需要另外配装镇流器，而自镇流式汞灯则以自身的灯丝兼作镇流器，两种类型汞灯的工作原理相似。灯具加上电压后，其主电极 2 与辅助电极间首先产生辉光放电（附加电阻 6 和 16 起限流作用），管内温度升高，导致主电极 1 与主电极 2 之间击穿，发生弧光放电，汞气化参与放电，产生大量的紫外线使外管壁的荧光粉激发而产生可见光。

汞灯光效较高、寿命长，耐振性能好，但起动时间较长、显色性差、功率因数较低、频闪效应较明显且电压波动对光通量影响较大。高压汞灯广泛地用于车站、码头、广场、街道、工厂、运动场作大面积照明使用，反射型适用于作投光灯使用。

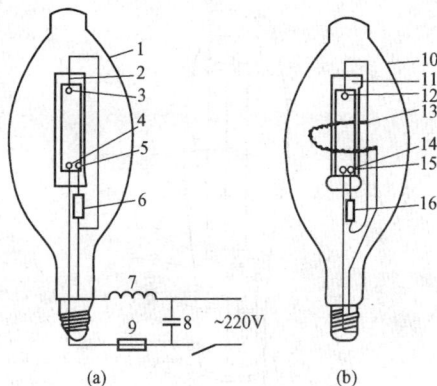

图 6-3 高压汞灯

（a）镇流器式；（b）自镇流式

1—玻璃外壳；2—石英放电管；3—主电极 1；4—主电极 2；5—辅助
电极；6—附加电阻（15～100Ω）；7—镇流器 L；8—功率因数补偿电
容；9—熔断器；10—玻璃外壳；11—石英放电管；12—主电极 1；
13—自镇流灯丝；14—主电极 2；15—辅助电极；16—附加电阻

6-1-8 高压钠灯的基本构造如何？它的工作原理、特点及应用是什么？

内触发式高压钠灯（以下简称钠灯）的基本构造如图 6-4 所示。钠灯的放电管采用耐高温并对高压的钠蒸气具有稳定化学性能的半透明单晶或多晶氧化铝陶瓷管制成。放电管内放入一种钠与汞混合的固体物质，并充以惰性混合气体以改善放电管的起动性能。钠灯工作时需要另外配装镇流器，且由于钠灯的起动电压较高，故需要外加一个较高的触发脉冲电压才能正常启辉。根据触发方式的不同，有内触发和外触发两种形式。内触发是利用双金属片通电受热后断开，在

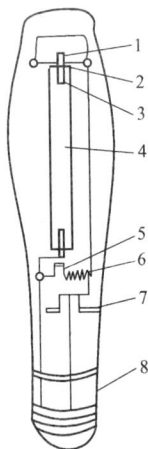

图 6-4 内触发高压钠灯

1—铌排气管；2—铌帽；3—钨丝电极；4—放电管；
5—双金属片；6—电阻丝；7—钡钛消气剂；8—灯帽

镇流器两端产生脉冲高压使灯点燃。灯点燃后，双金属片因受热而一直保持在断开状态。外触发则必须在线路上接上一只触发器（通常用电子式）才能正常启辉。

钠灯的光效高、使用寿命长、环境温度对光通量的影响较小；但其显色性差、功率因数较低、频闪效应较明显且电压波动对光通量影响大。钠灯一般用于对显色性要求不高而照度要求较高的公共场所。

6-1-9 金属卤化物灯的基本构造如何？它的工作原理、特点及应用是什么？

金属卤化物灯的放电管与高压汞灯的放电管的基本结构相似；但金属卤化物灯在石英放电管内除了有汞和惰性气体

外，还有某些金属的卤化物（如碘化铟、碘化铊、碘化钠等）作为发光物质。

金属卤化物灯在通电以后，放电首先在主电极和辅助电极之间的惰性气体中形成，继而发展到两主电极之间放电，放电管内温度大大提高，汞完全蒸发，管内压力增大，稳定的电弧在汞蒸气中形成。由于金属卤化物的循环作用，不断向电弧提供相应的金属蒸气，金属原子在电弧中受激发而辐射出该金属的特征光谱线。适当选择金属卤化物的品种，并控制其比例，便可制成各种不同光色的金属卤化物灯。

金属卤化物灯具有光效高、显色性较好、使用寿命较长等优点；但其功率因数较低、频闪效应较明显、电压波动对光通量影响较大。常用的金属卤化物灯有镝灯和钠铊铟灯。金属卤化物灯适用于户内外照度和显色性要求较高的场所，例如大型精密品总装车间、体育场及体育馆等处的照明。

6-1-10 氙灯如何分类，其基本构造如何？它的工作原理、特点及应用是什么？

氙灯按外形可分为管形和球形；按冷却方式可分为自冷、风冷和水冷；按弧光长度可分为长弧和短弧；按充气压力可分为高压（管形）和超高压（球形）；按充入元素可分为氙和汞氙等。氙灯的灯管由石英玻璃制成，内充高压氙气，并在管子的两端各封装一支钍钨或钡钨棒作为电极。由于氙灯在点燃前，管内的气压很高，而且电极处于冷态，不能发射电子，所以需要借助于配套触发器产生的高频高电压来点燃。氙灯被触发点燃后，在 220V 电压下便能维持电弧放电。高压氙气的饱和放电具有上升的伏安特性，因而其放电电流可以自行调节，这与金属蒸气放电不同。因此在正常工作时可以不用镇流器，但对于小功率（如1500W）氙灯，为了提高电弧的稳定性以及改善起动性能，还需使用镇流器。

氙灯具有亮度高、显色性好、体积小、工作稳定、受环境温度影响小、起动方便等优点，而且其功率可根据需要在很大的范围内进行选择。氙灯属于自持电弧放电灯，其辐射光谱的能量分布特性接近连续光谱，色温为5500～6000K，与太阳光相近，适用于广场、体育馆等场所大范围照明。

第二节　常用的灯具控制方法

6-2-1　如何就地控制一盏灯？

就地控制一盏灯是照明灯具最简单的控制方式。对于小功率灯具一般采用单极开关控制，对于较大功率的灯具，可选配相应的负荷开关及空气断路器等进行控制。注意，开关应控制灯具的相线。

6-2-2　如何就地控制多盏灯？

就地控制多盏灯一般采用多极开关分别进行控制。当多盏灯安装于一处时，如一盏吊灯有9只灯头，也可以采用一只单极开关S与一只顺序控制器配合，来分别控制各只灯头的控制方式，如图6-5所示。接线时可将9只灯头分成三

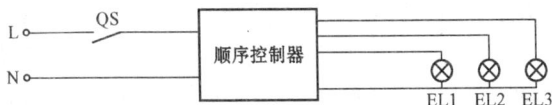

图6-5　单极开关配顺序控制器控制多盏灯

组,一组 EL1 为 2 只灯头,二组 EL2 为 3 只灯头,三组 EL3
为 4 只灯头(当然可以采用其他的分法)。当 S 第一次闭合
时,一组的 2 只灯亮;打开 S,一组灯灭,再第二次闭合
S,二组的 3 只灯亮;打开 S,二组灯灭,再第三次闭合 S,
三组的 4 只灯亮;打开 S,三组灯灭,再第四次闭合 S,所
有 9 只灯全亮。如此循环控制,可以根据需要来点亮灯头
数,既节电又能达到理想的照明效果。

6-2-3 如何在两地控制一盏灯?

用两只双控开关可以在两个地方控制一盏灯,接线图见
本书题 2-3-19 中图 2-42。这种控制方式通常用于楼上、楼下
分别控制一盏照明灯,使用非常方便。

6-2-4 调光灯的控制原理是怎样的?

图 6-6 为某分级调光灯电路。这种电路对灯光的调节是
借助一个多档开关 S 来控制的,在"1"档时灯熄灭;在 2
档时利用电容降压,灯泡微亮;在"3"档时,电源绝二极
管半波整流给灯泡供电,灯泡亮度约为正常亮度的一半;在
"4"档时灯泡在额定电压下工作,亮度最大。如此调节可以
得到几种不同的亮度而且简单可靠。图 6-7 为某无级调光灯

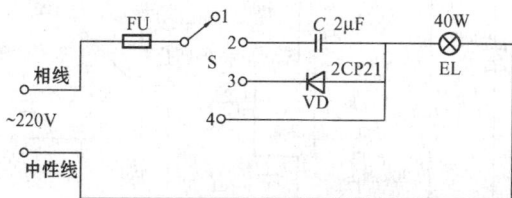

图 6-6 分级调光灯电路

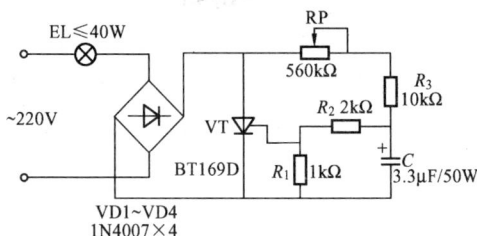

图 6-7 无级调光灯电路

电路。该电路利用 RC 移相网络来调节晶闸管 VT 导通角而达到调光的目的，改变电位器 RP 阻值即可改变灯泡的亮度。

6-2-5 自动光控开关的控制原理及应用是什么？

某光控开关电路如图 6-8 所示。该电路采用控制单向晶闸管的导通与关断来控制电灯的亮灭，并以电阻 R_1 降压为控制电路提供直流工作电源。电路中的核心元件为 CMOS 时基 7555 集成电路。稳压管 VD1 的稳压值为 5V 左右。白天，光电三极管 V 由于受强光照射而呈现低阻值，集成块 IC 的

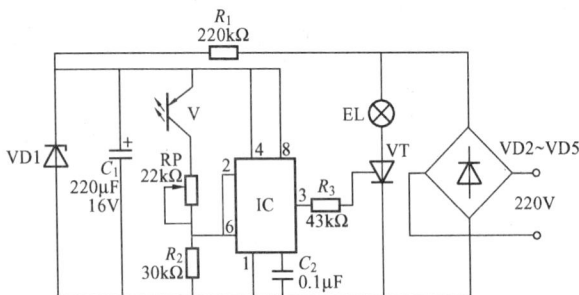

图 6-8 光电管控制电路

2、6脚为高电平，其3脚输出为低电平，晶闸管 VT 因无触发电流而关断，照明灯 EL 不亮。天黑时，光电三极管 V 阻值增大，集成块 IC 的2、6脚变为低电平，其3脚输出高电平，晶闸管 VT 导通，EL 灯点亮工作。调节电位器 RP，可改变光电管的控制灵敏度。本电路负荷小于60W，最大不宜超过100W，否则要换大电流晶闸管。由于使用了稳压，电路的开启与关闭只与光照度有关，与市电电压的正常波动无关。自动光控开关适用于走廊、过道、楼梯等场所的照明用路灯控制。

6-2-6 触摸式延时开关的控制原理是怎样的?

触摸式延时开关电路如图6-9所示。二极管 VD1 ~ VD4组成的全桥串接于照明电路，延时电路与单向晶闸管 VT 同时跨接于全桥的输出端，延时电路控制单向晶闸管 VT 的导通与关断，实现了对交流照明电路的控制。平时，电容 C 经电阻 R_1 充电，三极管 V 获得基极电流而导通，单向晶闸

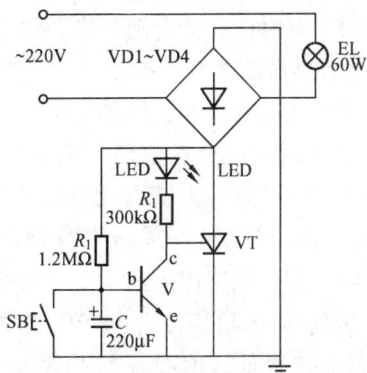

图6-9 触摸式延时开关电路图

管 VT 控制极经晶体管 V 的 c、e 极接地,因其无触发信号而关断。发光二极管 LED 中因有较大电流流过而发光,用作触摸位置指示。按一次开关 SB 后,C 上存储的电荷通过按钮触点迅速泻放掉,三极管 V 因基极电位降为零而截止,集电极电位上升,单向晶闸管 VT 的控制极获得触发信号而导通,全桥输出构成能通过较大电流的回路,电灯亮。与此同时,全桥输出电压通过 R_1 对 C 充电(充电至 V 再次导通的时间即为电灯亮的时间,调整 R_1 或 C 的大小,可改变灯亮时间),当其电压上升到足以使 V 重新导通时,单向晶闸管 VT 因控制极重新被接地而关断,电灯熄灭。

6-2-7　什么是声、光控定时节电开关,其用途及控制原理是什么?

用声音以及光线的强弱来控制开关的接通与否,并在接通后经过规定延时再自动断开的开关,称为声、光控定时节电开关。该开关在白天时呈断开状态,其附近即使有声音发出也不起作用,而晚上呈准备工作状态。当外界发出脚步声、讲话声或拍手声时该开关自动开启,将照明灯点亮,经过 40 ~ 50s 延时后再自动断开。声、光控定时节电开关广泛用于路灯、走道灯及楼梯灯等的控制。

某声、光控定时节电开关电路如图 6-10 所示。该电路是以时基电路 IC(NE555)为核心元件构成的暂稳态电路。C_6、R_5、VD3、VD4 构成阻容降压半波整流电路,经 C_5、VD2 滤波稳压后为控制电路提供约 12V 直流电源。白天光线强时,光电二极管 VD1 阻值小,与 RP2 串联后分压值小,使得 IC 的 4 脚电位很低,IC 处于被强制复位状态。此时,即使驻极体传声器 B 接受到声音,IC 的 3 脚仍呈低电平,

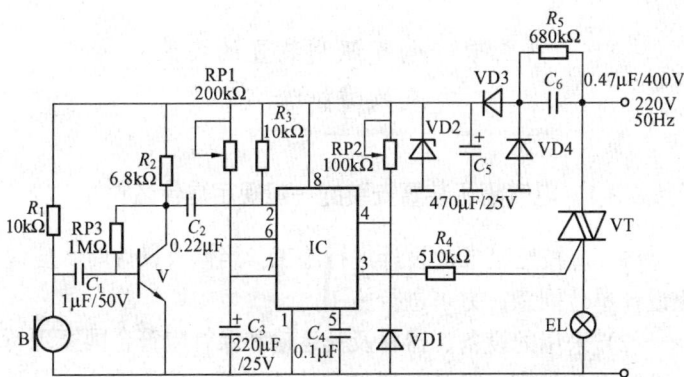

图 6-10　声、光控定时节电开关电路图

双向晶闸管 VT 因无触发信号而处于截止状态，照明灯 EL 不会点亮。当夜幕降临后，由于没有光照，光电二极管 VD1 阻值增大，其分压值也随之增大，使得 IC 的 4 脚电位抬高而解除强制复位。当开关附近有声音发出时，驻极体传声器 B 将声音信号转换成电信号，并加在三极管 V1 的基极上，经三极管 V1 放大后加至 IC 的 2 脚，IC 的输出端 3 脚立刻由低电平转变为高电平，使双向晶闸管 VT 被触发导通，EL 点亮。当开关附近的声音消失后，整个电路仍处于暂稳状态，使得 EL 继续点亮。与此同时，电容 C_3 经电阻 RP1 充电，当 C_3 上所充的电压达到 IC6 脚的阈值电压时，便会通过 IC 的 7 脚放电，使整个电路回到初始状态，电灯熄灭。灯亮时间的长短取决于 IC 暂态工作时间的长短，可以通过改变电位器 RP1 的大小进行调整，其估算值由 1.1RC 决定。当减小 RP1 阻值时，延时时间变短；反之则延长。本电路最大延时为 40～50s。

第三节 电气照明装置的安装 及故障排除

6-3-1 电气照明装置安装的一般规定是什么?

(1) 应按已批准的设计进行施工。当修改设计时,应经原设计单位同意,方可进行施工。

(2) 采用的设备、器材及其运输和保管应符合国家现行标准的有关规定,设备和器材有特殊要求时,应符合产品技术文件的规定。设备及器材运抵现场后,应检查技术文件是否齐全,型号、规格及外观质量是否符合设计要求和有关规范的规定。

(3) 施工中的安全技术措施,应符合国家现行标准、规范和产品技术文件的规定。

(4) 施工前应拆除对安装施工有妨碍的模板及脚手架等,并且顶棚、墙面等抹灰工作已完成,地面已清理;施工结束后,对施工中造成的建筑物破损部分,应修补完整。

(5) 在砖石结构中安装电气照明装置时,应采用预埋吊钩、螺栓、螺钉、膨胀螺栓或塑料涨管固定,严禁使用木楔。当设计无规定时,上述固定件的承载能力应与电气照明装置的质量相匹配。

(6) 在危险性较大及特殊危险场所,当灯具距离地面高度小于2.4m时,应使用额定电压为36V及以下的照明灯具或采取相应的保护措施。

(7) 安装在绝缘木台上的电气照明装置,其导线端头的绝缘部分应伸出绝缘木台表面;电气照明装置的接线应牢固，电气接触应良好；需接地或接零的灯具上开关、插座等非带电金属部分应有明显标志的专用接地螺钉；电气照明装置的施工及验收应符合国家有关规程、规范的规定。

6-3-2 电气照明装置常用的固定方法有哪些?

（1）直接固定。适用于在木质建筑结构（包括预埋木砖）上安装灯具或其他电器，可根据需要选用合适的木螺丝直接安装即可。对于会产生高温的大功率灯具，灯管与建筑物木结构之间应保持足够的安全距离，必要时应制作金属过渡件安装。

（2）塑料涨管固定。适用于质量较轻的灯具或其他电器在混凝土或砖墙上进行固定。常用的塑料涨管有 $\phi6$、$\phi8$、$\phi10mm$ 这几种规格，可根据需要选用。木螺丝的大小应根据塑料涨管的规格选用。固定时先用冲击钻（钻头直径应与塑料涨管的直径相同）在混凝土或砖墙表面打孔，孔深与塑料涨管的长度相等，然后将涨管放入孔中，再用木螺丝穿过待安装件的固定孔旋入塑料涨管内拧紧即可。

（3）膨胀螺栓固定。膨胀螺栓固定可以承受很大的拉力和剪切力，因而适用在混凝土或砖墙上安装较重的灯具或其他电器。膨胀螺栓是一种镀锌金属件，螺栓的尾部为退拔形状，螺栓外部套有开缝的金属管。常用的膨胀螺栓有 M6、M8、M10、M12mm 等，可根据需要选用。膨胀螺栓在安装时，也需要先用冲击钻打孔，孔的深度应与螺栓外的金属套管长度相等。钻头应按比膨胀螺栓规格大 4mm 来选取（有的膨胀螺栓需要按大 2mm 来选取），即 M6mm 的膨胀螺栓选 $\phi10mm$ 的钻头，M8 的膨胀螺栓选 $\phi12mm$ 的钻头，其余类推。钻头不可选得过大或过小，否则会造成孔过大，膨胀螺栓安装不牢，或孔过小膨胀螺栓放不进去。孔打好后，掏清钻屑，放入膨胀螺栓，再将灯具的固定件套进螺栓头部，加上垫圈、螺母后，用扳手上紧。随着螺母不断上紧，螺栓带退拔形状的尾部逐渐进入开缝金属管，将其涨开并与孔壁抵紧，从而起到固定作用。需要注意的是，较重的灯具或其他电器安装时，应适当增加膨胀螺栓的规格或数量，以确保安全。

（4）预埋件固定。预埋件（如吊钩、弓形板、角铁等）也可以承受很大的拉力和剪切力，适用于较重的灯具或其他电器安装。预埋件应在土建施工时配合埋入，埋入前应作适当处理。例如：吊钩埋入部分的端头应进行适当弯折；角铁埋入部分的端头应横向焊接一段圆钢等，以增加预埋件的抗拉强度。

需要说明的是，过去施工中常用打木楔的方法来固定灯具，因其可靠性差，故国家标准（GB50259—1996）已明确规定，严禁使用。

6-3-3　怎样安装照明灯具？

（1）室内灯具距地面的高度一般不低于 2.5m，室外的高度一般不低于 3m。如达不到要求时，应采取保护措施或改用安全电压（36V 以下）供电的灯具。

（2）灯具的固定应根据灯具的类型、安装方式以及质量大小而分别采用适当的方法进行。如果灯具较轻，可用塑料涨管固定，并直接用灯头软线悬吊灯具，但接线处不应受到拉力，因此灯头软线的上下方均应打背扣。当灯具质量超过 1kg 时，可用膨胀螺栓固定，并用吊链悬挂；若灯具质量超过 3kg，可用吊钩或膨胀螺栓固定，并用钢管悬吊，管内径应不小于 10mm，壁厚不小于 1.5mm；固定花灯的吊钩，其圆钢的直径不应小于灯具吊挂销钉、勾的直径，且不得小于 6mm；对大型灯具的固定及悬吊装置，应按灯具质量的 1.25 倍做过载试验。

（3）接线时，相线和中性线要严格区分，应将中性线直接接在灯头上，相线则必须经过开关再接到灯头上；使用双绞花线时，应将带白点的一根接开关（相线）；使用螺口灯头时，相线应接灯头中心弹簧片，中性线接灯头螺纹；对于带开关的灯头，开关手柄不应有裸露的金属部分；多股软线与灯头相接时，应先将线芯按其卷绕方向拧几圈，再顺着压线螺钉旋转方向将线芯压牢，不可反向压线，以免因线芯松散出现毛刺而造成短路；室外灯具的电源引线应做防水弯，以免雨水流入灯具内。

（4）氙灯安装时应注意：灯具的悬挂高度应视功率的大小而定，一般为了达到均匀大面积照明以及避免氙灯工作时所辐射出的大量紫外线伤人的目的，10kW 不宜低于 20m，20kW 不宜低于 25m，并应按说明书要求正确接线。触发器与灯管的距离不宜超过 3m，以减小高频能量损耗；应注意触发器的高压出线对地的绝缘距离，如需固定时，应采用高压绝缘子进行，不可随意捆扎；应保证电源电压偏移在 ±5% U_n 以内，以免造成自持放电电弧中断。

6-3-4 如何安装霓虹灯？

（1）灯管应完好无破裂；灯管应采用专用的玻璃管制成的绝缘支架固定，且必须牢固可靠；固定后的灯管与建筑物表面的最小距离不宜小于 20mm。

（2）专用变压器的安装位置宜隐蔽，且方便检修，但不宜装在吊顶内，也不能被非检修人员随意触及；明装时其高度不宜小于 3m，当安装高度小于 3m 时，应采取防护措施；在室外安装时，应采取防水措施。

（3）专用变压器二次导线和灯管间的连接线，应采用额定电压不低于 15kV 的高压尼龙绝缘导线，且导线与建筑物表面的距离不应小于 20mm；专用变压器所供灯管长度不应超过允许的负载长度。

6-3-5　怎样安装照明配电箱（板）？

（1）配电箱底边距地面高度宜为 1.5m，配电板底边距地面高度不宜小于 1.8m。

（2）配电箱（板）应装正、装牢（可用膨胀螺栓或预埋螺栓固定），其垂直偏差不应大于 3mm；配电箱嵌入墙体暗装时，将配电箱置于预留位置并将进出线穿入箱体后，用碎砖和水泥沙浆将箱体四周空隙填满抹平；金属配电箱体穿线孔应光滑无毛刺，并应加装橡胶护圈。

（3）配电箱（板）内的交、直流或不同电压等级的电源，应有明显的标志，用电回路也应标注名称。

（4）配电箱（板）内有螺旋熔断器时，电源线应接中间触点端子，负荷线应接螺纹端子。

（5）配电箱（板）内，应分别设置中性线 N 和保护地线 PE 母排，中性线和保护地线应分别在母排上连接，不得绞接，并应有编号。金属箱体应与 PE 母排可靠连接并接地。

6-3-6　开关安装的方法及安装时的注意事项是什么？

同一建筑物内的开关宜采用同一系列产品，开关的通断位置应一致；开关安装的位置应便于操作，开关边缘距门框宜为 0.15~0.2m，距地面高度宜为 1.3m，拉线开关距地面高度宜为 2~3m，且拉线出口应垂直向下；开关明装时，应先将明盒用塑料涨管固定在墙上，然后将开关面板接好线后用配套螺丝固定在明盒上即可；开关暗装时，应先根据暗盒的大小用凿子将安装处的墙壁凿空，然后将暗盒（电源线穿入暗盒）置于凿空处，再用水泥沙浆填充暗盒四周空隙并抹平，待水泥沙浆固化后，将开关面板接好线后固定在暗盒上即可；不论明装还是暗装，开关都应装正、装牢；暗装时开关面板应贴紧墙面；并列安装的相同型号开关距地面高度应一致，其高度差不应大于 1mm；同一室内安装的开关高度差不应大于 5mm；并列安装的拉线开关相邻间距不宜小于 20mm；相线应经开关控制；民用住宅严禁装设床头开关。

6-3-7 插座安装的方法及安装时的注意事项是什么？

插座安装有明装和暗装两种方式，其方法与开关的安装相似，可以参照进行；插座距地面高度一般不宜小于 1.3m，在托儿所、幼儿园、小学校不宜小于 1.8m，车间及试验室的插座安装高度距地面不宜小于 0.3m，特殊场所暗装的插座不宜小于 0.15m；同一场所安装的插座高度应一致，高度差不宜大于 5mm，并列安装相同型号的插座高度差不宜大于 1mm；安装于地面上的插座应具有牢固可靠的保护盖板；对于单相两孔插座，当两孔水平安装时，面对插座的右孔接相线，左孔接中性线，当两孔垂直安装时，上孔接相线，下孔接中性线；对于单相三孔插座，面对插座的右孔接相线，左孔接中性线，上孔接保护接地线，且插座上接零和接地桩头不得直接短接；三相四孔、三相五孔插座的接地线或接中性线均应接在上孔，且插座上接零和接地桩头不得直接短接；同一场所内三相插座的相序应当一致；当交流、直流或不同电压等级的插座安装在同一场所时，必须选择不同结构、不同规格和不能互换的插座；在潮湿场所，应采用密封良好的防水防溅型插座。

6-3-8 怎样安装吊扇？

（1）通常土建时在吊扇安装处预留有挂钩，此时直接安装便可。如果没有预留挂钩则需自己制作安装。为安全起见，应用两颗膨胀螺栓固定挂钩，挂钩圆钢的直径不应小于8mm。

（2）吊扇悬挂销钉应装设防振橡胶垫；扇叶距地面高度不宜低于 2.5m。

（3）吊扇在组装时严禁改变扇叶的角度，注意不要漏装弹簧垫圈；所有采用螺栓连接的部件，在螺母旋到位后都应加装开口销。

（4）吊扇调速开关有电感线圈抽头分级调速开关和电子式无级调速开关两种，其安装方式亦有暗装和明装两种，可根据需要进行。

（5）通常在吊扇配套的移相小电容上贴有接线图，相关接线可参照该图进行。

（6）吊扇在运转时不应有明显的晃动，如晃动过大（有时吊扇叶片受压变形后会出现这种情况，特别是低速运转时）可适当进行调整。方法是：找一根适当长度的竹竿，将其上端抵住天花板，然后用手盘转吊扇叶片，观察各叶片与竹竿下端的距离。当发现某叶片的距离过大或过小时，轻扳叶片进行调整，最终使得三只叶片与竹竿下端的距离大致相等即可。经调整后可以明显减小吊扇运转时的晃动。

6-3-9 怎样安装壁扇?

壁扇底座可采用塑料涨管或膨胀螺栓固定,塑料涨管或膨胀螺栓的数量不应少于两个,且直径不应小于8mm;壁扇安装时,其下侧边缘距地面高度不宜小于1.8m,且底座平面的垂直偏差不宜大于2mm;壁扇的防护罩应扣紧,固定可靠;壁扇运转时,扇叶和防护罩均不应有明显的颤动和异常响声。

6-3-10 白炽灯常见故障及解决方法有哪些?

(1) 开关打开后灯泡不亮。检查灯丝是否断裂,如断裂则更换灯泡;用验电笔检查灯头是否有电,如灯头没电则应检查灯开关上桩是否有电,如开关上桩没电,则检查总电源是否有电,若总电源没电则可能是外部线路停电;如果灯头有电,则可能中性线断线;如灯头没电,开关上下桩头都有电,则开关至灯头的线路断线;如开关上桩头有电,下桩头没电,则开关损坏,换开关;若开关上桩头没电,总电源有电,则总电源至开关的线路断线。

(2) 灯泡忽明忽暗。原因及解决方法:①电源电压波动;②灯头、开关与线路连接接触不良,应检查并予以排除。

(3) 灯光暗淡。原因及解决方法:①电源电压过低;②灯座、开关或导线对地严重漏电,应检查更换;③灯座开关接触或导线连接不良,检查修理;④灯泡使用太久,发光效率降低,可换灯泡。

(4) 灯泡突然稳定变得很亮或很暗。原因及解决方法:

①可能灯丝局部短路，会很快烧毁，应检查灯泡及时更换；②电源电压出现非正常升高或下降，可能是整个配电系统总中性线断线或接触不良，三相负荷不对称造成本相电压升高或降低，此时应立即拉掉电源总开关，以免造成更大损失。不过这种情况极少发生。

6-3-11 荧光灯常见的故障及解决方法有哪些？

（1）灯管完全不亮。原因及解决方法：①电源停电；②电路未接通，应检查开关进出线、荧光灯架内部接线、灯脚与灯座是否接触良好、启辉器是否与座子接触良好等，发现问题后应予以排除；③器件故障，常见的有灯丝断裂、启辉器内部断线或氖泡失效，可调换灯管、启辉器试试。

（2）灯管两端稳定发亮，中间不亮。原因及解决方法：启辉器内部并联小电容击穿，使得氖泡内部的动触片和静触点一直处于短接状态，无法产生正常状态下的断开动作，故无镇流器自感高电势产生将灯管全部点亮。此时换只启辉器即可。如手头上没有启辉器，也可以将启辉器上击穿的并联小电容摘除使用。注意，出现这种故障现象时应尽快处理，否则灯管两端将很快发黑并损坏。

（3）灯管两端和全管交替发亮。原因及解决方法：①灯管寿命将至。灯管全亮后，因其内阻过大，造成灯管压降过大，使得启辉器产生了辉光放电，动触片与静触点接通，灯管由全亮变成两端亮；启辉器动触片与静触点接通后，辉光放电停止，动触片冷却脱离静触点，镇流器产生自感高电势，灯管再次全亮。如此循环往复便造成该故障现象，此时换支灯管便可。②启辉器工作特性变坏，辉光放电电压过低。灯管全亮后，虽然灯管工作正常，管压降也不大，但启辉器仍会产生辉光放电，因而造成该故障现象，此时换只启辉器便可。

（4）灯管寿命过短。原因及解决方法：①灯管质量不佳，可更换合格的灯管。②镇流器不配套或质量不佳，工作电流过大。可更换与灯管配套的合格镇流器。

（5）荧光灯工作时有噪声。原因及解决方法：镇流器质量不佳，铁芯未夹紧，可更换合格的镇流器。

6-3-12 高压汞灯常见的故障有哪些？其原因是什么？

（1）完全不亮。故障原因：①电源没电或保险丝熔断；②电路不通，包括：线路断线、开关触头接触不好、灯座中心弹簧片未弹起等；③灯泡损坏。

（2）不能启辉。故障原因：①电源电压过低；②镇流器不配套；③灯泡损坏。

（3）只亮灯芯。故障原因：灯泡的玻璃外壳破裂漏气。

（4）亮而忽灭。故障原因：①电源电压下降；②灯座、镇流器或开关接线松动或接触不良；③灯泡损坏。

第七章

电 动 机

第一节 电动机的类型、工作原理及用途

7-1-1 电动机有哪些类型?

根据电动机所使用电源的不同可分为交流电动机、直流电动机和交直流两用电动机。交流电动机分为三相同步电动机、单相同步电动机、三相异步电动机及单相异步电动机,其中三相异步电动机又可分为笼型和线绕型两种类型;单相异步电动机可分为电感移相式、电容移相式和罩极式三种类型,并且以电容移相式应用最为广泛。直流电动机分为电磁式电动机和永磁式电动机两种类型,其中电磁式又可分为他励电动机、并励电动机、串励电动机及复励电动机。

7-1-2 笼型三相异步电动机有哪些优缺点? 其分类、各自特点及用途如何?

笼型转子异步电动机的优点是:①结构简单、可靠、便宜;②小容量电机可全压直接起动,操作简单;③在电压出现短暂的较大幅度降低或失压时,电动机不必切除,当电压恢复时可以自起动,这一特点对于保证某些重要机械(如发电厂锅炉辅机)的工作有重要意义。主要缺点是:①起动电流较大;②起动转矩较小;③调速不便。

根据笼的形状和结构不同，笼型异步电动机可分为普通笼型、深槽笼型和双笼型三种。

（1）普通笼型（又称单笼型）。该型电动机转子结构最简单，运行可靠，使用和维护方便，价格便宜，但起动电流大，起动转矩较小。该型电机一般机械设备都可以使用，特别适用于功率较小，不需要调速，恒定负载及低起动转矩的场合，如水泵、鼓风机、机床等机械设备的拖动。

（2）深槽笼型和双笼型。这两种类型的电动机是普通笼型电动机的改进型。与普通笼型电动机相比，其起动转矩较大而起动电流较小，因此起动性能得到了明显改善，但过载能力和功率因数稍有下降。深槽笼型和双笼型电动机都是利用集肤效应原理对转子进行了特殊的设计，其中深槽笼型转子导体槽较深，因而其机械强度差一些，一般低速较大容量电机的转子采用该结构；而双笼型转子有内外两个笼，外笼（称起动笼）导体有较大的电阻和较小电抗，内笼（称运行笼）导体有较大的电抗和较小电阻，改变内外笼参数的比值，可以获得不同的起动特性，且由于双笼转子的机械强度较高，故一般 1000r/min 以上较大容量高速电机的转子采用该结构。深槽笼型和双笼型电动机一般用于较大容量、恒速、恒定负载且要求较重负载起动的工作机械，如压缩机、粉碎机、搅拌机等的拖动。

7-1-3 绕线型三相异步电动机有哪些特点，适用于什么场合？

绕线型异步电动机的转子有与定子相似的三相绕组，其优点是起动转矩大而起动电流小，可以平滑调速；缺点是起动操作较麻烦、维护工作量较大、价格高以及变阻器在运行中要损耗电能。这种电动机适用于要求起动转矩大，而笼型电动机难以起动的恒速、恒定负载的大容量设备，如压缩机、粉碎机等以及要求在一定范围内变速的重负载起动设备，如起重机、卷扬机等。

7-1-4 三相同步电动机的主要优缺点是什么，有哪些主要用途？

主要优点：①效率高，转速不随负载而变化，是一种恒转速电动机；②在带动机械负载运行时，可以根据系统无功的情况，通过过励或欠励运行来发出或吸收无功；③电磁转矩正比于电压的一次方，对电压的波动没有异步电动机敏感；④可以不用复杂的起动设备而用异步起动法直接起动。主要缺点：结构较复杂，起动转矩不大，起动及运行控制较麻烦，工作可靠性较低，价格贵。

三相同步电动机广泛用于拖动大容量恒定转速的机械负载，如各种空气压缩机、矿山球磨机、水泥球磨机、水泥厂管磨机、冶炼厂鼓风机、火电厂中大型锅炉给水泵、水利工程中的大型水泵、小型轧钢机和连续传送带等。这类电动机通常是高压大容量电机。

7-1-5 直流电动机有哪些主要优缺点？其类型有哪些，各适用于什么场合？

主要优点：①有优良的调速性能，调速平滑、方便、范围广，转速比可达 1∶200；②轧钢用直流电动机短时过载转矩一般可达额定转矩的 2.5 倍以上，特殊要求时可以达到 10 倍，并能在低速下连续输出较大转矩；③能承受频繁的冲击负载；④可实现频繁的无级快速起动、制动和反转；⑤

能满足生产过程自动控制系统特殊运行要求。主要缺点：结构复杂、制造成本高、维护工作量大以及需要直流电源。

根据励磁方式的不同，直流电动机分为并励直流电动机、他励直流电动机、串励直流电动机和复励直流电动机。并励和他励直流电动机属于硬机械特性，在必要时又能方便地进行调整，因而适用于要求负载变化时转速基本不受影响的场合，如发电机组、金属切削机床、轧钢机等设备的驱动；串励直流电动机属于软机械特性，其过载能力强，起动力矩大，但负载变化时转速变化很大，因而适用于需要转矩大而对转速稳定无特殊要求的场合，如电力机车、无轨电车、起重机、卷扬机和电梯等设备的驱动；对于复励直流电动机，如果并励绕组为主，则机械特性较硬，其应用范围与并励及他励电动机相同；如果串励绕组为主，则机械特性较软，其应用范围与串励机相同。

7-1-6　电动机容量大小是怎样区分的？

一般按电动机轴中心高度 H 或定子铁芯外径 D 或机座号来区分：大型 H 为 630mm 以上或 D 为 1000mm 以上者或机座号 16 号及以上者；中型 H 为 355～630mm 或 D 为 500～1000mm 或机座号 11～16 号者；小型 H 为 89～315mm 或 D 100～500mm 或机座号 10 号及以下者；微型 H 为 71mm 及以下或 D 为 100mm 以下者。

7-1-7　三相异步电动机的结构是怎样的？

三相异步电动机由定子和转子两大部件及其他附件组成。

（1）定子。定子由机座、定子铁芯和定子绕组三部分组成。机座是电动机的主要支架，用来固定定子铁芯和支持端盖，一般由铸铁制成；为了减少铁芯中的能量损耗，铁芯一般由 0.5mm 硅钢片叠成；定子绕组用漆包线绕制而成，三相绕组有 6 个线头，从内部引接到电动机外出线盒的接线板上。

（2）转子。转子铁芯由 0.35～0.5mm 厚的圆形硅钢片冲压而成，靠近边缘均匀地冲有用来嵌放转子绕组的线槽。笼型转子各线槽内绕组和两端短路环连同风叶一起，用铝铸成一个整体；也可用铜条打入槽内与两端短路环焊接而成。绕线式转子绕组和定子绕组的绕制方法基本相同。其三相绕组的尾端连在一起作星形连接，而三个始端则连接在三个铜集电环上，环与环以及环与轴之间互相绝缘，起动变阻器借电刷与集电环相接触，从而和转子绕组相连接。

（3）附件。附件包括端盖、轴承及冷却风扇等。端盖中心有轴承室和止口，用来固定轴承、保证轴承的同轴度并支撑转子。轴承孔装有轴承，转轴上装有风扇，机体上装有风扇罩。

（4）出线盒。出线盒用铸铁制成，用来固定定子绕组的引出线端子。在盒内绝缘接线板上有 6 个接线柱，接有三相绕组的 6 个引出线头。U1、V1、W1 表示三相绕组的首端；U2、V2、W2 表示三相绕组的尾端。利用铜压板的不同连接方法，可实现三相绕组的星形（Y）或三角形（D）连接。

7-1-8 三相异步电动机是如何工作的？

三相异步电动机是利用电磁感应原理来实现能量转换的装置。当定子通入三相交流电时，定子绕组便产生了旋转磁场。设该磁场以 n_1 的速度沿顺时针方向旋转，此时静止的转子和旋转磁场间存在着相对运动，即可以认为磁场是不动的，而转子以 n_1 速度沿逆时针方向旋转,转子绕组(或笼条)切割磁力线,便产生了感应电势。由于转子绕组(或笼条)的阻抗很小,所以在很小的感应电动势作用下便可产生很大的电流。转子绕组中电流和定子旋转磁场相互作用而产生了电磁力,电磁力又作用在转子上形成了电磁转矩,转子便开始旋转起来,其旋转方向与定子磁场的旋转方向是一致的。

7-1-9 三相异步电动机铭牌上主要技术数据有哪些?

(1) 型号。表示电动机的类型、结构、规格及性能等的代号。

(2) 功率。指电动机在额定运行（额定电压、额定频率及额定负载等）工况下转轴上输出的机械功率，单位是 kW。负载功率应略小于或等于电动机的额定功率才能保证正常运行。

(3) 频率。是指电源的额定频率，通常为 50Hz。频率过高或过低都会影响电动机正常运行。

(4) 电压。是指施加在三相定子绕组上的额定线电压。电动机正常运行电压应为额定电压的 ± 5%，电压过高或过低都会导致定子电流增大，造成电动机过热，缩短寿命，甚至烧毁。

(5) 电流。是电动机在额定运行工况下，定子绕组的额定线电流。电动机在运行中，线电流应等于或小于额定电流。如果电流过大则说明电动机过载，应及时停机处理。

(6) 连接。是指定子绕组三个首端和三个末端的连接方式，通常有星形（Y）和三角形（D）两种连接方式，如图 7-1 所示。

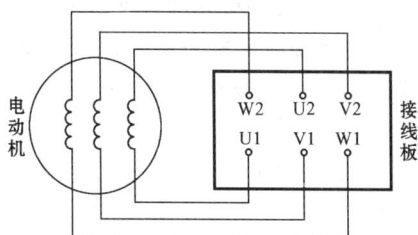

(a)

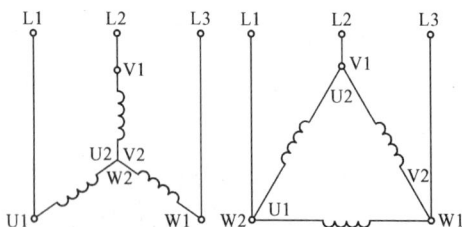

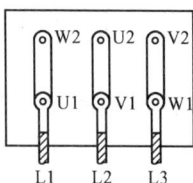

接线板

U1　V1　W1

L1　L2　L3

三相电源
(b)

W2　U2　V2

U1　V1　W1

L1　L2　L3

三相电源
(c)

图 7-1　电动机的连接方式

（a）电动机；（b）Y 连接；（c）D 连接

（7）转速。是指额定转速，一般异步电动机的额定转速比同步转速低 2% ~ 5%。

（8）绝缘等级。是指电机绕组采用的绝缘材料的耐热等级，按其耐热性能分有 A、E、B、F、H 五种等级，各等级的绝缘材料的极限允许工作温度分别为 105、120、130、155、180℃。电动机运行时绕组绝缘最热点的温度不得超过允许值。

（9）温升。是指电动机在运行时，绕组温度高于周围环境温度的允许值，也称为允许温升。绕组允许的最高温度应是温升加上环境温度。例如，铭牌标明温升为 75℃，环境温度为 40℃，则表明该电动机绕组允许的最高温度为 75 + 40 = 115（℃）。

（10）定额（或工作制）。是指电动机在额定条件下运行时，允许连续运行的时间，通常分为连续工作制、短时工作制和断续周期工作制。

1）连续工作制。其代号为 S1，指该电动机在额定条件下，能够长期连续运行。

2）短时工作制。其代号为 S2，是指该电动机在额定条件下，能在限定的时间内短时运行。规定的标准短时持续时间定额有 10、30、60、90min 四种。

3）断续周期工作制。其代号为 S3，是指该电动机在额定条件下，只能断续周期地运行。一个工作周期时间为电动机额定负载运行时间加停机时间，规定不超过 10min。负载持续率（额定负载持续时间与一个工作周期时间之比，用百分数表示）规定的标准有 15%、25%、40% 及 60% 四种。

（11）防护等级。电动机外壳防护等级是从两个方面来考虑的。一是防止人体接触电机内的带电或转动部分和防止固体异物进入电机内部的防护等级，分为六级（最高至防尘级）；二是防止水进入电机内部程度的防护等级，分为九级，参见题 8-4-9。电动机外壳防护等级由表示防护特征的字母 IP 和两个防护等级的表征数字组成。例如，电动机的防护等级为 IP44，表示该电机能防止直径大于 1mm 的固体异物进入机内，也能防止厚度（或直径）大于 1mm 的导线或金属条等触及机内或带电转动部分，同时任何方向的溅水对它都无有害影响。

7-1-10　什么是三相异步电动机的同步转速，同步转速与电源频率 f 和电动机的磁极对数 p 之间有什么关系？当电源频率为 50Hz 时，6 极和 8 极电动机的同步转速各是多少？

三相异步电动机旋转磁场的转速称之为同步转速，通常用 n_1 表示。n_1 的大小与电源频率 f_1 和旋转磁场的磁极对数 p 之间的关系如式（7-1）所示

$$n_1 = 60f_1/p \tag{7-1}$$

我国工业用电频率规定 $f_1 = 50\mathrm{Hz}$，故当电动机为 1 对磁极（即 2 极机）时，同步转速为 $n_1 = 60 \times 50/1 = 3000(\mathrm{r/min})$；当电动机为 3 对磁极（即 6 极机）时，同步转速为 $n_1 = 60 \times 50/3 = 1000$（$\mathrm{r/min}$）；当电动机为 4 对磁极（即 8 极机）时，同步转速为 $n_1 = 60 \times 50/4 = 750$（$\mathrm{r/min}$）。

7-1-11　什么是三相异步电动机的转差率？如果有一台 6 极三相异步电动机，在额定负载下运行时的转差率 $s_n = 0.03$，电源频率 $f = 50\mathrm{Hz}$，求电动机在额定负载下运行时的实际转速是多少？

旋转磁场同步转速 n_1 与转子转速 n_2 的差称转差，转差（$n_1 - n_2$）与 n_1 的比值（通常用百分数表示）称转差率，用字母 s 表示，即

$$s = \frac{n_1 - n_2}{n_1} \times 100\% \tag{7-2}$$

根据式（7-2）及式（7-1）得

$$n_2 = (1 - s_n)n_1 = (1 - s_n) \times \frac{60f_1}{p}$$

将有关数据代入上式得

$$n_2 = (1 - 0.03) \times \frac{60 \times 50}{3} = 0.97 \times 1000 = 970 (\text{r/min})$$

所以此电动机在额定负载下运行时的实际转速是 970 r/min。

7-1-12 什么是异步电动机的空载电流，它的大小对电动机运行会产生什么影响？一般异步电动机的空载电流是多少？

电动机空载运行时，三相定子绕组中流过的电流称为空载电流。空载电流的绝大部分（无功分量）用来产生旋转磁场，称为励磁电流；另有很小一部分（有功分量）消耗于各种损耗，如摩擦和铁芯损耗等。因此，空载电流基本上是无功电流。

由于定子绕组的导线截面积是一定的，故允许通过的电流也是一定的。如果空载电流太大，则带负载运行时所允许流过导线的有功电流就只能减小，电动机所能带动的负载就要减小。当负载过大时，绕组就容易发热。从这一观点来看，空载电流应该小一些为好，这样电动机的功率因数较高，对电网供电有好处。但是空载电流也不能太小，否则又要影响到电动机的其他性能，如造成起动转矩下降等。一般小型电动机的空载电流约为额定电流的 35% ~ 50%，大、中型电动机的空载电流约为额定电流的 20% ~ 35%。

7-1-13 什么是异步电动机的起动电流，起动电流过大有什么坏处？

当电动机静止时，加上额定电压起动瞬间的线电流称为起动电流。

异步电动机直接起动时，起动电流很大，可达到额定电流的 4.5～7 倍，是影响异步电动机起动性能的主要因素。过大的起动电流，对电动机本身和电网都有影响。首先是使电网电压短暂下降，特别在电源容量小和电动机功率大的情况下，电压下降更大，不仅使该台电动机起动困难，还影响到其他设备的正常运行；其次将使电动机和线路上的电能损耗增加以及造成设备发热，特别是在频繁起动或起动过程较长的情况下，情况更严重。因此，对起动时会造成供电线路较大压降的电动机，应采取措施限制其起动电流。

7-1-14 什么是电动机的额定转矩？

在额定电压、额定频率、额定负载下，电动机转轴上产生的电磁转矩称额定转矩，用 T_N 表示，其大小可用式（7-3）计算

$$T_N \approx 9550 \frac{P_N}{n_N}(\mathrm{N \cdot m}) \tag{7-3}$$

式中　P_N——电动机额定功率，kW；

　　　n_N——电动机额定转速，r/min。

从式（7-3）可以看出，额定功率相同的电动机，转速低，转矩就大。又由于转速与极数成反比，所以当极数多时转速就低，转矩也就大。

7-1-15 什么是异步电动机的起动转矩，它的大小对电动机的起动性能有什么影响？一般异步电动机的起动转矩是多少？

电动机加上额定电压，转子由静止刚开始转动时的转矩称为起动转矩，一般用 T_{st} 表示。

起动转矩是衡量电动机起动性能的重要技术指标之一。起动转矩越大，电动机加速度越大，起动过程越短，也越能带动负载起动，这些都说明起动性能好；反之，若起动转矩小，起动困难，起动时间长，电动机绕组易过热，甚至起动不起来，更不能重载起动，则说明起动性能不好。

有关国家标准对电动机的起动转矩有明确的规定。起动转矩一般是用额定转矩的倍数来表示，常用异步电动机的起动转矩为额定转矩的 1.2~2 倍。

7-1-16 什么是最大转矩，它对电动机的性能有什么影响？什么是过载能力？一般异步电动机的过载能力是多少？

电动机从起动到正常运转的过程中，电磁转矩是不断变化的，其中有一个最大值称为最大转矩或临界转矩，用 T_{max} 表示。

最大转矩是衡量电动机短时过载能力的一个重要技术指标，一般也是用额定转矩的倍数来表示。最大转矩越大，电动机承受机械负载冲击的能力也就越大。如果电动机在带负载运行中发生了短时过载现象，当电动机的最大转矩小于过负载的阻力转矩时，电动机就会停止运转，发生所谓"闷车"现象。

最大转矩 T_{max} 与额定转矩 T_N 的比值，称为过载能力，

用 λ 表示，即

$$\lambda = T_{max}/T_N \qquad (7\text{-}4)$$

电动机的过载能力，国家标准有一定的规定范围，一般异步电动机过载能力在 1.8~3.0 之间。

7-1-17 什么是电动机的功率因数，其大小有何意义？

功率因数表明了在输入电动机的视在功率中真正耗掉的有功功率所占比例的大小，其值为输入的有功功率 P_1 与视在功率 S 之比，用 $\cos\varphi$ 来表示，即

$$\cos\varphi = P_1/S \qquad (7\text{-}5)$$

功率因数也可以说是定子电流中有功分量与总电流之比。功率因数越高，说明有功电流分量占总电流的比例越大，电动机以及电源设备的效率也越高。电动机运行中，功率因数随负载的变化而变化。空载运行时，功率因数很低，约为 0.2 左右。带负载运行时，定子绕组电流中的有功分量增加，功率因数也随之提高。当电动机在额定负载下运行时，功率因数达到最大值，一般为 0.75~0.9。因此，电动机应避免空载或轻载运行，但也要防止过载运行，以免温升过高影响寿命。

7-1-18 什么是 Y 系列电动机？它与老型号 JO2 系列电动机相比有何特点？

Y 系列电动机为一般用途的高效节能电动机，可以用来拖动没有特殊要求的各种机械负载设备，但不能用于长期满载运行。它是全国统一设计的产品，以替代老型号 JO2 系列电动机。Y 系列电动机在设计、选材及制造工艺方面均采用了许多节能措施，其综合性能比 JO2 老型号电机有了很大的

提高，具体表现在：

(1) 功率因数和效率较高，其加权平均效率为 88.263%，较 JO2 系列电机提高了 0.415%。

(2) 起动性能好，其起动转矩约为额定转矩的 2 倍，比 JO2 系列提高了 30%。

(3) 在电机结构上适当增大了定子和转子绕组导线的截面积，减少了铜损；适当增大了铁芯用量并采用热冲击及高级铁芯材料，减少了铁损和杂散损耗；适当调整了气隙，缩小了风扇尺寸，减少了轴承摩擦，降低了机械损耗。

(4) 比 JO2 系列电机体积减小了约 15%，质量减轻了 12%，结构坚固，外形美观。

(5) 采用 B 级绝缘材料，较之 JO2 电机的 E 级绝缘提高了一个等级，因而电动机的允许温升高，运行可靠性高，噪声小，经久耐用。

(6) 各项性能指标符合国家有关标准规定，便于配套使用。

7-1-19 什么是 YX 系列三相异步电动机，它有何特点？

YX 系列电动机是在 Y 系列的基础上派生出来的高效电动机，是我国 20 世纪 80 年代后为了适应国民经济各部门的需要，合理利用能源而开发的新型节能产品。YX 系列电动机最适合于需要长期连续运行，负荷率高、消耗电能相对较多的场合，如化工、冶金、纺织及造纸等部门，用以拖动风机、泵类、压缩机等机械设备。

YX 系列与 Y 系列电动机相比，平均损耗又下降 20% 以上，效率提高 3% 左右。与国外同类产品相比，水平也相当。YX 系列电动机在 50% ～ 100% 负荷范围内，具有较平坦的效率特性。当电动机运行在约 75% 负荷率时，其效率最高。YX 系列电动机由于采取了一系列特殊设计与工艺措施，如采用铁耗较低的磁性材料、增加有效材料用量、改进定转子槽配合和风扇结构以及冲片退火或氧化处理等，从而降低了各部分损耗和噪声，既提高了电动机的效率，又降低了运行温度，电动机运行可靠，寿命长。由于 YX 系列电动机的制造成本有所增加，故其售价高于一般电动机；但由于其效率高，省电，所以运行费用比一般电动机少，其价格增加的部分很快会从运行所省的电费中得到补偿。

7-1-20 单相电容移相异步电动机是如何工作的?

图 7-2 为电容移相单相异步电动机工作原理图。电动机定子铁芯槽里除了嵌放工作绕组外，另外加嵌了一个起动绕组，并使起动绕组与工作绕组在定子中有 90° 的空间角度差。由于工作绕组与起动绕组由同一相电源供电，为了使两个绕组中的电流在时间上有一个相位差，起动绕组与电容器 C

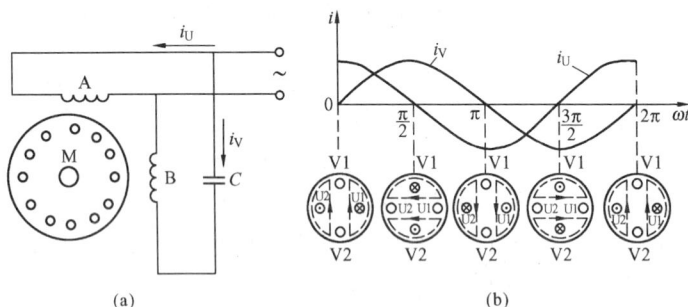

图 7-2 单相电容移相异步电动机工作原理图

(a) 接线原理图；(b) 定子磁场变化示意图

A—工作绕组；B—起动绕组；C—电容器；M—转子

串联后再与工作绕组并联。电源接通时，电流 i_V 超前电源电压一定角度，电流 i_U 滞后电源电压一定角度。适当选择电容器，使 i_U 滞后 i_V 90°。当具有 90°相位差的 i_V 和 i_U 分别接入在空间相差 90°的两个绕组时，所产生的磁通就会形成一个旋转磁场，磁场旋转方向由超前的磁通指向滞后的磁通。笼型转子在这个旋转磁场的作用下，就会产生转矩而自行起动。

第二节　电动机的起动、控制和调速

7-2-1　笼型三相异步电动机常用的起动方法有哪些？

笼型三相异步电动机常用的起动方法有全压直接起动和降压起动两种，其中降压起动又包括电抗降压起动、自耦变压器降压起动、Y—D 变换降压起动及延边三角形降压起动等。

7-2-2　笼型三相异步电动机全压直接起动有何优缺点？什么情况下允许直接起动？

全压直接起动的优点是起动设备简单、操作方便。缺点是起动电流大，可能造成电网电压的大幅波动，对其他设备带来不利影响。另外，电压过低时，可能造成重载电机无法起动。究竟什么情况下允许直接起动呢？一般认为满足以下三个条件之一即可：

（1）容量在 7.5kW 以下的三相异步电动机。

（2）起动瞬间造成的电网压降不大于正常值的 10%（不经常起动的可放宽到 15%）。如果用户有专用变压器供电，电动机容量小于变压器容量的 20% 时，允许频繁起动；小于 30% 时，允许不经常起动。

（3）根据经验公式估算，符合要求可直接起动，否则应降压起动。经验公式见式（7-6）：

$$\frac{I_{\text{st}} [\text{电动机直接起动电流(A)}]}{I_{\text{N}} [\text{电动机额定电流(A)}]} \leq \frac{3}{4} + \frac{\text{电源变压器总容量(kV·A)}}{4 \times \text{电动机额定功率(kW)}} \quad (7\text{-}6)$$

7-2-3 什么是笼型三相异步电动机的电抗降压起动？该方法一般应用于何种场合？

电抗降压起动是在起动时将电抗器串接在定子绕组中，以限制起动电流。当电动机转速逐渐提高，并趋于稳定时，将电抗器切除，电动机进入正常运行。电抗器的接入与切除是通过与其并联的开关进行的。当开关打开时，电抗器接入；当开关闭合时，电抗器被短接切除。

该起动方法虽然降低了起动电流，但同时也大大降低了起动转矩，因此只能用于电动机的空载或轻载起动。

7-2-4 什么是笼型三相异步电动机自耦变压器降压起动？它有何特点？

利用自耦变压器来降低加在电动机定子三相绕组上的电压，以限制起动电流，这种起动方法称自耦变压器降压起动。自耦变压器起动又称补偿器起动，可以手动控制，也可以自动控制。自动控制电路如图 7-3 所示。自耦变压器的二次侧一般有 2～3 组抽头，其电压分别为一次电压 U_1 的 80%、65% 或 80%、60%、40%，可根据允许的起动电流和所需要的起动转矩选用。

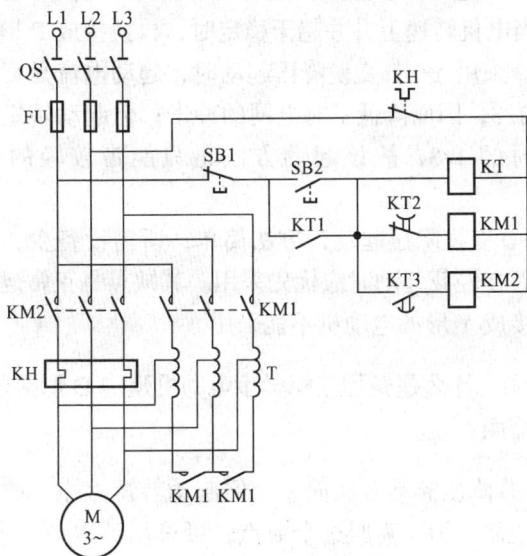

图 7-3 自耦变压器降压起动自动控制电路

QS 隔离开关；FU—熔断器；KH—热继电器；SB1—动断按钮
触点；SB2—动合按钮触点；KT—时间继电器；KT1—时间继电
器 KT 的瞬时动作合触点；KT2—时间继电器 KT 的瞬时动作
延时打开动断触点；KT3—时间继电器 KT 的延时闭合闭合
触点；KM1、KM2—交流接触器

与电抗器降压起动相比，当所限定的起动电流相同时，
自耦变压器降压起动具有较大的起动转矩，因此可以带较重
的负载起动。其缺点是设备体积大，投资较贵。

7-2-5 什么是笼型三相异步电动机 Y—D 降压起动，它有何特点？

正常运行时定子绕组接成 D 形的电动机，可采用 Y—D

降压的方法起动。该方法在电动机起动时，将定子绕组接成Y形。当电机转速上升并趋于稳定时，再换接成D形进入正常运行。采用Y—D变换降压起动时，起动电流是直接起动电流的1/3，因而降低了对电网的冲击；但起动转矩也是直接起动时的1/3，故该起动方法也只能带较轻的负载起动。

Y—D变换降压起动，方法简单，所需设备少，价格便宜，因而在轻载起动时应优先采用。其缺点是正常运行时定子绕组接成Y形的电动机不能采用。

7-2-6 什么是笼型三相异步电动机延边D形降压起动，它有何特点？

Y—D降压起动方法简单，但起动转矩太小，故应用受到一定限制。为了克服这个缺点，可采用延边D形起动法。该方法使用时，定子绕组需特殊设计，其定子绕组有9个接线柱（一般只有6个接线柱），如图7-4（a）。起动时，将定子三相绕组的一部分接成D形，另一部分接成Y形，如图7-4（b）所示。当电动机转速上升并趋于稳定时，再接成D

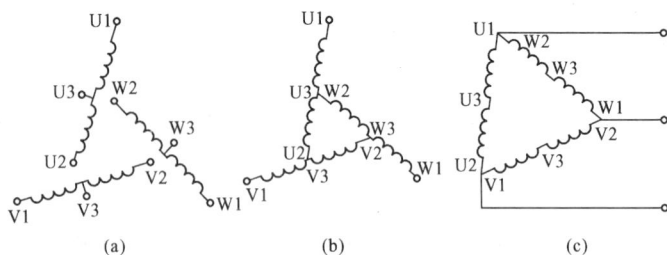

图7-4 延边D形连接降压起动

（a）原始状态；（b）起动的连接方法；（c）正常运行连接方法

形投入正常运行。从图 7-4（b）中可见，Y 形连接部分的绕组既是各相定子绕组的一部分，同时又兼作另一相定子绕组的降压绕组。这样每相绕组上所承受的电压比 D 形连接时的相电压要低，比 Y 形连接时的相电压要高。而起动转矩和起动电流的大小，是由每相绕组的两部分阻抗（设其为 Z_{pn1} 和 Z_{pn2}）的比例决定的。当 Z_{pn1}：Z_{pn2} = 2：0 时，绕组的 D 形部分为零，相当于 Y—D 起动；当 Z_{pn1}：Z_{pn2} = 0：2 时，绕组的延边部分为零，相当于全压直接起动。改变抽头比就能调整 D 形部分绕组所占的比例，从而改变起动电流和起动转矩。与 Y-D 起动比较，延边 D 形起动可以带较重的负载，其缺点是定子绕组需要特殊设计，普通电动机无法使用。

7-2-7 为什么重载起动的生产机械普遍选用绕线式异步电动机？绕线式三相异步电动机怎样实现降压起动？

绕线式异步电动机的转子回路可以串接电阻进行起动，从而获得了良好的起动特性（如功率因数较高，起动转矩大及起动电流较小）和调速特性。因此，重载起动的生产机械普遍选用绕线式异步电动机。

串接在转子绕组中的起动电阻，一般都连接成 Y 形。在开始起动时，起动电阻全部接入，以减少起动电流，并获得较高的起动转矩。随着电机转速的提高，逐步分段切除起动电阻。起动完毕时，起动电阻全部被切除，电动机在额定转速下运行。这种起动方法需要的设备较多，投资较大。起动电阻的分段切除可以采用时间继电器控制，也可采用电流继电器控制，图 7-5 为用时间继电器控制的绕线式异步电动机起动控制线路。

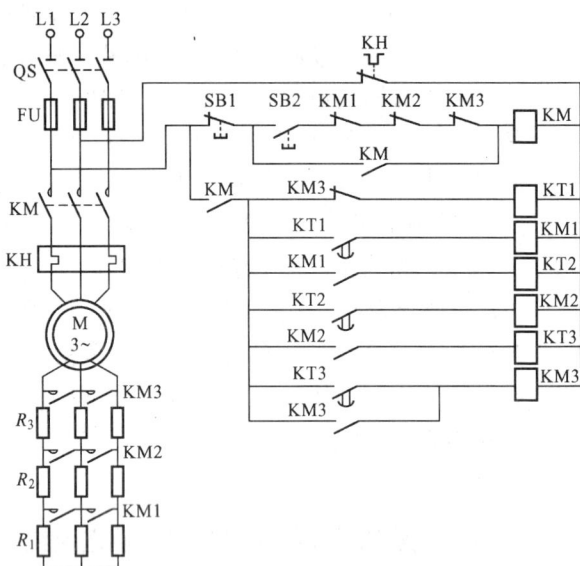

图 7-5 绕线式异步电动机起动控制线路

7-2-8 三相异步电动机有哪些制动方法?

三相异步电动机的制动方法一般分两类,即机械制动和电力制动。机械制动分电磁抱闸制动和电磁离合器制动;电力制动分反接制动、能耗制动、再生制动及电容制动等。

7-2-9 什么是反接制动?它有何优缺点?

改变电动机三相电源的相序,使定子绕组产生反向旋转磁场从而对转子产生制动转矩的制动方法称为反接制动。

反接制动的优点是制动力矩大,制动快。缺点是制动准确性差,制动过程中冲击较大,易损坏传动部件,能量消耗大。为了限制反接制动电流，并保证制动效果，对于绕线式异步电动机可在转子回路串接适当的电阻；对于笼型异步电动机，其转子回路无法串接电阻，故反接制动电机的容量不能太大，一般为 10kW 以下，而且反接制动不能过于频繁。

7-2-10　能耗制动原理是什么？能耗制动有何优缺点？

切断电动机电源后，设法将转子储存的动能转换为电能，并使它变换为热能消耗于转子回路中的制动方法，称为能耗制动，如图 7-6（a）所示。转换开关 QC 在断开交流电源后倒向下方，立即使其中两相定子绕组接通直流电源，产生恒定静磁场，而转子受惯性作用继续朝原方向旋转，于是在转子绕组内便产生了感生电流，该电流与恒定磁场作用，使转子受到反向制动力而迅速停转。

能耗制动的优点是制动平稳、能耗小、对电网无冲击；其缺点是需要直流电源。该方法常与电磁抱闸配合使用，先进行能耗制动，当转速降低到一定程度后令抱闸动作，可以

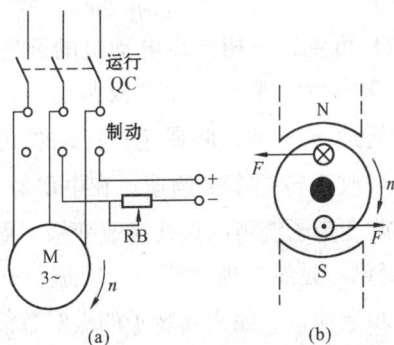

图 7-6　能耗制动原理图

(a) 电路图；(b) 制动转矩示意图

实现准确快速停车。

7-2-11 什么是再生制动？它有何优缺点？

电动机工作时，由于外力作用（如起重机在下放重物时），使电动机的转速 n_2 超过旋转磁场的同步转速 n_1，电动机的电磁转矩变为制动转矩，重物的势能被转换成电能并馈送回电网，称为再生制动或发电制动。

再生制动的优点是经济性能好，可将负载的机械能转换成电能反送到电网上；其缺点是制动范围较窄，仅当电动机转速 $n_2 > n_1$ 时才能实现再生制动。

7-2-12 三相异步电动机有哪些调速方法？它们各自适用于什么场合？

根据式（7-1）和式（7-2）可求得异步电动机的转速关系式为

$$n_2 = n_1(1-s) = \frac{60f_1}{p}(1-s) \qquad (7-7)$$

由式（7-7）可见，三相异步电动机的调速可通过改变极对数 p 来改变同步转速 n_1，即变极调速；改变电源频率 f_1 来改变同步转速 n_1，即变频调速；在绕线式电动机转子回路串接电阻来改变转差率 s 调速。在电源频率 f_1 不变的情况下，通过改变定子绕组的接线来改变极对数 p，同步转速 n_1 便随之变化。显然变极调速是分级进行的。变极调速适用于笼型异步电动机，因为其转子的极对数能自动跟随定子极对数变化。而绕线型异步电动机，需改变转子的接线使之与定子的极对数对应，很麻烦，故其调速需用其他方法。

通过频率调节装置来改变电源的频率，可以平滑地调速，并且对笼型和绕线型异步电动机都适用。绕线型异步电动机可以通过在转子回路串接电阻，改变机械特性来达到调速的目的。当 f_1 一定时，n_1 也一定，串入的电阻 R 越大，机械特性的斜率也越大，但最大电磁转矩 T_{max} 保持不变。当负载转矩一定时，随着 R 的增加，s 逐渐增大，转速也就逐渐降低，如图 7-7 所示。图中 r_2 为转子绕组电阻，$R_2 >$ R_1 为转子绕组串接电阻。这种调速方法的缺点是：转速调得越低，所需 R 就越大，损耗也越大，经济性就越差。另外转子串接电阻后，机械特性变软，负载变化时转速将发生明显变化。但由于该方法比较简便，又可以平滑调速，所以在间歇使用的中小容量绕线式电动机中仍然得到了广泛应用。

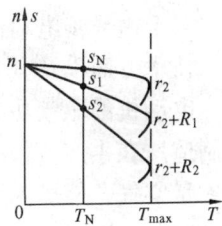

图 7-7　绕线式异步机转子串电阻调速特性

7-2-13　变频调速有何优缺点？变频调速技术应用的意义是什么？

变频调速的优点是：①调速平滑；②调速范围大；③调速效率高；④采取适当措施后电动机机械特性的硬度在调速过程中可以保持不变；⑤节电效果显著。其缺点是：需要专用变频电源，一次性投资较大。

在电力拖动领域，解决好异步电动机的无级调速问题，其意义十分重大。例如：可以大大提高生产设备的加工精度、工艺水平以及工作效率，从而提高产品的质量和数量；由于省却了笨重的齿轮变速机构，故可以大大减小生产机械的体积和质量，从而减少金属的耗用量；直流电机调速系统复杂，附属设备多，故障率高，维护工作量很大，而且由于电刷换向会产生火花也不适用易燃易爆场合，用异步电动机取代直流电动机来驱动生产机械，便可避免上述问题。

7-2-14 为什么变频调速能够节能？

对于由异步电动机驱动的风机、泵类负载，由于生产工艺、技术方面以及其他原因，在负载流量需要大幅度变化时，电动机的驱动功率是无法跟随其变化的。例如：某水煤气制造厂在生产过程中，首先要用风机向水煤气发生炉内鼓入大量空气，使炉内燃料层燃烧。当炉温升高到符合制气的温度时，立即通入水蒸汽与灼热的碳产生化学反应，从而产生水煤气。由于化学反应过程吸收了大量热量，造成炉温降低，致使水煤气的分解显著降低，此时必须停供水蒸气，重新鼓入空气加热，如此循环往复。一个工作循环为 3min38s，其中鼓风占 60s，制气占 2min38s。照理说制气阶段不需鼓风，应该停机，待制气结束后再行起动鼓风；但由于时间间隔短，电动机起动电流又很大，这一停一开的供风方式显然不合适。因此只能靠关闭风机风道，让风机在运行中"待命"，从而造成无谓的电能损耗；同时由于风道被强行关闭，风机还会产生巨大的噪音。这一问题借助于变频调速便很容易获得解决。例如：可以在鼓风阶段结束后立即停机，然后在制气阶段即将结束时适当提前起动风机，便可以满足生产工艺要求，其控制程序可以预先设定。由于变频器可以从零起平滑调速，故不会对电网产生冲击。据该厂资料统计，采用变频调速后，节电率达到 56.6%。对于风机、泵类负载，如采用阀门、挡板或放空等方式调节流量，则会产生严重的节流功率损耗;若采用变频调速,则节电效果特别显著。而且由于降速运行,还可以减少设备磨损,延长设备的检修周期和使用寿命。此外,对于设备储备容量过大或运行中经常不能满载或负载变化较大的其他类型设备的异步电动机,采用变频调速后其节电率也相当可观。实质上变频调速节能的原因就是:按负载需要供给电能,随时保持供需动态平衡,中间浪费很少。不过,是否采用变频调速应根据生产工艺特点以及设备具体情况考虑,如对于那些带额定而且恒定负载长期运行的电动机,就没有必要采用变频调速。

7-2-15　为什么变频调速既要变频又要变压?什么是恒功率调速和恒转矩调速?

这是因为三相异步电动机运行时定子绕组相电压为

$$U_1 \approx E_1 = 4.44 f_1 N_1 K_{W1} \Phi_m \qquad (7\text{-}8)$$

式中　N_1——定子绕组匝数;

　　　K_{W1}——定子绕组系数;

　　　Φ_m——主磁通幅值。

由式(7-8)可见,由于 N_1 和 K_{W1} 在电动机制造好后便为定值,如果在变频调速时保持电源电压不变,在 f_1 向下调整时,Φ_m 将会增大,磁路将进入饱和状态,励磁电流会急剧增加而超过电动机的额定电流,造成电动机过热,这是不能允许的。如果 f_1 向上调整,Φ_m 将减小,会导致电磁转矩下降。因此,变频调速在改变频率的同时,必须同比例地改变外加电压的大小,即使得 U_1/f_1 = 常数,以保证 Φ_m 不变。这也是变频器常被称为 VVVF (Variable Voltage Variable

Frequency—变压变频器）的原因。

在变频器实际调速过程中，同比例降低频率和电压，这一点是没有问题的；但是当提高输出频率时，则不能无限制地同比例提高输出电压，输出电压最高只能等于额定电压。因为电动机绕组是按额定电压设计的，超过就可能造成绝缘击穿。因此，当变频器输出电压等于电动机额定电压并保持恒定时，再提高频率，便会导致主磁通下降，使电磁转矩下降，而电动机的转速则随着频率的提高而提高。根据式（7-3）可知，此时电动机的输出功率基本保持恒定，故这一范围的调速可视为恒功率调速。当变频器输出电压在电动机额定电压以下随输出频率同比例升降变化时，由于电动机主磁通基本保持恒定（低频时需要进行补偿），故电磁转矩也基本保持不变，这一范围的调速可视为恒转矩调速。

7-2-16 变频器有哪些类型？

（1）根据变流环节不同分类。

1）交－直－交变频器。即先将频率固定的交流电整流成直流电，再把直流电逆变成频率任意可调的三相交流电。

2）交－交变频器。把频率固定的交流电直接转换成频率任意可调的交流电。

（2）根据直流电路的储能环节分类。

1）电压型变频器。其储能元件为电容器，一般中、小容量变频器以电压型变频器为主。

2）电流型变频器。其储能元件为电感线圈。

（3）根据电压的调制方式分类。

1）正弦脉宽调制（SPWM）变频器。电压的大小通过调节脉冲宽度与脉冲占空比来实现，一般中、小容量通用变频器几乎全部采用此类变频器。

2）脉幅调制（PAM）变频器。电压的大小是通过调节直流电压的大小来实现的。

（4）根据输入电源的相数分类。

1）三进三出变频器。变频器的输入侧和输出侧都是三相交流电，绝大多数变频器都属此类。

2）单进三出变频器。变频器的输入侧为单相交流电，输出侧是三相交流电。家用电器里的变频器均属此类，通常容量较小。

7-2-17 SANKEN（三肯）变频器有哪些特点？

图 7-8 为日本 SANKEN 变频器的原理框图。该变频器由微电脑控制，采用脉宽调制方式，是一种交 – 直 – 交电压型变频器。变频器的换流元件采用大功率晶体管，体积小，质

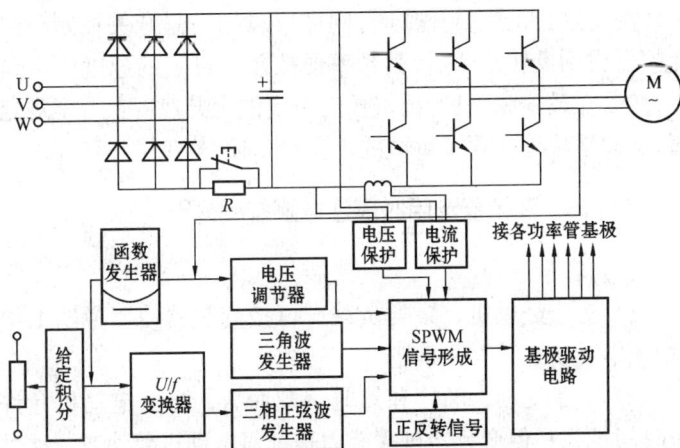

图 7-8　SANKEN 变频器原理框图

量轻。变频范围为 0 ~ 400Hz，分为 2.4 ~ 50Hz、3 ~ 60Hz、……直至 20.8 ~ 400Hz 共 16 档可供选用。正常情况下，数字显示运行频率，故障情况下则显示故障类型。电压为 0 ~ 380V，三相，压频比（U/f）一般为常数，若需要低频时提高转矩，可选用低频电压补偿档。压频比共有 16 种不同的图形，可根据不同的负载进行设定。变频器具有欠压、过压、直流过压、过负荷、短路及失速等多种保护功能。该变频器的频率变化速度分为高速档和低速档两种，各自分别有 16 种加速度和 16 种减速度，可以分别设定，合计共有 64 种频率变化速度，从 2ms/Hz ~ 20s/Hz，可根据需要选用。变频器可以全部用自身的旋钮或开关操作，也可以由外部 4 ~ 20mA 电流或 0 ~ 5V 电压信号控制，可实现各种工艺参数的闭环控制要求。如果负载需要按档次变化进行调速，则可以预先设定好第二和第三频率，然后只需一只开关就可以遥控实现电力拖动的多档调速，操作工不需要触及变频器。如果负载需要进行正反转操作时，同样可以用一只开关控制。当变频器得到反转指令后，其频率便按预先设定的速度下降至零，然后在改变相序后，再按预先设定的上升速度上升至规定值，从而平稳地实现了负载的正反转变换，避免了任何冲击。

7-2-18 变频器选用时应注意哪些问题?

（1）容量选择。

1）对于鼓风机、泵类负载，可按变频器使用说明书中"配用电动机容量"来确定。

2）对于变动、断续和短时负载而言，虽然电动机允许短时间过载；但变频器过载能力是针对电动机起动或制动过程中出现的过载而设定的，其允许的时间只有 1min，远小于电动机正常工作时可能出现过载的"短时间"。因此，变频器的容量应按电动机运行中可能出现的最大工作电流来选择。

（2）类型选择。

1）由于鼓风机和泵类负载一般不会出现过载，而且低速运行时负载较轻（罗茨风机和液压泵除外），对转速精度也没有什么要求，故该类负载的变频器选型时一般以价廉为主要原则；

2）多数负载希望能有恒转矩特性，但在转速精度以及动态性能等方面要求不高，故可选无矢量控制的变频器；

3）对于低速时要求有较硬的机械特性，并有一定的调速精度，但在动态性能方面并无较高要求的负载，可选用具有无反馈矢量控制功能的变频器；

4）对于某些对调速精度和动态性能都有较高要求，以及要求高精度同步运行的负载，可选用带速度反馈矢量控制方式的变频器。

7-2-19 变频器安装时应注意哪些问题？

（1）环境要求。环境温度为 $-10 \sim 40℃$；环境相对湿度小于90%；无直射阳光、无腐蚀性及易燃易爆气体、尘埃少、海拔不超过1000m。

（2）散热问题。温度过高对任何设备都是有害的。只不过对多数设备来说，温度升高对其产生破坏有一定时间，而且产生破坏时的具体温度也不是很准确；唯独在SPWM变频器的逆变电路中，温度超过某一限值后，会导致逆变管的立即损坏。所以必须特别重视变频器的散热问题。变频器工作时所产生的热量通常是通过冷却风扇带走，安装时应注意其散热通道的畅通无阻。

7-2-20 变频器的安装方法和要求有哪些?

变频器安装常用的方法有墙挂式和柜式两种,具体要求如下:

(1)墙挂式安装。变频器应垂直安装,以保证冷却效果;变频器与周围物体之间应保持一定距离,两侧应不小于100mm,上下应不小于150mm;变频器出风口上方应加装保护网罩,以防异物落入。

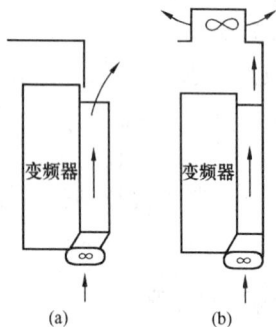

图 7-9 单台变频器的
柜式安装

(a)柜外冷却;(b)柜内冷却

(2)柜式安装。当变频器与其他控制电器安装在一起时,一般可采用柜式安装。

1)若环境灰尘很少,比较清洁干净时,应将变频器冷却出风口置于柜外,即采用柜外冷却方式,如图 7-9(a)所示。

2)如采用柜内冷却方式时,应在柜顶加装抽风冷却风扇。冷却风扇应尽量装在变频器的正上方,如图 7-9(b)所示。

3)如一个控制柜内装有两台或两台以上的变频器时,应尽量横向排列安装,如图 7-10(a)所示。如必须采用纵向排列时,则应在两台变频器之间加装一块隔板,以避免后方变频器排出来的热风进入到前方的变频器内,如图 7-10(b)所示。

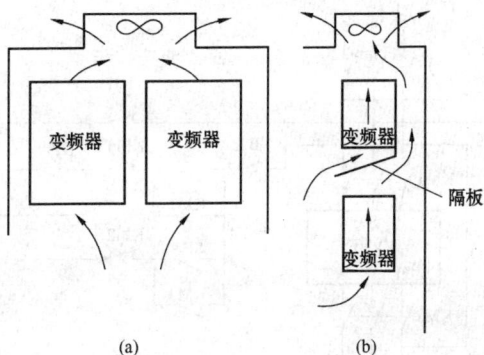

图 7-10　两台变频器的柜式安装

(a) 横向排列；(b) 纵向排列

7-2-21　变频器接线时应注意哪些问题?

变频器典型接线如图 7-11 所示。接线中应注意以下问题:

(1) 变频器的输入端、输出端不能接错，即输入应接 R、S、T，输出应接 U、V、W，否则会在逆变管导通时引起相间短路，烧毁逆变管。

(2) 某些负载是不允许停机的，因此当变频器发生故障退出运行时，工频电源应能切换至电动机。图 7-11 中，接触器 KM1、KM2、KM3 便是为满足上述要求而设置的。为了保证电路正常工作，接触器的控制动作应满足以下关系:

1) KM2 应先于 KM1 动作。因为一般情况下，不允许在变频器已经输出一定频率的情况下再接入电动机，所以在 KM1 线圈回路中串入 KM2 闭锁触点。

2) KM2 和 KM3 决不可以同时接通，否则相当于将电源

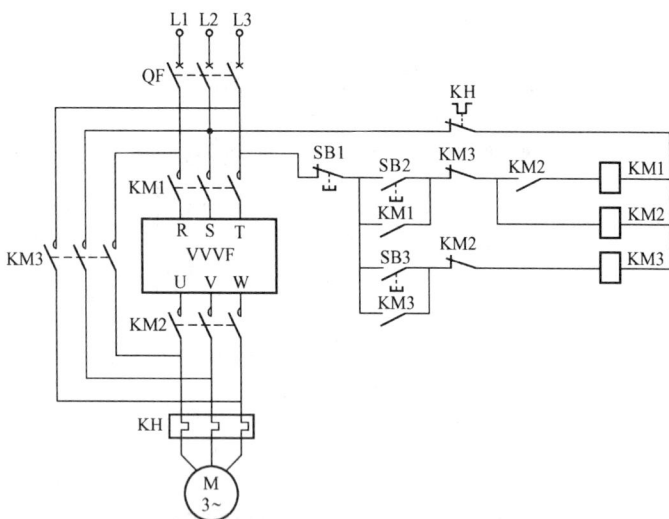

图 7-11　变频器典型接线

线接至变频器输出端，会造成逆变管损坏。为此，在接触器 KM2、KM3 的线圈回路中，各自串接一副对方的常闭触点，互相闭锁。

3）当电动机通过 KM3 直接与工频电源接通后，变频器应退出，故 KM1、KM3 之间也有互锁关系。

（3）对于输入侧的给定信号线和反馈信号线以及输出侧的频率信号线和电流信号线，由于其所传输的模拟量信号的抗干扰能力较低，因此必须使用屏蔽线。屏蔽线靠近变频器一端的屏蔽层应接在控制电路的公共端 COM 上，而不应接变频器的接地端 E 上。屏蔽层的另一端应悬空。在信号线排线时，应注意尽量远离主电路，至少应保证其距离不小于 100mm；同时信号线应尽量不和主电路交叉，无法避免时应采用垂直交叉方式。

（4）对于起动、点动、多档转速控制等开关量控制线，由于其抗干扰能力较强，在距离不是很远时，允许不使用屏蔽线，但同一信号的两根线必须互相绞合在一起。

（5）对于接触器、电磁继电器以及其他各类电磁铁的线圈，由于其具有很大电感，在接通或断开的瞬间，线圈上会产生很高的自感电动势，从而在电路内形成峰值很高的浪涌电压，导致内部控制电路误动作，所以应在所有电感线圈的两端并接吸收电路，一般情况下可以采用阻容吸收电路。在直流电路中的电感线圈的两端可以并接一只二极管。

（6）所有变频器都设有专门的接地端子 E，用户应将此端子与大地可靠连接。

7-2-22 什么是抗干扰？干扰有哪些传播方式？变频器应采取哪些抗干扰措施？

抗干扰有两层含义：一是限制外界干扰因素对变频器正常工作的干扰；二是限制变频器本身工作时所产生的某些干扰因素对外界的干扰。外界对变频器的干扰主要来自电源进线。例如：当电网中功率因数补偿电容投入运行时，会出现很高的暂态电压，有可能造成变频器整流二极管击穿。变频器对外界的干扰是由于其输入和输出电流中含有大量高次谐波，并以各种方式将自身的能量传播出去，从而形成了对其他设备的干扰。当变频器容量足够大时，所产生的高频信号将足以对周围的各种电子设备形成干扰，使其无法正常工作。

干扰传播的方式包括：空中辐射，即以电磁波方式向外界辐射；电磁感应，即通过线间电感耦合传播；静电感应，即通过线间电容耦合传播；线路传播方式，即通过电源网络传播。

变频器应采用的抗干扰措施如下：

（1）在变频器的输入电路中串接交流电抗器，可以有效地抑制外界对变频器以及变频器对外界以线路传播方式的干扰。电抗器对于基波阻抗很小，不会影响变频器正常工作；而对于高频谐波，电抗器呈现很高的阻抗，从而对其产生抑制作用。

（2）采用屏蔽线和合理布线的措施，可以抑制以电磁感应和静电感应方式传播的干扰信号。

（3）对于通过辐射方式传播的干扰信号，主要采用吸收的方式进行抑制。各变频器生产厂都可以提供专用的"无线电抗干扰滤波器"。

（4）在变频器的输出侧和电动机之间串入滤波小电感，可以有效抑制输出电流中的高次谐波分量，既起到了抗干扰作用，又削弱了高次谐波电流在电动机中引起的附加转矩，改善了电动机的运行特性。必须注意的是，在变频器输出侧，决不允许用电容器来吸收高次谐波电流。因为在逆变管导通瞬间将会出现峰值很大的充、放电电流，导致逆变管损环。

第三节　电动机的选择、安装、使用及故障排除

7-3-1　如何选择电动机？

根据生产机械对电力传动的要求，如起动性能、机械特性以及是否需要调速等，来确定是选交流还是直流电动机；

根据电动机和生产机械的安装位置和环境情况选择电动机的结构和防护型式；根据电源情况选择电动机的额定电压；根据生产设备及传动设备对转速的要求选择电动机的额定转速；根据生产机械所需要的功率大小并考虑电动机的使用工作制（运行方式）、允许过载和起动性能等，恰当地选择电动机的额定容量。

7-3-2 如何选择电动机的类型？

电动机类型的选择应从生产机械对电动机的机械、起动及调速性能等方面的要求，以及经济性、维护的方便性、安装要求和环境情况等因素综合考虑。一般可参考下列原则：

（1）对于需要较硬机械特性且对调速无特殊要求的一般生产机械，如普通机床或功率小于 100kW 的水泵和风机等的拖动，应优先选用普通笼型异步电动机。

（2）当负载变化时要求转速恒定不变的生产机械，应选择同步电动机；如果是要求起动转矩大、过载能力强以及需要较软机械特性的生产机械，如电车、电力机车等，则可以选用串励或复励直流电动机。

（3）对于某些要求起动转矩较大的生产机械，如纺织机以及压缩机、皮带运输机等，可选择高起动转矩笼型异步电动机；对起动、制动频繁，且起动、制动转矩要求比较大的生产机械，如起重机、卷扬机及不可逆轧钢机等，可选择绕线型异步电动机。

（4）对于需要分级变速的机床及电梯等，可选用笼型多速电动机；对于调速范围大、并要求平滑调速的生产机械，如龙门刨床、高精度车床及可逆轧钢机等，可选用他励直流电动机或绕线型异步电动机。

(5) 电动机的安装方式分为卧式和立式两种，可根据电动机的安装位置和机械传动的要求来选择。由于立式的价格较高，故一般情况下应尽量选用卧式。只有在需要垂直运转的场合，如深井泵、钻床等，为了简化传动装置，才可考虑选择立式电动机。需要注意的是，卧式和立式电动机轴承的安装方法不同，不可随意将卧式电动机立起来使用。

(6) 应根据电动机的使用环境，正确选择防护型式。例如：①环境清洁干燥，可选择开启式电动机；②环境有一般性灰尘，但对电动机绝缘无害，且易被压缩空气吹净时，可选择防护式电动机；③环境潮湿、多尘、有腐蚀性气体时，应选择封闭式电动机；④潜水泵则应选潜水电动机；⑤有火灾或爆炸危险的环境中应选择防爆式电动机等。

7-3-3　如何选择电动机的额定电压和转速？

电动机的额定电压要与电网的供电电压一致。一般中小型交流电动机的额定电压为 380V。200kW 以上的大型电动机的额定电压通常是 3kV 或 6kV。直流电动机的额定电压一般为 110、220、440V。

电动机的额定转速要根据生产机械的拖动要求和传动装置的配比情况来考虑。电动机的同步转速通常有 3000、1500、1000、750r/min 等多种。从制造角度来讲，同样功率的电动机，转速越高，电磁转矩和外形尺寸就越小，质量和成本就越低。此外，高速电动机的效率和功率因数都较低速电动机为高。显然，从经济性方面考虑，应尽量选择高速电动机。但若由此而引起电动机与被拖动机械间的转速相差过大时，所需装设减速装置的传动级数便要增多，反而加大了设备成本和传动能量损耗。因此，电动机额定转速的选择应综合考虑后再确定。实用中，常选择同步转速为 1500r/min 的 4 极电动机。因为这种电动机的适应性较强，其功率因数和效率也较高。

7-3-4 如何选择电动机的额定容量？

电动机额定容量的选择应从生产机械的工艺过程、静阻转矩的性质、机械传动情况、电动机的工作制及工作环境和经济性等方面进行综合考虑。如果容量选得过大，不仅造成设备投资费用增加，而且会使电动机得不到充分利用，效率和功率因数都较低，运行费用增高；相反，容量选得过小，会降低生产机械的效率，还会因电动机处于过载运行状态而发热损坏或缩短寿命。电动机容量选择通常要考虑发热、允许过载能力和电动机的起动能力三个因素，一般情况下以发热问题为主要矛盾。因电动机的发热与其工作制有很大关系，故工作制不同时，其容量的选择方法亦不同。

7-3-5 如何选择连续工作方式下电动机容量？

长期连续工作的电动机，其负载可分为两类：即恒定负载和变化负载。

（1）恒定负载下电动机容量选择。由于供连续运行方式使用的电动机在带额定负载长期运行时，其稳定温升在电动机绝缘所允许的最高温升限度内，因此选择时应先计算出生产机械的功率 P_L，再选择电动机的额定功率 P_n，使得 $P_n \geq P_L$ 即可。属于恒定负载类的生产机械有水泵和风机等。

（2）变化负载下电动机容量选则。由于电动机所带负载是随时间而变化的，要计算出它的等效功率比较复杂和困难，故实用中大都采用类比法、经验系数法及经验公式法等来确定电动机容量。例如：在机床设计中，常根据同类机床所选用电动机容量进行统计分析，找出电动机容量与机床主要参数之间的关系，再绘出曲线或列出经验公式，以资利用。如以 kW 为单位，则电动机容量可按式（7-9）选择

$$P = 36.5D^{1.54} \tag{7-9}$$

式中　　P——主拖动电机容量，kW；

　　　　D——工件的最大直径，m。

7-3-6　如何选择短时工作方式下电动机容量?

机床中的夹紧、横梁移动、刀架快移等的驱动电机均属于短时运行的电动机，可选用专为短时工作制设计的电动机。一般只要按对应的工作时间与功率，从产品目录上直接选用即可；若电动机为短时工作制又是变化负载，则应先算出其等效负载，然后再选择配用电动机的功率。如果没有合适的短时工作制电动机，也可以采用断续工作制电动机来代替。其换算关系近似为：短时工作 30min 相当于断续工作 15% 的负载持续率；短时工作 60min 相当于断续工作 25% 的负载持续率；短时工作 90min 相当于断续工作 40% 的负载持续率。当长期工作制的电动机用于短时工作时，从发热的角度看，电动机未被充分利用，所以允许适当过载。通常根据过载系数 λ（即最大转矩与额定转矩之比）来进行选择，即电动机的额定功率可以为生产机械所要求功率的 $1/\lambda$。

7-3-7　如何选择周期性断续工作方式下电动机容量?

首先计算出电动机实际工作时的负载持续率（即负载工作时间与包括工作时间和停歇时间的整个周期之比）$FS_L\%$，同时求出负载功率的平均值 $P_{L,av}$。若求得的实际

$FS_L\%$ 与标准负载持续率 $FS\%$（15%、25%、40%、60%）的某一档相同，则按（1.1～1.6）$P_{L,av}$ 选择电动机容量。若求得的实际 $FS_L\%$ 与标准 $FS\%$ 不同，则应进行换算，其前提是换算前后电动机的发热情况相同。工程上可采用式（7-10）换算

$$P = (1.1 \sim 1.6)P_{L,av}\sqrt{FS_L\%/FS\%} \qquad (7\text{-}10)$$

使用上式时应注意与 $FS_L\%$ 最接近的 $FS\%$ 标准进行换算。此外，当 $FS_L\% < 10\%$ 时，可按短时工作制处理；当 $FS_L\% > 60\%$ 时，则可按长期工作制处理。

7-3-8 电动机安装时一般有哪些要求？

（1）安装基础必须牢固，基础的质量一般为电动机质量的 2.5 倍。

（2）用水平仪在电动机的轴向及径向进行校正。如果基础导轨不平，可在机座下部适当加垫铁片予以校正，然后拧紧地脚螺栓，并采用双螺母拧紧，以防松动；同时对传动装置也应进行校正。

（3）电动机及其开关起动设备和连接导线（或电缆），应用 500～1000V 兆欧表分别检测其相间和对地的绝缘电阻，其绝缘电阻值均不应小于 0.5MΩ。

（4）导线连接时，所有接线端子表面应清洁无脏污，表面无氧化膜（可用砂布打磨），连接接头必须接触良好、牢固可靠，三相之间及每相对地不能有导体相碰与碰地现象。

（5）每台电动机应有单独的操作开关，安装地点应便于操作，安装高度距地面一般为 1.5m。

（6）电动机及其机械设备的外壳，必须用专用接地线良

好接地。

（7）应作安装测试记录，存档备查。

7-3-9　怎样安装电动机？

一般中小型电动机，根据工作需要，可用螺栓装在墙上的角钢架上，也可紧固在埋入混凝土底座基础内的地脚螺栓上。安装步骤如下：

（1）制作底座基础。电动机底座基础一般用混凝土浇注或用砖砌成，其形状如图7-12所示。

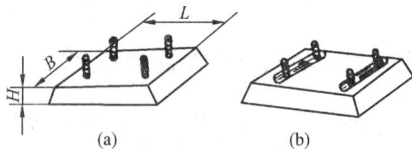

图7-12　电动机的安装基础
（a）直接安装墩；（b）导轨安装墩

基础高出地面尺寸 H 一般为 100～150mm；B 和 L 的尺寸，应按电动机底座安装尺寸确定，每边一般比电动机底座宽 100～150mm，以保证埋设的地脚螺栓有足够的强度。

（2）埋设地脚螺栓。埋入底座基础的螺栓一端，应作人字形开口或 L 形。埋入长度一般是螺栓直径的 10 倍左右；人字开口的长度约是埋入长度的一半左右，以增加抗拉强度。

（3）电动机的安装。质量在 100kg 以下的小型电动机，可用人力抬到底座基础上；比较重的电动机，应用起重机或滑轮来安装。在电动机与底座基础之间应垫衬一层质地坚韧的木板或硬橡皮等防振物。四个地脚螺栓上均要套用弹簧垫圈，拧紧螺母时要按对角交错次序逐渐拧紧，每个螺母的拧紧度应基本保持一致。穿导线的钢管应在浇注混凝土前埋好,连接电动机的一端钢管口离地面不得低于100mm,并应使它尽量接近电动机的接线盒,最好用金属软管伸入接线盒。

(4) 电动机的水平校正。用水平仪进行纵向和横向水平校正,并用0.5~5mm厚的钢片垫在基座下进行调整,不能用木片或竹片代替,以免影响安装质量。

7-3-10 怎样安装和校正电动机的传动装置?

(1) 皮带传动装置的安装与校正。两个皮带轮的直径大小必须配套,并按要求安装,否则会造成事故;两个皮带轮要装在一条直线上,两轴要平行,否则会增加传动能量损耗,还会损坏皮带或造成平带脱带;塔状 V 形带轮必须一正一反安装,否则不能进行调速;平带的接头必须正确,带扣正反面不应搞错,平带装上带轮时,正反也不能搞错。用皮带轮传动时,必须使电动机带轮的轴和被传动机械带轮的轴保持平行,同时还要使两轮宽度的中心线在同一直线上。校正宽度中心线的方法如图 7-13 所示。如果两个带轮宽度相等,则可按图 7-13 (a) 所示方法,用一根弦线拉紧并紧靠两个带轮的端面,弦线如均接触 A、B、C、D 四点,则带轮已校正好,否则应再行调整。如果两个带轮的宽度不同,可先用划针在两个带轮上画出它们的中心线,然后拉直一根弦线,一端紧靠在宽带轮的 A、B 两点轮缘上,如图 7-13 (b) 所示,再在 C 和 D 点用钢直尺量出 l_C 和 l_D,并使 $l_C + b_1 = l_D + b_1 = l$。

(2) 联轴器传动装置的安装与校正。常用的弹性联轴器安装时,应先把两半只联轴器分别装在电动机和机械的轴上,然后把电动机移近连接处。当两轴相对地处于一条直线

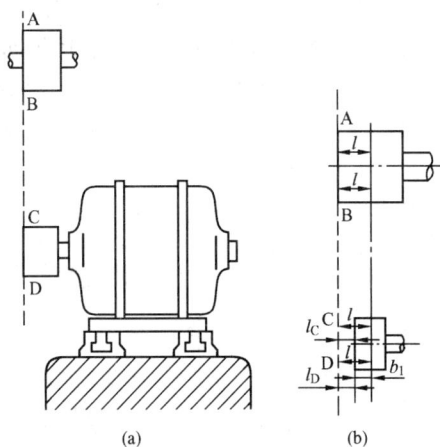

图 7-13　带轮的校正方法

（a）宽度相等的带轮校正方法；（b）宽度不等的带轮校正方法

上时，先初步拧紧电动机的基座地脚螺栓，但不要拧得太紧。接着用钢直尺按图 7-14 所示的方法搁在两半爿联轴器上，然后用手转动电动机的转轴，旋转 180°，看两半爿联轴器是否有高低，若有高低应予以纠正直至高低一致，说明电

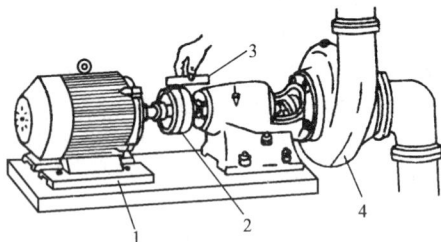

图 7-14　联轴器的校正方法

1—电动机；2—联轴器；3—钢直尺；4—水泵

动机轴和机械的轴已处于同心状态。此时可将联轴器进行固定，最后拧紧地脚螺栓。

（3）齿轮传动装置的安装与校正。安装的齿轮与电动机要配套，转轴的纵横尺寸要与安装齿轮的尺寸相配合；所装齿轮与被动轮应配套，如模数、直径和齿形等。齿轮传动时，电动机的轴与被传动的轴应保持平行，两齿轮啮合应合适，可用塞尺测量两齿轮间的齿间间隙，如果间隙均匀，说明两轴已平行。

7-3-11 对于新安装和停用三个月以上的异步电动机起动前应进行哪些准备和检查？

新安装和停用三个月以上的异步电动机起动前应进行如下准备和检查：①检查熔丝的规格是否符合要求，接触是否良好，是否有损坏现象；②用500V兆欧表测电动机及起动设备绝缘电阻是否合格；③检查起动装置的动作是否灵活，是否有卡住现象，触点是否良好，接线是否正确牢固，油浸自耦补偿起动器是否缺油，油是否变质等；④检查轴承是否缺油，油是否合格；⑤检查传动装置，看看传动带是否过紧或过松，传动带螺钉是否紧固，传动带扣有没有断裂现象，联轴器的螺钉及销子是否紧固；⑥用扳手检查一下，所有螺钉是否紧固，电动机的基础是否稳固；⑦检查电动机及起动设备的外壳接地是否良好，接地线是否完整，接地线与接地体的连接是否可靠。

7-3-12 异步电动机起动时应注意哪些事项？

异步电动机起动时应注意：①如果起动时设备周围有人，事前要发出通知，以免发生人身事故；②合闸后如电动机不转并发出嗡嗡声，要立即拉闸，否则可能很快烧毁电动机；③合闸后如果发现起动很慢，声音不正常或传动装置、被拖动的设备有问题，要立即拉闸停电并查明原因；④电动机利用补偿器或 Y—D 起动器时，要特别注意操作顺序，应先推到"起动"位置待电动机转速上升到一定程度时，再推到"运转"位置，若顺序搞反，则等于全压直接起动，会对电网带来很大冲击；⑤不宜在短时间内频繁起动，以免电动机过热。

7-3-13 异步电动机起动时，合上开关后电动机不转，也没有声响，是何原因，如何处理?

（1）没有电源。处理方法：用万用表或验电笔检查从电源到电动机接线盒的全部线路，包括检查三相电源是否正常、开关触头闭合是否良好、熔丝是否熔断、线路连接是否可靠。然后根据检查的结果进行相应处理，如修理或更换开关、更换熔丝等。

（2）控制线路接错。处理方法：检查控制线路接线，并改正错误接线。

（3）热元件未复位。处理方法：检查磁力起动器（由接触器、热继电器加控制按钮组成）或其他过载保护设备，待热元件冷却后，按复位按钮再行起动。

7-3-14 异步电动机起动时，合上开关后电动机不转，但伴有振动和嗡嗡声，熔丝熔断，是何原因，如何处理?

（1）电源缺相。当电源缺一相时，电动机相当于单相起动，因单相电流只能产生脉动而不是旋转磁场，故电动机无法转动并发出嗡嗡声。处理方法：检查电源缺相的原因，如电源线路断线，电源开关三相触头的同期性不好等，并予以排除。

（2）定转子卡住。处理方法：检查轴承是否碎裂、过度磨损以及定转子间是否有异物，必要时进行修理或更换，清除异物。

（3）负载机械卡住。处理方法：找出负载机械被卡住的原因并予以排除。

（4）定子一相绕组断路。这时相当于电源缺相。定子绕组连接线接头质量不良、较长时间过载等均有可能导致该故障。处理方法：用万用表在电机接线盒处测量定子各绕组直流电阻的大小，可以很方便地判断此类故障，然后拆开电机，将断裂处重新接上焊好、套绝缘管、涂绝缘漆并烘干。

7-3-15 异步电动机起动时，开关合上熔丝即熔断，是何原因，如何处理？

这种现象的原因是起动控制设备、电源线、定子绕组相间及各相绕组对外壳等有短路存在。可用万用表或单臂直流电桥查出短路故障点并予以修复；若检查后无故障，则可能是熔丝过小，应更换符合要求的熔丝。

7-3-16 异步电动机反向旋转是何原因，如何处理？

这种现象可能出现在安装或检修后的首次起动，原因是电源相序接反，只要把任意两相接线互换一下即可。

7-3-17 异步电动机起动困难、转速较正常转速低，是何原因，如何解决？

（1）电源电压过低。电压过低会造成电动机起动困难，尤其是重载起动。解决办法是联系供电部门进行电源增容改造。

（2）电源线截面过小造成压降过大。解决办法是重新换合适截面的电源线。

（3）电动机定子绕组接线错误。如将 D 形运行接线错接成 Y 形，起动后其转速必然变慢。另外，如果三相绕组中的一相首尾接错，会造成三相电流严重不平衡，转速下降，绕组严重发热，振动加剧并发出异常响声。解决办法是改正错误的接线，并且在接线时辨清各相绕组的首尾。

（4）电动机过载。解决办法是降低电动机负载或换装较大功率电动机。

（5）定子绕组匝间短路。匝间短路是电动机最为常见的故障。匝间短路时，交变磁通穿过被短路的线匝，在线匝中产生感应电动势。由于短路线匝的阻抗很小，因此在闭合回路中会产生很大的电流，可能超过额定电流的若干倍，而将这一个或一组线匝烧焦。发生短路的匝数较少时，电动机还可以起动和运转，但电动机的转矩和转速都有明显的降低，且三相电流不平衡，运转时还会发出不正常的响声和局部发热；匝间短路严重时，电动机可能根本无法起动，同时短路部位将严重发热，致使电动机烧毁。当电动机受潮严重，未经烘干处理就接入电源时，有可能造成匝间绝缘击穿。另外，电动机长期过载造成绝缘老化，受电动机运行时振动的影响，老化后的绝缘开裂脱落，也会造成匝间短路。匝间短路故障的检查处理请见题 7-3-18。

（6）电动机内部绕组接线错误。电动机经修理后有可能出现该故障，造成电动机不能起动或者即使能起动转速也不正常，三相电流不平衡，声音不正常。绕组的错误连接主要包括：电动机极相组接错，此时两组线圈所产生的磁场同为S或同为N，电动机无法起动；少数线圈间接反，使电动机转速下降，三相电流不相等；极相组分组错误，在分数槽绕组的电动机中往往容易发生，线圈间和极相组间的串联接线如图7-15所示，实线为正确接线，虚线为错误接线。解决办法是检查并改正错误接线。

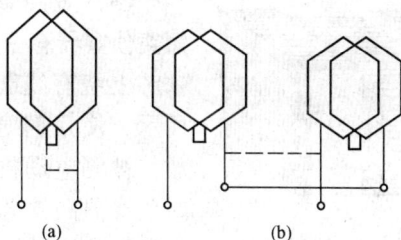

(a)　　　　　　　　(b)

图7-15　线圈间和极相组间的串联接线

(a)线圈间的串联接线；(b)极相组间的串联接线

(7) 笼型电动机转子绕组断条或脱焊。电动机经过长期运行后，由于开机、停机热胀冷缩机械应力的反复作用，有可能导致转子绕组断条或脱焊。发生该故障后，电动机的电磁转矩下降，定子电流发生周期性变化，并伴随异常噪声和振动。解决办法是拆开电动机，仔细检查断裂或脱焊处进行修复。

7-3-18　如何检查修理电动机定子绕组的匝间短路？

对于匝间短路可以通过直接观察法、电阻法和利用短路侦察器来检查。

(1) 直接观察法。即仔细观察绕组颜色变深或烧焦的线圈是否是短路线圈。若观察不出，可让电动机空载运行十几分钟，当有冒烟或焦糊味时应立即停机，然后迅速拆开电动机检查，温度较高的线圈就是短路线圈。

（2）电阻法。用直流单臂电桥分别测量各绕组的电阻值并加以比较，电阻值最小的一相就是发生短路的一相。然后把该相各线圈的连接线剪断，用同样方法测各线圈电阻值，通过比较找出电阻值最小的线圈，即为匝间短路线圈。

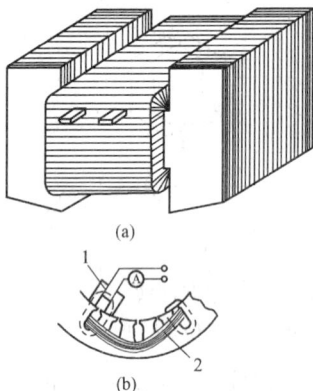

图 7-16　短路侦察器
及其工作原理
（a）外型图；（b）工作原理图
1—短路侦察器；2—被测线圈

（3）短路侦察器检查。短路侦察器有一个开口铁芯、铁芯上绕有线圈，如图 7-16 所示，使用时通入交流电，放在被测电动机的槽口，这时侦察器的铁芯与电动机的定子铁芯构成闭合磁路而组成一只变压器。侦察器的线圈相当于变压器的一次线圈，槽内的线圈相当于变压器的二次线圈。如果被测的线圈没有匝间短路，那么相当于变压器二次侧开路，电流表的读数很小。如果被测的线圈匝间短路，那么就相当于变压器二次线圈短路，电流表的读数就明显增大。用这种方法沿着被测电动机的定子铁芯内圆逐槽检查，便可以查出短路线圈的位置。

（4）修理方法。发生匝间短路的线圈，若绝缘尚未焦脆，可将短路的线匝在端部剪开，然后将绕组烘热到 80℃左右，用钳子将线匝抽出。若短路线匝较少，只需将余下的线圈接上并涂上绝缘漆，用绝缘材料包扎好即可。若短路线匝较多，就需要更换整个线圈。

7-3-19 异步电动机空载电流三相平衡但是偏大是什么原因，怎样处理？

（1）电源电压过高。这是因为电网调压问题未解决好，电压波动过大。应联系供电部门来解决。

（2）电动机定子绕组接线错误，如 Y 形运行的接线接成了 D 形。应改正接线。

（3）定转子铁芯没对齐。定转子铁芯未对齐时，磁路磁阻增大，会造成空载励磁电流增大。可拆开电动机，通过在转轴上加垫圈来调整转子铁芯的轴向位置，使之对齐。

（4）气隙过大。气隙过大会造成磁路磁阻增大，从而导致空载励磁电流增大。这属于电动机制造质量问题，应联系生产厂家解决。

（5）定子绕组匝数不够。修理电动机全部更换绕组时匝数偏少，造成励磁电流增大。应按正确匝数重绕定子绕组。

7-3-20 异步电动机三相电流不平衡的主要原因有哪些？

（1）电源缺相。电动机在运行中如果缺失一相，仍会保持原方向运转，此时缺失相的线电流为零，未缺失两相的线电流相等且增大，电流增大的程度与电动机所带负载的性质及大小有关。对于恒转矩或恒功率负载，如果负载较重，定子电流会超过其额定电流，若过载保护因故不能动作，运行时间稍长就会烧毁电动机；对于一般的泵类、鼓风机类负载，由于其负载转矩随着转速的下降而下降，故情况要好得多；如果电动机空载，一般不会造成电动机烧毁。缺相运行造成定子电流增大的原因是：缺相时，电动机从电网中吸入的电磁功率减小，电磁转矩下降，如果负载转矩保持不变，电动机转速将被迫降低。转速降低后，转差率增大，转子绕组感应电流增加，转子磁势随之增强，定子绕组的磁势和电流也必然增加。

（2）定子绕组匝间短路。短路线匝中感应电流产生的磁场会影响主磁场分布，使三相电流不平衡。

（3）定子绕组接线错误。修理时，绕组首尾或线圈间或极相组间接线错误，都会造成三相电流不平衡。

（4）线圈匝数不对。部分线圈重绕时与原线圈的匝数相差较多，从而导致三相电流不平衡。

7-3-21 异步电动机运行振动较大是什么原因，怎样排除？

电动机正常运行时一般只有轻微的振动，如振动较大则可能存在故障，其常见的原因有：

（1）安装基础不稳或刚度不够或地脚螺栓松动。解决办法是调整改造安装基础，紧固地脚螺栓。

（2）联轴器中心未校正或未校正好。应重新进行校正。

（3）电动机轴弯曲。如果轴弯曲不大，可通过磨光轴颈、集电环的方法进行修复；若轴的弯曲超过 0.2mm，可将转轴放在压力机下，在弯曲处反向加压矫正，矫正后的轴表面用车床切削磨光；如果轴弯曲过大，则需另换新轴。

（4）电动机轴承磨损较大。解决办法是更换新轴承。

（5）转子平衡度不好。应重新校验转子的静平衡和动平衡。对中小型电动机，只需校正静平衡即可。

（6）电动机气隙不均匀。应重新调整气隙，使之符合标准。

（7）笼型转子断条、绕线型转子断路。应检查修复。

（8）定子绕组有短路、断路、碰壳、接线错误等故障。应检查修复。

7-3-22 怎样判别三相异步电动机定子绕组的首、尾端？

（1）用电池和万用表判别首尾端。

1）先判别三相绕组各自的两个出线端。可用万用表电阻档测量判断。

2）判别其中两相绕组的首尾端。将万用表调到直流毫安档，量程用小些。将任意一相绕组的两个线端接到表上，并指定表"＋"端为该相绕组的首端，"－"端为尾端。然后将第二相绕组的两个线端分别接干电池的"＋"和"－"极，见图 7-17。若干电池接通瞬间表针正偏，则与电池"＋"极相接的线端为第二相绕组的尾端。

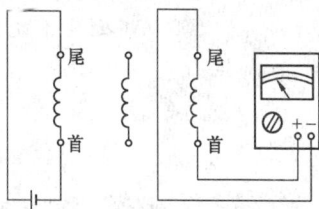

图 7-17 用干电池和万用表判别绕组的首尾端

3）判别第三相绕组的首尾端。万用表所接的这相绕组不动，将第三相绕组的两个线端去接干电池的"＋"和"－"极，用上述相同的方法判别即可。

（2）用剩磁法判别首尾端。首先用万用表判别出每相绕组的各自两个出线端，然后将万用表置于直流毫安档，并将三相绕组接成图 7-18 所示的线路，再用手转动电动机的转子。若万用表指针不动，则说明三相绕组首尾端的区分是正确的；若指针动了，则说明有一相绕组的首尾端反了，可以一相一相分别对调后重新试验，直到万用表指针不动为止。这一方法是利用转子铁芯中的剩磁在定子三相绕组内感应电动势的原理进行的，首尾连接正确的三相绕组，其合成感应电动势应该为零。

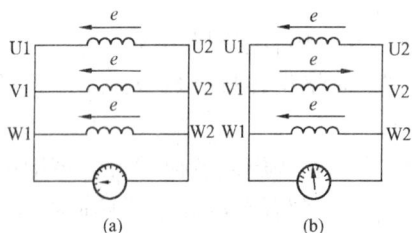

图 7-18　利用转子剩磁判别绕组的首尾端

（a）万用表指针不动；（b）万用表指针摆动

第 八 章
接地、接零与安全用电

第一节 基 本 概 念

8-1-1 什么是接地？什么是接地极、接地线、接地装置？什么是接地电阻？

接地是指电气设备的某一部分与大地土壤之间进行良好的电气连接。

电气设备的接地部位通常有电源的中性点、金属外壳、金属基座和金属构架等。供接地用的与土壤直接接触的金属体称为接地体或接地极。其中为了接地而人为装设的接地体称为人工接地体，兼作接地体用的直接与土壤接触的各种金属构件、金属管道及建筑物钢筋混凝土基础等，称为自然接地体。将接地体与设备接地部分相连接的金属导体称为接地线，接地线正常情况下是不载流的。接地线和接地体统称为接地装置。

接地电阻是指接地线电阻、接地体电阻、接地体与土壤之间的过渡电阻和土壤流散电阻的总和。

8-1-2 电气上的"地"是指什么？

电气设备在运行中，如果发生单相接地，则接地电流将通过接地体以半球面的形状向地中流散。由于半球面越小，散流电阻越大，接地电流流经此处的电压降就越大，所以在靠近接地体的地方半球面小，电阻大，此处电位就高；反之，在远离接地体的地方，由于半球面大、电阻小，其电位就低。试验证明，在离开单根接地体或接地极 20m 以外的地方，球面已经相当大，其电阻等于零，于是该处的电位也就为零，也即是电气上的"地"。

8-1-3　什么是保护接地？保护接地有什么作用？

保护接地是一种重要的安全技术措施，在高、低压系统，交、直流系统以及防静电方面，都得到了广泛的应用。在电力系统中，保护接地主要应用于三相三线制电网。在中性点不接地的低压配电系统中，当设备绝缘损坏使外壳带电时，如果人误碰设备外壳，则接地电流将通过人体和电网对地绝缘阻抗形成回路，从而对人带来危险。设备外壳接地后，接地电流便增加了一条由设备外壳、接地体和线路对地绝缘阻抗构成的回路。由于接地体电阻与人体电阻并联，并且接地体比人体电阻小得多，故此时漏电设备外壳对地电压大为降低。只要适当控制接地体电阻的大小，就可以避免人体触电的危险，起到保护作用。

8-1-4　什么是保护接零？保护接零有什么作用？

保护接零也是一种重要的安全技术措施，广泛地应用于中性点直接接地的低压三相四线制配电系统。该系统中的电气设备外壳除另有规定者外，应与电源中性线进行金属连接，即保护接零。当设备在运行中发生与某相带电部位碰连时，通过设备外壳形成相对零单相短路，短路电流瞬间使保护装置（熔断器、断路器）动作，切断故障设备电源，消除了触电的危险。

8-1-5 什么是工作接地?

为保证电气设备在正常或故障情况下能安全可靠地工作, 防止因设备故障而引起高电压, 按运行需要而设置的接地, 如变压器和三相五柱式电压互感器的中性点接地, 两线一地系统的一相接地都属于工作接地。

8-1-6 什么是重复接地? 重复接地有什么作用?

在保护接零系统中, 将中性线的一处或多处通过接地装置与大地做再次连接, 称为重复接地。重复接地是确保保护接零可靠地发挥作用的重要措施, 其作用是降低漏电设备金属外壳的对地电压; 减轻中性线发生断线故障时的触电危险; 减轻中性线发生断线故障时由于三相负荷不平衡造成的中性点位移。

8-1-7 什么是防静电接地? 什么是静电? 静电有哪些危害? 什么场合下需要防静电接地?

为消除静电危害而将有关金属导体接地, 叫作防静电接地。

静电是由物体间的相互摩擦或感应而产生的。在工业生产中, 气体、液体、粉尘的输送及排出, 液体的混合、搅拌、过滤、液状物的混炼、喷漆等都会产生静电。静电电荷聚积在有关设备的金属外壳上, 形成高压, 可能因其放电而导致火灾、爆炸或人身触电。防静电接地可以将静电荷及时泄放入地, 是消除静电危害的一种简单而有效的措施。

凡加工、运输和储存各种易燃、易爆的气体、液体和粉尘的设备及一切可能产生静电的机件、设备和装置都必须可靠接地，其接地装置可与电力设备的工作、保护和重复接地装置共用。

8-1-8 什么是屏蔽接地？工程上屏蔽通常有哪些分类？

为了防止电磁干扰而对仪器设备的金属外壳、屏蔽罩、屏蔽线的外皮或建筑物金属屏蔽体等进行的接地，称为屏蔽接地。

工程上屏蔽通常可分为静电屏蔽、磁屏蔽和电磁屏蔽三种。

（1）静电屏蔽又称为电屏蔽，主要用于防止静电感应或电场通过寄生电容耦合产生的干扰。电屏蔽通常采用高导电率的铝或铜等金属材料，制成呈封闭状的屏蔽体，并将需要屏蔽的元器件置于该屏蔽体中，再将该屏蔽体进行良好的接地，可以有效地防止外电场的干扰。如果将干扰源置于接地良好的屏蔽体中，同样可以使外界不受其影响。

（2）磁屏蔽是用于抑制恒定磁场和低频磁场所产生的干扰的，通常用高导磁率铁磁材料制成呈封闭状的屏蔽体，并将需要屏蔽的元器件置于该屏蔽体中。由于铁磁材料的磁阻很小，外磁场的磁力线主要沿屏蔽体通过，从而保护了屏蔽体内部的元器件不受外磁场的影响。同样道理，如果将干扰源置于磁屏蔽体内，也可以使外界不受其影响。另外，屏蔽体的导磁率越高，屏蔽体壁越厚，磁屏蔽的效果就越好。

（3）电磁屏蔽是专门用于抑制高频电磁干扰而设计

的。交变的电场总是和交变的磁场同时存在，并且高频辐射的电磁场，会使附近的仪器装置受到干扰。电磁屏蔽就是对辐射电磁场中的电场分量和磁场分量同时进行屏蔽，通常采用导电性能良好的金属材料制成封闭状屏蔽体，并进行良好的接地。对于电场分量，接地屏蔽体的屏蔽原理与静电屏蔽基本相同，只是在高电位时对接地的要求更高。对于磁场分量，当其穿过屏蔽体时，会在金属板内产生感应电流，感应电流所产生的磁场与干扰磁场的方向相反，这样就削弱了干扰磁场，从而达到了屏蔽的目的。对于电磁屏蔽，屏蔽体的导电率越高，接地阻抗越小，屏蔽效果就越好。另外，当屏蔽要求较高时，还可以采用多重屏蔽的措施。

8-1-9　什么是防雷保护接地？

为消除雷击过电压危害而设置的接地称防雷保护接地。例如：为了防止建筑物遭受雷击，需要在建筑物顶部装设避雷针或避雷线，并经引下线与接地体进行连接；为了限制线路遭受雷击所产生的过电压，需要全线架设避雷线（110kV及以上线路）或在变电所进线段设置避雷线（35kV及以下线路）以及在用户配电变压器高压侧装设避雷器，并通过引下线与接地体进行连接。防雷保护接地装置接地情况良好与否，将直接影响其防雷性能的好坏。

8-1-10　什么是接地网？什么是集中接地装置？什么是接地装置对地电位？

由垂直和水平接地极组成的供发电厂、变电所使用的兼有泄流和均压作用的较大型的水平网状接地装置称为接地网。

为加强对雷电流的流散作用、降低对地电位而敷设的附加接地装置（一般敷设 3 ~ 5 根垂直接地极，在土壤电阻率较高的地区，则敷设 3 ~ 5 根放射形水平接地极）称为集中接地装置。

电流经接地装置的接地极流入大地时，接地装置上相对于大地零电位点的电位称为接地装置对地电位。

8-1-11 什么是接触电压？什么是跨步电压？

当设备发生绝缘损坏或架空线断线接地时，接地电流通过接地装置或断线接地处向大地流散，在大地表面会形成分布电位。该电位分布可以用以接地装置或断线接地处为圆心，并以不同半径所作的若干个同心等电位圆来表征。圆心处的电位最高，由圆心向外各同心等电位圆的电位逐渐降低，半径为 20m（最外面一个）同心等电位圆上的电位为零。此时在地面上离设备水平距离为 0.8m 处与设备外壳、架构等距地面垂直距离为 1.8m 处两点间的电位差，称为接触电压。若有人在接地装置或断线接地处附近地面行走，两脚之间（0.8m）的电位差，称为跨步电压。

8-1-12 什么是转移电位？

当线路或设备发生接地故障，接地电流流过接地装置时，由一端与该接地装置连接的金属导体传递的该接地装置对地电位称为转移电位。也就是说，该接地装置的对地电位会通过与其相连接的金属导体（N、PE 或 PEN 线）传递到其他地方，而其他地方与金属导体相连接的设备外壳会呈现该接地装置的对地电位。

8-1-13　什么是外露导电部分？什么是装置外导电部分？

正常情况下不带电压，但故障时带电压的电气装置容易触及的导电部分，称为外露导电部分（如设备外壳）。

不属于电气装置组成部分的导电部分，称为装置外导电部分（如水、煤气金属管道等）。

8-1-14　什么是中性线？什么是保护线？什么是保护中性线？

与低压配电系统电源中性点连接用来传输电能的导线，称为中性线（N 线）。

低压系统中为防触电用来与设备的金属外壳、线路或设备以外的金属部位、总接地线或总等电位连接端子板、接地极、电源接地点或人工中性点相连接的导线，称为保护线（PE 线）。

具有中性线和保护线两种功能的接地线，称为保护中性线（PEN 线）。

第二节　人工接地体接地电阻的简易计算

8-2-1　如何计算单根垂直接地体的接地电阻？

当采用长度为 2.5m，埋深为 0.8m 的钢管、角钢或圆钢做接地体时，可采用式（8-1）近似计算

$$R_1 \approx K\rho \approx 0.3\rho \tag{8-1}$$

式中　ρ——土壤的电阻率，$\Omega \cdot m$，其值见表 8-1；

　　　K——简化计算系数，其值见表 8-2。

表 8-1　　　　　　　土壤电阻率参考值

土壤名称	电阻率 （$\Omega \cdot m$）	土壤名称	电阻率 （$\Omega \cdot m$）
陶黏土	10	砂质黏土	100
泥炭、泥灰岩、沼泽地	20	黄土	200
捣碎的木炭	40	含砂黏土、砂土	300
黑土、田园土、陶土	50	多石土壤	400
黏土	60	砂、沙砾	1000

表 8-2　　　　　单根垂直接地体简化计算系数 K 值

材料	规格（mm）	K 值	材料	规格（mm）	K 值
钢管	$\phi50$	0.3	角钢	$70 \times 70 \times 5$	0.3
	$\phi40$	0.32		$75 \times 75 \times 5$	0.3
角钢	$40 \times 40 \times 4$	0.34	圆钢	$\phi20$	0.37
	$50 \times 50 \times 5$	0.32		$\phi15$	0.39
	$63 \times 63 \times 5$	0.31			

8-2-2　如何计算多根垂直接地体的接地电阻？

当 n 根垂直管状接地体并联时，可采用式（8-2）计算

$$R_n = n\eta R_1 \tag{8-2}$$

式中　R_1——单根管状垂直接地体接地电阻，Ω；

　　　η——接地体利用系数。

接地体利用系数 η 的值小于 1，表明并联接地体各自的入地电流的流散相互影响的程度。接地体的距离越近，影响

越大，接地体利用率也就越低。垂直管状接地体的利用系数 η（未计入连接扁钢的影响）见表 8-3。

表 8-3 垂直管状接地体利用系数 η

敷设成一排时			敷设成环形时		
管间距离与管子长度之比	管子根数	利用系数 η	管间距离与管子长度之比	管子根数	利用系数 η
1:1	2	0.84~0.87	1:1	6	0.58~0.65
2:1		0.9~0.92	2:1		0.71~0.75
3:1		0.93~0.95	3:1		0.78~0.82
1:1	3	0.76~0.80	1:1	10	0.52~0.58
2:1		0.85~0.88	2:1		0.66~0.71
3:1		0.90~0.92	3:1		0.74~0.78
1:1	5	0.67~0.72	1:1	20	0.44~0.50
2:1		0.79~0.83	2:1		0.61~0.66
3:1		0.85~0.88	3:1		0.68~0.73
1:1	10	0.56~0.62	1:1	30	0.41~0.47
2:1		0.72~0.77	2:1		0.58~0.63
3:1		0.79~0.83	3:1		0.66~0.71

8-2-3 如何计算单根水平带状接地体的接地电阻？

当采用扁钢或圆钢水平敷设，埋深为 0.8m，且敷设长度为 60m 时，接地电阻可采用式（8-3）近似计算

$$R = 0.03\rho \qquad (8-3)$$

式中 ρ——土壤电阻率，由表 8-1 查得。

第三节 等电位连接

8-3-1 什么是总等电位、辅助等电位、局部等电位连接？等电位连接的作用是什么？

（1）总等电位连接。将建筑物进线配电箱附近的总等电位连接端子板（接地母排）与进线配电箱的 PE（PEN）母排、公用设施的金属管道（如上下水和热力以及煤气等管道）、建筑物金属结构（如有可能）、人工接地及其接地极引线进行金属性连接，称为总等电位连接。

（2）将两个导电部分用导线直接作等电位连接，使故障接触电压降至限值以下，称辅助等电位连接。下列情况需做辅助等电位连接：①电源网络阻抗过大，使自动切断电源时间过长，不能满足防电击要求时；②自 TN 系统同一配电箱供给移动式和固定式两种电气设备，而固定式设备保护电器切断电源时间不能满足移动式设备的电击要求时；③为满足浴室、游泳池、医院手术室等场所对防电击的特殊要求时。

（3）局部等电位连接。当需在一局部场所范围内作多个辅助等电位连接时，可通过等电位连接端子板将 PE 母线或 PE 干线、公用设施的金属管道、建筑物金属结构相互连通，以简便地实现该局部范围内的多个辅助等电位连接，称为局部等电位连接。

等电位连接的作用在于降低建筑物内间接接触电击的接触电压以及不同金属部件间的电位差，并消除自建筑物外经电气线路和各种金属管道引入的危险电压（即所谓转移电位）的危害。例如：某人在卫生间金属搪瓷浴缸内洗浴，如果带金属软管的莲蓬头因某种原因带电，则该人可能有遭受电击的危险。若将冷热水管、搪瓷浴缸的接地桩头、金属下水管等部位进行等电位连接，则因上述物体处于等电位状态而使危险消除。

8-3-2 如何选用等电位连接导体?

等电位连接线和等电位连接端子板宜采用铜质材料，其截面见表8-4。等电位连接端子板的截面不得小于所接等电位连接线的截面。

表 8-4　　　　　等电位连接线截面要求

类别	总等电位连接	局部等电位连接	辅助等电位连接	
一般值	不小于 0.5 × 进线 PE（PEN）线 的截面	不小于 0.5 × 局部场所内最大 PE 线截面	两电气设备外露导电部分间	1 × 较小 PE 线截面
			电气设备与装置外可导电部分间	0.5 × PE 线截面
最小值	6mm² 铜线（不允许采用无机械保护的铝线）		有机械保护时	2.5mm² 铜线或 4mm² 铝线
			无机械保护时	4mm² 铜线
	热镀锌圆钢　ϕ10mm 热镀锌扁钢　25mm × 4mm		热镀锌圆钢 热镀锌扁钢	ϕ8mm 20mm × 4mm
最大值	25mm² 铜线（不允许采用无机械保护的铝线）		—	

8-3-3 等电位连接的安装要求有哪些?

（1）金属管道的连接处一般不需加跨接线；水表需加接

跨接线，以保证等电位连接和接地的有效性。

（2）装有金属外壳的排风机、空调的金属门、窗框或靠近电源插座的金属门、窗框以及距外露可导电部分伸臂范围内的金属栏杆、天花龙骨等金属体需做等电位连接。

（3）为避免用煤气管道作接地极，煤气管入户后应插入一绝缘段（如在法兰盘间插入绝缘板），使户内与户外埋地的煤气管隔离。为防雷电流在煤气管道内产生电火花，在此绝缘段两端应跨接火花放电间隙，此项工作由煤气公司确定完成。

（4）一般场所离人站立处不超过 10m 的距离内，如有地下金属管道或结构，即可认为满足地面等电位的要求，否则应在地下加埋等电位带。游泳池之类特殊电击危险场所需增大地下金属导体的密度。

（5）等电位连接内各连接导体间的连接可采用焊接或螺栓连接方式。焊接时焊接处不应有夹渣，咬边、气孔及未焊透情况；螺栓连接时应注意接触面的光洁、有足够的接触压力和面积，螺栓、垫圈、螺母等应进行热镀锌处理；在腐蚀性场所应采取防腐措施，如热镀锌或加大导线截面等。等电位连接端子板应采取螺栓连接方式，以便拆卸进行定期检测。

（6）当等电位连接线采用钢材焊接时，应采用搭接焊接并应满足以下要求：①扁钢的搭接长度应不小于其宽度的两倍，并且三面施焊（当扁钢宽度不同时，搭接长度以宽的为准）；②圆钢的搭接长度应不小于其直径的六倍，并应双面施焊（当直径不同时，搭接长度以直径大的为准）；③圆钢与扁钢连接时，其搭接长度应不小于圆钢直径的六倍；④扁钢与钢管焊接时，应将扁钢弯成弧形，与钢管进行配合，并将各侧接缝全部焊牢。

（7）采用不同材料进行等电位连接时，可用熔接法或压接法连接。压接时应进行搪锡处理。

（8）等电位连接线应有黄绿相间的色标，连接端子板上应刷黄色底漆并标以黑色标记"▽"。

（9）对于暗敷的等电位连接线及其连接处，应做隐检记录及检测报告，并应在施工图上注明其实际走向和部位。为保证等电位连接的顺利施工和安全运作，电气、土建、水、暖等施工和管理人员需密切配合，管道检修时，应由电气人员在断开管道前预先接通跨接线，以保证等电位连接始终导通。

8-3-4 如何进行等电位连接导通试验？

等电位连接安装完毕后应进行导通性测试。按 IEC 60364-6-61《建筑物电气装置检验》的要求，检测等电位连接的导电性能应采用空载电压为 4～24V 的直流或交流电源，测试电流不应小于 0.2A。电压太低或电流太小时测得的接触电阻增大，检测结果不准确。当测得等电位连接端子与等电位连接范围内的金属管道等金属体末端之间的电阻不超过 5Ω 时，可认为等电位连接是有效的。如发现导通不良的管道连接处，应加装跨接线。在等电位连接装置投入使用后应定期进行测试。

第四节　配电系统接地制式及安全防护

8-4-1 低压配电系统符号的含义是什么？

低压配电系统接地方式有 TN 系统（包括 TN-S、TN-C-

S、TN-C)、TT 系统、IT 系统。系统符号的含义为：第一个字母表示配电系统的对地关系，"T"表示一点接地；"I"表示所有带电部分与大地绝缘或经阻抗接地。第二个字母表示装置的外露可导电部分的对地关系，"T"表示外露可导电部分与大地有直接的电气连接，而与配电系统的其他接地点无关；"N"表示外露可导电部分与低压系统的接地点（中性点接地）有直接的电气连接。后续字母表示中性线与保护线的组合情况，"S"表示整个系统的中性线与保护线是分开的；"C"表示整个系统的中性线与保护线是共用的，即通常所说的"PEN"线；"C-S"表示系统中有一部分中性线与保护线是共用的，而在其后是分开的。

8-4-2 什么是 TN 系统？TN 系统有哪些形式？其特点是什么？对 TN 系统应注意哪些问题？

TN 系统中，电源侧有一点（一般是电源中性点）与大地直接连接，负荷侧电气设备的外露可导电部分通过 PE 或 PEN 线与电源侧接地点相连接。根据 PE 线与 N 线是否合并，TN 系统又分为 TN-C，TN-S、TN-C-S 三种形式，分别如图 8-1 ~ 图 8-3 所示。

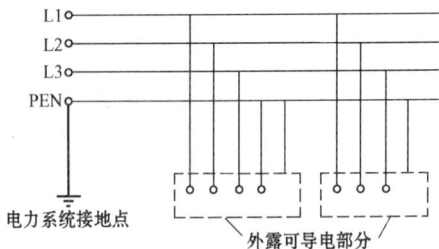

图 8-1 TN-C 系统

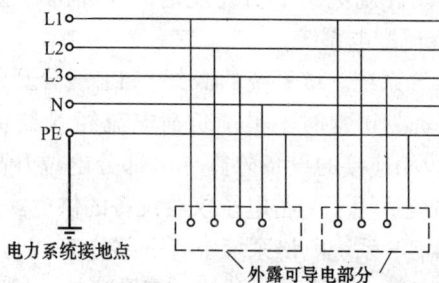

图 8-2　TN-S 系统

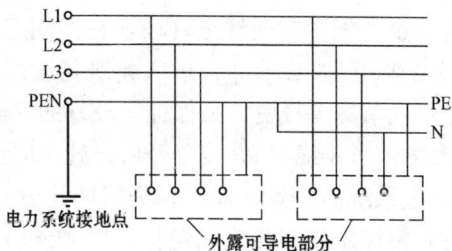

图 8-3　TN-C-S 系统

（1）TN-C 系统。该系统中，N 与 PE 线合并为一根 PEN 线，具有简单经济的优点。当系统发生相间或单相（相零间）短路时，短路电流很大，过流保护电器会立即跳闸，切除故障。N 线与 PE 线合二为一后，当负荷不对称或存在非线性负荷时，PEN 线中会有一定电流流过。如果负荷不对称严重或非线性负荷较大时，该电流会相当大，会在 PEN 线阻抗上造成一定压降，使得与 PEN 线相连接的所有设备的外露可导电部分呈现较高的对地电位，这将对某些电子设备的正常使用带来不利的影响。因此，GB 50174—1993《电子计算机机房设计规范》中明确规定，计算机房应采用 TN-S 或 TN-C-S 低压配电系统。

（2）TN-S 系统。该系统的 N 线与 PE 线分开敷设，需要增加部分投资。正常时不平衡负荷电流经 N 线流通，不会造成与 PE 线相连接的设备外露导电部分电位升高问题。因此，TN-S 系统适用于精密电子仪器设备的供电。

（3）TN-C-S 系统。该系统中有一部分 N 线与 PE 线是合一的，在某点以后两线是分开的。该系统是一种广泛采用的配电系统，具有与 TN-C 和 TN-S 系统某些相似的特点。在用电设备配置上，应将普通设备配置在两线合一段，而将对电位敏感的电子设备配置在两线分开段。在民用建筑配电中，电源进线段常采用 TN-C 形式，进入建筑物后改为 TN-S 形式。这样处理既节约了投资，又保证了较好的安全水平。对于 TN-C-S 系统，当 N 线与 PE 线分开后，就不应再合并，否则将失去 TN-S 系统的优点。此外，为了防止分开后两线的混淆，应按有关规定使用相应的色标，PE 线和 PEN 线用黄绿相间色标，N 线用浅蓝色色标。

综上所述，TN 配电系统的三种形式各具特点，从保证安全性的角度看，后两种形式较优，但需增加部分投资。因此，配电系统的形式应根据资金、用电设备的性质以及重要性等具体情况来确定。

对 TN 系统还应注意以下问题：

（1）对负荷分配应尽量做到三相平衡，并采取相应措施限制非线性负荷谐波电流的注入。

（2）按规定选取 N 线、PE 线和 PEN 线，并使其与电源中性点可靠连接。N 线和 PEN 线上严禁装设开关设备。

（3）当系统发生单相（断线）接地时，由于电源中性点接地电阻以及单相接地过渡电阻的影响，其故障电流往往不是很大，不足以使过流保护跳闸，从而造成电源中性点对地电位的升高，并沿着 PE、PEN 线蔓延，导致所有与其连接的设备外露可导电部分带有危险的对地电位。因此，当单相接地短路电流不足以使过流保护电器跳闸时，应装设灵敏的漏电保护器，以迅速切断接地故障。

(4) 配电系统引入建筑物时，应将 PE 线或 PEN 线在其入口处进行重复接地。

(5) 在采用保护接零时，单相三极插座上的工作中性线与保护线应分别敷设，并且不得将保护桩头与中性线桩头直接短接，以防止因中性线松脱、断落而使设备金属外壳带电。

8-4-3 什么是 TT 系统？其特点及应用是什么？

TT 系统如图 8-4 所示，该系统必须有一个直接接地点（通常是电源中性点），并经中性线引出。系统内各设备的外露可导电部分用单独的接地体接地，与电源接地点无电气上的联系。因此，该系统适用于对电位敏感的电子设备供电。由于设备的 PE 线各自独立，不会发生接地故障时对地故障电压蔓延的问题。当中性线断裂后，因负荷的不对称会引起相电压升高，这与 TN 系统相同。因此，应采取措施加以防止。

在 TT 系统中，当设备绝缘损坏或线路断线而发生单相接地时，由于电源

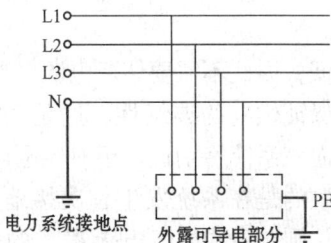

图 8-4 TT 系统

侧和设备侧接地电阻或断线接地过渡电阻的影响，其单相接地短路电流较小，除了小容量用电设备外，在大多数情况下不足以使过流保护电器跳闸，容易造成电击事故。故 TT 系统特别适用于小容量电气负荷供电，如住宅供电等。对于较大容量的电气负荷，则必须加装漏电保护器，以迅速切除接地故障。

8-4-4　什么是 IT 系统？其特点是什么？IT 系统的中性线是否需要引出？

IT 系统有两种形式，即电源中性点对地绝缘或经阻抗（约 1000Ω）接地。设备的外露可导电部分则通过接地装置接地，如图 8-5 所示。

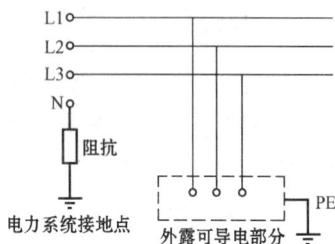

图 8-5　IT 系统

IT 系统在运行中如发生一相接地故障（首次接地），接地电流的大小，在中性点对地绝缘系统中取决于非故障相对地电容的大小，而在中性点经阻抗接地系统中则主要受到该接地阻抗的限制，其值很小，所产生的故障电压也较低，因此不需要切断电源。首次接地不需要切断电源，可以保证供电的连续性，这是 IT 配电系统的一个重要优点，因而该系统特别适用于对供电连续性要求较高的场合。需要注意的是在系统发生首次接地后，如再发生异相第二次接地，则会造成故障电流很大的相间短路，从而导致供电中断。因此，首次接地发生时应发出信号，提醒运行人员及时处理。

在 IT 系统中，一般不宜配出 N 线。如果 N 线配出，当其发生接地时，线路的绝缘监察装置无法发现而不能发出接地信号，此时 IT 系统实际已经变为 TT 系统运行。若再发生单相接地，则为非电容性的接地短路故障，但为 IT 系统设置的线路保护不一定能切除该故障，从而有可能导致危险的故障电压和对地电弧、电火花的发生。

8-4-5 在同一个三相四线制（TT 或 TN）低压配电系统中，为什么不能将部分设备保护接地，而将另一部分设备保护接零？

在 TT 或 TN 系统中，若同时采用了两种保护方式，则当保护接地的设备发生接地故障而线路保护电器因故未能切除故障时，故障电流经设备的保护接地装置和电源中性点接地装置构成回路，使中性线和所有采用保护接零设备外壳上同时出现危险电压。若电源中性点和设备保护接地的接地电阻同为 4Ω，则该危险电压为相电压的一半，即 110V，严重威胁人身安全。

8-4-6 在电源中性点直接接地的三相四线制低压配电系统中，应采用保护接零还是保护接地方式？

在电源中性点直接接地三相四线制低压配电系统中，如果采用保护接地方式，当用电设备容量较大时，其保护电器动作整定值也相应较大。当用电设备因绝缘损坏而发生单相接地故障时，其故障电流受到设备保护接地电阻和电源中性点接地电阻的限制，可能不足以使保护电器动作，这将导致用电设备的外壳上长期存在着较高的对地电压，很不安全。

当然，通过降低保护接地电阻，可以使设备的对地电压相应降低，同时还能增大短路电流，促使保护装置迅速动作；但是大幅度减小接地电阻值是不经济的，有时还是非常困难的（如在高土壤电阻率的山区）。如果用电设备采用保护接零，一旦发生因设备绝缘损坏而碰壳故障，故障电流便直接经中性线形成"相一零"闭合回路。因中性线的阻抗很小，短路电流很大，使保护电器能够立即动作切除故障设备。由此可见，在电源中性点直接接地的三相四线制低压配电系统中，应采用保护接零方式。TN-C 系统即属于保护接零方式。对于 TN-S 和 TN-C-S 系统，当发生因设备绝缘损坏而碰壳故障时，故障电流经阻抗很小的 PE 或 PEN 线构成回路，其值很大，因而也能使保护电器可靠动作。对于 TT 系统，用电设备倒是采用的保护接地方式，但其条件是用电设备的容量不能太大（或需加装漏电保护器），否则便会发生单相接地故障时保护电器无法断开的情况。

8-4-7　什么是直接电击防护？直接电击防护措施有哪些？

直接电击防护，是指防止接触正常带电部分的防护，其防护措施如下：

（1）绝缘。即用绝缘物将带电体加以包裹，防止人触及。

（2）屏护。即用屏障，如遮拦、围栏、护罩、箱盒等使带电体与外界隔离。

（3）间距。即使带电体与人之间有足够的安全距离，防止人体触及或接近，如导线的高空架设等。

（4）漏电保护装置。即采用一些高灵敏、快速动作的保护装置,当人体触及带电体或绝缘损坏漏电时,在数毫秒内切断整个电路,避免使人遭到严重伤害。

(5)安全电压。即根据环境可能造成触电危险的程度,而分别采用相应等级的安全电压(如36、24、12、6V等)。当额定电压在24V以下时,通常不必另外采取防止触电的措施。需要注意的是:安全电压回路严禁与大地、其他回路的带电部分或保护线相连接。

8-4-8 什么是间接电击防护?间接电击防护措施有哪些?

间接电击防护,是指防止接触正常时不带电,而故障时会带危险电压的设备外露可导电部分(如金属外壳、框架等),其采用的措施如下:

(1)保护接地、接零。当设备发生故障时,通过接地或接零回路,使保护装置迅速动作而切除故障。

(2)不导电环境。可防止工作绝缘损坏时人体同时接触不同电位的两点。一般情况下,当所在环境的墙和地板均为绝缘体以及出现不同电位的两点之间的距离超过2m时,可满足这种保护要求。

(3)电气隔离。即采用输入和输出电路隔离的变压器或独立电源供电,以实现电气隔离,防止外露导电部分故障带电时造成触电事故。被隔离的电压不应超过500V,其外露导电部分不能同其他电气回路或大地相连,以保证隔离效果。

(4)等电位环境。即将所有可能同时触及的外露导电部分(包括设备以外的裸露导体)相互连接起来,使之处于等电位状态,以防止危险的接触电压。

（5）其他措施。如采用安全电压、漏电保护器等。

8-4-9　配电设备壳体防护等级是如何规定的?

配电设备壳体防护等级文字代号由前二位字母和后二位数字组成，其形式如下：

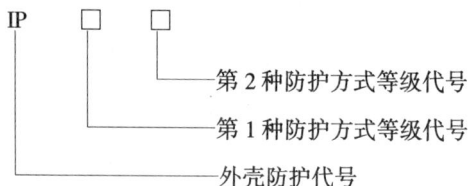

```
IP   □   □
          └──────── 第 2 种防护方式等级代号
      └──────────── 第 1 种防护方式等级代号
  └──────────────── 外壳防护代号
```

第 1 种防护方式是指防止固定异物进入电气设备壳内以及防止人体触及壳内的带电或运动部分；第 2 种防护方式是指防止水进入电气设备壳内并达到有害程度。若该设备只有 1 种防护方式等级时，则可减去其中一位数字，减去的数字位置用 X 或 0 代替，如 IP30、IP4X 等标注形式。防护等级文字代号的含义见表 8-5。

表 8-5　　　　　电气设备外壳防护等级文字代号含义

第　一　种　防　护　方　式		
防护等级	简　　称	防外物技术要求
0	无防护	没有专门防护
1	防护大于 50mm 的固体	能防止直径大于 50mm 的固体异物进入壳内 能防止人体的某一大面积部分（如手）偶然或意外地触及壳内带电或运动部分，但不能防止有意识地接近这些部分
2	防护大于 12mm 的固体	能防止直径大于 12mm 的固体异物进入壳内 能防止手指触及壳内带电或运动部分

防护等级	简　称	防外物技术要求
3	防护大于2.5mm 的固体	能防止直径大于 2.5mm 的固体异物进入壳内 能防止厚度（或直径）大于 2.5mm 的工具及金属线等触及壳内带电或运动部分
4	防护大于1mm 的固体	能防止直径大于 1mm 的固体异物进入壳内 能防止厚度（或直径）大于 1mm 的工具及金属线等触及壳内带电或运动部分
5	防尘	能防止灰尘进入量达到影响产品正常运行的程度 完全防止人体触及壳内带电或运动部分
6	尘密	完全防止灰尘进入壳内 完全防止人体触及壳内带电或运动部分

第 二 种 防 护 方 式

防护等级	简　称	防外物技术要求
0	无防护	没有专门的防护
1	防滴	垂直的滴水应不能进入产品内部
2	15°防滴	与铅垂线成 15°角范围内的滴水应不能直接进入产品内部
3	防淋水	与铅垂线成 60°角范围内的滴水应不能直接进入产品内部
4	防溅	任何方向的溅水对产品应无有害的影响
5	防喷水	任何方向的喷水对产品应无有害的影响
6	防海浪或强力喷水	猛烈的海浪或强力喷水对产品应无有害的影响
7	浸水	产品在规定的压力和时间下浸在水中，浸水量应无有害的影响
8	潜水	产品在规定的压力长时间下浸在水中，浸水量应无有害的影响

8-4-10 用电设备对电击防护是怎样分类的?

根据绝缘设置以及供电方式,用电设备对电击的防护可分为4类,即0、Ⅰ、Ⅱ、Ⅲ类设备。

(1) 0类设备。即仅依靠基本绝缘作为电击防护的设备。该类设备可触及的外露可导电部分不与PE线连接,如果基本绝缘失效,其安全性完全依靠环境条件来保证。例如:①建筑物内的地板和墙壁的绝缘电阻应大于50kΩ;②没有可同时触及的带地电位的水暖管道等金属部件;③采用隔离变压器供电等。老式的有金属外壳又不带PE线的台灯、台扇等都属于这类设备,现已淘汰。

(2) Ⅰ类设备。即具有基本绝缘,但其外露可导电部分与PE线相连接的设备。这种设备在绝缘损坏发生碰壳接地故障时,人体的接触电压小于相电压,且保护电器可以切断电源,从而起到防电击的作用,如现在广泛使用的金属外壳接插头带PE线插脚的家用电器。

(3) Ⅱ类设备。即具有双重绝缘(基本绝缘和附加绝缘)或加强绝缘的设备。这类设备由于提高了绝缘水平,不可能发生接地故障,因此不需要接PE线,也不需其他防电击的措施,如带塑料外壳的灯具、电视机等。

(4) Ⅲ类设备。即采用SELV(隔离变压器、发电机、蓄电池等隔离电源)回路供电的设备。设备故障时,其外露可导电部分都不可能出现危险的接触电压,如用24V或36V电压供电的手握式安全灯、用交流市电经隔离降压变压器供电的儿童玩具等。

8-4-11 哪些设备的外露导电部分必须进行接地或接零保护？

下列设备的外露导电部分必须进行接地或接零保护：①变压器、电动机、高压电器和照明器具（非Ⅱ、Ⅲ类设备）的底座和外壳；②电力设备的传动装置；③互感器的二次线圈（继电保护另有要求者除外）；④配电盘和控制盘的框架；⑤室内外配电装置的金属架构，混凝土架构和金属围栏；⑥电缆头和电缆盒的外壳、电缆外皮和穿线钢管；⑦电力线路的杆塔和装在配电线路电杆上的开关设备及电容器外壳等；⑧家用电器如洗衣机、电冰箱等的外壳。

8-4-12 哪些设备的外露导电部分不需进行接地或接零保护？

电力设备的下列金属部分，除有专门规定外，可不接地或接零：①在木质、沥青等不良导电地面的干燥房间内，交流380V及以下、直流440V及以下的电力设备外壳，但维护人员可能同时触及电力设备外壳和接地物件时，仍应进行接地或接零；②在干燥场所，交流127V及以下，直流110V及以下的电力设备外壳，但爆炸危险场所除外；③安装在配电屏、控制屏和配电装置上的电气仪表、继电器和其他低压电器的外壳，以及当发生绝缘损坏时，在支持物上不会引起危险电压的绝缘子金属底座等；④安装在已接地的金属架构上的设备，如套管和控制电缆的金属外皮等，但应保证与金属架构电气接触良好；⑤额定电压220V及以下的蓄电池室内的支架；⑥与已接地的机床之间有可靠电气接触的电动机和电容器的外壳，但爆炸危险场所仍应按有关规定进行接地或接零；⑦由发电厂、变电所和工业企业区域内引出的铁路铁轨，但在易燃、易爆场所仍应按有关规定进行接地。

第五节　接　　地

8-5-1　为何要充分利用自然接地体？对自然接地体有何要求？哪些物体可作为自然接地体？

充分利用自然接地体，省却了人工设置，可以降低工程造价。

对自然接地体的要求是：①与大地有良好的电气连接；②本身各导电部分之间有良好的电气连接；③无易燃易爆危险。

可作为自然接地体的物体有：①埋设在地下的金属管道，但输送易燃、易爆气体和液体的管道及临时性管道除外；②水工构筑物及类似构筑物的金属桩及分流管等；③与大地有可靠连接的建筑物的金属结构、钢筋混凝土的金属构件等；④非电气化道路的轨道和起重机的轨道（轨道之间应焊一跨接线）；⑤架空线路的水泥电杆和铁塔的基础；⑥埋在地下且数量不少于两根的裸电缆的铅包（铝包易腐蚀，不能作为接地体）；⑦变配电所本身的建筑物钢筋混凝土基础。

8-5-2　自来水管为什么不能作为自然接地体？

因为自来水管并非是导电良好的自然接地体。其原因首先是目前正广泛使用的铝塑管和塑料自来水管，虽然它可以避免传统的镀锌金属自来水管对水质的二次污染，但铝塑管和塑料自来水管本身就是不良导体。其次，即使是镀锌金属自来水管，由于其接头处密封材料的绝缘作用，也会导致被连接的两段管子导电不良。

8-5-3 利用钢筋混凝土作为自然接地体有何优点？哪些情况下不宜作为自然接地体？

利用建筑物的钢筋混凝土基础作为自然接地体的优点是：①由于它埋地深，与土壤的接触面大而且稳固，因此导电性能好，接地电阻的稳定性高；②由于它在底下纵横交错，分布较广，因此其地面上电位分布比较均匀，可降低跨步电压；③具有防腐性，不需维修或更换；④可节约大量钢材。

但如果出现下列情况时，则不宜作为自然接地体。①基础底部和外围设有绝缘良好的防水层（如油毡等）；②基础的材料为防水水泥或其他导电不良的人造材料；③基础中有断裂带或为非连续式结构。

8-5-4 低压配电系统接地电阻有何要求？

根据电力行业标准 DL/T 621—1997 所划分的类型，低压配电系统应属于"建筑物电气装置"，即 B 类电气装置。B 类电气装置的接地电阻应符合下列要求：

（1）向 B 类电气装置供电的配电变压器安装在建筑物外时，其接地电阻的要求是：①当配电变压器高压侧中性点不接地或经消弧线圈接地以及高电阻接地，并且低压系统电源接地点与该变压器保护接地共用接地装置时，接地电阻应不大于 4Ω；②当建筑物内未作等电位连接，且建筑物距低压系统电源接地点距离超过 50m 时，低压电缆或架空线路在引入建筑物处，PE 线或 PEN 线应作重复接地，接地电阻不宜超过 10Ω；②当配电变压器的高压侧为低电阻接地系统时，低压侧不得与配电变压器的保护接地共用接地装置，而应在距该配电变压器适当的地点设置专用接地装置，其接地电阻不宜超过 4Ω。

(2) 向 B 类电气装置供电的配电变压器安装在该建筑物内时，如果配电变压器高压侧中性点不接地或经消弧线圈接地以及高电阻接地，并且低压系统电源接地点与该变压器保护接地共用接地装置，则接地电阻应不大于 4Ω。

(3) 低压系统由单独的低压电源供电时，其电源接地点接地装置的接地电阻不宜超过 4Ω。

(4) TT 系统中，当系统接地点和电气装置外露导电部分已进行总等电位连接时，电气装置外露导电部分不另设接地装置，否则电气装置外露导电部分应设保护接地装置，其接地电阻应符合式 (8-4) 要求

$$R \leqslant 50/I_a \qquad (8\text{-}4)$$

式中　R——考虑季节变化时接地装置的最大接地电阻，Ω；

　　　I_a——保证保护电器切断故障的动作电流，A。

式 (8-4) 的含义是：当系统发生接地故障时，故障电流流经接地装置在电气装置外露导电部分上所产生的接触电压不得超过 50V。

(5) IT 系统的各电气装置外露导电部分保护接地的接地装置可共用同一接地体，亦可个别地或成组地用单独的接地装置接地。各接地装置的接地电阻应符合式 (8-5) 要求

$$R \leqslant 50/I_d \qquad (8\text{-}5)$$

式中　R——考虑季节变化时接地装置的最大接地电阻，Ω；

I_d——相线和外露导电部分间第一次短接时的故障电流，A。

8-5-5 接地体选用和安装的一般要求有哪些?

(1) 交流电力设备的接地装置应充分利用自然接地体，当自然接地体的接地电阻符合设计要求时，一般可不再另设人工接地体，但发电厂、变电所例外。

(2) 直流电力回路不应利用自然接地体，以避免对自然接地体产生电化学腐蚀，并导致接地电阻不断增大。其专用的人工接地体不应与自然接地体相连接。

(3) 交流电力回路同时采用自然、人工两种接地体时，应用不少于两根的导体在不同部位将自然接地体与人工接地体相连接，并应设置采用螺栓连接方式的断开点，以分别测量人工与自然接地电阻。

(4) 接地干线与自然接地体或人工接地体连接时，应用不少于两根的导体在不同部位进行连接。

(5) 人工接地体一般选用镀锌钢材（圆钢、扁钢、角钢、钢管），并采用垂直或水平敷设方式设置。水平敷设接地体埋深应不小于 0.6m，垂直敷设的接地体长度应为 2.5m 左右。为了减少相邻接地体的屏蔽作用，垂直接地体的间距不宜小于其长度的 2 倍，水平接地体的间距一般不应小于 5m。

(6) 接地体埋设位置距建筑物的距离应不小于 3m，并注意不应在垃圾、灰渣等地段埋设。经过建筑物人行通道的接地体，应采用帽檐式均压带做法，以减小地面的跨步电压。

(7) 变、配电所的接地装置，应敷设以水平接地体为主的人工接地网。

（8）接地装置的导体截面应符合热稳定和均压的要求，且不应小于表8-6的要求。

表8-6 接地体和接地线的最小规格

种 类	规 格	地 上		地下
		室内	室外	
圆钢	直径（mm）	5	6	8
扁钢	截面（mm²）	24	48	48
	厚度（mm）	3	4	4
角钢	厚度（mm）	2	2.5	4
钢管	壁厚（mm）	2.5	2.5	2.5

（9）接地装置的设计使用年限，应与地面工程的设计使用年限相当，并应考虑到腐蚀的影响。在腐蚀严重的地区，应采取适当的防腐蚀措施。

（10）在高土壤电阻率的地区，可采取换土、使用长效降阻剂、深埋接地体（地面较深处土壤电阻率较低）等方法降低接地电阻。

8-5-6 接地线选用和安装的一般要求有哪些？

接地线有人工和自然接地线两种，其选用和安装的一般要求如下：

（1）应尽量利用自然接地线，如金属构件、金属管道、钢轨、混凝土构件的钢筋、穿线钢管以及电缆铅包等，但必须保证自然接地线全长有可靠的金属性连接。

（2）有爆炸性物质的金属管道不得用作接地线。在有爆炸危险的场所，电气设备应设置专门的接地线，该接地线若与相线敷设在同一保护管内时，应具有与相线相同的绝缘水平。该场所内的所有金属管道、电缆的金属外皮、设备的外露可导电部分以及构架等金属部件，应进行等电位连接。

（3）用输送非爆炸性物质的金属管道作为自然接地线时，管道的接缝处、装设表计处以及阀门处均应焊装跨接线。

（4）金属结构件作为自然接地线时，用螺栓或铆钉紧固的接缝处，应用扁钢跨接。作为接地干线的扁钢跨接线，其截面应不小于 $100mm^2$；作为接地分支跨接线时，其截面应不小于 $48mm^2$。

（5）利用电线管作为接地线时，其管壁厚度不应小于1.5mm，并应在管接头及分线盒处焊加跨接线。钢管直径在40mm 以下时，跨接线应采用 6mm 圆钢；钢管直径在 50mm以上时，应采用 25mm × 40mm 的扁钢。

（6）电缆金属外皮作为接地线时，可采用内衬 2mm 厚度铅皮的卡箍与接地装置以及设备外露可导电部分进行连接。卡接处应处理干净，以保证接触可靠。卡箍等连接件应作镀锌处理。

（7）人工接地线一般应采用钢质线，但移动式设备可采用多股软铜线。接地线截面应符合载流量、切除故障以及热稳定的要求，并且不应小于表 8-6 的要求。在地下不得利用铝导体作为接地线或接地体。

（8）不得使用蛇皮管、管道保温层的金属护网以及照明电缆铅皮作为接地线，但上述金属件本身应保证全长有良好的电气连接，并可靠接地。

（9）室内接地线可以采用明敷或暗敷的敷设方式进行安装。明敷的要求是：①接地干线沿墙距地面的高度一般不小于 0.2m；②支持卡子距离墙面不应小于 10mm，卡子间距不应大于 1m，在分支拐弯处卡子间距应不大于 0.3m；③在跨越建筑物伸缩缝时，应留有适当裕度或采用软连接；④穿越建筑物处应加钢管保护。暗敷的要求是：干线的两端都应有明露部分，并根据需要沿线设置接地线端子盒，以供连接及检测使用。

（10）接地线的连接处以及接地线与接地体的连接处应采用焊接的方式连接。焊接时通常采用搭接焊，其搭接长度为扁钢宽度的 2 倍或圆钢直径的 6 倍。如不宜焊接，可用螺栓连接，其连接面应刮擦干净，以保证导通良好。在潮湿、有腐蚀性气体的环境中，接地线应采取防锈措施。

（11）各电力设备应以单独的接地线与接地干线相连，严禁在一条接地线上串接几个需要接地的设备。

8-5-7 怎样对运行中的接地装置进行检查？

（1）检查内容。检查接地线各连接是否良好，有无损伤、折断和腐蚀现象；对含有重酸、碱、盐或金属矿岩等化学成分的土壤地带，应定期挖开地面对接地装置的地下部分进行检查，观察接地体的腐蚀情况；检查分析所测量的接地体电阻值变化情况，看是否符合规程的要求；设备每次检查后，还应检查接地线是否牢固。

（2）检查周期。变电所的接地网一般每年检查一次；车间的接地线及中性线，每年应检查 1~2 次；各种防雷接地线每年（雨季前）检查一次；对有腐蚀性土壤的接地装置，安装后应根据运行情况，一般每五年左右挖开地面检查一次；手持式电动工具的接地线，在每次使用前均应进行检查。

第六节 漏 电 保 护

8-6-1 漏电保护器有什么作用？漏电保护器的类型有哪些？

在低压配电系统中，如果发生了因人身触电、设备绝缘下降而漏电以及接地故障的情况，其所产生的较小电流往往不足以使主保护电器动作，从而可能带来严重后果。此时，借助于灵敏的漏电保护器，便可以迅速地切断电源或及时发出信号，保护了人身和设备的安全。

漏电保护器的类型：按动作原理可分为电压型（因其可靠性差、断电面积大，目前已基本淘汰）、电流型和脉冲型；按构成方式可分为电磁型、电子型；按极数可分为单极至四极，两线式至四线式；按安装形式可分为固定安装式和移动式；按保护功能可分为纯漏电保护型（需另外加装相间和相零短路保护电器）以及漏电和过电流（短路）保护组合型；按结构特征分为继电器式、开关式及插座式等类型。

8-6-2 电流动作型漏电保护器的组成、工作原理及特点是什么？

电流动作型漏电保护器由零序电流互感器 TA、放大器 A 和脱扣器 TR 组成。线路主开关为其执行元件。TA 是一个检测元件，可以安装在变压器中性点与接地极之间，构成全网总保护方式，如图 8-6（a）所示。也可以安装在干线或分支线上，构成干线或分支线保护，如图 8-6（b）所示。

当采用全网总保护方式时，若低压电网发生触、漏电故

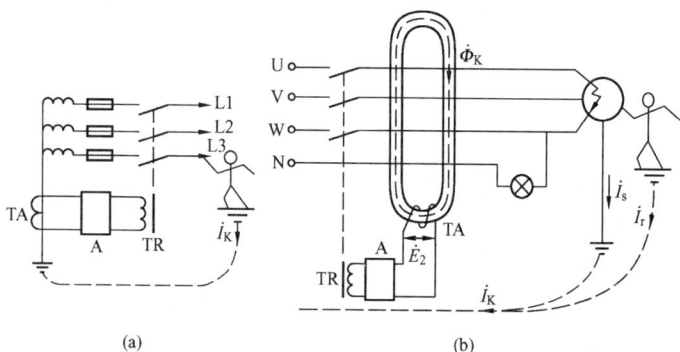

图 8-6　电流动作型漏电保护器工作原理图

(a) 全电网保护；(b) 支干线保护

TA—零序电流互感器；A—放大器；TR—脱扣器；i_k—故障电流

障，故障电流 i_k 通过大地经接地线返回变压器中性点，因接地线穿过 TA 的中心圆孔而成为其一次侧线圈，故 i_k 在环形铁芯中产生一个磁通，使二次绕组感应出二次电压，经放大后加在脱扣线圈上。当故障电流 i_k 达到某一规定值时，脱扣器动作使主开关跳闸。对干线或分支线保护，当低压电网未发生触、漏电故障时，各相线电流的相量和等于零，此时在 TA 铁芯中所感应的磁通的相量和也等于零，TA 的二次侧绕组没有感应电压输出，线路正常供电。当发生漏、触电故障时，各相线电流的相量和不等于零，此时 TA 的二次侧绕组就有感应电压输出，通过放大后加在脱扣线圈上。当故障电流 i_k 达到规定的数值时，脱扣器动作使主开关跳闸。

该型漏电保护器的特点是：①既可以作全系统的总保护，又可以分路分级安装实现多级保护，即动作具有选择性；②运行时在低压电网直接接地的系统中无需改变电网的运行方式；③与电压型漏电保护器相比，其结构复杂一些，价格也高一些，但其检测特性好、灵敏、可靠性较高，因而获得了广泛的应用。

8-6-3 脉冲动作型漏电保护器的工作原理及特点是什么？

交流脉冲动作型漏电保护器实际上是在电流动作型漏电保护器的电子电路中加进微分电路而构成的。因为电网不平衡漏电流影响保护器的检测特性，所以考虑到电网的泄漏电流是随着电网范围的大小、电网对地绝缘水平、季节和气候条件等因素变化的，这种变化往往比较缓慢；而人身触电或金属性接地故障都是一种突发性的现象，故障电流是瞬间出现的，故在电流动作型漏电保护器的电子电路中加进微分电路以区别缓慢上升电流和突然上升电流。对缓慢变化的电流，脉冲动作型漏电保护器的动作整定值较大，一般取 120～200mA；对电流突变量的动作整定值取得较小，一般 30mA。

交流脉冲动作型漏电保护器的特点是：首先，由于脉冲型反映电流突变量的动作定值较低，故其灵敏度较高；但配电网中电流发生突变不仅仅因触电或漏电引起，刮风时树枝碰触电线、线路和用电设备的投切操作等均会引起电流突变，因而造成保护器动作频繁，产品的寿命和可靠性受到了较大影响。其次，由于其突变特性不能适应多级保护级间配合的要求，应用它不能实现完善的多级保护。再次之，与电流动作漏电保护器相比，交流脉冲型漏电保护器的结构更复杂、价格更高，维修更难，且由于动作频繁损坏率也较高。所以总体来看，交流脉冲动作型漏电保护器的实际应用效果不如电流动作型的好。

8-6-4　漏电保护器安装时应注意什么问题?

（1）认真阅读产品说明书，并严格按照说明书的要求安装。

（2）漏电保护器的电源侧应接电源，负荷侧应接负荷，不可反接。否则当保护器开关触头断开时，其电子电路仍处于无谓的通电状态，缩短其使用寿命。

（3）不论是在 TN 系统还是 TT 系统，漏电保护器保护范围内的相线和中性线应是独立回路，不能与其他回路有电气上的连接，否则会造成保护误动。例如：在本保护回路的相线与其他回路的中性线之间或其他回路的相线与本保护回路中性线之间接入用电器，都会造成本保护回路跳闸。

（4）在 TN-S 系统和 TN-C-S 系统中使用漏电保护器时，应特别注意区分 N 线和 PE 线。N 线应接入漏电保护器，并应穿过漏电保护器的零序电流互感器，而 PE 线不得接入漏电保护器。如果接反，在线路正常运行时，因 N 线的电流不能进入漏电保护器的零序电流互感器起平衡作用，而造成漏电保护器误跳闸。

（5）末端漏电保护器应按用电设备或用户单元分别设置，以便寻找漏电故障点，不宜太多设备或多用户单元共用一个漏电保护器。

（6）在设备或线路上安装不带过电流保护功能的漏电保护器时，应另外加装过电流保护装置，以切断相间或相零短路故障。

（7）对于相线和中性线都装有熔断器（老式住宅这种情况相当普遍）用于短路故障保护的情况下，在安装漏电保护器时，应将中性线上的熔断器拆除，并将中性线直接短接，然后再将经熔断器引出的相线以及中性线接入漏电保护器的电源侧。

（8）作为总保护的漏电保护器在安装时应注意：

1）探头（铁壳或塑壳封装的零序电流互感器）应尽量远离交流接触器和母线，其前后、左右、上下的距离应为20cm以上，否则可能受到外磁场干扰而造成保护误动。

2）穿过探头的电源中性点引线应当接地良好，否则会造成保护灵敏度下降甚至拒动。

3）在安装用100A以上的大中型交流接触器作为执行元件的漏电保护器时，因接触器动作时振动很大，故应将其单独安装在合适的地点，以免震坏屏上的其他设备。安装接触器时应注意正直牢固，紧固螺栓应带弹簧垫圈，其倾斜度不得超过5°，否则会增大电磁系统吸合负担，轻则噪声大、发热严重，重则造成吸引线圈烧毁。

（9）漏电保护器应安装在通风干燥处，避免灰尘和有害气体的侵蚀。

（10）漏电保护器安装完毕，应进行动作试验，以确保其功能正常。

第七节 触 电 急 救

8-7-1 什么是安全电压？什么是安全电流？

安全电压就是不致使人直接致死或致残的电压。不同情况下的安全电压值（交流有效值）是不同的。在有接触触电危险的场所使用的手持电动工具额定值为42V，其空负荷上限值为 50V；在矿井、多导电粉尘等场所额定值为 36V，其空负荷上限值为 43V；可供某些具有人体可能偶然触及的带电设备额定值为 24、12、6V，其空负荷上限值分别为 29、15、8V。其中交流 50V（有效值）也称为一般正常环境条件下允许持续接触的"安全特低电压"。

安全电流是人体触电后最大的摆脱电流。安全电流的大小，各国规定不完全一致。我国规定的安全电流为 30mA（触电时间不超过 1s）。研究证明，如果通过人体的电流不超过 30mA·s 时，对人体无损害。超过 50mA·s 时，对人体有致命危险。如达到 100mA·s 时，一般要致命。

8-7-2　人身触电伤害事故是怎样分类的?

人身触电伤害按事故类别分为雷击伤害事故、静电伤害事故、（高频）电磁场伤害事故及设备故障造成的触电伤害事故；按伤害的类型可分为电击和电伤；按人体触电方式可分为人体与带电体接触触电、跨步电压触电及接触电压触电；按伤害的程度可分为死亡、重伤、轻伤；按事故责任可分为直接责任事故和非直接责任事故。

8-7-3　触电伤害事故发生的一般规律是什么?

（1）具有明显的季节性。例如：每年夏、秋季的事故明显增多，主要原因是天气潮湿、多雨、人体多出汗，使绝缘电阻及皮肤电阻均降低，易在电气设备漏电时发生触电事故。

（2）低压触电多于高压触电。原因是低压设备面广量大，使用者接触的机会多，触电的可能性增加。

（3）农村触电事故多于城市。原因是农村缺乏用电安全知识，设备质量差，技术水平低。

(4) 单相触电事故多。不熟悉电气安全知识的人员触电多。用电环境差的区域易发生触电事故。

8-7-4 什么是接触带电体触电、跨步电压触电和接触电压触电?

当人体误碰或接近（高压情况下）正常运行设备带电的部位所造成的触电，称为接触带电体触电。按人体触及带电体的方式可分为：单相触电，即人体同时触及或接近相线和中性线或相线与地所造成的触电；两相触电，即人体同时接触或接近带电设备或线路的两相导体所造成的触电。

当设备发生接地故障时，人在接地故障点或接地装置附近行走，两脚之间因承受跨步电压而触电，称为跨步电压触电。若人站在发生接地故障的设备旁（水平距离 0.8m），手触及设备外壳（距地面 1.8m 处）所造成的触电，称为接触电压触电。

8-7-5 触电有哪些危害? 影响触电对人体造成伤害程度的因素有哪些?

电流对人体的伤害，主要分为电击和电伤两种。电击是电流通过人体内部器官，使人出现生理上的变化，如呼吸中枢麻痹而导致呼吸停止、肌肉痉挛、心室颤动等。电伤是电弧对人体外部造成伤害，如电灼伤、电烙印、皮肤金属化等。

触电对人体的危害程度，受到各种因素的影响，这些因素主要包括通过人体电流的大小；触电持续的时间；电流流经人体的途径；电流的频率以及人体的健康状况等。

8-7-6 对触电者进行救护应遵循的原则是什么？

对触电者进行救护应遵循的原则是：迅速、就地、正确、坚持。

（1）迅速。即采用正确的方法使触电者脱离电源，越快越好。在使触电者脱离电源时，救护人既要救人也要保护好自己。如果触电者处于高处，要采取措施防止触电者解脱电源后自高处摔下受伤。

（2）就地。即在触电者脱离电源后，必须就地抢救，分秒必争。因为一般情况下，触电超过 5min 后，大脑细胞由于缺氧坏死，将造成极难挽回的局面。

（3）正确。即对触电者抢救的方法要正确。触电者如神志清醒，只是感到疲乏和难受，应使其就地平躺，严密观察，暂时不让其站立或走动。若触电者神志不清，应使其就地仰睡，并呼叫触电者或轻拍其肩部（不可猛摇头部），以判断其是否丧失意识；同时（可用小纸片置于其鼻孔处）仔细观察是否有自主呼吸，并用手搭摸其颈动脉，以判断是否有心跳。如果触电者没有呼吸，但脉搏尚存，则只需进行人工呼吸。如触电者丧失意识，且心跳、呼吸都停止，则应立即进行心肺复苏抢救，即交替进行人工呼吸和胸外心脏挤压。在进行心肺复苏抢救前，需清除触电者口中异物、畅通呼吸道、松弛紧身衣物等，以保证抢救效果。在抢救过程中，严禁盲目注射强心针。因为强心针剂所含肾上腺素等刺激性药物会引起心室纤维性颤动，可招致触电者立即死亡。

（4）坚持。坚持抢救十分重要。在抢救的过程中，应注意不断观察触电者的状况。如果触电者已恢复自主呼吸，则应暂停人工呼吸。如果呼吸、心跳再度停止，需立即再行抢救。在就地抢救的同时，应设法联系医护人员接替救治。在医护人员接替救治前，不能只根据伤员呼吸或脉膊中止而判定死亡，放弃抢救。注意：只有医生才有权作出死亡判断。

8-7-7 怎样用正确方法使触电者脱离电源?

(1) 脱离低压电源的方法。

1) 拉开触电发生地点附近的电源开关，但应注意有些开关只能断开一根导线，有时由于安装不符合标准，可能只断开了中性线。

2) 如果电源开关距离触电发生地点较远时，可用绝缘护套完好的钢丝钳或有干燥木柄的斧头、铁锹等利器将电源线切断。在进行上述操作时，应防止带电导线断落触及施救者本人或其他人。

3) 导线搭落在触电者身上或压在身下时，可用干燥的木棒、竹竿等挑开导线或用干燥的绝缘绳套拉导线或触电者，使其脱离电源。利用木杆或竹竿挑线时应注意方向和角度，不能大幅度向上挑动，以免导线沿杆滑落，使施救者自身触电。

4) 如果触电者的衣服是干燥的，又没有紧缠在身上，救护人可以单手抓住衣服，将其拉脱电源。

5) 救护人可站在干燥的木板、木桌椅或绝缘橡胶垫等绝缘物上，用单手将电源线拉脱。

(2) 脱离高压电源的方法。抢救高压触电者脱离电源与抢救低压触电者脱离电源的方法不同。其原因是：①由于电压高，一般的绝缘物对救护人员来说不能保证安全；②电源开关较远，不便于立即切断电源；③高压保护装置比低压保护装置的灵敏度要高。常用的高压脱离电源的的方法有：①

立即通知有关部门停电；②戴上绝缘手套，穿上绝缘靴，用相应电压等级的绝缘工具拉开高压跌落式熔断器；③抛掷裸金属软导线，使线路造成短路，迫使保护动作跳开电源开关。

8-7-8　如何对触电者进行心肺复苏抢救？

（1）口对口（鼻）人工呼吸法。人工呼吸是在触电者呼吸停止，但有脉搏时应用的急救方法。各种人工呼吸方法中，以口对口（鼻）人工呼吸法效果较好，而且易学，其具体操作步骤及要领如下：

1）使触电者仰卧，迅速解开领扣、紧身衣扣、围巾并放松腰带，头下不要垫枕头，以利呼吸。

2）使触电者的头侧向一边，掰开嘴巴将口中的假牙、血块、黏液、食物等妨碍呼吸的东西清除掉（如触电者牙关紧闭，可用小木片、小金属片等从其嘴角插入牙缝慢慢撬开）。

3）使触电者的头部尽量后仰，鼻孔朝天，使气道畅通。

4）救护人跪蹲在触电人头部的左边或右边，用一只手捏紧他的鼻孔，另一只手的拇指和食指掰开嘴巴。如果嘴巴掰不开，可用口对鼻人工呼吸法（捏紧嘴巴，紧贴鼻孔吹气）。

5）救护人深吸气后，紧贴掰开的嘴巴吹气，吹气时也可隔一层纱布或毛巾。先吹气四口，以检查气道是否畅通，吹气时要使触电者的胸部明显胀起。此后，每 5s 操作一次（吹气 2s，放松 3s），即 12 次/min。对儿童则为 15 次/min，吹气量酌减，以免损伤其肺部。

6）救护人换气时，放松触电者的嘴和鼻，让其自动呼气。

7）在人工呼吸的过程中，若发现触电者有轻微的自然呼吸时，人工呼吸应与自然呼吸的节律相一致。当触电者的自然呼吸有好转时，可暂停人工呼吸数秒并密切观察。若正常呼吸仍不能完全恢复，应立即继续进行人工呼吸，直到呼吸完全恢复正常为止。

（2）胸外心脏挤压。当判断触电者心跳也停止时，在进行人工呼吸的同时，还应进行胸外心脏挤压，其方法如下：

1）将触电者的衣服解开，使其仰卧在比较坚实的地面或地板上，找到正确的挤压点。

2）救护人蹲跪在触电者腰部的一侧，或双膝跨腰跪在其腰部两侧，两手相叠，手掌根部放在心口窝稍高、两乳头中间略低的胸骨处。对儿童可用单手操作。

3）救护人两臂肘部伸直，以适当力度略带冲击垂直下压，以压出心脏里的血液。成人压陷深度为 4～5cm，挤压次数为 60～80 次/min，挤压太快、太慢、太重、太轻效果都不好。对儿童用力酌减，压陷深度为 2.5～4cm，以免伤及骨骼和内脏，挤压速度可稍快，以 100 次/min 为宜。

4）挤压后掌根应很快全部放松,让触电者胸廓自动复原,血液重新充满心脏。每次放松时,掌根不要完全离开胸廓。

8-7-9 心肺复苏抢救中应注意哪些问题?

（1）触电者呼吸停止，但有脉搏，应采用人工呼吸法抢救。若心跳也停止时，人工呼吸必须和胸外心脏挤压同时进行。

（2）如现场救护只有一人，可以将人工呼吸和胸外心脏挤压交替进行。心脏挤压的频率为 80 次/min，挤压和吹气的比例为 15 : 2，即每挤压 15 次，吹气 2 次，不断循环往复操作。

（3）如有两人进行抢救，则一人负责进行心脏挤压，另一人进行人工吹气。两人应相互协调，配合默契，其抢救效果比单人进行的要好。心脏挤压的频率为 60 次/min，挤压和吹气的比例为 5 : 1，即 5 次心脏挤压，吹气 1 次，交替进行。抢救过程中对触电者的状态监测由吹气者负责。

（4）在进行人工呼吸和胸外心脏挤压时，应仔细观察触电者的一些变化。如触电者的皮肤由紫变红、瞳孔由大变小，说明急救方法已见效果。当触电者的嘴唇稍有开口、眼皮活动或咽喉处有咽东西的动作时，应注意其呼吸和心脏跳动是否恢复等，以便及时调整抢救方法。

（5）心肺复苏抢救可能持续很长时间，使救护人十分疲劳，救护人应当努力坚持，直至救护成功或医护人员接替救护为止。

（6）触电者的呼吸和心脏跳动完全恢复正常时，方可暂停救护，但对触电者至少还要观察监护 7 天。因为据有关资料显示，经心肺复苏抢救暂时脱险的触电者，7 日内死亡的可能性还相当大。

（7）当触电者出现明显死亡综合症状，如瞳孔放大，对光无反应，背部、四肢等部位出现红色尸斑，皮肤青灰，身体僵冷等，且经医生诊断为死亡时，方可终止救护。

8-7-10　对触电者外伤应如何进行处理？

对于电伤和摔跌造成的局部外伤，在现场救护中也应作适当的处理，防止细菌侵入感染以及摔跌骨折刺破皮肤、周围器官和组织等，引起损伤扩大，同时可以减轻触电者的痛苦和便于转送医院。伤口出血以大动、静脉出血的危险性为最大，这是因为人体总血量大致有 4000～5000ml 左右，如果出血量超过 1000ml，就可能引起出血性休克，若抢救不及时就会导致伤员死亡，因此要立即设法止血。

常用的外伤处理方法有：

（1）一般性的外伤表面，可用无菌生理食盐水或清洁的温开水冲洗后再用适量的消毒纱布、防腐绷带或干净的布类包扎，经现场救护后送医院处理。

（2）压迫止血是动、静脉出血最迅速有效的止血方法，即用手指、手掌、止血橡皮带或布带，在出血处供血端将血管压瘪在骨骼上而止血，然后速送医院处理。

（3）如果伤口出血不严重，可用消毒纱布或干净的布类叠几层盖在伤口处压紧止血。

（4）高压触电时，可能会造成大面积严重电弧灼伤，往往深达骨骼，处理十分复杂。在现场可用无菌生理盐水或清洁的温开水冲洗后，再用酒精全面涂擦，然后用消毒被单或干净的布类包裹送医院处理。

（5）对触电摔伤四肢骨折的触电者，应首先止血、包扎，然后用木板、竹竿、木棍等物品，临时将骨折肢体固定并速送医院处理。

第 九 章
内线工程设计

第一节 相 关 问 题

9-1-1 内线工程设计的依据和原则是什么?

因为内线工程设计是整个供配电系统设计的一部分,所以其设计依据和原则应符合供配电系统的设计要求。设计依据是:①上级主管部门有关工程项目的批准文件、设计任务书;②国家现行的各种法规、规范、标准;③建设单位对工程设计的要求;④电气工程设计手册和相关资料。对于某些必要的设计资料,建设单位提供不了的,设计单位可协助调研编制,经建设单位确认后作为建设单位提供的设计资料。

设计原则是:①从全局出发,统筹兼顾,按照负荷性质、容量、工程特点和地区供电条件,合理确定设计方案;②根据工程特点、规模和发展规划,做到远近结合,以近期为主;③保障人身安全,供电可靠,技术先进和经济合理;④采用符合国家现行标准的效率高、能耗低、性能先进的电气产品。

9-1-2 内线工程设计的一般步骤及主要内容是什么?

内线工程的设计可分为初步设计和施工图设计两个阶段。对于大型复杂工程,在初步设计之前应进行方案设计。对于技术上复杂而又缺乏设计经验的工程,可以增加技术设计阶段。在进行设计之前,设计人员应根据设计任务书的要求进行调查研究，把与工程设计有关的基本条件搞清楚，收集必要的设计资料，以加快设计速度和保证设计质量。在各个阶段的设计中，文件要完整，内容及设计深度应符合规定，数据计算要准确无误，文字说明和图纸绘制要做到准确、清晰，所采用的绘图图例及符号等要符合规范。

(1) 初步设计的主要内容有：①按负荷分类计算用电容量，确定供电方案；②根据供电方案选择主要电气设备及线路器材；③确定电能计量方式；④绘制平面布置图、主接线图和控制电路图等：⑤编写设计说明书；⑥编制工程概算。初步设计深度要求是：①经过比较确定设计方案；②满足主要设备及材料的订货要求；③确定工程造价以控制工程投资；④据以编制施工图设计和进行施工准备。

(2) 施工图设计主要包括：①供电总平面图；②变配电所主接线图；③变配电设备平面布置图、安装图和二次接线图；④动力系统图，照明平面图；⑤防雷接地系统平面图；⑥施工说明；⑦主要设备材料表。施工图设计应根据已批准的初步设计文件进行编制，其内容以图纸为主，设计深度应满足编制施工图预算和安装施工的要求。

9-1-3 怎样进行负荷分级?

电力负荷是根据对供电可靠性的要求及中断供电在政治、经济上所造成的损失或影响的程度进行分级的，可分为一级负荷、二级负荷和三级负荷。

属于一级负荷的情况包括：①中断供电将造成人身伤亡；②中断供电将在政治、经济上造成重大损失，如重大设备损坏、重大产品报废及用重要原料生产的产品大量报废，国民经济中重点企业的连续生产过程被打乱，需要长时间才能恢复等；③中断供电将影响有重大政治、经济意义的用电单位的正常工作，如重要交通枢纽、重要通讯枢纽、重要宾馆、大型体育馆及经常用于国际活动的大量人员集中的公共场所等用电单位的重要电力负荷。一级负荷中，当中断供电将发生中毒、爆炸和火灾等情况的负荷，以及特别重要场所的不允许中断供电的负荷，应视为特别重要负荷。

属于二级负荷的情况包括：①中断供电将在政治、经济上造成较大损失，如主要设备损坏、大量产品报废、连续生产过程被打乱需较长时间才能恢复及重点企业大量减产等；②中断供电将影响重要用电单位的正常工作，如交通枢纽、通信枢纽等用电单位中的重要电力负荷，以及中断供电将造成大型影剧院、大型商场等较多人员集中的重要公共场所秩序混乱等。

不属于一级和二级负荷者即为三级负荷。

9-1-4　高层住宅属于哪一级负荷？

10～18层普通高层住宅为二类高层建筑，按二级负荷供电；19～28层普通高层住宅为一类高层建筑，按一级负荷供电。

9-1-5　各级负荷对供电要求是什么？

（1）一级负荷。应有两回路独立电源供电。两路电源应分别来自不同电源点（变电所或发电厂）或同一变电站的不同变压器的母线段，当其中一路电源发生故障时，另一路电源不受影响，并能带全部负荷。一级负荷中的特别重要负荷，要考虑全变电所失电的可能性，所以除由两个独立电源供电外，还应增设应急电源，并严禁将其他负荷接入应急电源系统。常用的应急电源有：独立于正常电源的发电机组、供电网络中独立于正常电源的专用馈电线路以及蓄电池和干电池。根据允许中断供电时间可分别选择下列应急电源：①允许中断供电时间为15s以上的负荷，可选用快速自起动柴油发电机组；②自投装置的动作时间能满足允许中断供电时间的，可以选用带自动投入装置的独立于正常电源的专用馈电线路；对于允许中断供电时间为毫秒级的负荷，可以选用蓄电池静止型、蓄电池机械储能电机型或柴油机不间断供电装置。应急电源的工作时间，应按生产技术上要求的停车时间考虑。当与自起动柴油发电机组配合使用时，不宜少于10min。

（2）二级负荷。二级负荷一般也应有两回路电源供电，当其中一回路发生故障时，另一回路应能承担全部负荷。在负荷较小或供电地区条件困难时，也可以采用6kV及以上专用架空线路或电缆线路供电。当采用架空线路时，可采用一回线路供电；当采用电缆线路时，应采用两回线路供电，且每根电缆应能带全部二级负荷。

（3）三级负荷。对三级负荷供电无特殊要求，但应采取技术措施，尽可能不间断供电。

9-1-6　如何确定供电线路及架设方案?

供电线路以及架设方案的确定应根据用户的负荷性质、负荷大小、用电地点和线路走向等因素综合考虑。根据我国目前的情况，郊县以架空线为主。对于城市电网，正逐步采用电缆入地的供配电方式，这一方式正在220、35、10、0.38kV系统全面展开。电缆入地既美化了城市，又减少了地表占用，同时还增加了供电可靠性。

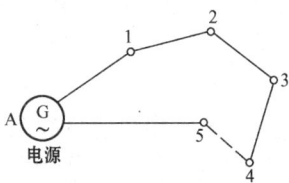

图 9-1　供电线路方案
比较确定

供电线路的确定，一般应选择在正常运行方式下具有最短的供电距离，防止发生近电远供或迂回供电的不合理现象。但有时也要具体情况具体分析，如图 9-1 所示。由于历史原因，1、2、3、4 各供电点是逐步形成的，当 5 点申请用电时，如果单纯按供电距离最近，减少线路投资的原则，则应架设线路 4—5。不过这样一来，电压质量是很难保证的。因此，应适当增加一点投资，架设线路 A—5 为好。

9-1-7　如何确定电能计量方式？

供电企业应在用户的每一个受电点，按不同的电价类别分别安装电能计量装置，且每个受电点作为用户的一个计费单位。计费电能表及其附件的购置、安装、移动、更换、校验、拆除、加封、启封及表计接线等，均由供电部门负责办理，用户应提供方便。电能计量方式确定的原则如下：

（1）对于高压供电用户，原则上电能计量装置应安装在高压侧，即高供、高计。对于用电容量较小的用户，当 10kV 供电容量在 560kVA 及以下者；或 35kV 供电容量在 1600kVA 及以下者，也可在变压器低压侧装表计量，即高供、低计，但计费时应加上变压器本身的有功和无功损耗。

（2）对于专用线路供电的高压用户，应以产权分界处作为计量点，一般可在供电变压器出口处装表计量。如果供电线路属于用户，则应在电力部门变电所出线处安装电能计量装置。

（3）对于有冲击性负荷、不对称负荷、谐波负荷和整流用电的用户，电能计量装置必须装设在用户受电变压器的一次侧。为了使计量点能够反映用户消耗的全部电能，对于双电源供电的用户，每路电源进线均应装设与备用容量相对应的电能计量装置。电流互感器的变比可按单台主变压器的额定电流选择，以提高计量的准确度。对于单电源供电的用户，原则上只装设一套电能计量装置，但是如果因季节性用电主变压器容量与实际用电悬殊过大，也可酌情加装表计分别计量。对于双电源供电、经常改变运行方式的用户，应保证在任何方式下都能正确计量，防止发生电表甩电的情况。

（4）根据《电热价格》的规定，普通工业用户、非工业用户的生活照明与生产照明用电、大工业用户的生活照明用电都应分表计量，按照明电价交、收电费。用户报装时，必须明确规定分线分表或装设套表计量收费。

（5）对于农村用户，要以乡为单位，对排灌、动力和照明用电实行分线、分表计量收费，并在送电前加以检查落实。对农村趸售用户，应以上述三种用电的实际构成确定趸售电价，从用户报装开始就应予以明确。

（6）对实行两部制电价（即基本电价十电能电价），依据功率因数调整电费的用户，必须装设有功与无功电能表，并加装无功电能表的防倒装置。

9-1-8　常用的低压配电系统的形式有哪些？

常用的低压配电系统形式有以下几种：

（1）放射式。放射式配电系统如图 9-2 所示。其特点是：各回路故障互不影响，供电可靠性高，配电设备集中，检修方便；但系统灵活性较差，有色金属消耗较多。放射式

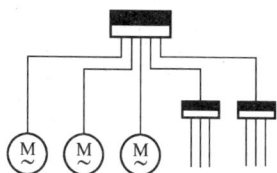

配电系统一般适用于容量大、负荷集中或重要的用电设备，或需要集中连锁起动、停车的设备；或在有腐蚀性介质和爆炸危险等场所，不宜将配电及保护起动设备放在现场时的情况。

图9-2　放射式配电系统

（2）树干式。树干式配电系统如图9-3所示。其特点是：有色金属消耗较少，系统灵活性好；但干线故障时影响范围大。树干式配电系统一般用于用电设备布置比较均匀、容量不大、无特殊要求的场合。

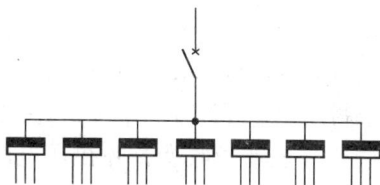

图9-3　树干式配电系统

（3）链式。链式配电系统如图9-4所示。其特点与树干式相似。链式配电系统适用于距配电屏较远而彼此相距又较

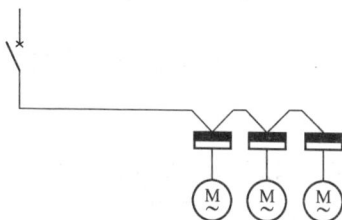

图9-4　链式配电系统

近的不重要的小容量用电设备，其链接的设备一般为 3 ~ 5 台，其总容量不大于 10kW，其中一台不超过 5kW。当供电给较小容量用电设备的插座采用链式配电时，其链接数量可以适当增加。

9-1-9　低压配电保护配置的一般规定是什么？

配电线路应装设短路保护、过负荷保护和接地保护，作用于切断供电电源或发出报警信号；配电线路采用的上下级保护电器，其动作要有选择性，各级之间应能协调配合，但对于非重要负荷的保护电器，可采用无选择性切断；对电动机、电焊机等用电设备的配电线路的保护应符合国家标准《低压配电设计规范》GB 50054—1995 和《通用用电设备配电设计规范》GB 50055—1994 的有关规定。

9-1-10　低压配电常用的保护电器有哪些？

低压配电常用的保护电器有熔断器、空气断路器和漏电保护器等。熔断器、空气断路器主要用于三相、两相及单相（相零间）短路保护，以及过负荷保护。漏电保护器主要用于人员触电保护和配电系统接地故障保护（有些类型还具有过压保护功能）；漏电断路器除了触电、漏电保护功能外，还兼有短路和过负荷保护功能。

9-1-11　现阶段住宅配电设计的基本要求是什么？

（1）每套住宅的用电负荷标准及电能表规格不应小于表 9-1 的规定。

因为我国住宅电气发展速度较快，存在的问题也较多，表 9-1 中所列用电负荷标准是参考了许多地区住宅建设标准

表 9-1　　　　　　　　用电负荷标准和电能表规格

套 型	居住空间数 (个)	使用面积 (m^2)	用电负荷标准 (kW)	电能表规格 (A)
一 类	2	34	2.5	5 (20)
二 类	3	45	2.5	5 (20)
三 类	3	56	4.0	10 (40)
四 类	4	68	4.0	10 (40)

的规定所定的下限值。实际上，随着人们消费观念的变化以及大功率电器（如冷暖空调、电热水器、微波炉等）的普及使用，上述用电负荷标准往往显得不足，常因过载而跳闸。所以，住户应根据实际情况及时办理增容，以保证家用电器的正常使用。例如目前南京地区对三、四类住宅套型，可以增容至 8kW。

（2）住宅供电系统的设计，应符合下列基本要求：

1）应采用 TT、TN－C－S、或 TN－S 接地方式，并进行总等电位连接。

2）电气线路应采用符合安全要求和防火要求的敷设方式配线；导线应采用铜线，每套住宅的进户线截面不应小于 $10mm^2$，并且相、零、PE 线截面相等；分支回路截面不应小于 $2.5mm^2$。

3）每套住宅的空调电源插座、普通电源插座与照明电器回路应分开控制，并且照明电器每一回路电流不宜超过 16A；厨房电源插座和卫生间电源插座宜设置独立回路。插座的额定电流，对连接固定设备者应大于设备额定电流的 1.25 倍；连接非固定设备者，不宜小于 10A。住宅内的插座，当安装高度为 1.8m 及以上者，可采用普通型插座；低于 1.8m 时应采用安全型插座。除空调电源插座外，其他电源插座电路应设置漏电保护装置。

4）每套住宅应设置电源总断路器，并应采用可同时断开相线和中性线的开关电器；卫生间宜作局部等电位连接；每幢住宅的总电源进线断路器，应具有漏电保护功能；对于 220V 照明负荷，当线路电流小于或等于 30A（各地规定有所不同）时，可采用 220V 单相配电；大于 30A 时，宜采用 220/380V 三相四线配电。

（3）住宅的公共部位应设人工照明，除高层住宅的电梯灯和应急照明外，均应采用自熄节能开关。

（4）电源插座的数量不应少于表 9-2 的规定。

表 9-2　　　　　　　　　　电源插座设置数量

部　　位	设　置　数　量
卧室、起居室（厅）	一个单相三线和一个单相两线插座两组
厨房、卫生间	防溅水型一个单相三线和一个单相二线的组合插座一组
布置洗衣机、冰箱、排气机械和空调器等处	专用单相三线插座各一个

表 9-2 中所列插座设置数量也为最低标准。实际上，住宅家用电器的种类和数量很多，如电源插座过少，则势必滥拉临时线或滥接插座板，这样既不安全，也不方便，故应适当多设置电源插座。

（5）有线电视系统的线路应预埋到住宅套内，并能满足有线电视网的要求。一类住宅每套设一个终端插座，其他类住宅每套设两个。

(6) 电话通信线路应预埋管线到住宅套内。一类和二类住宅每套设一个电话终端出口，三类和四类住宅每套设两个。

(7) 每套住宅宜预留门铃管路；高层和中高层住宅宜设楼宇对讲系统。

第二节 负 荷 计 算

9-2-1 为什么要进行负荷计算? 负荷计算的常用方法有哪些?

负荷计算的目的，是根据计算结果按发热条件来选择或校验供配电系统中各电气设备。因此，负荷计算的结果是否正确合理，直接影响到电气设备的选择是否经济合理。如果计算负荷选得过大，将使电器和导线选得过大，造成投资浪费；如果计算负荷选得过小，又将增加设备和线路运行时的电能损耗并产生过热，造成绝缘过早老化甚至烧毁而发生事故，同样也会造成损失。由此可见，正确确定负荷计算具有重要意义。进行负荷计算时，在考虑现有负荷的基础上，还应计及未来一段时期（5～10年）的负荷发展情况，合理地确定计算负荷。由于各负荷不一定同时使用，并且实际消耗的功率也不一定总等于其铭牌容量等因素的影响，负荷计算并不等于所有负荷容量简单地直接相加，而应采用某些特定的方法来计算。负荷计算的常用方法有单位指标法、需要系数法和二项式系数法。

单位指标法（即按建筑面积每平方米多少瓦来估算用电功率）一般用于民用建筑的方案设计阶段，而在初步设计和施工图设计阶段，宜采用需要系数法。工业企业供电设计通常采用需要系数法和二项式系数法。在负荷计算中，采用哪种方法应根据具体情况来定。一般情况下，对于同一个计算对象，采用需要系数法的计算结果往往小于二项式系数法的计算结果。当用电设备台数较多，且各台设备容量相差不悬殊时，负荷计算宜采用需要系数法，该方法一般用于干线、配变电所的负荷计算。当用电设备台数较少，且各台设备容量相差悬殊时，负荷计算宜采用二项式系数法，该方法一般用于支干线、配电屏（箱）的负荷计算。

9-2-2 如何用需要系数法来进行单组用电设备负荷计算？

单组用电设备有功计算负荷 P_c 为

$$P_c = K_x \cdot P_\Sigma \qquad (kW) \qquad (9\text{-}1)$$

式中　P_Σ——设备三相总有功计算容量（不计备用设备的容量），kW；

　　　K_x——需要系数，与用电设备的工作性质、设备台数、设备效率和线路损耗等因素有关。

无功计算负荷

$$Q_c = P_c \cdot tg\varphi \qquad (kvar) \qquad (9\text{-}2)$$

视在计算负荷

$$S_c = \sqrt{P_c^2 + Q_c^2} \qquad (kVA) \qquad (9\text{-}3)$$

$$S_c = \frac{P_c}{\cos\varphi} \qquad (kVA) \qquad (9\text{-}4)$$

计算电流　　$I_c = \dfrac{S_c}{\sqrt{3}\,U_n} \qquad (A) \qquad (9\text{-}5)$

或　　　　$I_c = \dfrac{P_c}{\sqrt{3}\,U_n \cdot \cos\varphi} \qquad (A) \qquad (9\text{-}6)$

式中　U_n——三相用电设备额定电压，kV；

$\cos\varphi$、$\text{tg}\varphi$——用电设备组的平均功率因数及对应的正切值。

各类工业、非工业企业的电力负荷、用电设备组以及照明负荷的需要系数、平均功率因数等数据，可查阅有关设计手册得到。表9-3和表9-4分别为非工业电力负荷需要系数和工业企业部分用电设备组的需要系数、二项式系数及功率因数。

表 9-3　　　　　非工业电力负荷的需要系数

负荷类别	需要系数 K_x	功率因数
洗衣房动力	0.65 ~ 0.75	0.75 ~ 0.8
厨房动力	0.5 ~ 0.7	0.4 ~ 0.75
实验室动力	0.2 ~ 0.4	0.2 ~ 0.5
医院动力	0.4 ~ 0.5	0.5 ~ 0.6
窗式空调器	0.7 ~ 0.8	0.8 ~ 0.85
冷冻机	0.65 ~ 0.75	0.75 ~ 0.8
水　泵	0.7 ~ 0.8	0.8 ~ 0.85
风　机	0.75 ~ 0.85	0.8

表 9-4　　　工业企业用电设备组的需要系数、二项式系数及功率因数

用电设备组名称	需要系数 K_x	二项式系数		最大容量设备台数 n	$\cos\varphi$	$\text{tg}\varphi$
		b	c			
大批和流水作业生产的热加工机床电动机	0.3 ~ 0.4	0.26	0.5	5	0.66	1.17
大批和流水作业生产的冷加工机床电动机	0.2 ~ 0.25	0.14	0.5	5	0.5	1.73
小批和单独生产的冷加工机床电动机	0.16 ~ 0.2	0.14	0.4	5	0.5	1.73
通风机、水泵、空压机及电动发电机组电动机	0.75 ~ 0.85	0.65	0.25	5	0.8	0.75

用电设备组名称	需要系数 K_x	二项式系数		最大容量设备台数 n	$\cos\varphi$	$tg\varphi$
		b	c			
锅炉房和机修、机加工、装配等类车间的吊车（$\varepsilon=25\%$）	0.1~0.15	0.06	0.2	3	0.5	1.73
自动连续装料的电阻炉设备	0.6~0.8	0.7	0.3	2	0.95	0.33
非自动连续装料的电阻炉设备	0.6~0.7	0.5	0.5	1	0.95	0.33
实验室用的小型电热设备（电阻炉、干燥箱等）	0.7				1	0
电弧熔炉	0.9				0.87	0.57
自动弧焊变压器	0.5				0.4	2.29
单头手动弧焊变压器	0.35				0.35	2.68
生产厂房及办公室、试验室照明	0.8~1				1	0
变电所、仓库照明	0.5~0.7				1	0
室外照明	1				1	0
事故照明	1				1	0

需要注意的是：在负荷计算时，如果实际设备台数较少，则需要系数值应适当地取大一些；如果只有一两台设备，则需要系数可取为1，即有功计算负荷可以认为等于设备容量。相应地，在设备台数较少时，功率因数也应适当地取大一些。

9-2-3 如何用需要系数法来进行多组用电设备负荷计算？

确定拥有多组用电设备的干线或车间变电所低压母线上

的计算负荷时，应适当考虑各组用电设备的最大负荷不同时出现的因素。因此在确定低压干线或低压母线上的计算负荷时，可结合具体情况计入一个同时系数，用 K_Σ 表示。

对于车间干线，可取 $K_\Sigma = 0.9 \sim 1$；

对于低压母线，可取 $K_\Sigma = 0.8 \sim 0.9$。

总的有功计算负荷为

$$P_c = K_\Sigma \cdot \Sigma P_{c,i} (\text{kW}) \qquad (9\text{-}7)$$

总的无功计算负荷为

$$Q_c = K_\Sigma \cdot \Sigma Q_{c,i} \qquad (\text{kvar}) \qquad (9\text{-}8)$$

式中　$\Sigma P_{c,i}$、$\Sigma Q_{c,i}$——所有各组设备（i 表示任意一组）
的有功和无功计算负荷之和。

总的视在计算负荷为

$$S_c = \sqrt{P_c^2 + Q_c^2} \quad (\text{kVA}) \qquad (9\text{-}9)$$

总的计算电流为

$$I_c = \frac{S_c}{\sqrt{3}\,U_n} \qquad (\text{A}) \qquad (9\text{-}10)$$

9-2-4　如何用二项式系数法进行负荷计算？

需要系数法计算简便，因此至今仍普遍应用于供电设计中。但因需要系数法未考虑用电设备组中少数容量特别大的设备对计算负荷的影响，所以在确定用电设备台数较少而容量差别相当大的低压分支线和干线的计算负荷时，按需要系数法计算的结果往往偏小，此时可采用两项式系数法进行计算。

（1）单组用电设备计算负荷的确定。二项式系数法的基本计算公式是

$$P_{\mathrm{c}} = b \cdot P_{\Sigma} + c \cdot P_{\mathrm{n}\Sigma} \qquad (9\text{-}11)$$

式中 $b \cdot P_{\Sigma}$——用电设备组的平均负荷,其中 P_{Σ} 是用电设
备组的设备总容量;

$c \cdot P_{\mathrm{n}\Sigma}$——用电设备组中 n 台容量最大的设备运行时
的附加负荷,其中 $P_{\mathrm{n}\Sigma}$ 是 n 台最大容量设
备的总容量;

b、c——二项式系数,如表 9-4 所示。

在确定了三相用电设备组的有功计算负荷 P_{c} 后,就可
以用与需要系数法相似的方法分别确定其无功计算负荷
Q_{c}、视在计算负荷 S_{c} 以及计算电流 I_{c}。在用二项式系数法
确定计算负荷时,如果用电设备组只有一两台设备,则应认为
$P_{\mathrm{c}} = P_{\Sigma}$(即取 $b=1$, $c=0$),相应地 $\cos\varphi$ 也应适当取大一些。

(2) 多组用电设备计算负荷的确定。采用二项式系数法
确定拥有多组用电设备的干线上或低压母线上的计算负荷
时,同样应考虑各组用电设备的最大负荷不同时出现的因
素。因此在确定总计算负荷时,应在各组用电设备中取其中
一组最大的附加负荷 $c \cdot P_{\mathrm{n}\Sigma}$,再加上所有各组设备的平均
负荷 $b \cdot P_{\Sigma}$,所以总的有功和无功计算负荷分别为

$$P_{\mathrm{c}} = \Sigma(b \cdot P_{\Sigma})_{i} + (c \cdot P_{\mathrm{n}\Sigma})_{\max} \qquad (9\text{-}12)$$

$$Q_{\mathrm{c}} = \Sigma(b \cdot P_{\Sigma} \cdot \mathrm{tg}\varphi)_{i} + (c \cdot P_{\mathrm{n}\Sigma} \cdot \mathrm{tg}\varphi)_{\max} \qquad (9\text{-}13)$$

式中 $\Sigma(b \cdot P_{\Sigma})_{i}$、$\Sigma(b \cdot P_{\Sigma} \cdot \mathrm{tg}\varphi)_{i}$——各组有功和无功平均负
荷之和;

$(c \cdot P_{\mathrm{n}\Sigma})_{\max}$、$(c \cdot P_{\mathrm{n}\Sigma} \cdot \mathrm{tg}\varphi)_{\max}$——各组有功和无功附加
负荷中最大的一组。

为了简化和统一,每组中的设备台数不论多少,系数 b
和 c 都按照表 9-4 所列数据取定。多组用电设备的有功计算

负荷 P_c 和 Q_c 确定后,就可以用与需要系数法相似的方法分别确定其视在计算负荷 S_c 以及计算电流 I_c。

9-2-5 怎样确定设备容量?

设备容量 P 的大小与用电设备组的工作性质有关,其数值的确定可按如下方法进行:

(1) 对于连续和短时工作制的用电设备组,如电动机、电热箱、照明灯具等,设备容量就是其铭牌容量(额定容量 P_n)。

(2) 对于断续周期工作制的用电设备组,设备容量就是将设备在某一暂载率下的铭牌容量(额定容量 P_n 或 S_n)统一换算到一个新的暂载率下的功率。其中"暂载率"是在一个工作周期内工作时间 t 与工作周期(工作时间与停歇时间之和)的比值,用符号 ε 表示,即 $\varepsilon = t/T$。

①对电焊机组,应换算到 $\varepsilon = 100\%$,因此

$$P_\Sigma = \sqrt{\frac{\varepsilon_n}{\varepsilon_{100}}} \cdot S_n \cdot \cos\varphi = \sqrt{\varepsilon_0} \cdot S_n \cdot \cos\varphi \qquad (\text{kW})$$

$$(9\text{-}14)$$

式中 ε_n——与 S_n 相对应的暂载率(计算中用小数);

      ε_{100}——100% 的暂载率(计算中用 1.00);

      $\cos\varphi$——满载(S_n)时的功率因数。

②对吊车电动机组,应换算到 $\varepsilon = 25\%$,因此

$$P_\Sigma = \sqrt{\frac{\varepsilon_n}{\varepsilon_{25}}} \cdot P_N = 2\sqrt{\varepsilon_0} \cdot P_n \qquad (\text{kW}) \qquad (9\text{-}15)$$

式中 ε_n——与 P_n 相对应的暂载率(计算中用小数);

      ε_{25}——25% 的暂载率(计算中用 0.25)。

(3) 整流器的设备容量为额定交流输入功率。

(4) 电炉变压器的设备容量为额定功率因数时的有功功率，即

$$P_{\Sigma} = S_n \cdot \cos\varphi \qquad (kW) \qquad (9\text{-}16)$$

式中　S_n——电炉变压器的额定容量，kVA。

(5) 照明设备的功率，对白炽灯、碘钨灯等为灯泡或灯管上标出的额定功率。对荧光灯及高压汞灯，还应计入镇流器（铁芯线圈）的功率损耗。荧光灯应按灯管功率增加20%，高压汞灯应按灯泡功率增加10%。

9-2-6　怎样确定单相负荷的等效三相负荷？

配电系统中有三相负荷，也有单相负荷，并且单相设备有的接线电压，有的接相电压，接入的原则是尽可能的使三相负荷平衡。实际上，三相平衡只能做到相对平衡。如果单相负荷的总容量不超过三相设备总容量的15%，则不论单相负荷如何分配，均可按三相平衡负荷计算，即将所有单相负荷的容量直接加入三相设备容量一起计算。如果单相负荷总容量超过三相设备总容量的15%时，则应先将单相负荷换算为等效三相负荷，再与三相负荷相加。单相负荷换算为等效三相负荷的方法为：

(1) 如只有接于相电压的单相负荷，等效三相负荷取最大相负荷的3倍。

(2) 如只有接于线电压的单相负荷，等效三相负荷为单台时线间负荷乘以$\sqrt{3}$倍，多台时取最大线间负荷的$\sqrt{3}$倍再加上次大线间负荷的（$3-\sqrt{3}$）倍。

(3) 如既有接于相电压又有接于线电压的单相设备，应

先将接于线电压的负荷换算为相负荷，然后将各相负荷分别相加，并选出有功负荷为最大的一相负荷再乘以 3 倍作为等效三相负荷。

9-2-7 怎样将相间负荷换算为相负荷？

基本换算公式如式（9-17）~式（9-22）所示

U 相

$$P_U = p_{UV-U} \cdot P_{UV}$$
$$+ p_{WU-U} \cdot P_{WU} \tag{9-17}$$

$$Q_U = q_{UV-U} \cdot P_{UV}$$
$$+ q_{WU-U} \cdot P_{WU} \tag{9-18}$$

V 相

$$P_V = p_{VW-V} \cdot P_{VW}$$
$$+ p_{UV-V} \cdot P_{UV} \tag{9-19}$$

$$Q_V = q_{VW-V} \cdot P_{VW}$$
$$+ q_{UV-V} \cdot P_{UV} \tag{9-20}$$

W 相

$$P_W = p_{WU-W} \cdot P_{WU}$$
$$+ p_{VW-W} \cdot P_{VW} \tag{9-21}$$

$$Q_W = q_{WU-W} \cdot P_{WU} + q_{VW-W} \cdot P_{VW} \tag{9-22}$$

式中 P_{UV}、P_{VW}、P_{WU}——分别接于 UV、VW、WU 相间的有功容量；

P_U、P_V、P_W——分别换算为 U、V、W 相的有功容量；

Q_U、Q_V、Q_W——分别换算为 U、V、W 相的无功容量；

p_{UV-U}…q_{UV-U}——相间负荷换算为相负荷的有功和无功容量换算系数，如表 9-5 所示。

表 9-5 相间负荷换算为相负荷的有功和
无功功率换算系数

功率换算系数	负荷功率因数								
	0.35	0.4	0.5	0.6	0.65	0.7	0.8	0.9	1.0
P_{UV-U}, P_{VW-V}, P_{WU-W}	1.27	1.17	1.0	0.89	0.84	0.8	0.72	0.64	0.5
P_{UV-V}, P_{VW-W}, P_{WU-U}	−0.27	−0.17	0	0.11	0.16	0.2	0.28	0.36	0.5
Q_{UV-U}, Q_{VW-V}, Q_{WU-W}	1.05	0.86	0.58	0.38	0.3	0.22	0.09	−0.05	−0.29
Q_{UV-V}, Q_{VW-W}, Q_{WU-U}	1.63	1.44	1.16	0.96	0.88	0.8	0.67	0.53	0.29

【例 9-1】 某供电线路接有如表 9-6 所列设备,试求其
计算负荷。

表 9-6 负 荷 资 料

设备名称	380V 单头手动弧焊机			220V 电热箱			冷加工机床电机
接入相别	UV	VW	WU	U	V	W	UVW
设备台数	1	1	2	2	1	1	10
单台设备容量	21 kVA ($\varepsilon_n = 65\%$)	17 kVA ($\varepsilon_n = 100\%$)	10.3kVA ($\varepsilon_n = 50\%$)	3kW	6kW	4.5kW	2.8kW

解: (1)确定弧焊机各相计算负荷。将弧焊机设备容量
统一换算到 $\varepsilon = 100\%$,且换算为有功容量(kW)。由表 9-4
查得弧焊机 $\cos\varphi = 0.35$,因此由式 (9-14) 得换算后的有功
容量为

UV 相 $\qquad P_{UV} = 21\text{kVA} \times 0.35 \times \sqrt{0.65} = 5.93\text{kW}$

VW 相 $\qquad P_{VW} = 17\text{kVA} \times 0.35 = 5.95\text{kW}$

WU 相 $\quad P_{WU} = 2 \times 10.3 kVA \times 0.35 \times \sqrt{0.5} = 5.1 kW$

将接于线电压的弧焊机设备容量换算为接于各个相电压的设备容量。

查表 9-5 得对应于 $\cos\varphi = 0.35$ 的功率换算系数为

$$p_{UV-U} = P_{VW-V} = p_{WU-W} = 1.27$$

$$p_{UV-V} = P_{VW-W} = p_{WU-U} = -0.27$$

$$q_{UV-U} = Q_{VW-V} = p_{WU-W} = 1.05$$

$$q_{UV-V} = Q_{VW-W} = q_{WU-U} = 1.63$$

查表 9-4 得弧焊机需要系数 $K_x = 0.35$，故弧焊机分配在各相的有功和无功计算负荷为

U 相 $\quad P_{CU1} = 0.35 \times (1.27 \times 5.93 - 0.27 \times 5.1)$
$$= 2.15 (kW)$$
$$Q_{CU1} = 0.35 \times (1.05 \times 5.93 + 1.63 \times 5.1)$$
$$= 5.09 (kvar)$$

V 相 $\quad P_{CV1} = 0.35 \times (1.27 \times 5.95 - 0.27 \times 5.93)$
$$= 2.08 (kW)$$
$$Q_{CV1} = 0.35 \times (1.05 \times 5.95 + 1.63 \times 5.93)$$
$$= 5.57 (kvar)$$

W 相 $\quad P_{CW1} = 0.35 \times (1.27 \times 5.1 - 0.27 \times 5.95)$
$$= 1.70 (kW)$$
$$Q_{CW1} = 0.35 \times (1.05 \times 5.1 + 1.63 \times 5.95)$$
$$= 5.27 (kvar)$$

2) 确定电热箱的各相计算负荷查表 9-4 得 $K_x = 0.7$，$\cos\varphi = 1$，$tg\varphi = 0$，因此各相计算负荷为

U 相 $\quad P_{cU2} = 0.7 \times 2 \times 3 = 4.2 (kW)$

$$Q_{cU2} = 0$$

V 相　　　　$P_{cV2} = 0.7 \times 6 = 4.2(kW)$

$$Q_{cV2} = 0$$

W 相　　　　$P_{cW2} = 0.7 \times 4.5 = 3.15(kW)$

$$Q_{cW2} = 0$$

(3) 确定单相负荷的各相总计算负荷

U 相　　　$P_{cU} = P_{cU1} + P_{cU2} = 2.15 + 4.2$

$$= 6.35(kW)$$

$$Q_{cU} = Q_{cU1} + Q_{cU2} = 5.09(kvar)$$

V 相　　　$P_{cV} = P_{cV1} + P_{cV2} = 2.08 + 4.2$

$$= 6.28(kW)$$

$$Q_{cV} = Q_{cV1} + Q_{cV2} = 5.57(kvar)$$

W 相　　　$P_{cW} = P_{cW1} + P_{cW2} = 1.7 + 3.15$

$$= 4.85(kW)$$

$$Q_{cW} = Q_{cW1} + Q_{cW2} = 5.27(kvar)$$

(4) 确定单相负荷的等效三相负荷，因 U 相的有功计算负荷最大，故取 U 相来计算，即

$$P_{ce} = 3P_{cU} = 3 \times 6.35 = 19.05(kW)$$

$$Q_{ce} = 3Q_{cU} = 3 \times 5.09 = 15.27(kvar)$$

(5) 确定电动机组计算负荷

三相有功容量为

$$P_{\Sigma3} = 10 \times 2.8 = 28(kW)$$

查表 9-4 得 $K_X = 0.16 \sim 0.2$，取 $K_X = 0.2$，$\cos\varphi = 0.5$，$tg\varphi = 1.73$，则

三相有功计算负荷为

$$P_{c3} = K_X \times P_{\Sigma3} = 0.2 \times 28 = 5.6(kW)$$

三相无功计算负荷为

$$Q_{c3} = P_{c3} \times tg\varphi = 5.6 \times 1.73 = 9.69(\text{kvar})$$

（6）确定本例总计算负荷

有功计算负荷为

$$P_c = P_{ce} + P_{c3} = 19.05 + 5.6 = 24.65(\text{kW})$$

无功计算负荷为

$$Q_c = Q_{ce} + Q_{c3} = 15.27 + 9.69 = 24.96(\text{kvar})$$

视在计算负荷为

$$S_c = \sqrt{P_c^2 + Q_c^2} = \sqrt{24.65^2 + 24.96^2}$$
$$= 35.08(\text{kVA})$$

计算电流为

$$I_c = \frac{S_c}{\sqrt{3}\,U_n} = \frac{35.08}{\sqrt{3} \times 0.38} = 53.3(\text{A})$$

9-2-8 如何确定总计算负荷?

确定总计算负荷的目的，主要是为了正确选择变配电设备和电线电缆以及向当地供电部门申请用电。确定总计算负荷的常用方法主要有需要系数法和逐级计算法。

（1）需要系数法。将计算范围内的所有用电设备的总容量（不包括备用设备）P_Σ 乘以需要系数 K_x，就得到总计算负荷 P_c，其计算公式与式（9-1）相同。

各类工厂的需要系数可由有关设计单位根据调查统计资料或参考有关设计手册确定。工厂的需要系数的大小，不仅与用电设备的性质、设备台数、设备效率和线路损耗等因素有关，还与工厂的生产性质、工艺特点和劳动组织等因素有关。表 9-7 列出了部分工厂的需要系数值。表 9-8 为部分民用建筑供电需要系数。表 9-9 为住宅用电负荷需要系数。

表 9-7　　　　　　　　　　**部分工厂的全厂供电需要系数**

工　厂　类　别	需要系数 K_x	功率因数
汽轮机制造厂	0.38	0.88
锅炉制造厂	0.27	0.73
柴油机制造厂	0.32	0.74
重型机械制造厂	0.35	0.79
机床制造厂	0.2	—
重型机床制造厂	0.32	0.79
工具制造厂	0.34	—
仪器仪表制造厂	0.37	0.81
滚珠轴承制造厂	0.28	—
量具刃具制造厂	0.26	—
电机制造厂	0.33	—
石油机械制造厂	0.45	0.78
电线电缆制造厂	0.35	0.73
电器开关制造厂	0.35	0.75
阀门制造厂	0.38	—
铸　管　厂	0.5	0.78
橡　胶　厂	0.5	0.72
通用机械厂	0.4	

表 9-8　　　　　　　　　　**部分民用建筑供电需要系数**

建　筑　物　类　型	需要系数 K_x
旅馆、供膳及带有家具的公寓	0.6～0.8
小型办公室	0.5～0.7
大型办公室（银行、保险公司、公共管理机关）	0.7～0.8
商店	0.5～0.7
百货店	0.7～0.9
学校	0.6～0.7
医院	0.5～0.75
集会场所（运动场、剧院、饭店、教堂等）	0.6～0.8

表 9-9 住宅用电负荷需要系数

户 数	3	6	10	14	18	22	25	101	200
系 数 K_X	1	0.73	0.58	0.47	0.44	0.42	0.4	0.33	0.26

注 住宅的公用照明及公用电力负荷的需要系数，一般可按0.8~1选取。

（2）逐级计算法。该方法是从用电设备组算起，在各级配电点引入一个适当的同时系数 K_Σ，将计算范围内的全部计算负荷逐级相加，最终得出总计算负荷。

以工厂供电为例，首先确定车间用电设备组的计算负荷，然后计算车间干线和车间变电所低压母线的计算负荷；将车间变电所低压母线的计算负荷，加上车间变电所变压器损耗，得到车间变电所高压侧的计算负荷；将所有车间变电所高压侧的计算负荷，加上厂区高压配电线的损耗，就得到整个工厂的总计算负荷。如果工厂有总降压变电所，则总计算负荷还应加上总降压变电所变压器的损耗。

在负荷计算过程中，如果某一级装设有无功补偿设备，则在确定该级计算负荷时，应将无功补偿因素考虑在内。各级负荷同时系数：对于车间干线，取 $K_\Sigma = 0.9 \sim 1$；对于车间变电所低压母线，可取 $K_\Sigma = 0.8 \sim 0.9$；对于工厂总变配电所母线，可取 $K_\Sigma = 0.95 \sim 1$。

第三节 照 明 设 计

9-3-1 照明设计中应遵循哪些基本原则？

照明设计是电气设计的基本内容之一，其设计质量的好坏，直接关系到人们工作、学习和生活质量的高低。照明设计的目的就是根据具体环境的要求，正确地选择光源和灯具，确定合理的照明形式和布灯方案，在节约能源和建设资金的条件下，获得一个良好的、舒适愉快的工作、学习和生活环境。此外，良好的照明设计还可以烘托建筑造型，体现建筑艺术的美学特点，达到美化环境的效果。

照明设计中应遵循的基本原则是：应遵照执行有关的国家标准和规范，如 GBJ 133—1990《民用建筑照明设计标准》、GB 50034—1992《工业企业照明设计标准》、JGJ/T 16—1992《民用建筑电气设计规范》等；应根据视觉要求、作业性质和环境条件进行恰当的设计，使工作区域或空间获得良好的视觉功效，合理的照度和显色性，适宜的亮度分布以及舒适的视觉环境，以提高工作效率和产品质量；在确定照明方案时，应考虑不同类型的建筑对照明的不同要求，确定合理的控制方式并尽量选用节能高效灯具，同时处理好电气照明与天然采光、节约建设资金与保证合理的照明质量等问题的关系，以期以合理的投入获得良好的照明效果；电气照明设计应有利于人员的活动安全，注意消除不必要的阴影，限制眩光，控制光热和紫外线辐射对人和物产生的不利影响；照明设计应考虑到维修的方便性。

9-3-2 什么是光强、光通量、照度和亮度？

光源在给定方向上的辐射强度称为发光强度，简称光强，符号为 I，单位为 cd（坎［德拉］）。光源在单位时间内向周围空间辐射出的使人眼产生光感的能量称为光通量，符号为 Φ，单位为 lm（流［明］）。受照物体表面单位面积投射的光通量称为照度，符号为 E，单位为 lx（勒［克司］）。发光（或受照）物体在人的视线方向单位投影面上的发光强度称为亮度，符号为 L，单位为 cd/m^2。

9-3-3 照明质量指标有哪些?

良好的视觉环境需要对自然采光和人工照明进行精心设计。照明的质量是衡量照明设计优劣的主要指标，包括：照度水平、亮度分布、照度的均匀性、光源的显色性、照明的稳定性、阴影、眩光和光色等。

照度是决定物体明亮程度的间接指标，在一定范围内照度增加可使视觉功能提高。合理的照度有利于保护视力，提高工作和学习效率。照明环境不但应使人能清楚地观察事物，而且要给人以舒适的感觉，所以在整个视野内各个表面有合适的亮度分布是必要的。对于单独采用一般照明的场所，表面亮度与照度是密切相关的。在整个视觉范围内，照度的不均匀很容易引起视觉疲劳。照度的均匀性，是以被照场所的最低照度和最高照度之比，或最低照度和平均照度之比来衡量的。物体的颜色在灯光下是否会失真称为照明的显色性，是照明质量的重要指标之一。照明不稳定将使人们的视力降低，而且不断变化的照明会影响人的情绪和健康。影响照明稳定的因素有电压的波动、频闪效应等。定向的光照射到物体上，将产生阴影及反射光。当阴影构成视看障碍时，对视觉是有害的；但当用阴影可把物体的造型烘托出来时，阴影对视觉又是有利的，所以应适当地处理阴影问题。眩光是由于亮度对比差异太大而引起的不舒适感觉。影响眩光的因素有光源的亮度、光源的位置、大小、数量和周围环境的亮度等。合适的光色是采用具有合适光谱的光源或采用几种光源混合照明而获得的。

9-3-4 光色的含义是什么?

照明除照度要求外，还有光色的要求，常用色温 K 表示。当色温大于 5300K 时，人的视觉产生冷的感觉，称冷色；色温在 3300～5300K 之间，使人的视觉产生温和的感受，称中间色；色温小于 3300K 时，人便产生了暖融融的感觉，称暖色。光色的选用在照明中很重要。如宾馆、宴会厅、酒吧等常用暖色，使人感到亲切温暖，有宾至如归的感觉。大型航空港、车站、码头、商场、教室、会议室等常用中间色，使人感到轻松愉快，思维活跃。盛夏高温季节，冷色会给人以清爽宜人的感觉。

9-3-5 在不同的场合对照明的显色性有什么要求?

照明的显色性用显色指数 Ra 表示。对一些辨色性要求较高的场所，如美术展厅、化妆室、会客厅等其显色指数 Ra 应不小于 80，因此常采用白炽灯、卤钨灯、稀土节能荧光灯等；对于办公室、报告厅、教室等场所，要求对人的肤色不失真，其显色指数 Ra 常在 80～60 之间，常采用荧光灯、金属卤化物灯；车间、库房、行李房等对辨色要求一般的场合其显色指数 Ra 在 60～40 之间，可选用高压汞灯；对辨色要求不高的室外道路照明等可以选用高压钠灯。

9-3-6 照明方式有哪些?

(1) 一般照明。不考虑特殊部位的需要，为照亮整个场地而设置的照明方式称为一般照明。一般照明可获得均匀的水平照度。

(2) 分区一般照明。根据需要提高特定区域照度的一般照明，称为分区一般照明。如将灯光集中在工作区，而降低通道等非工作区的照度，可有效节能。

（3）局部照明。为了满足某些小范围（如工作台面）的特殊需要而设置的照明，称为局部照明。对于局部区域需要高照度并对照度方向有要求时也可装设局部照明。当一般照明受到遮挡时，也宜采用局部照明。按有关规定，一个工作场所内不应只装设局部照明。

（4）混合照明，一般照明和局部照明共同组成的照明称为混合照明。对于工作位置视觉要求较高，且对照射方向有特殊要求时，宜用混合照明。混合照明中的一般照明，其照度应按总照度的 5%～10% 选择，但应不低于 20lx。

9-3-7　照明种类有哪些?

（1）正常照明。在正常工作时使用的室内、外照明称正常照明。它一般可单独使用，也可与事故照明、值班照明同时使用，但控制线路必须分开。

（2）应急照明。在正常照明因故障熄灭后，供暂时继续工作或疏散人员用的照明称应急照明。在由于工作中断或误操作容易引起爆炸、火灾和人身事故或将造成严重的政治后果和经济损失的场所，应设置应急照明。应急照明灯宜布置在可能引起事故的工作场所以及主要通道和出入口，并且必须采用瞬时点燃的可靠光源，一般采用白炽灯或卤钨灯。当应急照明作为经常点燃的正常照明的一部分，且发生故障时不需要切换时，也可以用气体放电灯。暂时继续工作用的应急照明，其工作面上的照度不低于一般照明照度的 10%；疏散人员用的应急照明，在主要通道上的照度不应低于0.5lx。

（3）值班照明。在非工作时间内供值班人员用的照明称值班照明。在非三班制生产的车间、仓库、或非营业时间的大型商店、银行等处，通常宜设置值班照明。值班照明可利用正常照明中能单独控制的一部分或应急照明的一部分组成。

（4）警卫照明。是用于警卫地区的照明，可根据警戒任务的需要，在警卫范围内装设。

（5）障碍照明。是装设在高层建筑上或有船舶航行的河流两岸建筑上表示障碍标志用的照明，可按民航或交通部门的有关规定装设。

9-3-8 如何合理地选择电光源？

电光源的类型，应根据照明的要求和使用场所的特点进行选择，而且应尽量选择高效、光色好、起动性能好、稳定性好、工作可靠及使用寿命长的光源。具体选择时可参考以下原则进行：①灯的开关频繁、需要及时点亮或需要调光的场所，或者不能有频闪效应以及需防止电磁波干扰的场所，宜采用白炽灯，如要求高照度时，可采用卤钨灯；②悬挂高度在 4m 以下的一般工作场所，考虑到电能的节约，宜选用荧光灯；③悬挂高度在 4m 以上的场所，宜采用高压汞灯或高压钠灯，有高挂条件且需大面积照明的场所，宜采用金属卤化物灯；④对于一般生产车间、辅助车间、仓库、站房以及非生产性建物、办公楼、宿舍、室内通道等，应优先选用简便价廉的白炽灯和荧光灯；⑤在同一场所，如采用一种光源的显色性较差时，可考虑采用两种或多种光源的混合照明，以改善光色。

9-3-9 如何合理地选择灯具?

灯具的选择是在投资费用允许的前提下,选择符合使用功能和照明质量要求并能达到设计效果的灯具。选择灯具应考虑建筑的装修风格和特点、建筑的结构尺寸和工作面的布置、环境条件、灯具的效率及光分布、限制直接眩光的性能、灯具的寿命、维护管理的方便性等因素。在工业厂房中宜采用光效高的出光口敞开式直接配光灯具。例如在高大厂房采用深照型灯具;在不高的厂房内宜采用广照性灯具;在办公大楼等公共建筑中,由于天棚和墙面反射特性较好,除采用敞开式灯具外,还可采用漫射或间接配光的灯具,以获得良好的照明和艺术效果。此外,采用带格栅或漫射罩的灯具,对于限制直接眩光有良好的作用。采用蝙蝠翼式配光灯具,可使视线方向的反射光通量降至最低程度,减弱光带反射,有利于视觉工作,特别适用于办公室和教室照明。在选择灯具时,应尽量选节能高效灯具,还应根据环境条件,选择符合环境要求的灯具。例如在特别潮湿的场所,宜采用防潮或防水灯具;在有灰尘的场所,应采用防尘灯具;在有易燃易爆的危险场所,如矿井和喷漆车间,宜采用防爆灯具;在有腐蚀性气体的场所,宜采用耐腐蚀材料制成的密封灯具。

第四节　导线及部分低压电器选用

9-4-1　低压电器的选用原则和一般方法是什么?

低压电器的选用首先应遵循安全的原则,其次是经济的原则。使用安全可靠是对任何低压电器的基本要求。保证电路和用电设备的可靠运行，才能使生产和生活得以正常进行。所谓经济性应当是在满足了安全使用条件下的经济性，这就要求有关电器的选择应当根据被控制对象的重要程度以及当时社会经济、技术的发展水平来合理地进行，而不应当盲目追求高性能、高质量。

使用安全可靠也是对内线工程项目的总体要求，而要实现这一要求，所牵涉的因素是多方面的。如果设计、设备选用、施工不当，就必然会留下安全方面的隐患。所以从设备选用的角度来讲，为了保证实现安全、经济的原则，低压电器的选用应注意以下几个问题：

(1) 应当选用经国家权威机构认证、鉴定过的优良产品，杜绝假冒伪劣产品。

(2) 不选用国家有关部门已明令淘汰的技术落后、能耗大、综合效益低的产品。

(3) 了解被控制对象的类型、性质、使用环境要求及其技术数据，如额定电压、额定电流、额定功率、起动电流倍数、操作频率、工作制等。

(4) 了解低压电器的主要技术性能，如用途、分类、额定电压、额定电流、额定控制功率、额定通断能力、允许操作频率、工作制和使用寿命等。

(5) 具体选择电器时的要求。①额定电压应与所在回路标称电压相适应；②额定电流不应小于所在回路的计算电流；③额定频率应与所在回路的频率相适应；④应适应所在场所的环境条件；⑤应能满足短路条件下的动稳定和热稳定要求；⑥用于断开短路电流的电器，应满足短路条件下的通断能力要求。

9-4-2　选择导线材料和截面的一般方法是什么?

导线的种类应根据其使用环境进行选择。常用的线芯材质有铝芯和铜芯两种。为了节约建设资金,在有条件的地方应选用铝芯线。在技术上不宜使用铝芯线的地方,或者经技术经济比较使用铜芯线更适宜的地方应选用铜芯线。常用的绝缘线、电缆有多种规格和类型,应根据不同的使用场所适当地选用。例如:BV(V)、BLV(V)型塑料绝缘(护套)电线的绝缘性能良好,制造工艺简便,价格较低;但对气候适应性较差,低温时易变硬发脆,而且在高温或阳光照射下其绝缘中的增塑剂容易挥发而使绝缘老化加快,故一般适用于室内明敷或暗敷布线。再如:氯丁橡皮绝缘电线具有耐油、不延燃、气候适应性好等优点,因而适用于室外敷设。导线截面一般按允许发热条件选择,并且应满足机械强度所允许的最小截面以及允许电压损耗的要求。电缆截面还应满足热稳定要求。母线截面需同时满足热稳定及动稳定的要求。

9-4-3　如何按发热条件选择三相配电系统的相线、中性线、保护线和保护中性线?

(1) 相线截面选择。应使截面为 S_{pn} 的导线允许载流量 I_{per} 大于线路的计算电流 I_c,即

$$I_{per} \geq I_c \tag{9-23}$$

另外,截面相同的铜、铝导线,铜线载流量是铝线载流量的 1.3 倍,即

$$I_{Cu} \approx 1.3 I_{Al} \tag{9-24}$$

载流量相同的铜、铝导线,铜线截面是铝线截面的 0.6

倍，即

$$S_{Cu} \approx 0.6 S_{Al} \qquad (9-25)$$

允许载流量与导线的类型、规格、敷设方式等有关，具体数据可由有关设计手册查得。

（2）中性线（N线）截面选择。

1）一般三相四线制线路

$$S_0 \geqslant 0.5 S_{ph} \qquad (9-26)$$

2）三次谐波电流突出的三相四线制线路

$$S_0 \approx S_{ph} \qquad (9-27)$$

3）两相三线及单相线路

$$S_0 = S_{ph} \qquad (9-28)$$

（3）保护线（PE线）截面选择。当PE线材质与相线相同时，其最小截面应符合表9-10的规定。

表9-10　　　　　　　保护线最小截面选择标准

相线截面 S_{ph}（mm²）	$S_{ph} \leqslant 16$	$16 < S_{ph} \leqslant 35$	$S_{ph} > 35$
保护线最小截面（mm²）	S_{ph}	16	$S_{ph}/2$

注　1. 当采用此表得出非标准截面时，应选用与之最接近的标准截面。
　　2. PE线应不小于按机械强度要求所允许的最小截面，其要求是有机械性保护时为2.5mm²；无机械性保护时为4mm²。

（4）保护中性线（PEN线）截面选择。

1）对两相三线线路、单相线路和3次谐波电流突出的三相四线制线路

$$S_{PEN} = S_{ph} \qquad (9-29)$$

2）当 $S_{ph} \leqslant 16mm^2$ 时

$$S_{PEN} = S_{ph} \qquad (9-30)$$

3）其他情况下

$$S_{PEN} \geqslant 0.5 S_{ph} \qquad (9\text{-}31)$$

4）对 PEN 干线

铜线 $\qquad S_{PEN} \geqslant 10mm^2 \qquad (9\text{-}32)$

铝线 $\qquad S_{PEN} \geqslant 16mm^2 \qquad (9\text{-}33)$

多芯电缆芯线 $\qquad S_{PEN} \geqslant 4mm^2 \qquad (9\text{-}34)$

9-4-4 按机械强度允许的最小导线截面是如何规定的?

机械强度允许的最小导线截面具体规定见表 9-11。

表 9-11　　　　机械强度允许的最小导线截面

用　途	导线最小截面（mm²）		
	铝线	铜线	铜芯软线
（1）绝缘支持点间距			
＜1m，屋内	1.5	1	
屋外	2.5	1.5	
1～2m，屋内	2.5	1	
屋外	2.5	1.5	
≤6m	4	2.5	
≤12m	6	2.5	
≤25m	10	4	
（2）照明灯头引下线			
民用建筑，屋内	1.5	0.5	0.4
工业建筑，屋内	2.5	0.8	0.5
屋外	2.5	1	1
（3）固定敷设护套线	2.5	1	
（4）穿管敷设绝缘线	2.5	1	1
（5）移动式设备导线			
生活用			0.2
生产用			1

注　在有火灾、爆炸危险的场所按机械强度允许的最小导线截面另有专门规定。

9-4-5 怎样计算电压损耗?

(1) 三相线路电压损耗可按下式近似计算

$$\Delta U \approx \sqrt{3}\,(IR\cos\varphi_1 + LX\sin\varphi_1)$$

$$= \frac{\sqrt{3}\,U_n IR\cos\varphi_1 + \sqrt{3}\,U_n LX\sin\varphi_1}{U_n}$$

$$= \frac{PR + QX}{U_n}\,(\text{V}) \tag{9-35}$$

式中　P——配电线路输送的三相有功功率，kW;

　　　Q——配电线路输送的三相无功功率，kvar;

　　　R——线路电阻，Ω，可通过计算或查有关设计手册得到;

　　　X——线路电抗，Ω，可通过计算或查有关设计手册得到;

　　　U_n——线路额定线电压，kV。

(2) 对于变压器，当通过的负荷为变压器的额定容量时，其电压损耗的百分值即为短路电压（或称阻抗电压）的百分值。当通过的负荷不为变压器的额定容量时，其电压损耗的百分值按式 (9-36) 计算

$$\Delta U_k\% = \frac{P\Delta U_r\% + Q\Delta U_q\%}{S_n} \tag{9-36}$$

$$\Delta U_x\% = \sqrt{(U_d\%)^2 - (\Delta U_r)^2}$$

$$\Delta U_r\% = \frac{100\Delta P_d}{S_n}$$

式中　S_n——变压器额定容量，kVA;

　　$\Delta U_r\%$——变压器短路电压的有功分量，（%）;

$\Delta U_x\%$——变压器短路电压的无功分量,%;

$\Delta U_d\%$——变压器的短路电压,%,可由产品目录查得;

ΔP_d——变压器的短路损耗,kW,可由产品目录查得;

P——通过变压器的三相负荷有功功率,kW;

Q——通过变压器的三相负荷无功功率,kvar。

【例9-2】 某工厂厂房内计划用沿墙明敷方式敷设一条380V电力线路,长150m,系统采用 TN-C 型式。已知线路的计算电流 $I_c = 100A$,有功计算负荷 $P_c = 56kW$,环境温度 $\theta = 35℃$,并要求线路电压损耗不大于5%,试选择导线型号及截面。

解: 根据式(9-23)以及有关条件查设计手册可知,选 $35mm^2$ 的聚氯乙烯绝缘铜芯线,其安全载流量为119A,大于线路计算电流100A,线芯允许长期工作温度为65℃。根据式(9-31)选取 PEN 线截面为 $16mm^2$,所选导线截面均大于机械强度最小允许截面。导线型号为 BV-500-3×35+1×16。

查有关设计手册,$35mm^2$ 聚氯乙烯绝缘铜芯线65℃时的 $R = 0.63\Omega/km$,$X = 0.241\Omega/km$。负荷的功率因数 $\cos\varphi = 56/(\sqrt{3} \times 0.38 \times 100) = 0.851$,则 $\sin\varphi = 0.525$,根据式(9-35)可得

$$\Delta U = \sqrt{3}(IR\cos\varphi + IX\sin\varphi)$$
$$= \sqrt{3}(100 \times 0.15 \times 0.63 \times 0.851$$
$$+ 100 \times 0.15 \times 0.241 \times 0.525) \approx 17.22(V)$$
$$\Delta U\% = 17.22/380 \times 100\%$$
$$= 4.53\% < 5\% \text{ 满足要求。}$$

9-4-6　怎样选择熔断器?

熔断器应满足以下条件：①额定电压大于或等于线路的额定电压；②额定电流大于或等于熔体的额定电流；③额定开断电流大于电路可能出现的最大短路电流。熔断器的类型主要根据被保护对象的具体情况以及使用环境来确定。例如对于容量较小的照明线路或电动机的保护，可采用 RM10 系列无填料封闭式熔断器；对于短路电流较大的电路或有易燃气体的地方，则采用 RL6、RL7 系列或 RT0、RT14 等系列有填料封闭式熔断器；用于保护半导体元件时，应采用 RS、RLS、RT16 系列快速熔断器。另外，插入式熔断器一般用于无振动场所；旋入式熔断器则多用于机床配电；电子设备多采用熔丝座等。

9-4-7　怎样选择熔体的额定电流?

(1) 熔体额定电流的选择。

1) 线路保护。

对于配电线路、配电干线、分支线，当熔断器用于线路过负荷保护时应满足：熔体额定电流大于或等于（取 1.0～1.1）线路的计算电流；熔体额定电流应小于（取 0.8）线路长期允许负荷电流。

2) 设备保护。

a. 照明和电热设备。熔体的额定电流应等于或稍大于（取 1.0～1.1）负载的计算电流。

b. 电动机。对单台电动机，熔体的额定电流应为电动机额定电流的 1.5～2.5 倍。当电动机轻载起动或降压起动时，倍数可取低一些；重载起动、全压起动或起动较频繁时，倍数可取高一些。对于反接制动的电动机，熔体的额定电流应取其反接制动最大电流的 0.5～0.6 倍。对多台电动机的短路保护，熔体的额定电流应大于或等于最大一台电动机的额定电流的 1.5～2.5 倍，加上考虑其他电动机同时使用系数后的额定电流之和。同时系数视电动机的数量多少分别取 0.7～1，数量较多时，取值可低一些。

c. 变压器。考虑到变压器空载合闸励磁涌流以及低压侧电动机自起动所引起的尖峰电流的影响，变压器高压侧熔体的额定电流一般应为变压器额定电流的 1.5～3 倍。当变压器容量在 100kVA 以下时，可取 2～3 倍；100kVA 以上时，取 1.5～2 倍。容量越大，倍数相应越小。

d. 并联电容器。由于并联电容器的合闸涌流较大，故熔体的额定电流应为电容器额定电流的 1.3～2.0 倍，详见题 3-2-13。

e. 电压互感器。熔体的额定电流一般均为 0.5A。

(2) 校验与选择性配合

1) 熔断器的分断能力应大于电路可能出现的最大短路电流。

2) 在通过相同电流时，上一级熔断器的熔断时间应为下一级的 3 倍以上。当上、下级熔断器采用同一型号时，其电流等级以相差两级为宜。如果采用不同型号的熔断器时，则应根据产品给出的保护特性选择配合。

3) 为了使熔断器保护具有足够的灵敏性，其保护范围内可能出现的最小短路电流应为熔体额定电流的 4 倍以上。

9-4-8　选择断路器的一般原则是什么?

选择断路器的一般原则是①断路器的额定电压大于或等于线路额定电压；②断路器的额定电流大于或等于线路计算

负载电流；③断路器的极限通断能力大于或等于线路中最大短路电流；④$\dfrac{\text{线路末端单相短路电流}}{\text{断路器的瞬时（或短延时）脱扣器整定电流}}$大于或等于 1.25；⑤脱扣器额定电流大于或等于线路计算电流；⑥欠压脱扣器额定电压等于线路额定电压。

9-4-9　怎样选择配电用断路器？

（1）长延时过流脱扣器的动作电流整定值等于（0.8～1）线路长期允许的负荷电流，且应大于（取 1.1）线路的计算电流。3 倍长延时过流脱扣器的动作电流整定值的可返回时间，应大于线路中起动电流最大的电动机起动时间，以免发生误动作。

（2）短延时过流脱扣器的动作电流整定值 $\geqslant 1.1$（$I_c +$ $1.35 K I_{\max}$），I_c 为线路计算电流；$I_{n\max}$ 为最大一台电动机的额定电流，K 为电动机起动电流倍数。

（3）短延时过流脱扣器的延时时间一般为 0.2、0.4、0.6s，应按上下级保护的选择性要求来整定，使上一级保护比下一级保护的动作时间长一个时间级差。

（4）无短延时时，瞬时脱扣电流整定值 $\geqslant 1.1$（$I_c +$ $K_1 K I_{\max}$），K_1 为电动机起动电流的冲击系数，可取 1.7～2。考虑到级间选择性配合，上一级应比下一级瞬时脱扣电流整定值至少大 1.2 倍。

（5）有短延时时，瞬时脱扣电流整定值 $\geqslant 1.1$ 倍下级开关进线端计算短路电流值。

9-4-10　怎样选择电动机保护用断路器？

选择断路器保护电动机时，必须注意到电动机的两个特点：一是它具有一定的过载能力；二是它的起动电流通常是额定电流的几倍到十几倍。例如笼型异步电动机直接起动电流一般为 $(6\sim7)\ I_n$，可逆运行或反接制动时甚至可达 $(12\sim18)\ I_n$；绕线式异步电动机的直接起动电流亦可达 $(3\sim6)\ I_n$。因此，为了充分利用电动机的过载能力并保证它能顺利起动和安全运行，选用时应遵循以下原则：

(1) 长延时过流脱扣器的动作电流整定值＝电动机的额定电流。

(2) 6 倍长延时过流脱扣器的动作电流整定值的可返回时间应大于电动机实际起动时间。按起动时负载的轻重，选用可返回时间为 1，3，5，8，15s 中的某一挡。

(3) 瞬时过流脱扣器的整定电流：笼型电动机为 $8\sim15$ 倍脱扣器额定电流；绕线转子电动机为 $3\sim6$ 倍脱扣器额定电流。

9-4-11 怎样选择照明用断路器？

照明线路保护用断路器一般可选塑壳式断路器，用来控制照明线路正常条件下的接通和分断，并提供过载与短路保护。照明线路保护用断路器应具有长延时电流脱扣器和瞬时过电流脱扣器。前者的电流整定值以等于或略小于线路长期允许的负荷电流为宜；后者的电流整定值宜等于 6 倍线路计算电流，以保证断路器在成组负载投入时不致因电流冲击而误动作。

9-4-12 怎样选用漏电保护器？

(1) 应选用经国家有关部门鉴定、认证的合格产品。

（2）根据用电设备的供电方式选用。单相设备应选用二极二线或单极二线漏电保护器；三相三线设备应选用三极漏电保护器；三相四线设备或单相与三相设备共用的电路，应选用三极四线或四极四线漏电保护器。

（3）根据电气线路的正常泄漏电流选用。漏电保护器的额定不动作电流应不小于线路和设备正常泄漏电流（必要时可实测）最大值的2倍。

（4）根据电气设备的环境要求选用。漏电保护器的防护等级应与使用环境相适应；对电源电压偏差较大的电气设备应优先选用电磁式漏电保护器；在高温或低温环境中的电气设备应优先选用电磁式漏电保护器；雷电活动频繁地区的电气设备应选用冲击电压不动作型的漏电保护器；安装在易燃、易爆、潮湿或有腐蚀性气体等恶劣环境中的漏电保护器，应根据有关标准按特殊防护条件选用，否则应采取相应的防护措施。

（5）对漏电保护器动作参数的选择。手持式电动工具、移动电器、家用电器插座回路的设备可选用额定漏电动作电流不大于30mA的漏电保护器；单台电机设备可选用额定漏电动作电流为30～100mA的漏电保护器；多台设备的总保护应选用额定漏电动作电流为100mA以上的漏电保护器。

（6）对特殊负荷和场所应按其特点选用。医疗电气设备安装漏电保护器时，应选用额定漏电动作电流为10mA的漏电保护器；安装在潮湿场所的电气设备应选用额定漏电动作电流为15～30mA的漏电保护器；安装于游泳池、喷水池、水上娱乐场、浴室的照明线路，应选用额定漏电动作电流为10mA的漏电保护器；在金属物体上工作，操作手持式电动工具或行灯时，应选用额定漏电动作电流为 10mA 的漏电保护器；连接室外架空线路的电气设备应选用冲击电压不动作型漏电保护器；带有架空线路的总保护应选择中、低灵敏度及延时动作漏电保护器。

第 十 章
施工、质量与安全管理

第一节 施 工 管 理

10-1-1 内线安装工作的基本内容有哪些?

内线安装工作基本内容主要包括:根据设计图样、有关的施工工艺及验收规程进行内线工程施工,包括安装照明和低压动力线路、电动机及其控制设施、配电所低压馈电屏(箱)等设备;准确优化选用合格的设备、导线和电缆截面、保护装置的额定电流及整定值;测定绝缘性能,调试设备运行参数;完善竣工图样,正确填写施工记录和施工总结。

10-1-2 施工准备工作有什么意义? 其基本任务是什么? 申请开工前应做好哪些准备工作?

施工准备工作是施工管理的重要内容,是顺利完成工程施工任务的必要前提。工程开工前应有合理的施工准备期,其基本任务是根据施工特点、工程进度要求以及施工现场条件,合理部署和使用施工力量,从技术、物资、人力、机械和组织等方面为施工创造一切必要条件,使工程开工后能够连续施工,以确保按期完工。由于工程大小不同,复杂程度各异,故施工准备应根据实际需要进行。

施工准备工作一般包括:①研究和会审施工图纸;②编制施工方案、施工计划和施工图预算;③清理施工现场;④接通施工临时用电;⑤作好施工人员的生活安排;⑥组织施工材料、设备、人员进入现场；⑦进行技术、安全、质量和计划交底；⑧对职工进行必要的技术培训；⑨办理开工许可证和开工申请。

10-1-3 开工前为什么要对施工图进行会审？施工图会审的要点是什么？

施工图纸是进行施工的主要依据，因此在施工单位拿到施工图纸和有关技术资料后，应认真阅读，弄清设计意图和对施工的各项技术质量要求，弄清各部尺寸、标高、位置等问题，并应与建设单位、设计单位和本单位其他有关专业工种一起进行图纸会审。图纸会审是一项重要的技术工作，通过会审可以发现设计中的错误或缺陷，并及时加以纠正，避免了在施工过程中再来纠正此类缺陷而造成人力物力的浪费。因此，认真做好图纸会审工作，对减少施工图纸中的差错，保证工程施工顺利进行，提高施工质量和经济效益，都具有十分重要的作用。

施工图纸的审核要点是：①设计单位的资质是否符合要求；②设计图纸与资料是否齐全，主要包括建筑平面和结构图、一次系统图、设备安装图、二次接线图、照明和动力平面布置图、消防和弱电平面图、避雷及接地平面图以及施工说明和主要材料表等；③设计图纸是否有差错和遗漏，图纸之间是否有矛盾；④用电性质和容量是否符合供电规则要求；⑤设计是否安全合理，设备、器材选用是否合适；⑥电气线管与其他管道如上下水管、弱电线管、热力管道等是否有矛盾，彼此间距与敷设方式是否能满足规范的要求；⑦本单位的施工能力和技术水平能否满足设计要求等。

10-1-4 什么是设计更改？设计更改应怎样进行？

设计更改就是对施工图纸会审中所发现的问题和缺陷，在履行了相关手续后进行修改。设计更改应由建设、设计、施工和工程监理单位的有关人员参加，共同协商进行。变动较小的可直接在原施工图上修改。对问题复杂，变动较大的，则需另出图纸。所发生的费用应纳入预算，必要时还需征得各方上级主管的同意。

10-1-5 什么是施工计划？它有哪些种类？

施工计划就是根据施工方案和现场的具体情况，统筹安排作业时间、劳力、资金、材料和机械设备等，使工程施工能够连续、均衡地实施。施工计划一般分为施工总进度计划，单位工程施工进度计划以及分项工程进度计划等。从时间上又分为旬、月度、季度和年度计划。施工计划应根据工程规模的大小，技术复杂的程度以及工期要求等具体情况来进行编制。

10-1-6 施工计划的编制原则和依据是什么？

施工计划的编制原则：①坚持基本建设和施工生产的科学程序，施工项目顺序必须符合施工工艺逻辑；②以经济效益为中心，统筹安排，精心编制，以节约施工费用，降低生产成本；③保证重点，兼顾一般，做好综合平衡，以保证均衡施工；④计划指标既不能过低，也不能过高而超过客观可能，做到既积极可靠，又留有余地，以保证计划的先进性和严肃性。

施工计划的编制依据是：①旬计划的主要依据是月度计

划,月度计划的主要依据是季度计划,季度计划的主要依据是年度计划,年度计划则以年度施工任务为主要依据;②施工方案、施工图纸、施工及验收规范以及质量标准的有关规定;③施工图预算;④设备、材料的供应计划;⑤施工合同的有关条款,施工总进度要求;⑥各施工单位或各工种之间的协作要求;⑦施工现场的环境条件;⑧先进的施工工艺和方法等。

10-1-7 编制施工计划的程序是什么?

(1) 收集编制依据。

(2) 划分施工项目。施工项目是施工计划的基本单元,项目划分的粗细程度,应视计划的需要而定。

(3) 确定工程所需时间。根据施工预算相关数据,确定施工项目的工程量并计算出时间。

(4) 确定施工顺序。确定施工顺序是编制施工计划的最关键的一步,需要综合考虑各种因素,才能使编制出来的计划切实可行。施工顺序的确定主要考虑以下因素:

1) 技术关系。也称工艺关系,它受技术规范约束,只有遵守这种关系,才能确保工程质量和安全。

2) 组织关系。是由劳动力、机械、材料等的组织和安排而形成的各划分项目之间的先后顺序关系。组织关系是可变的,通过优化调整,可以提高经济效益。

3) 工期需要。不同的施工顺序会导致不同的工期,必须通过合理排序,才能满足工期的要求。

(5) 绘制横道计划图或网络施工计划图。

10-1-8 什么是横道图?它有哪些特点?

横道图又名条形图或称甘特图,是工程施工中普遍采用的一种计划方式。它采用横道直线图形来表示施工进度计划，如图10-1所示。

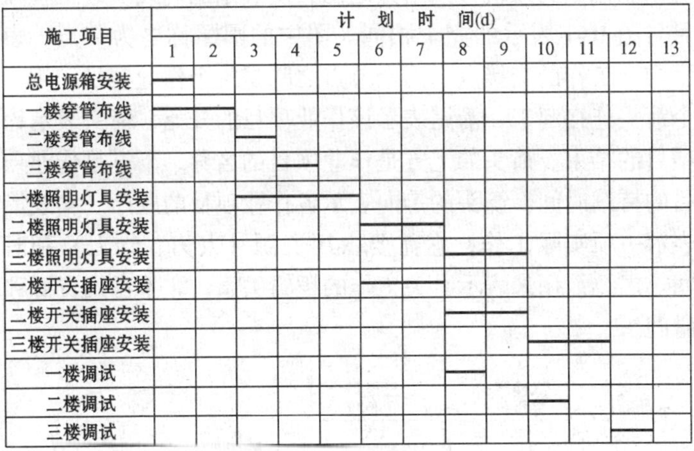

施工项目	计 划 时 间(d)												
	1	2	3	4	5	6	7	8	9	10	11	12	13
总电源箱安装	▬												
一楼穿管布线	▬▬												
二楼穿管布线			▬										
三楼穿管布线				▬									
一楼照明灯具安装			▬▬										
二楼照明灯具安装						▬▬							
三楼照明灯具安装								▬					
一楼开关插座安装				▬									
二楼开关插座安装							▬						
三楼开关插座安装									▬				
一楼调试					▬								
二楼调试								▬					
三楼调试										▬			

图 10-1　横道计划图

该图用横线表示出施工作业的作业顺序和形象进度，线段的长度与该作业项目所持续的时间成比例，比较形象直观。这种方法的缺点是：不能清晰地反映各作业项目间的内在联系，即相互影响、相互依赖的关系；对关键的作业项目、薄弱环节不能明确表示以及无法比较不同方案的优劣程度等。对于大型复杂的工程施工，上述缺点更加突出。

10-1-9　什么是网络计划？它有哪些特点？

网络计划是用网络图来表示施工进度计划，是一种现代管理技术，该项技术始于20世纪50年代末期，特别适用于复杂工程施工计划的编制。它是以若干种规定的符号编制成的一种网络图，以显示施工过程中各个工序、各项作业的逻辑关系与时序关系，以及它们相互间的连接关系，如图 10-2 所示。该图为双代号网络计划图，所表示的内线安装工程项目与图 10-1 表示的完全相同。图中的圆圈称之为节点，表示两项工作的交接点。两个节点之间是一个作业项目，用一个箭头连接起来，箭尾表示该作业项目的开始，箭头表示该项目的结束。箭头的上方是作业项目的名称，下方是作业项目的持续时间。箭头的走向表示各作业项目的顺序。实线箭表示一项实际工作，它需要占用资源（人力、物力）和时间。虚线箭用来表示有关工作的逻辑关系，它不占用资源和时间。

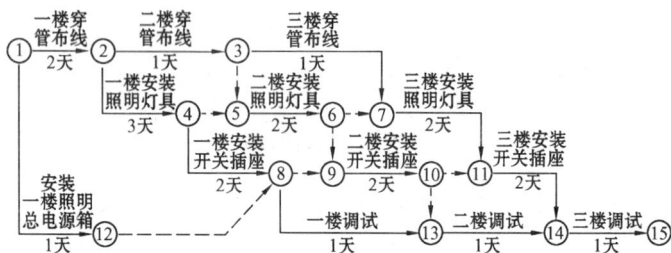

图 10-2 网络计划图

网络计划主要有以下特点：

（1）能明确表示各项工作之间的相互依赖、相互连接、相互制约的逻辑关系。

（2）可以通过计算和分析找出关键路线。关键路线是整个网络中需时最长的路线，该路线上各关键工作持续时间之和就是计划的总工期。图 10-2 中，关键路线有两条，即①→②→④→⑤→⑥→⑦→⑪→⑭→⑮和①→②→④→⑧→⑨

→⑩→⑪→⑭→⑮，总工期为 12 天。

（3）可以通过计算和分析找到可以利用的机动时间。除了关键工作外，其他各项工作一般会有富裕时间。例如图10-2 中②→③节点间的二楼穿管布线，按计划开工后 1 天完工，至下一道工序⑤→⑥节点间的二楼安装照明灯具开工，有 2 天的富裕时间。此类富裕时间是一种潜力，可以用来支援关键工作，也可以用来优化网络计划，降低资源强度。

（4）可以通过计算得到许多可用于计划控制的时间信息，如最早可能开始的时间、最早可能结束的时间、最迟必须开始的时间等。例如图 10-2 中，⑬→⑭节点间的二楼调试工作，考虑到其本身的工期为 1 天，而且有 1 天的机动时间，所以该项工作最迟必须在整个内线安装工程开工后的第11 天进行，否则将影响三楼调试，从而影响整个工程项目的按期完工。

（5）当工程规模大，施工复杂时，进行施工计划的优化调整（如时间优化调整、时间—资源优化调整、时间—成本的优化调整等），就需要进行大量的计算，如果采用网络计划就可以利用计算机很方便地进行这些计算，其结果既快又准确。

10-1-10 开工前为什么要进行技术交底？如何进行技术交底？

开工前进行技术交底，是为了使施工人员了解工程概况、工程特点、技术要求、施工作业方法、质量标准和安全措施等，做到心中有数，为在保证工程质量和经济效益的前提下，顺利地完成施工任务创造良好的条件。施工前进行技术交底，是施工工序中的首要环节，必须坚决执行，未经技术交底不得施工。

　　技术交底工作通常由各级生产负责人领导,各级技术负责人或施工负责人组织。重大和关键项目必要时可请上级技术负责人参加,或由上一级技术负责人进行交底。公司(处)总工程师、工地(队)专职工程师应经常督促检查技术交底工作进行的情况。

10-1-11　在工程施工中为什么要进行施工协调? 施工协调的方法有哪些?

　　一个工程建设项目,往往有若干个施工单位参与施工,尽管在工程开工前制订了详细的施工计划,但在实际施工中,由于各方面的原因(如计划本身可能存在缺陷,气候、物资供应和交通运输等出现意外情况,以及设计因故变更等),各施工单位之间、各专业工种之间、各工种的各道工序之间,仍不可避免的会产生一些矛盾。此外,施工单位与建设单位、设计单位之间也可能产生矛盾甚至是纠纷。这些问题必须妥善地加以解决,才能保证工程项目的顺利进行。具体办法就是产生矛盾的各方坐下来进行协调。

　　施工协调的方法有定期召开调度会、必要时及时召开专业协调会和采用日常协调制度。调度会定期由施工管理部门负责人主持召开,企业分管生产的领导和基层施工单位分管生产的负责人及有关部门的负责人参加,其目的是解决施工中出现的一般问题。当施工中遇到影响施工的重大问题时,企业施工管理部门应及时召开有关施工单位、部门负责人及工程技术人员参加的专业协调会(必要时请企业分管领导和总工程师参加),协商解决所遇到的问题。日常协调制度是作为调度会和专业协调会的补充,随时处理可能发生的各类问题，以免影响施工时机。

10-1-12 施工签证的作用是什么？什么情况下需要办理施工签证？

施工签证是施工管理中进一步明确施工单位与建设单位经济责任的一项经济核算工作，也是保证各自单位的经济利益，搞好双方财务结算的重要依据。因此，凡是施工图纸（包括说明书）、预算定额、施工定额、施工图预算、施工措施等未能包括的费用，如由于设计原因造成的返修、加固或拆除费用或由于建设单位的原因造成的停工待料、夜间加班施工、停水停电发生的费用等，都要进行签证。一般情况下，应先办签证后施工。如由于某种原因不能事先办理的，可以边施工边办理签证手续。

10-1-13 技术标准是如何分级的？它的作用是什么？

技术标准分为国家标准、行业标准、地方标准和企业标准四级。国家标准是指对全国经济、技术发展有重大意义，必须在全国范围内统一的标准；行业标准是指在全国范围内同一行业必须统一的标准；地方标准是指在本地区范围内各行业必须统一的标准；企业标准是指本企业范围内部必须执行的标准，是对国家标准、行业标准中没有列入的标准所作的补充。

技术标准是对工程施工和技术检验方法所做的技术规定，是施工企业组织施工，检验和评定工程质量等级的依据，是科学技术进步和生产实践经验的总结，它具有科学性、权威性和法定性。任何工程项目只有按照技术标准进行施工和检验，才能保证工程质量。严格执行技术标准，不但是组织现代化施工生产所必须的，而且是推广新技术、新工艺和先进的操作方法，提高企业技术素质的重要途径。严格执行技术标准，有利于工程施工的标准化、通用化和系列化，有利于施工企业统购设备、器材，组织专业化生产，提高施工机械化和工厂化水平。

10-1-14　什么是技术检验？其作用是什么？

技术检验就是根据有关技术标准、规范以及生产厂家技术条件的要求，对工程施工中所采用的仪表、设备、器材以及施工本身所用的工具、器具等进行检测。通过技术检验可以防止因不合格产品混入工程施工中所带来的隐患，对保证安全生产，保证工程质量符合设计要求，提高企业的经济效益等方面都具有十分重要的意义。

10-1-15　什么是施工技术档案？施工技术档案的主要内容有哪些？

施工技术档案是指某个工程建设项目从决策到建成投产的全过程中形成的，具有保存价值，并且按照一定的归档制度作为真实的历史记录集中保管起来的技术文件资料。

内线工程施工技术档案包括两个部分，一是在工程竣工验收后向建设单位移交的部分；二是施工企业自己保存的部分。向建设单位移交的部分主要包括：①开工申请、技术交底、施工图纸会审记录、设计变更、工程签证单，工程所需设备、材料的出厂质检合格证，使用说明书；②隐蔽工程的验收记录；③工程调试记录；④工程竣工验收报告、竣工图纸、竣工决算书；⑤工程质量检查评定记录和质量事故处理记录。施工企业自己保存的部分主要包括：①向建设单位移交的所有相同资料；②工程项目的有关文件、会议记要；③项目合同、施工预算；④施工计划、方案、工艺、安全措施、技术措施；⑤重大质量、安全事故情况、原因分析及补救措施记录；⑥施工技术日志；⑦施工总结；⑧工程质量评定材料。

10-1-16 什么是施工技术管理制度？有哪些技术管理制度？

施工技术管理制度是施工技术管理一系列准则的总称，是在工程施工中，相关人员必须严格遵守的按一定程序办事的规程。施工技术管理制度包括施工技术责任制度、工程质量管理制度、施工组织设计编审制度、图纸会审制度、施工技术交底制度、技术检验制度、设计变更管理制度、施工技术档案管理制度及技术培训管理制度。

10-1-17 什么是施工技术责任制？技术责任制是如何划分等级的？

施工企业技术责任制，就是对施工企业的技术工作系统和各级技术人员规定明确的职责范围，使他们有职、有责、有权，从而充分调动各级技术人员的积极性。技术责任制度是企业技术管理的核心。我国电力施工企业，根据企业的具体情况，实行三级或四级技术责任制，即总工程师、主任工程师、单位工程技术负责人、责任工程师（或技术组长、负责技术员、班组技术员）责任制，并实行技术工作的统一领导和分级管理。各级技术负责人应是同级领导成员，对施工技术管理部门负有业务领导责任。对其职责范围内的技术问题，如施工方案、技术措施、质量事故处理等重大问题有最后的决定权。

10-1-18 工地（队）专职工程师的技术职责范围是什么？

工地（队）专职工程师的技术职责范围包括：①全面负责工地（队）的技术工作，决定工地（队）范围内的重要技术问题；②组织施工图纸会审、技术交底工作；③组织编制施工方案、重要施工技术措施和安全技术措施；④深入施工现场掌握施工动态，及时指导、解决施工技术问题，督促有关人员做好施工技术日志；⑤审定设计变更和设备、材料的代用；⑥主持质量事故调查分析，并参加安全事故的调查分析，制定防止事故的技术措施；⑦组织开展技术革新活动，审查合理化建议，推广应用新技术、新材料、新工艺；⑧组织技术人员进行业务学习，组织施工技术经验交流及技术专题讨论会；⑨参加施工计划的编审工作，组织制定完成施工计划和技术经济指标的技术措施，组织编审施工预算；⑩监督施工机具和仪器仪表的使用和维护工作；⑪组织编审施工技术总结，组织建立施工技术档案；⑫组织制定调试方案，参加工程项目的竣工验收工作。

10-1-19 班组技术员的技术职责范围是什么？

班组技术员的技术职责范围包括：①全面负责本班组的技术工作；②参加施工图纸会审工作，组织施工图纸和技术资料的学习；③编制施工技术措施，并进行施工前技术交底工作；④协助班组长编制施工计划；⑤编制施工方案和协助编制施工预算；⑥处理设计变更和材料代用问题；⑦深入现场指导施工，及时发现和解决施工技术问题；⑧编制班组安全技术措施，参加事故调查分析，制定防止事故的技术措施，协助填写事故报告；⑨制定本班组的施工方法和工艺，推广先进经验，组织技术革新活动；⑩协助班组长签发工程任务单，做好工程量、工期、材料消耗、劳动工时等资料的积累工作；⑪主持本班组质量管理和质量检查、验收工作，整理和汇总施工技术日志，提交竣工移交的技术资料及竣工图。

10-1-20　内线电气安装工程完工后应进行哪些调试项目?

(1) 各回路电源应正确到位；电能计量装置安装、接线应正确，互感器变比选择应正确，应能正常计量；对于居民分户电能表集中安装的情况，应注意电能表与住户的对应性，以免错计。

(2) 配电屏、配电箱、继电保护屏安装位置应符合规定，接线应正确，内部器件装置齐全，保护装置动作应正确、可靠；双电源或自备发电机的机械、电气闭锁装置应有效、可靠；各设备与母线、电源线连接应可靠；屏上各信号指示工作正常。

(3) 接触器、磁力起动器及空气断路器应接线正确，动作正常；主触头以及辅助触点应平整，且有足够的压力，接触良好。

(4) 刀开关及熔断器的静触头应有足够的压力；刀开关操作时，各刀片应动作一致；熔断器的熔丝或熔片应压紧，但不能压伤。

(5) 控制开关及主令控制器应转动灵活，触点应接触良好。

（6）电动机的安装应符合有关规程规定，接线应正确可靠；绝缘电阻测试值应符合规范要求；通电后电机能正常运转，其控制、保护装置应能正常工作。

（7）电容器的安装应符合规定；电容器组的三相电容值差应尽可能小，最大与最小值之差不应超过三相平均电容值的5%；电容器的绝缘电阻及耐压试验应符合有关标准要求；电容器组应投切正常。

（8）灯具、开关、插座等应安装牢固、周正；灯具的开关应控制相线，拉线开关的拉线口应向下；螺口灯头相线应接中心触头；同一场所的三相插座相序应一致；单相插座符合中性线在左相线在右的原则；吊扇的安装应符合规定，装设牢靠，接线正确。

（9）漏电断路器应按产品标志进行电源侧和负荷侧接线，动作应正确可靠。

（10）线路绝缘电阻及各类接地电阻值应符合规程要求。

（11）电缆不应有扭绞、压扁和保护层破损等缺陷，其绝缘电阻、泄漏电流和耐压试验应符合要求。

（12）线路敷设不应有死弯、扭绞和绝缘层损伤等缺陷，明敷线路应规范、整齐、美观。

10-1-21　什么是内线安装竣工验收？

施工单位按照工程项目合同规定，完成了设计图纸标明的所有工程内容，并全面调试结束后，在正式送电之前，必须按规定的程序对整个工程进行一次全面质量检查，这项工作称为竣工验收。工程竣工验收一般先由施工单位进行自检，对自检中发现的问题及时进行处理。在确认工程项目全部合格后，可填写工程竣工报验单送交电业部门，由电业部门派人来进行正式验收。

10-1-22 竣工验收的依据是什么?

竣工验收的主要依据有：①上级有关部门批准的施工任务书及有关施工文件；②施工单位与建设单位签订的合同或协议书；③国家现行的施工标准及验收规范，包括GB 50254—1996《低压电器施工及验收规范》、GB 50258—1996《1kV 及以下配线工程施工及验收规范》、GB 50259—1996《电气照明装置施工及验收规范》及 GB 50257—1996《爆炸和火灾危险环境电气装置施工及验收规范》等。工程如有国外引进设备，则应依据有关合同及外商提供的技术文件资料。

10-1-23 竣工验收的内容是什么?

竣工验收的内容可分为两项，一是技术档案资料验收；二是工程项目本身检查验收。其中技术档案资料主要包括：①工程项目开工和竣工报告，图纸会审记录，施工方案，施工技术日志，设计、施工变更签证及竣工图纸等；②主要设备及材料的技术说明书、出厂检验报告及合格证、安装图纸等技术资料；③设备安装调试记录及各项试验记录，包括配电箱、柜、继电保护调试记录，隐蔽工程施工记录，其他电气设备的调试记录和绝缘试验记录，接地电阻的测试记录等，调试记录要求项目齐全、数据准确、结论明确，试验人员与单位印章齐全；④对变、配电所应配备的有关操作、运行规程，安全用具和消防用具以及值班人员名单。

工程项目自身检查验收，就是根据有关的规程规定和验收标准，实地检查工程施工的质量情况。其主要检验内容有：①进户点的选择、进户线的敷设是否符合规定；②电能表、互感器的选择、安装是否符合要求，配电柜、配电箱及其内部设备的选择、安装、接线是否符合规定，母线的连接、安装及相序排列是否符合规定；③室内配线电线、电缆选择是否合适，线路敷设是否合乎规范；④在火灾、爆炸、腐蚀等危险场所，线缆的选择、敷设以及接线是否符合特定要求；⑤开关、照明灯具、插座、吊扇等安装、接线是否合乎规范；⑥刀开关、熔断器、断路器、接触器、隔离变压器等的选择、安装是否符合规范要求，漏电保护器是否严格按规定选择、安装、接线；⑦电动机的安装、接线以及起动、控制、保护设备的配置应符合有关规定；⑧电容器的安装、接线以及控制开关、保护、放电装置的配置应符合有关规定；⑨用户单位自备发电机的运行方式及其保护装置的配备，应符合当地供电部门的规定；⑩双电源供电的单位应按规定设置安全保护装置，如防止倒送电的连锁装置等；⑪各类接地装置的接地点、接地体、接地线的选择、连接、安装敷设以及接地电阻值是否符合规范的要求。

第二节 质 量 管 理

10-2-1　质量的含义是什么？

ISO 8402：1994 国际标准对质量的定义是"反映实体满足明确和隐含需要能力的特性总和"。

所谓"实体"，可以是一个活动或过程，也可以是活动或过程结果的有形产品。"明确需要"是指在合同、规范、标准、技术文件及图纸中明确规定的要求。"隐含需要"是指客户和社会对实体的期望，是人们所公认的、不言而喻的、不需要做出明确规定的需要。例如房屋不能漏雨、馒头应当无毒等。"特性"是指实体所特有的性质，它反映实体满足需要的能力，具体体现在实体的性能、寿命、可靠性、安全性、经济性、维修性、美观性及环境的适应性等方面。

10-2-2 质量管理的发展过程是怎样的？

任何一门科学的发展都有其内在的规律性，质量管理学科的发展是以社会对质量的要求为原动力的。人们总是希望产品能够使用方便、安全、可靠、美观、耐用，有良好的性价比，并且这种对质量的要求是动态的，是随着科学技术的进步和生产力的发展而发展的。随着生产力和科学技术的不断发展，人们认识的不断深化，质量管理也随之不断地发展和深化。从实践过程来看，按照解决质量问题所依据的手段和方式，质量管理的发展过程可分为质量检验、统计质量控制和全面质量管理三个阶段。

10-2-3 质量检验、统计质量控制和全面质量管理各自的特点是什么？

(1) 质量检验。这一阶段的时间从20世纪初至30年代末，是质量管理的初级阶段。其主要特点是通过对所有转入下道工序或出厂的产品进行严格检验来控制和保证质量，是一种事后检验方式。这种检验方式对保证产品质量有一定效果，但缺点是显而易见的。这就是：①当出现质量问题时容易造成扯皮，责任不明；②无法在生产过程中起预防、控制作用，一旦发现不合格品，木已成舟，一般很难补救，从而造成浪费；③要求对成品进行全部检验，在经济上是不合理的，而且在技术上有时也是难以实现的。

（2）统计质量控制。这一阶段的时间大约从 20 世纪 40 年代初至 50 年代末。其特点是从单纯依靠质量检验事后把关，发展到利用数理统计的方法对生产的各道工序进行预先质量控制，并结合事后把关的质量管理方式。

（3）全面质量管理（TQM）。这一阶段从 20 世纪 60 年代开始，一直延续至今。TQM 最早由美国人费根堡姆和朱兰提出，其特点就是采用"三全"管理。所谓"三全"就是：全面质量，即不限于产品的质量，而且包括服务质量和工作质量等在内的广义的质量；全过程，即不限于生产过程，还包括市场调研、产品的开发设计、生产技术准备、产品检验、销售、售后服务等环节；全员参加，即不限于企业领导和管理人员，而是全体工作人员都要参加，都要对质量负责。1994 版 GB/T 19000 簇国家标准对 TQM 的定义是："一个组织以质量为中心，以全员参与为基础，目的在于通过让顾客满意和本组织所有成员及社会受益而达到长期成功的管理途径"。

10-2-4　全面质量管理的指导思想是什么？

（1）系统管理的思想。系统管理思想要求对与产品质量有关的因素以及各因素之间的联系进行全面的分析研究，并建立健全质量保证体系，将影响产品质量的所有因素都管起来，进行综合治理，以取得整体优化，从而以最经济的手段，生产出用户满意的产品。

（2）用户至上的思想。就是要树立以用户为中心，为用户服务的思想。要使产品的质量与服务尽可能地满足用户的要求。这里所指的用户，不仅指产品出厂后的直接用户，而且还指在企业内部，下一道工序是上一道工序的用户。

(3) 预防为主的思想。是指事先分析影响产品质量的各种因素，并采取有效措施把这些因素最大限度地控制起来，消除产生不合格品的隐患，做到防患于未然。

(4) 用数据说话的思想。数据是产品质量状况的反映，是进行质量管理的基础。全面质量管理要求一切用数据说话，把反映质量的客观事实数据化，以代替凭印象、经验和感觉处理问题的方法。通过大量数据的收集、整理和分析，把其中所包含的规律性的东西揭示出来，使质量管理科学化。

(5) 质量与经济相适应的思想。全面质量管理强调质量第一，但对于质量的追求是没有止境的。应当是以最经济的手段、最合理的成本，生产出满足用户需要的产品。反对那种不计成本，不考虑社会消费水准的"高质量"。

10-2-5 什么是工程质量？什么是质量控制？

质量是反映实体满足明确或隐含需要能力的特征和特性的总和。工程施工是形成实体的阶段，也是形成最终工程质量的阶段。因此，工程质量就是反映工程产品满足明确或隐含需要能力的特征和特性的总和。工程的特征和特性主要表现在"性能"、"寿命"、"可靠性"、"安全性"和"经济性"等方面，最终产品的质量应满足施工验收规范和质量检验评定标准中的规定要求。质量控制就是为了达到工程质量要求所采取的各项作业技术和活动，包括项目调研、设计、订货、物资采购、施工准备、施工、调试检验、竣工验收、用后服务等。这些作业技术和活动必须在受控状态下进行，即应根据有关规程、制度和标准的规定，及时采取措施纠正偏差，才能最终满足工程质量要求。

10-2-6　质量保证和质量保证体系的含义是什么?

质量保证是指"为了使人们确信某一实体能够满足规定的质量要求，所必须进行的全部有计划、有系统的活动"。它包括两方面的含义：一是指企业在产品质量方面对用户所做的一种担保，这种担保必须有充足而确凿的证据，即必须提供证据使有关方面确立对产品质量的信任；二是指企业内部的管理手段，即企业为了提供有关证据，必须有计划、有组织地开展各项相关的活动。

质量保证体系是指"为了实施质量管理所需要的组织机构、程序、过程和资源"。它包括专门的组织机构，具有保证产品质量的人力、物力资源，有明确的各部门和人员的职责和权限，以及完成规定任务所必须的各项程序和活动。质量保证体系是全面质量管理的精髓和核心，建立健全质量保证体系，可以从组织上、制度上和程序上保证企业能够长期稳定地生产出用户满意的产品。

10-2-7　质量保证体系的基本工作方式是什么? 它的特点是什么?

全面质量管理遵循 PDCA 循环工作方式，就是"一个过程，四个阶段，八个步骤"。一个过程，即质量管理全过程。四个阶段，即计划（P）、执行（D）、检查（C）、处理（A）。八个步骤，即计划阶段——①找出质量存在的问题；②找出存在问题的原因；③找出原因中的主要原因；④根据主要原因制定解决方案。执行阶段——⑤将制定的方案付诸实施；检查阶段——⑥检查分析方案在执行中的效果并发现问题；

处理阶段——⑦总结成功的经验，整理成标准，并坚持下去；⑧将存在的问题转入下一个 PDCA 循环中去解决。

PDCA 循环工作方式的特点：

（1）PDCA 循环是有层次的循环。总体来看，整个企业的质量保证体系构成一个大循环，而各级、各部门的管理有都有自己的 PDCA 循环，依次又有更小的循环。大循环是小循环的依据，而小循环是大循环的组成部分和具体保证。

（2）PDCA 循环每转动一周，就提高一步，犹如一个沿台阶向上转动的车轮。车轮不停地转动，表示企业的管理水平、工作质量和产品质量在不断地提高。

10-2-8　影响工程质量的"4M1E"是什么含义？

"4M1E"是指人、机器、材料、方法、环境。

人（Man），是指人的综合素质，包括职业道德、敬业精神、文化水平、技术水平、健康状况等。

机器（Machine），是指机器设备、工器具的精度和维护保养状况等。

材料（Material），是指材料、设备的质量。

方法（Method），是指施工工艺、操作规程、检验方法、施工组织管理等。

环境（Environment），是指工作环境的温度、湿度、噪声、照明、卫生条件等。

10-2-9　什么是 ISO 9000 簇标准？

ISO 是国际标准化组织的英文简称，成立于 1947 年 2 月。它是世界上最大的、最具权威的国际性标准化专业机构。中国是该组织的成员，理事会理事。1979 年 ISO 成立了

"质量保证"技术委员会，简称 TC176，专门从事质量管理和质量保证标准的制定工作。

ISO 9000 是质量管理和质量保证系列国际标准，于 1987 年 3 月正式颁布，是世界各国企业质量管理和质量保证活动实行标准化和模式化的行动指南。ISO 9000 系列标准公布以后，迅速得到了世界上许多国家和地区的重视和应用，从而使该标准成为国际上公认的供方质量保证和实施质量体系评审的统一标准。企业通过了这一系列的认证，就相当于在激烈的国际市场竞争中获得了一张"通行证"，从而极大地增强了企业产品的竞争力。

到目前为止，ISO 9000 质量管理和质量保证系列国际标准已进行了多次换版，由 1987 版—1994 版—2000 版。我国也相应地修订了国家标准，由 1992 版（与 1987 版国际标准等同）—1994 版（与 1994 版国际标准等同）。国家技术监督局于 2000 年 12 月 28 日，正式批准颁布与 2000 版 ISO 9000 簇标准等同的 2000 版 GB/T 19000 簇国家标准，即 GB/T 19000—2000（与 ISO 9000：2000 等同）、GB/T 19001—2000（与 ISO 9001：2000 等同）和 GB/T 19004—2000（与 ISO 9004：2000 等同）。2000 版 GB/T 19000 簇国家标准总结了世界各国多年来标准化、质量管理及质量认证理论研究的成果和实践经验，它的发布为各种类型和规模的组织进一步提高其质量管理水平以及市场竞争能力，又一次提供了新的学习机会和发展机遇。

10-2-10 什么是 QC 小组？其活动的内容和特点是什么？

QC 小组，即质量管理小组。国家经贸委、财政部、中国科协等有关部门联合发布的《印发〈关于推进企业质量管理小组活动意见〉的通知》中指出，QC 小组是"在生产或工作岗位上从事各种劳动的职工，围绕企业的经营战略、方针目标和现场存在的问题，以改进质量、降低消耗、提高人的素质和经济效益为目的组织起来，运用质量管理的理论和方法开展活动的小组"。

不同类型的 QC 小组，其活动内容也有所不同。根据 QC 小组的成员以及活动课题的特点，一般可分为"现场型"、"服务型"、"攻关型"及"管理型"四类。

现场型即以班组和工序现场的操作工人为主体组成，以稳定工序质量、改进产品质量、降低消耗、改善生产环境为目的的 QC 小组；服务型是指那些由从事服务工作的职工群众组成的，以推动服务工作的标准化、程序化、科学化，提高服务质量和经济、社会效益为目的的 QC 小组；攻关型是由领导干部、技术人员和操作人员三结合组成，以解决技术关键问题为目的的 QC 小组；管理型是由管理人员组成，以提高业务工作质量、解决管理中存在的问题、提高管理水平为目的的 QC 小组。

第三节 安 全 管 理

10-3-1 什么是安全管理？其重要意义是什么？

安全管理是指企业为了保证生产在安全的环境和工作秩序下进行，并以杜绝人身和设备事故的发生为目的而进行的一系列管理工作的总称，它主要包括组织管理和安全技术管理两个部分。

安全管理是企业管理工作的一个重要组成部分，是企业安全生产并顺利完成工程项目施工任务的必要前提。实践证明，没有安全管理就没有生产安全。只有采取切实有效的措施，加强安全管理工作，才能够保证企业顺利地完成生产任务，才能够保证企业取得应有的经济效益和社会效益，为国家的经济建设做出贡献。

10-3-2 安全管理的构成要素是什么？

安全管理主要由以下五个要素组成：

（1）主体。所谓主体，即由谁来管理。对于企业来讲，安全管理的主体是企业的全体成员，包括各级领导和职工群众。

（2）客体。客体是指安全管理的对象，能够被主体施加影响和控制的对象都是安全管理的客体。实际上，不管是领导还是职工群众，其作为主体或是客体是相对的。职工群众对于生产中使用的设备、工具来说，他们是主体，但他们又必须接受上级领导的安全监督管理，因此他们又是客体。下级领导是职工群众的主体，同时又是上级领导的客体。同是职工群众的两个人，当一方有不安全行为时，就只能作为客体而被另一方行使主体的管理权力。在个别情况下，即使是普通职工群众，当发现上级领导存在有可能发生危险的违章指挥行为时，同样可以行使主体管理权力，而此时的上级领导就是安全管理的客体。

（3）目的。企业安全管理的目的就是最大限度地减少事故的发生，特别是杜绝人身死亡和对社会造成重大影响的恶性事故，消灭重大设备损坏事故，从而提高企业的经济效益和社会效益。

（4）职能和方法。是指安全管理主体对客体施加影响的方式和手段。

（5）环境。是指开展安全管理工作的客观条件。环境有大环境和小环境之分。大环境是指国家、国电公司关于安全生产的大政方针、法律法规、规程制度等。小环境则是指企业内部根据上级规定并结合企业实际制定的实施细则、现场规程制度等。

10-3-3　安全管理的基本职能是什么？

安全管理的职能是指安全管理在安全生产中应具备的功能或应起的作用。根据电力系统的有关规定和企业安全管理的实际，安全管理应具有以下基本职能：

（1）决策。就是对未来行动的选择和决断，即对企业安全管理的重大问题做出决定；选择最佳实施方案；制定实施计划等。发挥决策职能的基本要求有两条，一是保证决策的正确性，即作出的决策要符合党和国家的有关安全生产的方针政策、法律、法规，企业的安全规章制度和客观实际；二是要保证决策的及时性，以发挥其对行动的指导作用。

（2）教育。就是以理服人，使人们能按照安全规程、指令去做。

（3）组织。是指为了实现安全管理的目标和任务，对管理活动中的各种要素，包括人、设备、作业环境等进行合理的安排和组合。

（4）监察。是指对设备、作业环境等的安全状况以及人员执行安全规章制度的情况进行监督检查。监察是企业安全管理的一项经常性的职能，监察的过程实际上就是发现偏差、纠正偏差的过程，把不符合安全要求的行为和状态改正过来，使之符合安全规范。

（5）奖惩。就是根据企业制定的有关条例，运用奖励或惩罚的手段，对那些为安全生产作出贡献的职工进行奖励，进一步调动其工作积极性；同时对有违章违纪、造成不良影响者或事故责任人进行相应的惩罚，促使其纠正错误。

（6）预测。是指对未来安全管理中可能发生事故的情况进行预先推测，并采取相应的措施，以避免事故的发生。

（7）指挥。是指企业的各级领导依靠权威，指导下属严格履行职责，有效地完成各自承担的任务。

10-3-4 做好安全管理工作需要具备哪些正确观念?

（1）全面的观念。其含义是：管理所依靠的人员是全面的，即发动和依靠企业全体员工来进行安全管理；管理的范围和对象是全面的，即包括对设备、设施等管理，又包括对全体员工的安全教育、技术业务培训、执行规章制度监督的全方位管理，以及安全工作的目标管理等；管理过程是全面的，即要从工程项目的规划设计、施工准备、施工安装、调试等全过程来进行管理。

（2）预防为主的观念。安全管理工作应该从"事后把关"、"亡羊补牢"，即侧重于对已发生事故的分析，从而吸取教训防止再犯，转移到立足于"事先预防"上来，即对已定系统预先进行分析，找出潜在的危险因素，并根据可能发生事故的类型和严重程度，采取针对性措施，从而避免事故的发生。

（3）经验与科学方法相结合的观念。人们在长期的生产实践中，积累了丰富的安全管理经验。毫无疑问，这些经验对保障生产安全是十分重要的；但是，在科学技术飞速发展的今天，新技术、新设备、新工艺、新方法不断涌现，做好安全管理工作仅凭以往的经验是不够的，应当结合采用科学的管理方法和检测手段，联系本单位的实际情况，对生产过程中各类不安全因素进行系统的分析研究，探索事故发生的基本规律以及防止事故发生的各种措施，建立健全安全生产保证体系和安全监督体系，使得安全管理工作规范化、制度化，从而有效地保障生产能安全地进行。

（4）常抓不懈的观念。安全管理是一项重要而且长期的工作，必须常抓不懈。不能有检查时多抓，没检查时少抓；闲时多抓，忙时少抓。任何时候，只要放松安全管理就可能会造成事故，给个人及其家庭带来痛苦，给企业造成损失。"安全就是幸福"、"安全就是效益"，它牵涉到企业和每一个职工的切身利益。因此，应当进行经常性安全教育，在企业中形成一个人人重视安全、时时讲安全、事事讲安全的良好氛围。

（5）发展的观念。就安全管理工作来说，没有最好，只有更好，其水平的提高是永无止境的。随着改革开放的深入、经营机制的转化、新的劳动组织形式和用工制度的出现以及生产力的发展和科学技术的进步，安全管理工作也必须与之相适应，也需要不断地发展和完善，这就要求我们应该以发展的眼光来看待和研究这一问题，不断地提高安全管理水平。

10-3-5 造成事故的主要原因有哪些？

影响事故发生的因素是多方面的，其主要原因有四个，即人的不安全行为、物的不安全状态、环境因素和管理因素。

（1）人的不安全行为。人的不安全行为包括：①进入工地不戴安全帽；②不按规定着装；③饮酒后工作；④未经许可进行操作；⑤疏忽大意，跑错间隔；⑥登高作业不系安全带；⑦擅自停用安全装置；⑧使用不合格的工器具；⑨在易燃易爆场所使用明火；⑩起吊重物前不发信号；⑪在起吊物下作业、停留；⑫工作时打闹、搞恶作剧等等。人的不安全行为与其性格缺陷、身体素质、对安全问题不够重视以及缺乏安全生产知识和技能等因素有关。

（2）物的不安全状态。物的不安全状态包括：①设备和装置结构不良，材料强度不够，绝缘老化，接地不良；②安全保护装置失灵；③带电导线裸露；④脚手架、梯子捆扎不牢或放置不稳；⑤传动齿轮没有防护罩；⑥工作场所有危险物和有害物等等。物的不安全状态是造成事故的物质基础，没有这一基础，就不可能发生事故。物的不安全状态构成了生产中的隐患和危险源，当它满足一定条件时，就会转化为事故。

（3）环境因素。环境因素包括社会环境中的法律、经济、文化、教育、社会历史、民族习惯等和自然环境中的地质、天文、气象等的恶劣变异以及生产环境中的照明、温度、湿度、通风、采光、噪声、振动、空气质量及颜色等方面的缺陷。

（4）管理因素。管理方面的缺陷主要包括：①安全管理不规范或措施不健全，没有严格执行安全操作规程，事故防范措施的实施以及对安全隐患整改不力；②缺乏有效的安全监督；③建筑物、设备、仪器仪表等的设计、选材、安装施工、维护检修存在技术缺陷或工艺流程、操作方法存在问题；④劳动组织不合理，人员选择使用不当，心理或身体有缺陷，如情绪受到某种刺激而失常或患有听力、视力不良等疾病；⑤教育培训不够，职工缺乏安全知识，不懂操作技术知识或经验不足等等。

10-3-6 消除事故隐患因遵循的基本原则有哪些?

（1）彻底消除原则。即改用无危险的设备和技术进行生产或实现系统的本质安全化。例如为了防止突然来电造成人员伤亡，电气设备检修前应挂接地线。

（2）降低隐患程度的原则。当隐患由于某种原因而不能完全消除时，应采取措施使隐患的事故危害程度降低到人可以接受的水平。例如为了降低接触电压，电气设备外壳应采用保护接地措施等。

（3）距离和绝缘防护原则。《电业安全工作规程》中规定了对各级电压的安全距离，以及某些作业应使用的安全工器具等。

（4）时间防护原则。使人处在隐患危险作用环境中的时间尽量缩短到安全限度之内。例如国家规定在噪声达到某一数值时，员工只能在此作业环境中暴露多少时间等。

（5）屏蔽原则。在隐患危害作用的范围内设置障碍，如吸收放射线的铅屏蔽等。

（6）坚固原则。提高结构强度，增加安全性。

（7）薄弱环节原则。利用薄弱元件使危险因素未达到危险值之前预先被破坏，如熔丝、安全阀及泄压膜等。

（8）不接近原则。采用隔离方式使人不能进入危险因素作用的地带，如遮拦、警示牌等。

（9）闭锁原则。以某种方式对一些设备进行强制性闭锁，从而保证安全操作。如起重机械的超负荷限制器；带有五防（即防误分合断路器、防带负荷拉合隔离开关、防带电挂接地线、防带接地线合闸、防误入带电间隔）功能的闭锁装置等。

（10）取代、停用原则。对无法消除危险隐患的场所用自动控制器或机器人代替人操作，或者停用设备。如离带电体安全距离不足时，可采用停电检查的方式。

10-3-7 什么是安全施工作业票？安全施工作业票有哪些内容，其使用和签发有哪些规定？

安全施工作业票是贯彻执行"安全第一，预防为主"的方针，保障职工在施工过程中的安全和健康的重要措施，也是对重要施工作业项目进行班前安全交底的书面命令。安全施工作业票通过规范分项作业审批、作业项目的安全交底以及作业人员的操作行为，有效地防止了人为失误所造成的事故发生。

安全施工作业票的主要内容有：①施工作业项目和施工作业内容、工作地点及施工作业主要方法；②参加施工作业的人员、安全监护人姓名；③计划工作时间和实际工作时间；④需宣读的主要安全注意事项，以"✓"作标志；⑤根据施工现场和作业方法需要补充的安全注意事项；⑥安全施工情况及建议等。

一般常规的施工作业项目的安全施工作业票，由施工队或班组技术员（或指定人员）填写，施工队长或班长审查签发。重要作业项目的安全施工作业票由施工单位技术人员、班长填写，施工单位的分管领导（专职技术人员、总工程师）审查批准。安全施工作业票经签发批准后，由施工作业负责人负责实施，在开工前宣读交底，并由参加施工的人员各自签名方可进行施工作业。一个施工作业项目完成后，施工作业负责人应在作业票完成情况栏内填写劳动组织、施工方法、工器具配置、安全措施等是否满足安全施工作业的要求以及经验教训和建议等内容。安全施工作业票一式两份，由施工作业负责人实施完毕后，一份返回施工队，由安全员保存；另一份在当月底汇总后报单位质安科查存。安全施工作业票在实施过程中的检查、督促和管理工作，由各级专职安全员、质安科负责。

10-3-8 安全施工监护制度的作用是什么？

在施工作业项目中实施安全监护制度是为了调动更多的人管好作业项目的安全，使每一个施工人员的作业活动处于受监护的状态之中，也是制止违章作业，消除事故隐患，确保施工人员安全的有效措施。为了保证安全监护制度的执行，施工企业可制定安全施工监护制度实施细则，对安全监护人的设置、条件、职责等作出明确规定。

10-3-9 对电气安装施工人员的基本要求是什么？

(1) 电气安装及调试人员应掌握《电力建设安全工作规程（火力发电厂部分）》和《电业安全工作规程（发电厂和变电所电气部分）》的有关内容，并每年考试一次，合格后方可参加工作。

(2) 学徒工、实习人员、临时工、合同工及参加劳动的干部，必须经过安全知识教育后，方可在师傅的指导下参加指定的工作。

(3) 对外单位派来支援的施工人员，在工作前应介绍现场情况和进行有关安全技术措施的交底。

(4) 施工人员至少每两年进行一次体格检查，不适宜电气安装工作（如患有心脏病、精神病、癫痫病及色盲等）的不得参加工作。

(5) 独立进行安装及调试的工作人员应具备必要的电气理论知识，掌握有关工具、机具、仪器、仪表的正确操作、使用和保管方法。

(6) 电气安装人员应学会触电急救和人工呼吸等紧急救护方法。

10-3-10　施工临时用电应注意哪些问题？

(1) 配电柜设置地点应平整，不得被水淹或土埋，并应防止碰撞和物体打击；杆上或杆旁装设的配电柜应安装牢固并便于操作和维修；引下线应穿管敷设并做防水弯，导线进出配电柜的线段应加强绝缘并采取固定措施，柜内配线应绝缘良好，排列整齐绑扎成束并进行固定，导线剥头不得太长，压接应牢靠；对开关及熔断器，必须上桩头接电源，下桩头接负荷，严禁倒接；柜内有多路出线时，各出线应标明负荷名称；盘面操作部位不得有带电体明露。

(2) 用电设备的电源线长度不得大于 5m，距离大于 5m 时应设流动刀闸箱，流动刀闸箱至配电柜之间的引线长度不得大于 40m；照明、动力合一的流动刀闸箱应装设四极漏电断路器。

(3) 不同电压的插座和插头应选用不同的结构，严禁用单相三孔插座代替三相插座；单相插座应标明电压等级；严禁将电线钩挂在闸刀上或直接插入插座内使用。

(4) 热保护元件和熔断器的容量应满足被保护设备的要求；熔丝应有保护罩，管形熔断器不得无管使用，熔丝不得削小使用，严禁用其他金属丝代替熔丝使用；熔丝熔断后，必须查明原因并排除故障后方可更换，并应装好保护罩后再送电。

（5）连接电动机械与电动工具的电气回路应装设开关或插座，并应有保护装置；移动式电动机械或电动工具应使用软橡胶电缆；严禁一个开关接两台及以上电动设备。

（6）现场 110V 以上的临时照明线路应相对固定，并应经常检查维修；照明灯具的悬挂高度不应低于 2.5m，低于 2.5m 时应设保护罩；碘钨灯采用金属支架时，支架应稳固，不得带电移动，并采取接地或接零保护；灯具在安装时应注意开关控制相线，使用螺口灯头时，中性线应接在螺口上。

（7）临时用电线路不得接近热源或直接绑挂在金属构件上。

（8）电动机械及照明设备拆除后，不得留有可能带电的部分。

10-3-11 施工人员个人安全防护应注意哪些问题？

（1）思想重视。人的行为受思想意识的支配，思想麻痹，疏忽大意，就极有可能酿成大祸。因此，施工人员应十分重视安全问题，珍惜生命，以对国家、企业、家庭高度负责的精神，做好每一项工作。

（2）学习重视。安全工作规程是人们长期工作经验的总结，其中的每一条款都是用血的教训换来的，正所谓"前车之鉴，后事之师"。现场施工人员应该认真学习、理解和掌握安全规程的各项规定、有关的安全理论知识、企业的各项安全管理制度以及有关专业技术知识，以指导自己的工作实践，从而最大限度地避免各类事故的发生。

（3）安全意识。现场施工人员在工作中要有强烈的安全意识和自我保护意识。工作前要仔细听取有关人员的技术交底和安全注意事项，观察熟悉现场，并认真思考工作现场是否存在不安全因素。例如：作业中所站立的物体会不会发生移动、折断、倾斜等；是否存在爆炸、燃烧等危险品；高空是否可能有物体坠落；是否会被某物夹住；是否会被烫伤；是否有深坑；地面是否有尖锐的杂物；现场周围哪些设备带电，安全距离是否足够等等。如果现场确实存在某种不安全因素，则需预先采取有效措施，以确保施工安全。需要注意的是，有时虽然发现了某种不安全因素，但因对其危害性估计不足，没有采取相应的防范措施或采取的措施不力而发生了事故或伤害。这里就有一个正确估计不安全因素的问题，它涉及到各方面知识的应用和工作经验。如果自己没有把握，可向有经验的人请教，以避免盲目行事而发生危险。此外，当自己身体不适时，应注意及时休息，不提倡带病坚持工作。人在生病状态下，对问题的判断能力、处理能力、各方面的协调能力都较正常状态大大降低，此时仍坚持工作，容易发生事故。

（4）约束行为。实践证明，人的不安全行为是造成安全事故的主要原因。据某资料显示，华东电力系统在 1986～1994 年间，共发生人身伤害事故 276 起，在触电、高处坠落、机械伤害、起重伤害这些事故类型中，由人的不安全行为所引起的事故次数，占各类事故总数的比例分别为 87.2%、82.8%、90.5%、80%。由此可见，要避免或减少事故的发生，首先需要约束人的不安全行为。人的不安全行为往往都是违章行为，施工人员应自觉做到不违章作业，并且长期坚持下去。在这方面不能存在侥幸思想，可能你的一次两次违章不一定造成严重后果；但是只要你存在这种行为，出事是迟早的事，终究有一天灾难会降临在你的头上。

10-3-12　低压带电作业时应注意哪些问题?

办理安全施工作业票；被拆除或接入的线路必须不带任何负荷；在带电的低压配电装置上工作时，应采取绝缘隔离措施防止相间短路和单相接地；工作时应站在干燥的绝缘物上，用有绝缘柄（应检查绝缘是否老化或破损）的工具进行；操作时应带手套和安全帽，穿长袖工作衣；严禁使用锉刀、金属尺和带有金属物的毛刷、毛掸等工具；断开导线时应先断相线后断中性线，搭接导线时顺序应相反；人体不得同时接触两根线头；严禁使用金属梯子；必须设专人进行安全监护。

10-3-13　高处作业时应注意什么问题?

（1）参加高处作业的施工人员应进行体格检查，经医生检查诊断患有不宜从事高处作业病症的人员不得参加高处作业；高处作业必须系好安全带，安全带应挂在上方牢固可靠处；作业人员着装应灵便，衣袖、裤脚应扎紧，穿软底鞋；高处作业区如有孔洞、沟道等应设置盖板或围栏；夜间或光线不足的情况下施工时，必须有足够的照明；高处作业人员应配带工具袋，较大的工具应系保险绳；传递物品时，需用绳索进行，严禁抛掷；如附近有带电体时，传递绳应用干燥的麻绳或尼龙绳，严禁使用金属线；非有关施工人员不得在施工现场逗留。

（2）梯子制作要求：用轻便、坚固、优质材料制成；支柱能承受工作人员携带工具攀登时的总质量；横档间距为

30cm，不得缺档，横档应用榫头嵌入，梯子的底宽不得小于50cm；立柱两端应用螺杆或铁丝拧紧，且梯子长度超过3m时，中间应加设一道紧固螺栓；人字梯应有坚固的铰链和限制开度的拉线。

（3）梯子使用要求：搁置稳固，与地面的夹角以60°为宜，梯脚有可靠的防滑措施，顶端与构筑物靠牢；在松软的地面使用时，要有防陷、防侧倾的措施；如梯子不能稳固搁置时，应设专人扶持或用绳索将梯子下端与固定物绑牢，并做好防止落物打伤梯下人员的安全措施；严禁搁置在木箱等不稳固或易滑动的物体上使用；梯子靠在管子上使用时，其上端应有挂钩或用绳索绑牢；上下梯子时应面部朝内，严禁手拿工具或器材上下；严禁两人站在同一个梯子上工作，梯子的最高两档不得站人；梯子不得接长或垫高使用，若必须接长时，应用铁卡子或绳索切实卡住或绑牢并加设支撑；严禁在悬挂式吊架上搁置梯子；梯子放在门前使用时，应有防止门被突然开启的措施；梯子上有人时，严禁移动梯子；在转动的机械附近使用时，应采取隔离防护措施。

10-3-14 什么是习惯性违章？

习惯性违章是指固守旧有的不良作业传统和工作习惯，违反国家和上级制定的有关规章制度，违反本单位制定的现场规程、操作规程、操作方法等进行工作，不论是否造成后果，统称为习惯性违章；或虽在有关安全规章制度中没有明确的条文规定，但其行为明显威胁安全或不利于安全生产，也称为习惯性违章。习惯性违章按其性质可分为作业性违章、装置性违章和指挥性违章。

（1）作业性违章。工作人员的行为违反安全规章制度和其他有关规定，称作业性违章。例如进入现场不戴安全帽（或未按规定戴好）；不按规定着装；高处作业不系安全带（或不高挂低用、不扣在牢固的结构上）以及抛掷工具、材料；低压带电作业不认真检查工具绝缘状况；不按规定使用电动工具（如不使用电源插头而直接用导线钩挂闸刀或插入插座内使用）及停电工作时开关设备上不挂警示牌等。

（2）装置性违章。工作现场的作业条件不符合安全规章制度和其他有关规定，称装置性违章。如施工现场的坑、孔无盖板或围栏；转动机械无保护罩；工器具不符合安全要求；照明不符合要求等。

（3）指挥性违章。指挥性违章是指各级领导、施工作业票签发人、工作负责人等违反有关的法律、法规、安全规程和制度，以及为保证人身和设备安全而制订的安全组织措施和安全技术措施所进行的违章指挥行为。例如：为了赶进度，在相关的安全措施不完备的情况下，下令开始作业；指派不具备相应资格或能力的人员承担某种任务等。

10-3-15 临时用工的安全管理应注意哪些问题?

临时用工的安全管理应注意：①签订正式用工合同；②进行体检和三级安全教育并考试合格；③分配到施工班组，应由正式职工带领工作，并纳入本企业职工范围进行安全管理。

10-3-16 发生电气火灾时应如何扑救?

电气火灾有两个特点：一是着火后电气设备可能是带电的，如不注意可能引起触电事故；二是有些多油电气设备

（如电力变压器等）本身充有大量的变压器油，受热后有可能发生喷油甚至爆炸，造成火灾迅速扩大。因此，电气火灾的扑救远较普通火灾复杂，具体扑救时应注意以下问题：

（1）设法迅速切断电源，在停电的状态下即可按普通火灾进行扑救。切断电源时应注意：对装设有主开关和隔离开关的配电装置，应先断开主开关，然后断开隔离开关；切断用磁力开关起动的电气设备时，应先用按钮断开磁力开关，然后再断开闸刀开关，防止带负荷操作发生电弧伤人；发生火灾时，闸刀开关由于受潮或烟熏，其绝缘强度会降低，在切断电源时最好用绝缘工具进行操作；500V以下的低压线路，如需要通过切断电线来断电时，必须用绝缘工具进行，且非同相线路应在不同部位剪断，以免造成短路；对架空线路，剪断位置应选择在支持物的负荷侧，以防剪断的电线掉下来造成接地短路或触电事故；夜间发生电气火灾，切断电源时应考虑临时照明问题，以利火灾扑救。

（2）当因情况紧急或为了争取时机防止火灾扩大或因生产需要而不允许停电时，就需要带电进行扑救。带电扑救具有很大的危险性，需穿着特殊的服装，使用特殊的灭火器具。因此，当发生火灾时，应及时向公安消防部门报警，由专业消防人员进行带电扑救。

在火灾初起，组织群众带电扑救时，应注意以下问题：

1）应使用二氧化碳、四氯化碳、1211及干粉等不导电的灭火剂进行灭火，严禁使用水、泡沫灭火剂。灭火时应注意防止中毒和冻伤。因为四氯化碳受热时会与空气中的氧作用，生成有毒的光气和氯气；另外二氧化碳灭火剂为液态的，喷射出来后会强烈扩散并大量吸热，形成温度很低的

（-78.5℃）雪花状干冰，用以降温灭火并隔绝空气。如果火灾发生在室内，灭火时应打开门窗，有条件时最好能戴上防毒面具，人离开火区 2~3m，小心喷射，勿使干冰沾着皮肤造成冻伤。

2）应注意灭火机机体、喷嘴、人体与带电体之间保持足够的安全距离，具体要求如表 10-1 所示。

表 10-1 安 全 距 离 标 准

电压（kV）	10	35	63	110	220	330	500
距离（m）	0.4	0.6	0.7	1.0	1.8	2.6	3.8

3）灭火时不得触及设备外壳、金属构架等接地体，防止其可能带电伤人。

（3）充油设备着火时，应立即切断电源，然后进行扑救。一般多油设备都备有事故贮油池，应设法将油放入池内，池内的油火可用干砂和泡沫灭火剂等灭火。地面上的油火不得用水喷射，以防油火漂浮水面而蔓延扩大。

10-3-17 发生工伤事故时班组长应怎样处理？

（1）在事故发生时应沉着冷静，积极组织抢救受伤者和国家财产，并注意保护好事故现场。

（2）及时向领导报告，不得隐瞒或谎报。事故中直接发生人员死亡时，还需向当地公安机关报告。

（3）会同有关人员进行事故调查分析，着重弄清：事故发生的时间和地点；事故的经过；事故的原因；事故的性质；事故的主要责任者和直接责任者；事故的后果等问题。

（4）根据企业的有关规定，对事故责任人，属于班组处罚范围的负责实施处罚，并报上级备案。不属于班组处罚范围的则提出处罚意见，提请上级批准。

（5）发动全班组成员以此次事故为契机，总结事故教训，并全面检查安全管理工作，查找事故隐患和漏洞，制定相应的整改措施，以杜绝各类事故的再次发生。

参 考 文 献

1. 华东、华北、东北电管局. 电力工程电工手册. 北京：水利电力出版社，1991.

2. 韩风. 建筑电气设计手册. 北京：中国建筑出版社，1991.

3. 郑忠. 新编工厂电气设备手册. 北京：兵器工业出版社，1994.

4. 朱林根. 21 世纪建筑电气设计手册. 北京：中国建筑出版社，2001.

5. 何宗义. 内线安装（初、中、高级工）. 北京：中国电力出版社，1999.

6. 刘介才. 工厂供电. 北京：兵器工业出版社，1994.

7. 孙成宝、刘福义. 低压电力实用技术. 北京：水利电力出版社，1998.

8. 许实章. 电机学. 北京：机械工业出版社，1980.

9. 天津大学. 电力系统继电保护原理. 北京：电力工业出版社，1981.

10. 罗士萍. 微机保护实现原理及装置. 北京：中国电力出版社，2001.

11. 陈友汉. 电子线路设计应用手册. 福建：福建科学技术出版社，2000.

12. 朱国兴. 电子技能与训练. 北京：高等教育出版社，1996.

13. 张燕宾. SPWN 变频调速应用技术. 北京：机械工业出版社，1997.

14. 扬光臣. 建筑电气工程图识读与绘制. 北京：中国建筑出版社，1995.

15. 孟祥泽. 电力施工企业施工与技术管理. 北京：中国电力出版社，1999.

16. 编委会编. 电力企业班组管理. 北京：水利电力出版社，2001.

17. 湖南省电力工业局. 电力企业班组管理培训教材. 北京：中国电力出版社，1998.

18. 黄家善，王廷才. 电力电子技术. 北京：机械工业出版社，2000.